高等学校土木类专业新工科数智化系列教材

U0792704

基础工程

主　编　刘晓明
副主编　周苏华
主　审　赵明华

湖南大学出版社
·长沙·

内容简介

本书是高等院校土木工程专业的专业课教材，全书共7章，内容包括绪论、浅基础、桩基础、沉井基础、基坑工程、地基处理、区域性地基。

本书可作为高等学校土木工程及相关专业的教材，也可供从事地基处理的工程技术人员阅读参考。

图书在版编目(CIP)数据

基础工程/刘晓明主编. -- 长沙：湖南大学出版社，2024. 12. --ISBN 978-7-5667-3612-3

Ⅰ. TU47

中国国家版本馆 CIP 数据核字第 2024RH5173 号

基础工程

JICHU GONGCHENG

主　　编：刘晓明
责任编辑：张佳佳
印　　装：长沙市雅捷印务有限公司
开　　本：787 mm×1092 mm　1/16　**印　　张**：17.25　**字　　数**：431 千字
版　　次：2024 年 12 月第 1 版　**印　　次**：2024 年 12 月第 1 次印刷
书　　号：ISBN 978-7-5667-3612-3
定　　价：56.00 元

出 版 人：李文邦
出版发行：湖南大学出版社
社　　址：湖南・长沙・岳麓山　**邮　　编**：410082
电　　话：0731-88822559(营销部)，88821315(编辑室)，88821006(出版部)
传　　真：0731-88822264(总编室)
网　　址：http://press.hnu.edu.cn

前　言

"基础工程"为土木工程专业的一门专业课，本书以介绍地基基础设计计算原理和方法为核心，围绕阐释设计计算知识的需要介绍相应的工程背景和施工方法，内容包括：浅基础、桩基础、沉井基础、基坑工程、地基处理和区域性地基。地基基础是土木工程与地质工程的交叉学科，是一门重视实践经验总结和机理分析的学科，本书紧扣我国有关国家与行业标准的规定介绍地基和各种基础结构的受力特征和工程措施，以求读者能在理解受力机理的基础上掌握计算方法，实现举一反三、融会贯通。

2019年底发生的新冠疫情，严重地影响了全球教学秩序，为了响应疫情期间的线上教学要求，湖南大学在爱课程网建设了"基础工程"线上课程。课程受到广大学员的好评，2021年该课程被认定为省级一流本科课程，2023年被认定为国家级一流本科课程。充分利用已有的线上教学资源帮助学员高效学习，将本教材打造成立体的学习工具是编者的一个出发点。因此本书将用文字难以表述到位的知识辅以视频、动画解释，并将这些影像连同各种学习资源上传到网上，以二维码的形式提供链接放在适当的位置供读者阅读时扫码观看和下载。

国际化和数字化转型是土木工程的发展趋势，也是我国土木工程行业正在经历的过程。为适应这个趋势，本书提供了有关术语、专有名词的英文表述，便于读者进行英文信息检索和交流；本书还提供了采用 Python 语言编写的计算题解题代码，便于读者进行参数分析，快速建立对地基和各种基础结构受力变形规律的认识。

本书的特点和学习要求

地基是地层，多由自然形成，其性质多变、受环境影响大，均匀性和规律性比结构显著低。基础是传递荷载的过渡结构。它是一种结构，必须满足所有对结构的要求，能够采用所有适用于分析结构的方法，但它与一般结构不同，它下方是地基土，地基反力的变异性不仅对基础的承载性能有影响，对基础结构内力分析结果的可靠性也有影响。理论分析固然重要，但既有的工程经验或许更重要，解决基础工程问题的思路与一般结构并不完全相同，这在其他课程中学不到，所以"基础工程"课程是土木工程专业中一门独立的核心主干课程，基础工程工作在土木工程行业中具有相对独立的地位。在设计中，存在概念性错误的基础工程设计成果并不罕见；在施工中，基础工程是出事故较多的分部工程之一。究其根本原因，还是从事基础工程设计、施工和管理工作的人员没有全面掌握解决基础工程问题的方法和思路，能力还不够，需要系统地学习本课程的知识。

人类进入信息化时代以来，知识呈现出爆炸性增长，学习途径很多，已经从过去的"书到用时方恨少"进入了"现在学习也不晚"的时代。高效学习，讲究时间成本已经成为新时代在校大学生和社会工作者的学习指导原则。对于有意愿的学习者，以慕课(MOOC)为代表的在线学习资源，为其提供了便利的学习手段，成为培养新时代专业人才的重要途径。

基础工程慕课

本书的编写，正是要顺应新时代学习者学习方式的变化。首先我们在爱课程(www.icourses.cn)网站建立了“基础工程”慕课课程，提供丰富的学习资源，服务高校师生和社会大众，为提高我国土木工程从业者的基础工程知识和能力水平尽一份力。其次，针对视频学习需要课程配套文字资料，以及解决视频授课节奏赶不上学员学习效率的问题，为“基础工程”慕课课程编写配套教材，供学习者选用。

阅读是大部分人学习的首选方法，当阅读有疑问或文字和图片的表述不能很好地描述动作、方法时，可以到课程网站看授课视频、施工方法视频，这是高效学习方法之一。基于帮助学习者实现高效学习的目标，本教材的编写格外注重以下两点：

第一，教材的知识量要足够，可供读者建立基础工程知识体系。全书共分为七章。第 1 章为绪论；第 2 章介绍地基基础设计原则和浅基础设计计算方法；第 3 和第 4 章分别介绍桩基础和沉井基础，这两种基础形式属于深基础；第 5 章介绍基坑工程，是介绍浅基础和地下工程的施工过程产生工作；第 6 章介绍地基处理方法；第 7 章介绍我国区域性地基的基本性质与处理措施。本教材的知识量符合最新版《土木工程专业教学规范》的要求，也符合我国“注册土木工程师(岩土)”执业资格考试大纲中对基础工程专业知识的要求。“注册土木工程师(岩土)”执业资格考试是工程师的执业资格考试，教材知识满足考试要求，说明系统学习本教材达到要求，就可以从事有关基础工程的工作了。本教材的知识量满足学习者建立基础工程知识体系的基本需要。有了知识体系框架，学习者就有了一个书柜，更具体的、新的知识，可以在工作中逐渐积累，然后像一本本书一样将书架填满。

第二，阅读教材的过程中，读者能体会到本学科解决问题的思路。与地基接触是基础有别于一般结构的根本所在。自然形成的地层性质多变，受环境影响大，难以用完善的理论描述，因此在基础工程设计中，经验占了很大的比重。这些经验集中体现在土木工程各行业编制的地基基础设计规范中。介绍地基基础设计规范的规定，是各种“基础工程”教材、手册等参考书的必要内容。依据规范条文进行计算是必要的，但是理解条文的内涵，从中体会到本学科研究和解决问题的思路和方法，提升解决实际问题的能力，才是学习的根本目的。因此，本书在介绍基础工程基本原理时，紧密结合规范的规定，并对该规定的由来做出解释，在消除学习者疑惑的同时，引导学习者理解基础工程问题解决的思路。本书在编写的时候，尽量对各条经验性规定做出解释，对于无法用文字呈现的内容，尽量在慕课视频教学中予以解释。为此，本教材在留白之处，将视频链接的二维码附上，便于读者扫码学习。

基础工程是一门专业课，涉及工程地质学、土力学、结构设计和施工等多学科知识，内容广泛，综合性、理论性和实践性很强。但是专业课归根结底都是专业基础课程原理的应用，本课程尤其重视基本原理的灵活运用，学习者在学习时不要把注意力集中在公式的记忆上(有些经验公式根本无法记住)，而要重视对力学、土力学和混凝土结构设计基本概念的理解和把握，在此基础上，阅读本书、观看课程网站，能获得更好的学习效果，得到满意的学习体验。

本书由刘晓明任主编，周苏华任副主编。本书的框架、结构、图表和文字由刘晓明整理；陈昌富编写了第5章，刘晓明、张玲共同编写了第7章；周苏华负责整理全书专业术语的英文翻译、二维码链接和计算例题的 Python 代码（https://gitee.com/georisk/foundation.git）；研究生杨康绘制了本书图表，并对计算题进行了验算。本书在编写过程中得到了湖南大学出版社的大力支持和帮助，对此表示衷心的感谢。本书编写过程中参考了湖南大学土木工程专业前辈们编写的各种精品教材及国家级、省部级规划教材的格式、结构和内容，还引用了其他有关单位、专家的资料，在此一并致谢。

限于编者水平，书中不妥之处在所难免，敬请读者批评指正。

编者

2024年3月

目　　录

第1章　绪　论
Introduction

本章学习目标

了解基础学科发展的趋势，掌握基础工程的学习方法；
掌握地基与基础的核心区别和设计要求的异同；
了解深基础和浅基础的差异。

1.1　地基基础的概念

万丈高楼平地起，土木工程中所有的建筑物、构筑物都需建造在某一地层上。通常把直接承受建筑物、构筑物的地层受荷载影响的部分称为地基（ground，foundation soil），其下方的地层称为下卧层。当地基不足以支撑上部结构时，则需对地基进行加固处理。经过人工处理后的地基称为人工地基；对应的，不需经人工处理就可以满足上部结构要求的地基称为天然地基。

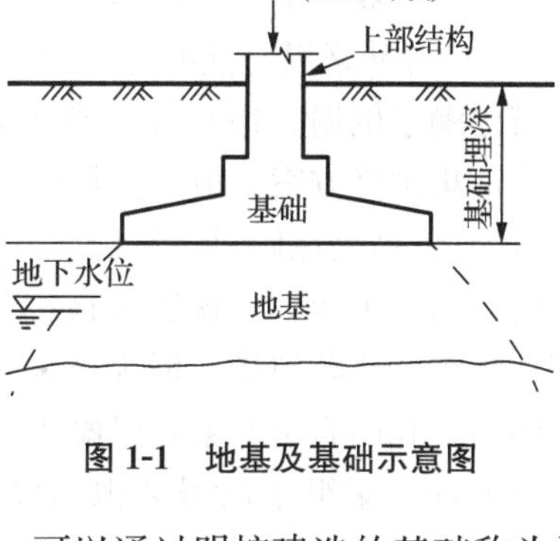

图1-1　地基及基础示意图

在建筑工程中，我们把建筑物、构筑物的地上部分，包括梁、板、柱、墙等统称为上部结构。与上部结构相比，地层承载力一般相对较低，面积与柱、墙底相同的地层往往不能承受结构传来的荷载，为此需要在上部结构与地基之间设置一个过渡结构，将柱、墙的荷载扩散，使其小到地基能承受的程度，这个过渡结构就是基础（foundation）。基础的定义：将上部结构承受的各种荷载传递到地基上的结构（图1-1）。基础应埋入地下一定的深度，过去一般根据埋置深度将基础分为浅基础和深基础。通常把埋置深度5 m以内、可以通过明挖建造的基础称为浅基础；反之，埋深较大不能采用明挖施工的基础则称为深基础。深基础有桩基、沉井和地下连续墙等。随着社会经济的发展，需利用地下空间，如开发地下空间作为地下车库、超市、储藏室等，很多建筑的浅基础埋深超过了5 m，按埋深进行浅基础和深基础划分的方式显得过时了。因此，需回到工程结构的力学本质重新审视这个问题，现在我们倾向于将在设计计算时不考虑利用基础侧面土体抗力抵抗荷载作用的基础称为浅基础，反之则是深基础。

土木工程行业中将和地基与基础的设计、施工有关的工作内容和活动统称为基础工程。基础工程的质量，与建筑物的使用、安全性和经济性密切相关。基础埋置在地下或水下，施工难度比上部结构大，在一般高层建筑中，基础工程造价约占总造价的25%，工期约占总工期的25%～30%。当遇到复杂的地基或者采用深基础、人工地基时，其造价和工期所占比例更大。此外，地基基础作为建筑物的最底层支撑，一旦失事，不仅损失巨大而且补救十分困难，属于容错性低的工程问题，因此基础工程在土木工程中占有十分重要的地位。

1.2 基础工程案例

如今，土木工程已经发展到了非常高的水平，世界第一高楼哈利法塔（又名迪拜塔，Burj Khalifa Tower）高达828 m。无论是脚踏实地的土木工程，还是问鼎苍穹的航天工程，在所有工程学科的发展历史上既不缺乏传世的杰作，也不缺乏触目惊心的事故。对每一个案例进行深入的剖析和总结，对于理解为什么要遵守一些基本设计和施工原则非常重要。

（1）意大利比萨斜塔倾斜

意大利比萨斜塔（Leaning Tower of Pisa）是意大利的地标建筑，高约55 m，原本是一座钟楼。该塔于1174年动工，因地基压缩层不均匀，1185年，发现塔的北侧下沉超过1 m，南侧下沉近3 m，被迫停工。1231年工程继续，建造者采取各种措施修正倾斜，刻意将钟楼上层搭建成反方向的倾斜，以补偿已经发生的重心偏离，但到1278年工程再次暂停。1360年，在停滞了差不多一个世纪后再次动工并在1372年完工。建成后，8层高的钟楼里摆放了7口钟，但是由于斜塔倾斜角度仍在逐渐加大，钟楼时刻都有倒塌的危险，7口钟从来没有撞响过。到20世纪90年代，尽管其间做过很多抢救的努力，但比萨斜塔已濒于倒塌。1990年，意大利政府将其关闭，成立意大利比萨斜塔拯救委员会，向全球征集维修方案。最终拯救比萨斜塔的是一项看似简单的新技术——“地基应力解除法”，其原理是在倾斜建筑物反方向的地基中掏土，利用该侧地基的沉降减小建筑物倾斜幅度从而实现纠偏。该法也被称为“掏土法”，1962年意大利工程师Terracina就提出采用该法维修比萨斜塔，但未被采用。无独有偶，1983年湖北省老河口市一间化工厂产生了倾斜，我国岩土专家刘祖德从软土地基的实际出发，提出用“深层掏土法”治理，因为地基处理专家组未取得共识而没有实施。不同的是，1989年刘祖德获得一个机会采用“地基应力解除法”对汉口取水楼长航宿舍的一栋8层楼房进行了纠偏，使此法得以成功实践和推广。1991年在研究了比萨斜塔的资料后，他指出用“地基应力解除法”可解决比萨斜塔的倾斜问题。1999年意大利比萨斜塔拯救委员会决定采用斜向钻孔方式，从斜塔北侧的地基下缓慢向外抽取土壤，使北侧地基高度下降，斜塔重心在重力的作用下逐渐向北侧移动，2001年6月，倾斜角度回到安全范围之内，使得比萨斜塔可重新开放。比萨斜塔这个案例表明，不均匀沉降会影响建筑的使用，因地基软弱导致的不均匀沉降若持续发展可致建筑倒塌。

(2) 加拿大特朗斯康谷仓倒塌

加拿大的特朗斯康谷仓（Transcona Grain Elevator，图 1-2）建成于 1913 年，该谷仓由 65 个圆柱形筒仓组成，筒仓高 28 m，直径 4.4 m，其基础为筏板基础，厚度0.6 m，尺寸为 23.5 m×59.5 m。由于事前不了解基础下埋藏有厚达 16 m 的软黏土层，建成后初次贮存谷物时，基底压力超过了地基极限承载力，致使谷仓西侧突然陷入土中9 m，东侧则抬高 1.5 m，仓身整体倾斜近 27°。这是地基发生整体滑动、建筑物丧失稳定性的典型范例。由于该谷仓整体性很强，筒仓完好无损。事后在筒仓下增设 70 余个支承于基岩上的混凝土墩，用 388 个 50 t 的千斤顶，才将筒仓纠正过来，但其标高比原来降低了 4 m。这个例子说明，如果地基承载力不足时，上部结构将发生倾覆（倒塌）。幸运的是，由于谷仓的特殊用途导致其上部结构整体刚度很高，在倒塌后仍有机会扶正继续使用。一般建筑没有这样的强度和刚度，倒塌的结果往往是毁灭性的。

图 1-2　加拿大特朗斯康谷仓

(3) 上海展览中心主楼沉降过大

上海展览中心主楼建于 1954 年。设计之初，考虑到地基中约有 14 m 厚的淤泥质软黏土，基础采用了刚度较高的箱形基础。该建筑建成后，当年就下沉 0.6 m。到 1957 年 5 月，展览馆中央大厅四角的沉降最大已达 1.5 m，最小沉降量为 1.2 m。1957 年 7 月，经清华大学的专家观察、分析，提出对建筑裂缝修补后可以继续使用的建议。1979 年 9 月时，展览馆中央大厅平均沉降达 1.6 m。从建成到现在，上海展览中心主楼一直在使用（图 1-3）。这个例子表明，如果地基发生的是均匀沉降，只要沉降不超过建筑物允许值，就可继续使用。

图 1-3　上海展览中小中央大厅

这三个案例表明，地基基础的稳固是建筑物和构筑物安全的根本，地基基础若出现大问题，上部结构不能幸免。上述案例揭示了基础工程的两个基本要求：承载力和变形要求，即地基基础应能提供足够的承载力，且不可产生过量的沉降和不均匀沉降。三个案例还表明，如果地基条件比较差的话，增大基础和上部结构的强度和刚度，对缓解沉降产生的损害有帮助。

除了承载力和变形要求外，地基基础在设计时，还应满足整体稳定性要求。如图 1-4 所示，房屋设计在斜坡地基上，斜坡地基可能因为承受新的荷载而产生滑动。这种地基、基础建筑物一起滑动的破坏，就是整体失稳。

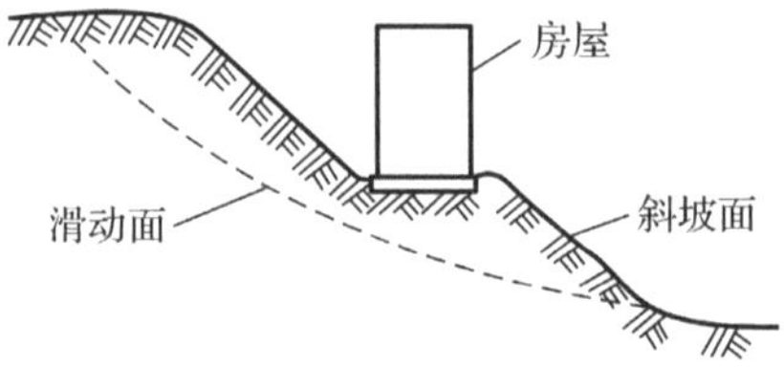

图 1-4　地基基础与边坡整体失稳

地基基础为土木工程的重要组成部分，二者在设计计算时，均应满足变形和承载力的要求。地基是支撑基础的地层，其设计必须满足三个基本要求：①作用于地基的荷载不得超过地基的抗力；②在荷载作用下，地基产生的沉降和不均匀沉降不能超过上部结构的变形容许值，保证建筑物不因地基变形而损坏或影响其正常使用；③地基基础作为整体，还需满足稳定性的要求，即地基基础不会在自身和各种外部荷载的作用下，产生整体性的倾覆和滑动等破坏。基础本身是一种结构，其设计、施工要求与普通结构相同。

下面介绍两个在复杂条件下的地基基础成功案例。

第一个是上海中心大厦。上海中心大厦位于上海浦东陆家嘴，高 632 m，地上 127 层，地下 5 层，与相邻的 88 层金茂大厦、101 层上海环球金融中心形成宏伟的“品”字形超高层建筑群。上海中心大厦所在场地基岩埋深为 275 m，软土深厚，场地地下水丰富，承压水层厚度 90 m，堪称在“豆腐”上盖大楼。上海中心大厦采用桩筏基础，设计中考虑利用浮力的 80％抵抗上部结构荷载减少桩数，基础形式：6 m 厚筏板＋980 根直径 1 m 的灌注桩。桩端采用了后注浆工艺，将单桩竖向抗压极限承载力从 8 000 kN 提高到28 000 kN。桩的平面布置采用了变刚度调平概念设计：核心区桩长 86.7 m，梅花形布置；其他区域桩长 82.7 m，其中巨柱区梅花形布置，其余区域正方形布置。采用变刚度设计减小了基础约 20％的差异沉降。大厦主楼区基坑开挖深度 31.2 m，裙房区 26.7 m。基坑工程采用“主楼顺作＋裙房逆作”施工方案：主楼基坑顺作，但采用圆形地连墙结构，利用圆形结构的空间承载效应减小土体变形；主楼地下结构先行施工出地面后，再逆作施工裙房区基坑，利用主楼地下结构裙房提供基坑支护支撑反力，减小基坑开挖对相邻金茂大厦和环球金融中心基础稳定性产生的影响。一系列技术措施既保证了大厦安全，又降低了工程造价。上海中心大厦于 2016 年完工，成为世界第二高楼，2017 年对公众开放。

第二个是港珠澳大桥沉管隧道。港珠澳大桥主体由海中桥梁、海底隧道及人工岛组成。隧道采用沉管方案，沉管段总长 5.7 km，标准管每节长 180 m，重约 7.8 万 t。隧道沉管基槽底标高最深处约－47.2 m，最大沉放水深 45 m，沉管隧道处于外海强回淤区域，回淤高度 23 m，是世界上唯一的深埋沉管，建造难度很大。沉管隧道两端均位于海中离岸人工岛上，纵向穿越多种地层：沉管隧道中间段地基为密实砂土或坚硬黏土，过渡段分布10～30 m软基，设计采用了预应力高强混凝土（prestressed high-intensity concrete，PHC）刚性桩、高喷柔性桩、挤密砂桩散体桩复合地基逐步过渡到天然地基的地基及抛石＋碎石垄的组合基床方案，使沉管隧道沉降得以均匀过渡。基础碎石垫层采用先铺法，施工最大水深达到50 m，施工水域平均流速2.5 m/s，碎石基床铺设长度约6 km，宽41.95 m，厚1.3 m，纵坡整平坡度精度要求±40 mm，基础整平施工采用“津平1号”整平船，抛石、整平、检测及验收自动一体化，实现了自动化水下无人操作。港珠澳大桥2009年开工建设，2017年主体工程全线贯通，是世界上最长的公路沉管隧道，也是我国首条于外海修建的海底沉管隧道。

这两个例子表明，在查明和充分理解场地环境条件的前提下，通过精心的设计和施工，哪怕是在深厚软土、深水中建造土木工程都是可能的。

1.3 本学科发展概况和趋势

1.3.1 发展历史

基础工程既是一门古老的工程技术，又是一门新兴的学科。由于生产的发展和生活的需要，人类很早就已创造了地基基础工艺。如秦代在修筑驰道时就采用灰土垫层、石灰桩、瓦渣垫层和水撼砂垫层等结构形式，以及“隐（稳）以金椎”的压实方法，这些结构形式至今仍在采用。又如距今1 400余年的赵州桥，是世界桥梁史上一座杰出的名桥，其桥台设置于密实粗砂层上，地基处理得当，至今依然保存完好可以使用。再如北宋初著名木工喻皓在建造开封开宝寺木塔时，考虑到当地多西北风，将建于饱和土上的塔身稍向西北倾斜，以在风力长期断续作用下渐趋复正，是解决风荷载作用下的建筑物不均匀沉降问题的一种探索。

深基础的使用，在我国也源远流长。如在河姆渡文化遗址中发现杭州湾南岸沼泽地带木构建筑下的木桩，距今约7 000年，为世所罕见。《水经注》中所载的公元前530年左右在今山西汾水上建成的三十墩柱木柱梁桥，以及《三辅黄图》中所载的公元前220年左右秦代所建的渭桥等也都为木桩基础。再如《法苑珠林》所载的郑州隋代超化寺打入淤泥中的塔基木桩，而北京故宫紫禁城墙的基础是由碎砖黏土层与木桩共同组成的。这些都是我国古代桩基础技术应用的典范，反映出我国古代劳动人民在工程实践中积累了丰富的土力学与基础工程知识。在《考工记》《营造法式》《工程做法》等传世之作中，记载了许多地基处理和基础营造的做法，只是由于当时生产力发展水平的限制，未能提炼成为系统的科学理论。直至18世纪中叶，人们对土的特性，尚停留在感性认识阶段。

近代科学起源于欧洲，18世纪60年代发起的第一次工业革命和19世纪下半叶至20世纪初的第二次工业革命推动了社会生产力的发展。20世纪初土力学的进步，推动了基础工程学科的发展。1920年，普朗特尔（Prandtl）根据塑性平衡原理，导出了著名的极限承载力公式。19世纪末，随着桥梁和高层建筑的兴建，桩基开始被大量采用，1899年俄国工程师斯特拉乌斯（Strauss）首先提出现浇混凝土和钢筋混凝土灌注桩型，1901年美国工程师雷蒙德（Raymond）提出了沉管灌注桩型。20世纪30年代我国上海在修建的一些高层建筑中开始采用沉管灌注桩基础。

新中国的成立，为解放我国生产力和发展科学技术开辟了一条广阔的道路，也使基础工程学科得到了迅速发展。之后，我国在建筑工程中成功地处理了许多大型和复杂的基础工程。例如，利用电化学法加固处理的中国历史博物馆地基，解决了施工期短、质量要求高的困难；在万里长江上建成的十多座长江大桥（武汉、南京长江大桥等）及其他巨大工程中，采用管柱基础、气筒浮运沉井基础等，成功地解决了水深流急、地质复杂的基础工程问题；再如在改革开放之初，上海钢铁总厂以及全国许许多多高层建筑的建成，都为基础工程的理论和实践积累了丰富的经验。进入21世纪以来，我国的土木工程获得了空前的发展，作为建筑业的细分领域，地基与基础工程行业也随之快速发展。上海中心大厦、港珠澳大桥等许多重大和超级工程的建成，不仅体现中国建筑业的奇迹，也见证了地基与基础工程的卓越发展。

1.3.2 发展趋势

近年来，我国在工程地质勘察、室内及现场土工试验、地基处理、新设备、新材料、新工艺的研究和应用方面，取得了很大的进展。在地基处理方面，振动碾压、振动水冲、深层搅拌、高压旋喷、粉体喷射、真空预压、强夯以及各种土工聚合物和托换技术等在土建、水利、桥隧、道路、港口、海洋等有关工程中得到了广泛应用，并取得了较好的经济技术效果。随着电子技术及各种数值计算方法对各学科的逐步渗透，土力学与基础工程的各个领域都发生了深刻的变化，许多复杂的工程问题得到了相应的解决，试验技术也日益提高。在大量理论研究与实践经验积累的基础上，有关基础工程的各种设计与施工规范、规程等也相继问世或日臻完善。这些为我国基础工程设计与施工做到技术先进、经济环保、安全适用、确保质量提供了充分的理论与实践依据。

然而人多地少、人均资源匮乏是我国的基本国情，在遵循基本农田保护国策和适宜建筑场地已经基本耗尽的情况下，土木工程向地层深部、不良地质、不适用气候区域乃至海洋发展，建筑物向高、重、深、大，多功能集成发展是大势所趋。我国的基础工程面临诸多挑战，如：高、重建筑对地基基础承载力及变形控制的要求越来越高；在大面积软土等不良地质条件下建设建（构）筑物对地基处理技术提出新挑战；基础面积和埋置深度越来越大，周边环境日趋复杂对基础选型和设计优化提出更高要求；基础工程及建筑物对资源的消耗越来越大，资源的不可再生与可持续发展和建设节约型社会的矛盾日益突出；老旧城市密集区既有建筑基础加固改造不断提出新任务；传统的地基基础施工工艺对环境的污染，以及施工对周边环境造成的损害，与建设环境友好型社会的矛盾日益凸显。要满足城市发展需求，解决上述这些问题都需要地基基础技术持续创新。我们相信，随着我国社会主义建设的向前发展，对基础工程要求的日益提高，我国土力学与基础工程学科也必将得到新的更大的发展。

思考题

1-1 “地基”与“基础”的核心差别是什么？

1-2 深基础和浅基础的差异体现在哪些方面？（提示：从埋置深度、受力分析、施工方法三个角度考虑）

1-3 地基与基础的设计要求有什么异同点？

1-4 基础学科发展趋势是怎样的？为什么会有这样的趋势？

1-5 基础工程的学习方法与土木工程专业其他课程有什么差别？

第2章　浅基础
Shallow Foundation

本章学习目标

熟悉各类浅基础的概念，了解不同类型浅基础的特点、差异与联系；

熟悉浅基础设计计算流程，掌握浅基础设计荷载与抗力取值规定；

掌握确定地基承载力的方法；

掌握各种无筋扩展基础、扩展基础结构的设计计算方法；

了解柱下条形基础、筏形基础、箱形基础结构的设计计算方法，了解上下部共同工作的概念；

掌握地基变形特征的概念，了解减轻地基不均匀沉降损害的方法。

2.1　概　述

生产力低下的时代地广人稀，人类可以选择适宜的场地修建建筑物。所谓适宜的场地，至少应该周边地质稳定、浅层岩土地基承载力足够，在这样的场地建造基础，无论是基础的埋置深度还是其对建材的要求都不高，因此浅基础是人类最早应用的基础形式。最早的浅基础是无筋扩展基础，随着混凝土、钢材的出现，扩展基础、条形基础、筏形基础、箱形基础等基础形式相继出现，以满足各种建筑对基础不断提高的强度、刚度的要求。

建筑物的出现早于人类对自然科学知识的掌握，因此作为它的必要组成部分，最早出现的无筋扩展基础显然也不需要现代意义的科学计算。但这并不表示所有的浅基础设计都不需要计算，相反，有些浅基础的计算难度比其他种类的基础更复杂。因此浅基础虽然是本书正式介绍基础工程设计知识的第1章，却是学习难度最大的一章。掌握浅基础概念、设计原则以及计算方法对于深入理解基础工程学科知识至关重要。

本章结合《建筑地基基础设计规范》(GB 50007—2011)，首先介绍浅基础的类型，基于浅基础类型比较多的原因，补充介绍了常见浅基础类型的异同点，进而帮助读者通过对比理解不同基础的特点和适用场景，利于在实际工作中给不同的建筑选择合适的基础，最好是能基于对不同形式浅基础进化关系的理解，领悟基础由简入繁的要义，在今后的工作中根据建筑特点、场地特征提出创造性的解决方案。

然后介绍了如何确定基础埋深、如何确定地基承载力、如何确定基础底面尺寸以及如何进行地基变形验算，这四部分内容属于地基设计计算的内容。在介绍如何确定基础底面尺寸之前，介绍了地基基础设计计算的规定，因为确定基础底面尺寸和地基变形验算需要知道如何确定地基基础荷载、抗力和设计标准。

随后介绍四种常见形式基础的结构计算方法，读者阅读后可知除了地基反力取值有特色，基础结构的计算方法与一般结构几乎没有差别。在 2.6、2.7 节的地基设计计算中，隐含了把基础视作刚体、将基底应力的反力分布视为线性分布的假定，因此按照这两节的方法计算（验算）通过后，需把相应基础的刚度设计得足够大。

真实的基础刚度不是无穷大，因此地基反力不是线性分布，将基础视为刚体这种假设用在独立基础、墙下条形基础设计计算中尚可，用在厚度小、长度大的柱下条形基础设计计算中就不合适了，因此准确的地基基础计算应考虑地基、基础、上部结构共同受力、协调变形，共同承担自重和外荷载。

衣食住行是人类最基本的需求，房屋开裂、倾斜则是人们在工作生活中常见的建筑病害，不明就里的群众往往容易产生恐慌和焦虑，本章最后一节介绍了因地基沉降造成建筑物损害的现象、原因和对策，读者阅读该节不仅可深化对地基基础的认识，还可以获得分析日常所见建筑病害产生原因的能力。

2.2 浅基础的类型

2.2.1 无筋扩展基础

建筑的竖向传力构件有柱和墙两种。最早的柱子应是直接抵于地面的，为了防止柱子下沉，便在柱底放一块大石头，于是便出现了最早的浅基础——木柱基础［图 2-1（a）］。它的特征是“扩大”，即石头平面横截面积比柱截面积大——宋代李诫所作《营造法式》即规定：“造柱础之制，其方倍柱之径（原注：谓柱径二尺，即础方四尺之类）。”木柱下设置基础，不仅使柱承载的重量能分布于更大面积的地基上，使建筑得以稳定，而且基础将木柱抬升一定高度，避免了木柱下端因地下毛细水上升浸润、地表雨水飞溅导致的过早腐烂问题，起到了提高木柱耐久性的作用。所以，基础不仅有传递荷载的作用，还有确保上部结构正常使用功能的作用。随着人类文明的进步，建造基础的材料由天然石头发展到了砖、灰土、混凝土、钢筋混凝土等人工材料。建筑工程中，将采用灰土、砖、毛石［图 2-1（b）］、料石、素混凝土等材料建造的基础称为无筋扩展基础［non-reinforced spread footings（foudation）］，在桥涵工程中称为刚性基础［rigid footings（foudation）］。

(a)木柱基础　　　　(b)墙下毛石基础

图 2-1　无筋扩展基础

2.2.2　扩展基础

扩展基础由无筋扩展基础对材料升级而来。钢筋混凝土的出现和应用大大提高了传统结构的承载力，当建造基础所用砖、毛石、素混凝土等用量太大或强度不能满足要求时，可以采用钢筋混凝土建造，所建基础的名称也就去掉“无筋”二字，得到了扩展基础。术语“扩展基础”是现行设计规范《建筑地基基础设计规范》(GB 50007—2011)(以下简称《建筑地基规范》)定义的，包括柱下钢筋混凝土独立基础和墙下钢筋混凝土条形基础两种形式，其特点是在计算中可将基础视为刚体，将地基反力视为线性分布。钢筋混凝土浅基础在公路行业中被称为“柔性基础”，公路行业中的地基基础按照《公路桥涵地基与基础设计规范》(JTG 3363—2019)(以下简称《桥涵地基规范》)(flexible foundation)来设计。由于混凝土中配了钢筋，扩展基础向下传递和扩散荷载的能力比无筋扩展基础强，适用于“宽基浅埋”的情况。

图 2-2 所示为柱下钢筋混凝土独立基础的构造示意图，其中图 2-2 (a) 是台阶形现浇柱基础，图 2-2 (b) 是锥台形现浇柱基础，图 2-2 (c) 是杯口形预制柱基础。构造方面：锥台形基础的边缘高度不宜小于 200 mm，且两个方向的坡度不宜大于 1∶3；台阶形基础的每阶高度，宜为 300～500 mm。现浇柱的插筋的种类、数量以及直径应与柱内纵向受力钢筋相同。预制柱应插入基础中，基础的杯口深度、杯底厚度、杯壁厚度及配筋有特殊要求，具体可见《建筑地基规范》。杯口形基础常用于排架工业厂房，在基础浇筑完工后，立柱安装速度很快。扩展基础的混凝土强度等级一般不低于 C25。

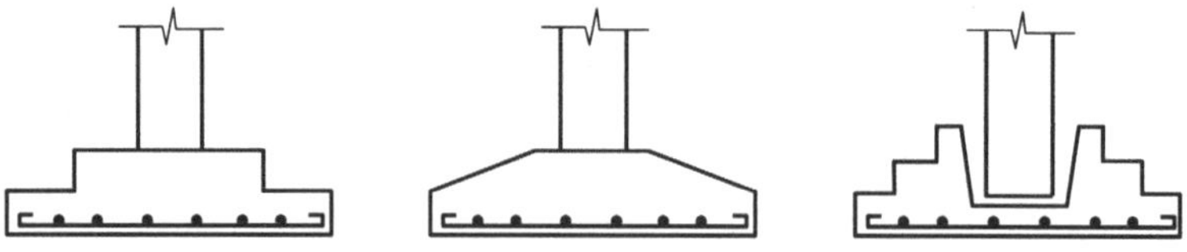

(a)台阶形　　　　(b)锥台形　　　　(c)杯口形

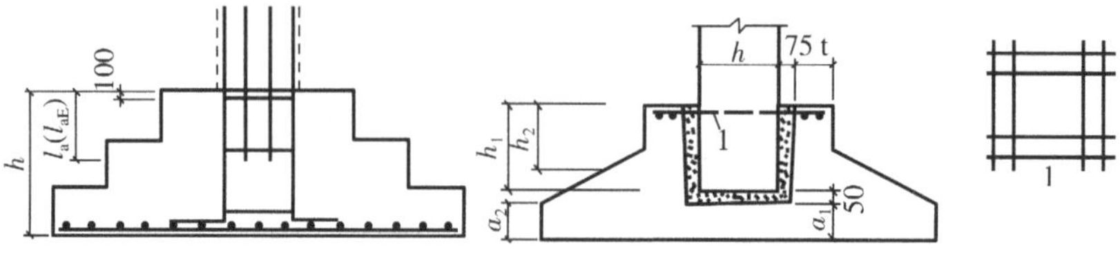

图 2-2　柱下钢筋混凝土独立基础

各种混凝土基础在浇筑混凝土之前，一般应在地基表面铺设一层混凝土垫层。垫层的作用是调平地基表面，使基础底面平整，所以垫层的厚度应至少能找平地基表面的凹凸，一般不宜小于 70 mm，常取 100 mm。垫层也要传递荷载，但因其承载面积与下方地层相同，因此其强度不应低于持力层强度（对于土质地基采用最低强度的混凝土即可）。

图 2-3 所示为墙下钢筋混凝土条形基础（strip footings），它是砌体承重结构墙体及挡土墙、涵洞等条形结构下常用的基础形式。当地基或墙体荷载不均匀时，为了增强基础的整体性和抗弯能力，可以采用有肋的条形基础［图 2-3（b）］，肋中配置足够的纵向钢筋和箍筋。梯形条形基础的边缘高度不宜小于 200 mm，台阶形条形基础的每阶高度宜为300～500 mm。

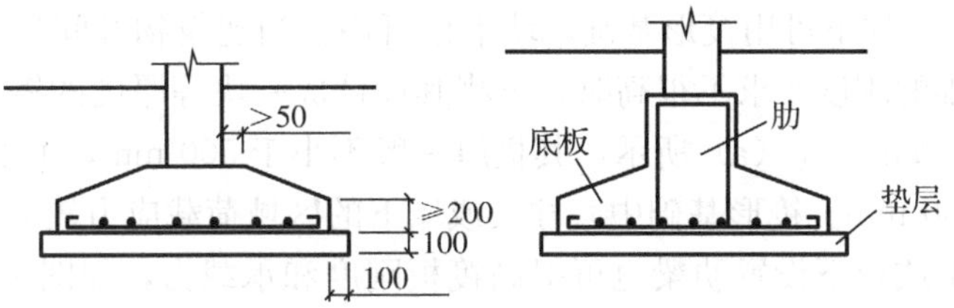

(a)无肋的(梯形)　　(b)有肋的

图 2-3　墙下钢筋混凝土条形基础

2. 2. 3　柱下钢筋混凝土条形基础

当柱下扩展基础的尺寸较大，在一个或两个方向上与相邻柱下基础相连时，就形成了条形基础。图 2-4（a）所示为在一个方向延伸的基础、图 2-4（b）所示为在两个方向延伸的交叉基础，都属于柱下钢筋混凝土条形基础，后者也称十字交叉基础。尽管柱下钢筋混凝土条形基础（简称柱下条形基础）和墙下钢筋混凝土条形基础（简称墙下条形基础）的基础都是条形的，但是墙下条形基础属于扩展基础，而柱下条形基础不属于扩展基础。这是因为墙下条形基础上方作用的荷载也是条形的，因此其地基反力沿纵向也处处相同，基础内力的分析可以作为平面问题来计算，计算中可将地基反力视为线性分布；柱下条形基础上方作用的荷载是集中荷载，地基反力沿纵向处处不同，不能将地基反力视为线性分布，而需将条形基础视为梁构件，先计算基础梁的沿纵向的地基反力，然后计算基底沿横向的地基反力。因此《建筑地基规范》没有把柱下条形基础归为扩展基础一类。构造方面：柱下钢筋混凝土条形基础梁的高度宜为柱距的 1/8～1/4；横截面一般做成倒 T 形，下部伸出部分称为翼板，中间部分称为肋梁。翼板厚度不应小于 200 mm，当翼板厚度大于 250 mm 时，宜采用变厚度翼板，其顶面坡度宜小于或等于 1∶3。

(a)在一个方向延伸的基础　　(b)在两个方向延伸的交叉基础

图 2-4　柱下钢筋混凝土条形基础

2.2.4 筏形基础

扩展基础、柱下条形基础均只利用了建筑物和构筑物下方的部分地基表面来承载。上部结构荷载越大，需利用建筑物下方的地基面积就越大，当全部利用时，基础就成了一块整板，这种基础称为筏形基础（raft foundation），亦称筏板基础、筏片基础、满堂或满堂红基础。当建筑物的全部地基表面抗力都被利用起来也不足以支撑建筑荷载时，就要采用深基础了。

如图 2-5 所示，柱下可用筏形基础，墙下也可用。当建筑物开间尺寸不大，或柱网尺寸较小以及对基础的刚度要求不很高时，可将其设计成一块等厚度的钢筋混凝土平板，即平板式筏形基础，如图 2-5（a）所示，其板厚一般不小于 500 mm，上部结构每增加一层，筏板厚度宜增加 50 mm。筏形基础中，柱下或墙下的区域荷载应力较大，因此除了增加筏板厚度外，在板上或板下设置肋梁也可提高筏板刚度和承载力，如图 2-5（b）（c）所示，这样的筏板称为梁板式或肋梁式筏形基础。筏形基础自身刚度较大，能充分利用建筑占地面积，可以跨越地基中的局部软弱区，减小建筑的不均匀沉降，适用于上部结构荷载较大、地基承载力不高、地基不是非常均匀的情况。筏形基础的混凝土强度等级不应低于 C30，当有地下室时应采用抗渗混凝土。

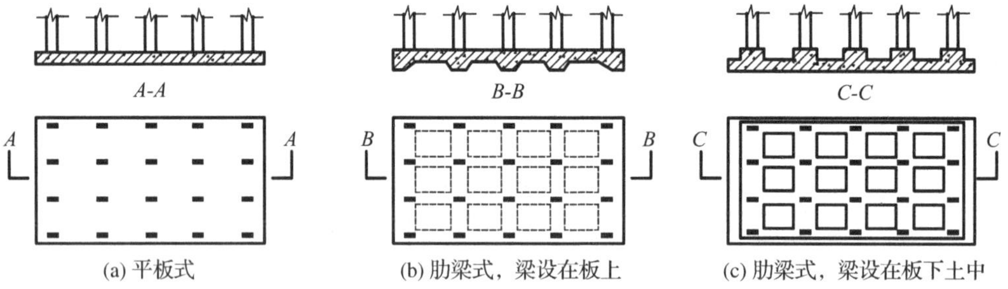

图 2-5　筏形基础示意图

2.2.5 箱形基础

建筑物荷载很大时，筏形基础的厚度就会很大，这时可对筏形基础进行结构优化，采用如图 2-6 所示的空心的整体式基础，这样的基础就是箱形基础（buoyant raft foundation）。箱形基础是由顶板、底板、内墙、外墙等组成的一种空间整体结构，由钢筋混凝土整浇而成。箱形基础刚度很大，整体性好，调整地基的不均匀沉降的能力比筏形基础更强，而且它具有较大的埋深，基础在土体的包围下可形成良好的嵌固，从而具有较好的抗震性，其内部空间可结合建筑物的使用功能设计成地下室、地下车库或地下设备层等。另外，由于箱形基础是空心的，其重量往往远远小于原位置土体的重量，二者重量的差额可使地基支撑更多的建筑荷载。因此箱形基础具有对上部结构荷载进行补偿的效应。上述优势，使箱形基础成为高层建筑中经常采用的基础类型。

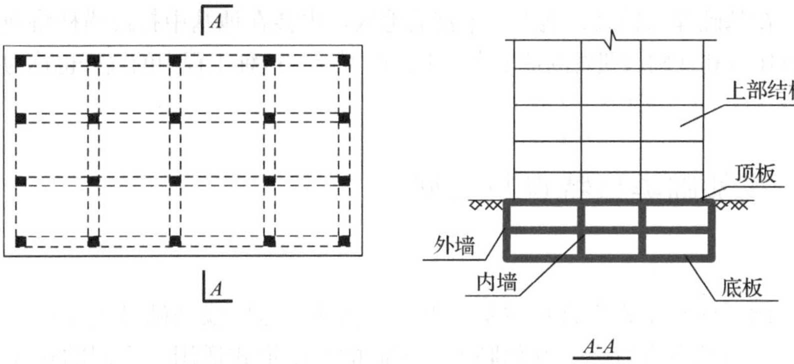

图 2-6　箱形基础组成示意图

箱形基础的高度应满足结构强度、刚度和使用要求，一般取建筑物高度的 1/12～1/8，在抗震设防地区，除岩石地基外，其埋深不宜小于建筑物高度的 1/15，且不宜小于箱形基础长度的 1/18（不包括悬挑部分长度）。构造方面：箱形基础的底板厚度不应小于 400 mm；墙体厚度应根据实际受力情况计算确定，外墙厚度不应小于 250 mm，常用 250～400 mm，内墙厚度不宜小于 200 mm，常用 200～300 mm。箱形基础的整体刚度不仅取决于顶板和底板厚度，顶板和底板之间具有足够数量的内墙、外墙传递剪力，更是箱形基础刚度的保证。因此《建筑地基规范》规定：箱形基础的内墙、外墙墙体的水平截面总面积不宜小于基础水平投影面积的 1/12。

2.2.6　岩石锚杆基础

岩石锚杆基础适用于直接建在基岩上的柱基，以及承受拉力或水平力较大的建筑物基础。图 2-7 所示的锚杆，是在地层中钻孔，然后放入锚杆杆体（通常是钢筋或钢绞线，当杆体为钢绞线时称为锚索），注入水泥浆或细石混凝土形成的。水泥浆凝固后可将杆体与钻孔周边地层黏结在一起使杆体可抗拔。将锚杆的上端锚入基础中，就形成了锚杆基础。锚杆基础可承受拉力，避免基底脱空和应力重分布，多用于岩石地基上的柱基，以及承受拉力或水平力较大的建筑物基础。锚杆基础应与基岩连成整体，锚杆孔直径宜取锚杆筋体直径的 3 倍，且不应小于一倍锚杆筋体直径 d_1＋50 mm。水泥浆强度不宜低于 30 MPa，细石混凝土强度不宜低于 C30。

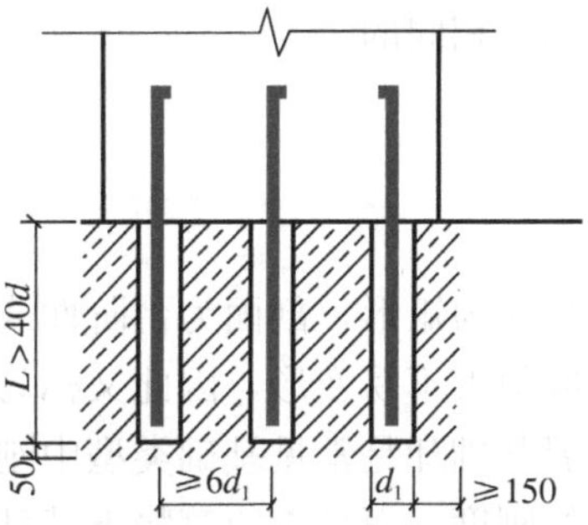

图 2-7　锚杆基础组成示意图

工程中，在基础埋深较大、地下水丰富的地区，也会在地基中打设锚杆将地基与基础连接起来，避免建筑和基础因偶发的地下水位上升而上浮，这种工程中的锚杆也称为抗浮锚杆。

2.3 常见浅基础类型特点与选型

上一节介绍了建筑工程中常见浅基础类型的构造，这些浅基础是人类在实践中逐步摸索发展出来的，它们各有特点又互相联系，不同的基础形式适用于不同的建筑结构和地基条件，体现了人类技术进步的累积。本节通过将各类浅基础作对比来介绍它们的特点以及在不同应用场景下如何为建筑物进行基础选型。

2.3.1 地基承载面积利用率

在各类常见浅基础中，无筋扩展基础与扩展基础都是独立基础，几何外形基本相同，它们的差异在于建筑材料不同。无筋扩展基础与扩展基础的平面形状一般是矩形，少数可能是圆形或其他形状，在平面尺寸相同的情况下，无筋扩展基础与扩展基础对地基承载面积的利用率是相同的。

对于矩形的柱下基础而言，如果柱荷载增大，基础的长宽也要相应增大，以利用更大地基承载面支撑更大的荷载，当相邻柱的基础因尺寸增大而在一个方向上相连时，多个相连的基础就组合成了条形基础，当只有两个基础相连时，就组合成了联合基础。因此宽度相同时，联合基础和条形基础对地基承载面积的利用率高于无筋扩展基础和扩展基础。当相邻柱的基础因尺寸增大而在两个方向上都相连时，就组合形成了十字交叉基础，所以十字交叉基础对地基承载面积的利用率又高于条形基础。

十字交叉基础并未完全利用建筑物下的地基承载面积，要全部利用所有的地基，就要把十字交叉基础下剩余的地基承载面积也用上：把十字交叉中间的空间填满钢筋混凝土，就形成了筏形基础。因此，筏形基础对地基承载面积利用率达到了最大，即 100%。在寸土寸金的发达城市，地基承载面积利用率越高，可建造的楼房楼层就越高，意味着经济效益越好。箱形基础是筏形基础的发展，其抵抗荷载变形的能力显著高于筏形基础，但对地基承载面积的利用率与筏形基础是相同的。

2.3.2 基础刚度

无筋扩展基础与扩展基础平面为矩形，剖面为台阶性或锥形，采用石料、素混凝土或钢筋混凝土建造，基础本身刚度很大不易变形，因此又称为刚性基础。但是在土木工程从业者看来，无筋扩展基础与扩展基础却是常见基础类型中刚度最差的。这是因为从业者所称的基础刚度并非指单个基础的刚度，而是指建筑物下基础整体的刚度。以框架结构建筑为例，当柱下的基础都是无筋扩展基础或扩展基础时，各个柱下基础互不联系，各自承载、各自沉降（因此也称“独立柱基”或“独立基础”），虽然每个基础都是刚体，但整体上看基础刚度为零。因此无筋扩展基础与扩展基础的基础刚度（工程中有时称“刚度”）在所有常见基础中是最低的。

相比之下，柱下条形基础在长度方向上相互联系为一个整体，当柱荷载不均匀或地基反力不均匀时，柱荷载可沿着基础长度方向再分配，使得柱下地基沉降差异减小，基础整体体现出一定刚度。在这种基础下，如果柱下某处地基较为软弱，基础梁可以起到重新分配荷载的作用，使软弱处承担的荷载小一些。因此柱下条形基础可以跨越尺寸不大的软弱地基，适用于地基不太均匀的场地。

参考条形基础的刚度特点分析，很容易理解为什么筏形基础比条形基础具有更大的基础刚度。在地基不均匀程度更大的场地，宜选用筏形基础，以提高基础跨越软弱地基的能力。如果平板式筏板刚度仍然不够，可在柱子所在位置筏板上、下方增加梁，形成肋梁式筏板，以提高基础刚度。如果肋梁式筏形基础刚度还不够，就采用箱形基础。因为箱形基础的中空部分可作地下室用，所以其设计高度一般至少为一层地下室的高度。如果需要刚度很大的基础，其高度可根据需要增加，深厚软土地区的超高层建筑采用可作 4 层、5 层地下室用的箱形基础也不少见，这时需结合地下空间利用进行基础设计。

2.3.3 浅基础结构选形

在基础选形之前需要思考建造基础的目的是什么，也就是要基础实现什么样的功能。第 1 章已经指出：基础是将上部结构荷载传递给地基的结构，这里说的上部结构实际上就是建筑物的柱和墙体，这里说的荷载实际上主要是指竖向力，虽然柱和墙也传递水平力和力矩，但水平力和力矩一般都不是主要荷载。所以，一般情况下，基础的主要功能就是将柱或墙承受的竖向力传递给地基。柱和墙的材料一般是砌体或钢筋混凝土，它们的强度显著高于地基土，因此基础的主要功能是将其顶部承受的柱和墙的荷载往下传递，并在其内部扩散到足够小，以便地基土能承受得住。也是基于此，基础与上部结构在概念上的区别是基础至少有一个表面与地层接触，并向地层传递荷载。

为了实现基础的功能，首先，基础自身需要有足够的结构强度，保证其不会在上下表面作用力夹击下被破坏或变形过大；其次，它要在自身尺寸范围内能将上表面承受的荷载向下扩散到足够小，以确保位于其下表面的地基能承受住。而且，浅基础不是无限大的，它的尺寸选择是受限的：其高度的上限为柱（墙）底面标高与地基表面标高的差值，其平面尺寸上限为建筑物的占地面积。因此，基础设计的两个基本约束条件就有了：①其平面尺寸由上部结构荷载与单位面积地基承载力之比确定；②其高度由上部结构底面标高与地基持力层表面标高之差确定。我们需要做的就是利用第①个约束条件，通过受力计算确定基础的长、宽，然后根据已定的长、宽，在第②个约束条件限制的高度范围内，根据已知基础上下表面的作用力，通过受力计算确定基础的高度和对应的材料。如果所选材料是钢筋混凝土，就是通过抗压强度计算确定基础混凝土强度等级，通过抗冲切确定基础高度，通过抗弯、抗剪计算确定基础主筋、箍筋的强度等级及其面积。

那么，如此多的基础形式，到底该选哪种？下面就是浅基础选形的原则：

①如果基础平面尺寸计算结果表明，柱下的基础互相不联系，即独立基础即可满足承载要求，那么，基础选形就是在无筋扩展基础与扩展基础之间进行。这时，如果基础几何尺寸够大且材料对强度要求不高，则尽量选用便宜的材料能造的基础。一般来说，灰土、浆砌片石、毛石等材料价格较低，可以选择无筋扩展基础。但是无筋扩展基础施工往往需要较多的工人，现在劳动力成本较高，可能采用机械化施工程度较高的素混凝土建造更为经济，这时就应选扩展基础。选择原则：在受力能满足的情况下，应尽量选择造价低的基础形式。

②若场地地层不均匀或局部存在软弱土区，这种情况下，即便计算表明采用独立基础就可满足承载要求，基础也应选择刚度更高的基础，如条形基础甚至筏形基础。因为如果继续采用独立基础，万一其中一个基础坐落在软弱或相对软弱的地基上，则该建筑物建成后可能出现因该基础沉降过大而致墙体开裂。条形基础和筏形基础具有一定刚度，可以减轻或避免建筑物地基不均匀沉降导致的损害，虽然其造价高于独立基础，但是相比建筑物建成后的开裂风险而言，适当增加一些造价是可以接受的。至于计算方面，如果因地层不均不能选择由计算确定的基础形式，则应在修改基础形式后重新计算。注意：基础设计不是做计算题，要根据建筑、场地和地基条件综合考虑、反复计算；相比节约工程投资，保证建筑物的功能和安全更重要。

③当计算确定应采用筏形基础时，就要根据建筑设计要求，考虑采用平板式、肋梁式甚至箱形基础。肋梁式筏形可准确提高柱下位置筏板刚度，比采用整体较厚的平板式筏形基础更经济。但肋梁式筏形基础施工比平板式更复杂：梁在板下的肋梁式筏形基础不需为肋梁施工支模板，但需要为肋梁开挖基槽，且会增加地基表面防水层的施工难度；梁在板上的肋梁式筏形基础不需开挖基槽，但需支模板浇筑肋梁。箱形基础不但刚度大，且其内部空间可作地下室用，但是造价高，施工更复杂，而且如果是低层建筑物就不需要这么高刚度的基础。因此采用何种基础，需综合考虑建筑形式、造价、施工等因素，经比较后选择最优的方案。基础选形除了考虑安全和造价，还需要考虑很多其他因素。

基础选形是一种技术含量很高的工作，一般建筑物基础的造价达到总造价的25%，而且在地面以下施工，难度较大，因此设计中做好基础选形对降低工程造价、降低对周边环境的影响、确保工程安全、加快工程进度具有重要作用。

2.4　浅基础埋置深度的确定

基础埋置深度是指基础底面到地面的距离，简称基础埋深（foundation depth）。建筑工程的地面分为室内地面与室外地面，这里是指室外设计地面。一般来说，为了减小工程量、降低工程造价，在保证安全可靠的前提下，应尽量浅埋，但基础埋深不应小于0.5 m，因为地表土一般较松软，易受雨水及植物根系生长等外界扰动的影响。基础埋深与建筑安全、使用密切相关，因此确定基础埋深要考虑的因素很多，其基本原则如下：

①应满足建筑的功能需求。基础服务于上部结构，因此确定基础埋深时，首先要考虑满足建筑物的用途，如有无地下室和地下设施、作用在基础上荷载的大小和性质等。

②地基必须能提供给基础足够的支撑，且便于施工。必须把基础设置在强度较高、压缩性低的地层上，尽量保证基础施工不受地下水影响。因此确定基础埋深，需考虑场地的工程地质条件和水文条件。

③不能对周边环境产生较大不利影响。不能因为设置了基础而诱发坡体失稳或导致周边建筑不均匀下沉，不能对地下水流动产生显著影响，等等。

④尽量避免周边环境不利因素的影响。需保证在季冻区基础不受地基土冻胀和融陷影响，在河流中基础不受冲刷影响，在湿陷性、膨胀性地基上不受地基变形影响，等等。

虽然原则上确定基础埋深所需考虑的因素众多，但是对于具体工程而言，往往并没有那么复杂，大多数情况下，只是其中 1～2 种因素起决定性作用，所以设计时应从实际出发，在理解各种因素对基础埋深的影响的基础上，抓住其中的主要矛盾，就可以得到合理的埋置深度。下面分别介绍各因素在确定基础埋深工作中所起的作用。

2.4.1 建筑结构条件

建筑结构条件包括建筑物用途、类型、规模与性质。某些建筑物需要具备一定的使用功能，这些功能要求常成为确定基础埋深的先决条件，例如：建筑必须设置地下室或设备层及人防工程时，基础埋深就要够深；高层建筑物设置电梯处，需有至少 1.4 m 深电梯缓冲坑，该处基础埋深就要局部加大。

建筑物的结构类型不同，对地基基础产生的位移适应能力也不同。对于静定结构，中、小跨度的简支梁来说，地基变形对确定基础埋置深度影响不大。但对超静定结构，即使地基基础发生较小的不均匀沉降也会使结构构件内力剧增，为了减少地基不均匀沉降变形，有时，将基础埋深加大，直至放到坚实的土层上。

承受较大水平荷载的基础，应有足够大的埋置深度以保证建筑的稳定性。高层建筑荷载大，且又承受风力和地震作用等水平荷载，《高层建筑筏形与箱形基础技术规范》（JGJ 6—2011）规定，在抗震设防区，除岩石地基外，天然地基上的箱形和筏形基础埋置深度不宜小于建筑物高度的 1/15，桩箱或桩筏基础埋置深度（不计桩长）不宜小于建筑物高度的 1/18。

建筑物外墙常有上水、下水、煤气等各种管道穿行，这些管道的标高往往受城市管网的控制，不易改变，这些管道一般不可以设置在基础底面以下，因此，管道进出建筑处，基础埋深应满足设置管道的要求。

应避免单体建筑的不同类型基础互相产生不利影响，如单层工业厂房排架柱基础与邻近的设备基础，如果两基础间的净距与其底面间的标高差不满足要求时，则按最大埋深统一设置。单体建筑物尺寸较大的基础各部分埋深不同时，为避免滑动，基底不宜做成斜坡，而应做成台阶形过渡。台阶的宽高比一般为 1∶2，每阶高度不超过 500 mm，如图 2-8 所示。

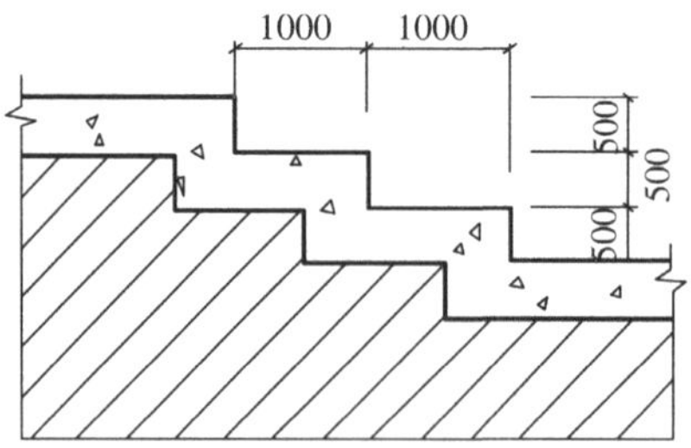

图 2-8　台阶形基础

2.4.2　建筑场地环境条件

位于稳定土坡坡顶上的建筑，基础与土坡边缘应具有一定距离，以免基底附加应力对边坡稳定性产生影响。《建筑地基规范》规定，当垂直于坡顶边缘线的基础底面边长小于或等于 3 m 时，其基础底面外边缘线至坡顶的水平距离（图 2-9）应符合下式要求，但不得小于 2.5 m。

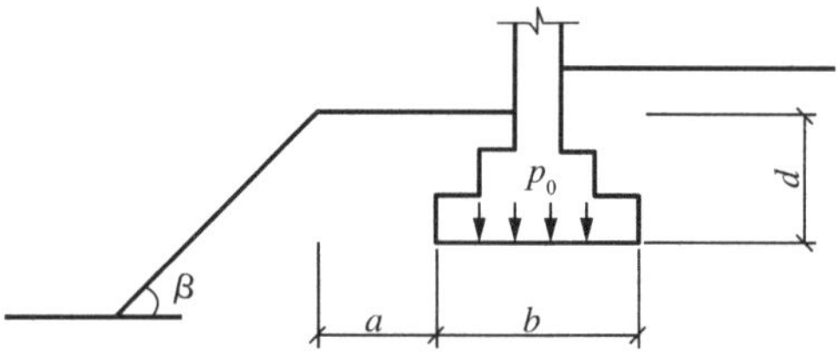

图 2-9　基础底面外边缘线至坡顶边缘线的水平距离

对于条形基础：

$$a \geqslant 3.5b - \frac{d}{\tan\beta} \tag{2-1}$$

对于矩形基础：

$$a \geqslant 2.5b - \frac{d}{\tan\beta} \tag{2-2}$$

式中，a 为基础底面外边缘线至坡顶的水平距离；b 为垂直于坡顶边缘线的基础底面边长；d 为基础埋置深度；β 为边坡坡度。

当不满足式（2-1）、式（2-2）的要求时，应进行地基稳定性验算。这两个距离是按 $0.1p_0$ 附加剪应力等值线不与边坡坡面相交的原则确定的。

对新建建筑周边存在既有建筑的情况，新建建筑对地基产生的附加应力可能使周边地基产生新的沉降，引起周边原有建筑物产生倾斜甚至开裂，为了减小对原有建筑物的影响，新建建筑物的基础埋深不宜大于原有建筑基础。否则各建筑基础间应保持一定净距 L，其数值应根据原有建筑物荷载大小、基础形式、土质情况及结构刚度大小而定，且不宜小于最近基础底面高差 ΔH 的 1 倍，如图 2-10 所示。如果不能满足这一要求，应采取专门措施进行处理。

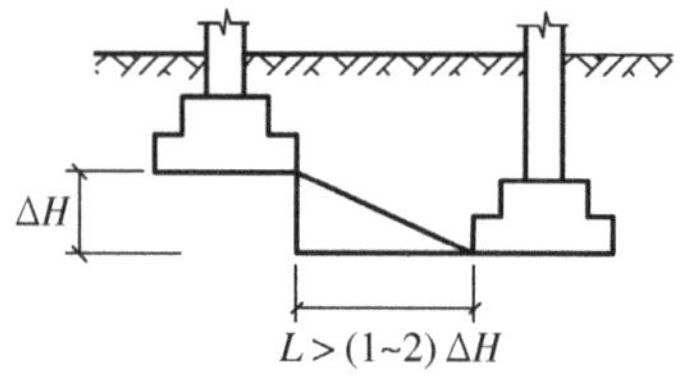

图 2-10　相邻基础的埋深

2.4.3 工程地质条件

工程地质条件是对工程建筑有影响的各种地质因素的总称，主要包括地形地貌、地层岩性、地质构造、地震、水文地质、天然建筑材料以及岩溶、滑坡、崩坍、砂土液化等各种不良物理地质现象。工程地质条件是影响基础埋置深度的重要因素之一。在满足地基稳定和变形要求的前提下，基础应尽量浅埋，利用浅层岩土做持力层。当浅层岩土承载力不满足要求时，就应加大基础埋置深度。大多数情况下，下层土的地基承载力高于上层土，但是在湖区、滨海地区，上层土经过地表荷载、蒸发作用，已经形成硬壳，下层仍为软土，若基础埋深较大，则地基承载力反而不能满足要求，这时可考虑采用“宽基浅埋”的方案。

当地基土在水平方向很不均匀时，同一建筑物的不同基础埋深可不相同，以获得足够的地基承载力，调整建筑的不均匀沉降。当地层为易风化的软质岩时，基础可以浅埋，但施工时应在基坑开挖之后立即铺垫层，以免岩层表面暴露时间过长而被风化。基础在风化岩石层中的埋置深度应根据其风化程度、冲刷深度及相应的承载力来确定。如岩层表面倾斜时，应将地基表面建造成台阶形，避免基础产生滑动，在陡峭山坡上修建桥台时，还应注意岩体的稳定性。

2.4.4 水文条件和水文地质条件

水文条件是指水位、水量、流速、水质及流向的变化，降水量、蒸发量及历史水情等。水文地质条件是有关地下水形成、分布和变化规律等条件的总称，包括地下水的补给、埋藏、径流、排泄、水质和水量等。选择基础埋深时应注意地表水的水文条件和地下水的埋藏条件及动态。

地表流水特征是影响水中基础埋深的主要因素之一，在河流中修建建筑基础和桥梁墩台，往往使流水面积缩小，流速增加，引起水流冲刷河床。在有冲刷的河流中，为防止桥梁墩台、基础四周和基底下土层被水流掏空造成的不利影响，基础必须埋置在设计洪水的最大冲刷线（maximum scour depth）以下一定深度，以保证基础稳定性。在一般情况下，小桥涵的基础底面应设置在最大冲刷线以下不小于 1 m 处。所谓最大冲刷线，是指洪水期间河床的标高。与之相对应的概念是一般冲刷线，是指建桥后墩台基础压缩水流在桥下河床断面内发生新的冲刷形成河床的标高。最大冲刷仅发生在基础周边，因此也叫局部冲刷线。基础埋入设计冲刷线以下的最小深度不是一个定值，它与河床地层的抗冲刷能力、计算设计流量的可靠性、选用计算冲刷深度的方法、桥梁的重要性以及破坏后修复的难易程度等因素有关。

当有地下水存在时，基础底面应尽量埋置在地下水位以上，避免地下水对基础施工的影响。若基础底面必须埋置在地下水位以下时，除应考虑基坑排水、坑壁围护以及保护地基土不受扰动之外，还应考虑可能出现的其他施工与设计问题，如出现涌土、流砂现象的可能性以及地下水浮托力引起基础底板的内力变化等，并采取相应的措施。

对埋藏有承压含水层的地基，确定基础埋深时必须考虑承压水的作用，以免在开挖基坑时坑底土被承压水冲破，从而引起涌土、流砂现象。如图 2-11 所示的场景，应尽量减小基础埋深，以控制基坑开挖深度，确保该处由坑底土产生的总覆盖压力 σ_z（坑底土的自重应力），大于承压含水层顶部的水压力 u 。一般情况下，宜满足 $\sigma_z/u > 1.4$ ，否则应设法降低承压水头。

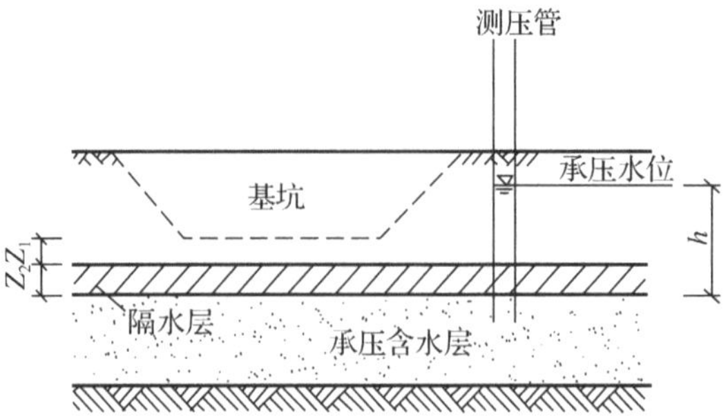

图 2-11　基坑下埋藏有承压含水层的情况

2.4.5　地基冻融条件

温度处于冰点以下的地层中，含有冰的各种土称为冻土，冻土分为多年冻土和季节性冻土。季节性冻土地区地基会出现冻胀（frost heaving）和融陷（thaw collapsibility）现象。在冻土区的建筑基础，所选基础埋置深度应该能确保基础不受地基冻胀、融陷的影响。为此，需先了解土体冻胀和融陷的机理，然后研究如何确定冻土地区基础埋置深度。

（1）土体冻胀、冻融的机理

土发生冻胀是冻结时土中水分从未冻结区向冻结区迁移和积聚的结果。地面以下一定深度内的土层温度会受大气影响，当大气负温传导到地下，表层土中的自由水首先冻结成冰晶体。随着地温继续下降，土粒结合水的最外层也开始结冰，使冰晶体逐渐扩大形成冻结区。随着冰晶体周围土粒结合水析出结冰，结合水膜厚度持续减薄，土粒就产生了多余的负电荷引力，水膜中的离子浓度也相应增大，产生了渗透吸力。在这两种吸引力作用下，未冻结区的水分被吸引到冻结区来中和吸引力，但吸引过来的水随之冻结，让冰晶体增大的同时并没有中和前述两种引力。因此，当未冻结区存在地下水源和地下水上升通道（即毛细通道）时，水分可被两种引力源源不断吸引到冻结区参与冻结。这样，表层土中冰晶体会不断扩大以至形成冰夹层，而地面则随之发生隆起，这种隆起即冻胀现象。到了春天，气温上升到零度以上，地基中的冰夹层融解，地面随之下陷，这种下陷即融沉现象。过量水分集聚在土中不能消散，可导致地基软化。

（2）地基冻胀影响因素与分类

影响土体冻胀的因素：土的组成、水的含量及降温幅度以及速度。土中结合水含量越低、颗粒间空隙越大，毛细现象越弱的土体，冻胀性就越低；反之则越高。碎石土、砾砂、粗砂、中砂、细砂，《建筑地基规范》将其按不冻胀考虑。黏性土土粒矿物成分亲水性强，能持有较多结合水，因此冻胀性可能会很强。粉土颗粒吸水性不如黏性土，但是土中毛细现象严重，可形成较好的水分上升通道，因此冻胀性也可能会很强。塑性指数很高的黏土，虽然矿物亲水性强，冻结后剩余吸力大，但是弱结合水层厚，阻塞了颗粒间毛细水上升的孔隙通道，冻胀性反而有所降低。

当冻结区下方地下水位较高，毛细水上升高度能够达到或接近冻结线，使冻结区得到外部水源的补给时，可发生比较强烈的冻胀。通常将冻结过程中有外来水源补给的称为开敞型冻胀，而冻结过程中没有外来水源补给的称为封闭型冻胀。开敞型冻胀比封闭型冻胀严重，冻胀量大。

气温降低是冻胀发生的重要外因，但是如气温骤降且冷却强度很大，土的冻结锋面迅速向下推移，即冻结速度很快，此时土中弱结合水及毛细水来不及向冻结区迁移就在原地冻结成冰，毛细通道也被冰晶体所堵塞。这样，水分的迁移和积聚现象就不会发生，在土层中几乎没有冰夹层，只有散布于土孔隙中的冰晶体，所形成的冻土一般无明显冻胀。

《建筑地基规范》根据土的种类、冻前含水率，地下水位距离冻结面的距离，将地基土的冻胀性划分为不冻胀、弱冻胀、冻胀、强冻胀和特强冻胀五类。

（3）冻胀地基基础最小埋置深度确定

原则上，基础底面应埋置在场地设计冻深以下，避免建筑因地基冻胀导致的上抬以及融陷导致的沉降。对于冻土地区各场地，《建筑地基规范》规定其地基设计冻深按式(2-3)确定。

$$z_d = z_0 \cdot \psi_{zs} \cdot \psi_{zw} \cdot \psi_{ze} \tag{2-3}$$

式中，z_d 为设计冻深；z_0 为标准冻深，通过查标准冻深图确定，是根据各地在地表平坦、裸露、城市之外的空旷场地中，进行不少于 10 年实测的最大冻深平均值绘制出的；ψ_{zs} 为土的类别对冻深的影响系数，按表 2-1 取值；ψ_{zw} 为土的冻胀性对冻深的影响系数，按表 2-2 取值；ψ_{ze} 为环境对冻深的影响系数，按表 2-3 取值。环境对冻深的影响系数：当城市市区人口为 20 万～50 万时，ψ_{ze} 按城市近郊取值；当城市市区人口大于 50 万且小于或等于 100 万时，ψ_{ze} 只计入市区影响；当城市市区人口超过 100 万时，除计入市区影响外，还应考虑 5 km 以内的郊区近郊影响系数。

表 2-1　土的类别影响系数表

土的类别	影响系数 ψ_{zs}
黏性土	1.00
细砂、粉砂、粉土	1.20
中砂、粗砂、砾砂	1.30
大块碎石土	1.40

表 2-2　土的冻胀性影响系数

冻胀性	影响系数 ψ_{zw}
不冻胀	1.00
弱冻胀	0.95
冻胀	0.90
强冻胀	0.85
特强冻胀	0.80

表 2-3 环境影响系数

周围环境	影响系数 ψ_{ze}
村、镇、旷野	1.00
城市近郊	0.95
城市市区	0.90

冻胀对基础的影响，最终体现在力学上，但是土的类别、土的冻胀性、环境对冻深的影响，并不能用力学揭示。理解表 2-1～表 2-3 需要从热学角度着手：土的热传导性越好，地基冻深越大，因此表 2-1 中大块碎石土的冻深影响系数更大；土层冻胀性越高，其冻结过程的吸热能力、冻结后的隔热能力越强，因此表 2-2 中特强冻胀的冻深影响系数最小；城市的热岛效应导致地基冻深减小，因此表 2-3 中城市市区的冻深影响系数最小。

地基冻结产生上抬的冻胀力，但是基础地面压力可以平衡其中一部分，而且不同形式的基础对抵抗地基上抬破坏的能力不同，建筑物采暖在一定程度上也可降低冻胀程度。考虑这些有利因素，为降低工程难度和成本，《建筑地基规范》规定建筑基底下允许残留一定冻土层厚度，在式（2-3）计算的基础上，考虑冻胀影响的基础最小埋深按下式确定。

$$d_{min} = z_d - h_{max} \tag{2-4}$$

式中，h_{max} 为基础底面下允许残留冻土层的最大厚度。

表 2-4 表明基底压力越大，基础整体性越强，建筑基底下允许残留冻土层厚度越大，采暖的建筑比不采暖的建筑基底下允许残留冻土层厚度大。

表 2-4 建筑基础底面下允许冻土层最大厚度 h_{max}

单位：m

冻胀性	基础形式	采暖情况	基底平均压力					
			110 kPa	130 kPa	150 kPa	170 kPa	190 kPa	210 kPa
弱冻胀土	方形基础	采暖	0.90	0.95	1.00	1.10	1.15	1.20
		不采暖	0.70	0.80	0.95	1.00	1.05	1.10
	条形基础	采暖	>2.25	>2.50	>2.50	>2.50	>2.50	>2.50
		不采暖	2.20	2.50	>2.50	>2.50	>2.50	>2.50
冻胀土	方形基础	采暖	0.65	0.70	0.75	0.80	0.85	
		不采暖	0.55	0.60	0.65	0.70	0.75	
	条形基础	采暖	1.55	1.80	2.00	2.20	2.50	
		不采暖	1.15	1.35	1.55	1.75	1.95	

除以上介绍的因素外，确定基础深度需要考虑的因素还有很多。如现代城市在拟建建筑下方可能有地铁、人防等地下结构，确定基础埋深的时候，需考虑既有地下结构的影响；或者拟建建筑周边规划有各种地下基础设施，确定基础埋深的时候，最好综合考虑将

来地下结构的影响；为了利用地热资源，确定基础埋深时，可能要考虑设置地源热泵等节能环保设备的空间；随着海绵城市技术的推广，考虑到利用地层储水的情况，可能需要适当加大基础埋深。

2.5 地基承载力

当基础埋深确定后，基础高度就基本定了，再确定基础的底面积就得到了基础外轮廓。确定基础底面积的原则：基础的底面积要够大，以便将上部结构荷载扩散到地基能够承受的程度，其实质是确保基础的基底压力小于其下的地基承载力。因此，开展基础设计前首先要确定地基承载力（ground bearing capacity）。

地基所能承受荷载的最大值就是其极限承载力，表示符号为 p_u 。原则上基底压力只要小于地基极限承载力建筑就不会倒塌，但是过大的沉降也是不允许的，因此直接采用地基极限承载力进行基础设计是不可取的。根据设计方法的不同，过去地基承载力取值有两种方式：

①当采用容许应力设计法时，地基承载力应是地基极限承载力除以一个不小于 1 的安全系数（一般 $F_s=2.0$），称该地基承载力为地基承载力容许值，记为 $[\sigma]$。

②当采用承载力极限状态设计法时，地基承载力是地基极限承载力标准值除以一个抗力分项系数，该抗力分项系数是根据地基变异性和设计可靠度确定出来的，称该地基承载力为地基承载力设计值，记为 f_a。

土体是大变形材料，地基受压达到极限值时往往会产生很大的沉降，很多情况是基底压力尚未接近地基极限承载力，基础的沉降变形已经过大，导致建筑无法正常使用。因此，仅考虑安全性的容许应力设计法和承载力极限状态设计法都不符合地基承载验算的实际情况。鉴于地基设计多为按沉降控制的设计，现行《建筑地基规范》《桥涵地基规范》的地基承载力设计都是按正常使用极限状态控制，定义的地基承载力为能确保上部结构正常使用的沉降允许值对应的地基承载力，该地基承载力被称为地基承载力特征值，符号为 f_a。为避免与《建筑地基规范》符号混淆，《桥涵地基规范》规定的符号为 f_{a0}。

确定地基承载力的方法有很多，但可以归纳为三类：①根据土力学理论，按地基土的强度指标计算确定；②通过地基载荷试验或其他原位试验确定；③根据岩土状态指标按经验确定。下面分别介绍这些地基承载力确定方法。学习的时候需要注意不同方法所确定地基承载力的名称和表示符号可能是不同的，不要混淆。

2.5.1 按土的强度指标计算确定地基承载力

（1）按土的强度指标计算确定地基承载力容许值

国内外有很多学者曾致力于极限承载力确定方法的研究，如太沙基（Terzaghi）、汉森（Hansen）、魏西克（Vesic）、斯肯普顿（Skempton）等，取得了很多有价值的成果。

例如，太沙基假定基础底面是粗糙的、基底以下的土处于弹性平衡状态，采用极限分析方法导出的地基极限承载力计算公式：

$$p_{\mathrm{u}} = cN_c + qN_q + \frac{1}{2}\gamma bN_\gamma \tag{2-5}$$

式中，c 为黏聚力；q 为基底水平面以上基础两侧的超载，单位为 kPa，$q=\gamma_0 d$，γ_0 为基础底面以上土重度；b 为基底的宽度，单位为 m；d 为基础埋置深度，单位为 m；N_c、N_q、N_γ 分别为无量纲承载力因数，仅与土的内摩擦角有关。

按极限分析方法确定地基极限承载力在《水运工程地基设计规范》（JTS 147—2017）有应用。当采用容许应力法时，用极限承载力 p_{u} 除以安全系数，即得地基承载力容许值 $[\sigma]$，如下式所示：

$$[\sigma] = \frac{p_{\mathrm{u}}}{F_{\mathrm{s}}} \tag{2-6}$$

式中，F_{s} 为安全系数，F_{s} 的取值，视不同设计者对地基安全的要求不同而不同，我国各行业对于土质地基一般统一取 2.0，有些国家取 3.0。

（2）按土的强度指标计算确定地基承载力特征值

采用弹塑性理论，对地基基础受力作一些假定简化推导过程，也可推导出地基承载力的计算公式。基础在中心竖向荷载下，基础底面塑性区的最大发展深度为基础宽度的 1/4 时对应的荷载（用 $p_{\frac{1}{4}}$ 表示）计算公式：

$$p_{\frac{1}{4}} = \frac{\pi(\gamma_{\mathrm{m}}d + c\cdot\cot\varphi + \gamma b/4)}{\cot\varphi + \varphi - \pi/2} + \gamma_{\mathrm{m}}d \tag{2-7}$$

《建筑地基规范》以 $p_{\frac{1}{4}}$ 为地基承载力特征值 f_{a}，将式（2-7）的各项归并为宽度 b、埋深 d、黏聚力 c 三项，得到下式：

$$f_{\mathrm{a}} = M_b\gamma b + M_d\gamma_{\mathrm{m}}d + M_c c_{\mathrm{k}} \tag{2-8}$$

式中，f_{a} 为地基承载力特征值；γ_{m} 为基础埋深范围内各层土的加权平均重度；b 为基础底面宽度，$b\geqslant 6$ m 时，按 6 m 取值，对于砂土，当 $b<3$ m 时，按 3 m 考虑；d 为基础埋深（取基础两侧地标与基底标高差值的小值）；M_b、M_d、M_c 为由 φ_{k} 确定的承载力系数，其计算式由式（2-7）整理得到，设计中，数值可查《建筑地基规范》给出的表格确定，该表格中的数值是在计算结果基础上根据实测数据修正得到的，因此在 $\varphi_{\mathrm{k}}=24^\circ$ 后，表中数据与计算结果不同；c_{k} 为基础下深度 b 范围内土的等效黏聚力标准值；φ_{k} 为基础下深度 b 范围内土的等效内摩擦角标准值。

与式（2-7）相比，式（2-8）采用的地基土强度指标带下标 k，这是因为计算中强度参数取标准值。

《建筑地基规范》还规定，式（2-8）用于竖向荷载偏心和水平力都不大、荷载偏心距 $e\leqslant 0.033b$（b 为偏心方向基础边长）的情形。作这个规定，是因为式（2-7）是基于作用在基础上的荷载为中心竖向荷载的情况推导出来的。

2.5.2 通过原位测试确定地基承载力

由于土的强度相对较低，将其从地下取出会因围压卸除导致结构改变和强度变化，而且根据土的强度指标确定地基承载力的计算理论还有缺陷，因此很多情况下采用强度指标计算确定地基承载力并不准确。原位测试是指直接在现场岩土土层中进行的测试。直接在现场对地基土进行原位测试，没有改变土的结构和所处围压环境，所得结果在大多数情况下更符合实际情况。因此通过原位测试确定地基承载力在工程中最为普遍。通过原位测试确定地基承载力的方法很多，本节仅以三种为例来说明这类方法的基本原理。

（1）采用载荷试验确定岩土地基承载力

载荷试验（load test）采用承压板对地基进行加载，通过测试各级荷载作用下承压板的沉降特征来确定地基承载力。载荷试验的基本成果是如图 2-12 所示的荷载-地基沉降曲线。图 2-12（a）为密实砂土、硬黏土等低压缩性土的典型试验曲线，称为陡降型曲线，其特征是起始段有明显的直线段，其末端为几乎垂直的陡降段。图 2-12（b）为松砂、较软的黏性土等高压缩性土的典型试验曲线，其特征是起始段没有明显的直线段，末端没有明显的陡降段，称为缓变型曲线。称陡降型曲线起始段直线段终点为比例极限荷载，符号为 p_1；陡降段的起点为极限荷载 p_u。取缓变型曲线终止试验的前一级荷载为极限荷载 p_u。

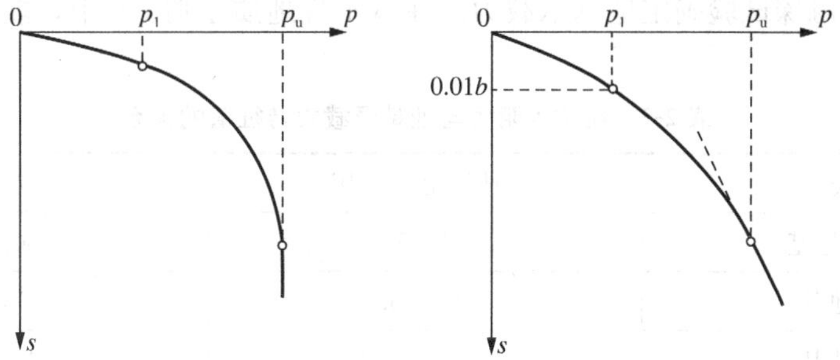

（a）低压缩性土　　（b）高压缩性土

图 2-12　荷载-地基沉降曲线

利用载荷试验确定试验位置的地基承载力特征值的规则：若设计基础时已经知道上部结构的沉降量允许值，则在曲线上取上部结构的允许沉降量对应的荷载为该试验位置的地基承载力特征值；若尚不知上部结构的沉降量允许值，对于陡降型曲线，取比例极限荷载 p_1 为该实验位置的实测地基承载力特征值 f_{ak}；对于缓变型曲线，当载荷试验的承压板面积为 0.25～0.5 m^2 时，取沉降量 $s=$（0.01～0.015）b（b 为承压板的宽度）对应的荷载为该位置的地基承载力特征值 f_{ak}。从安全角度出发，地基承载力的安全系数为 2，因此，若实测 f_{ak} 大于 $p_u/2$，则取 $p_u/2$ 作为该位置的 f_{ak}；若试验未做到极限荷载，则该位置的 f_{ak} 取值不应大于 1/2 最大试验荷载。对同一层土，宜选取三个以上的试验点，当各试验位置所得的承载力特征值的极差不超过其平均值的 30%时，则取此平均值作为该土层的 f_{ak}。

以上 f_{ak} 取值方法适用于土质地基，岩石地基试验方法与土质地基相同，不同的是岩石地基承载力安全系数为 3，若 $f_{ak}>p_u/3$，则取 $p_u/3$ 作为该试验位置的 f_{ak}。每个场地载荷试验的数量不应少于 3 个，且取 3 个值的最小值作为该岩层的 f_{ak}。

与其他方法相比，载荷试验就是实际基础加载过程的模拟，结果直观可靠，因此，

《建筑地基规范》采用载荷试验成果来定义地基承载力特征值：地基承载力特征值为在载荷试验测定的地基土压力变形曲线线性变形段内，规定的变形所对应的压力值，其最大值为比例界限值。不过，尽管载荷试验所测得的结果最符合工程实际过程，其所测得的结果也有很大缺陷：载荷试验一般只能反映1～2倍载荷板宽度的深度以内土体的平均承载和压缩特性。当载荷试验地层以下存在软弱下卧层时，要考虑载荷试验缺陷带来的影响。

（2）采用静力触探试验确定土质地基承载力

静力触探试验（cone penetration test，CPT）是用静力以规定的速度将探头压入地基中来确定地基工程性质的原位测试方法。地基承载力越高，探头感受到的贯入阻力越大，因此可以用静力触探试验结果来确定地基承载力。静力触探根据探头的类型分为两类，分别是单桥探头和双桥探头。单桥探头测试探头的整体阻力，测试结果称为比贯入阻力，符号为 p_s；双桥探头可分别测得探头贯入的锥尖阻力 q_c 和侧壁摩阻力 f_s。

采用静力触探进行地基承载力测试，需要先建立比贯入阻力与地基承载力特征值的经验关系。经验关系建立的标准方法是对地基同时进行静力触探试验和载荷试验，通过对大量试验结果进行统计分析，归纳出相应的经验关系。表2-5所示为《建筑地基检测技术规范》（JGJ 340—2015）建议的经验公式，分别适用于不同的地层情况。有了经验关系后，才可以利用静力触探试验确定地基承载力。在《工程地质手册》[①] 中，能找到更多的经验关系。

表2-5　比贯入阻力与地基承载力特征值的关系

土类	p_s适用范围/MPa	f_{ak}/kPa
黏性土地基	0.4～5.0	$80p_s+20$
粉土地基	1.0～16.0	$47p_s+40$
砂土地基	3.0～30.0	$40p_s+70$

（3）采用动力触探试验确定土质地基承载力

静力触探试验采用静压力测试，需要较大的静压力才能把探头压入地层中；若采用动力将探头打入地基中则更容易。承载力越高的地基，把探头打入相同深度所需的锤击数就越多，因此可以通过动力触探试验（dynamic penetration test，DPT）的锤击数来确定地基承载力。常用的动力触探方法：轻型动力触探试验，锤重10 kg，所测锤击数符号为 N_{10}；重型动力触探试验，锤重63.5 kg，符号为 $N_{63.5}$；超重型动力触探试验，锤重120 kg，符号为 N_{120}。

轻型动力触探过程

同样地，采用动力触探试验确定地基承载力也需要先建立动力触探锤击数和地基承载力特征值的经验关系。《建筑地基检测技术规范》（JGJ 340—2015）对轻型动力触探试验、重型动力触探试验，推荐的经验关系表格如表2-6、表2-7所示。

① 《工程地质手册》第五版，2018年中国建筑工业出版社出版。

表 2-6　轻型动力触探试验推定地基承载力特征值 f_{ak}

单位：kPa

N_{10}/锤击数	5	10	15	20	25	30	35	40	45	50
一般黏性土地基	50	70	90	115	135	160	180	200	220	240
黏性素填土地基	60	80	95	110	120	130	140	150	160	170
粉土、粉细砂土地基	55	70	80	90	100	110	125	140	150	160

表 2-7　重型动力触探试验推定地基承载力特征值 f_{ak}

单位：kPa

$N_{63.5}$/锤击数	2	3	4	5	6	7	8	9	10	11	12	13	14	15	16
一般黏性土地基	120	150	180	210	240	265	290	320	350	375	400	425	450	475	500
中砂、粗砂土地基	80	150	160	200	240	280	320	360	400	440	480	520	560	600	640
粉砂、粉细砂土地基		75	100	125	150	175	200	225	250						

2.5.3　按工程经验确定地基承载力

通过计算确定地基承载力面临计算理论不完善的问题，采用原位测试确定地基承载力存在测试费用较高的问题。地基承载力取决于岩土的物理性质，在长期的工程实践中，岩土工程人员逐步建立了确定各种岩土地基承载力的经验，把这些经验认识归纳和总结起来，结合对既有工程建设资料的统计分析，得到了通过岩土的物理性质指标确定地基承载力的经验方法，从而显著降低了确定地基承载力的成本。

(1) 根据岩土的物理指标查表确定地基承载力

表 2-8 是现行《桥涵地基规范》根据岩石的坚硬程度和节理发育程度确定岩石地基承载力特征值 f_{a0} 的方法；表 2-9 则是该规范根据土名和密实程度确定碎石土地基承载力特征值的方法。《桥涵地基规范》对各种常见岩土都给出了相应的地基承载力表格，这里不一一列举。由于这些表格是基于一般的岩土地基建立的，对复杂的、区域性的地基并不推荐使用。

表 2-8　岩石地基承载力特征值 f_{a0}

单位：kPa

坚硬程度	节理发育程度		
	节理不发育	节理发育	节理很发育
坚硬岩、较硬岩	>3 000	3 000～2 000	2 000～1 500
较软岩	3 000～1 500	1 500～1 000	1 000～800
软　岩	1 200～1 000	1 000～800	800～500
极软岩	500～400	400～300	300～200

表 2-9　碎石土地基承载力特征值 f_{a0}

单位：kPa

土 名	密实程度			
	密实	中密	稍密	松散
卵石	1 200～1 000	1 000～650	650～500	500～300
碎石	1 000～800	800～550	550～400	400～200
圆砾	800～600	600～400	400～300	300～200
角砾	700～500	500～400	400～300	300～200

注：①由硬质岩组成，填充砂土者取高值；由软质岩组成，填充黏性土者取低值。

②半胶结的碎石土按密实的同类土提高 10%～30%。

③松散的碎石土在天然河床中很少遇见，需特别注意鉴定。

④漂石、块石参照卵石、碎石取值并适当提高。

（2）根据强度指标确定岩石地基承载力

《建筑地基规范》对岩石地基的规定，对完整、较完整和较破碎的岩石地基承载力特征值，可根据室内饱和单轴抗压强度按下式计算：

$$f_a = \varphi_r \cdot f_{rk} \tag{2-9}$$

式中，f_{rk} 为岩石饱和单轴抗压强度标准值，单位为 kPa，对于黏土质岩，在确保施工期及使用期不致遭水浸泡时，也可采用天然含水率轴抗压强度；φ_r 为折减系数，根据岩体完整程度以及结构面的间距、宽度、产状和组合，由地区经验确定，无经验时，对完整岩体可取 0.5，对较完整岩体可取 0.2～0.5，对较破碎岩体可取 0.1～0.2。注意这些折减系数值未考虑施工因素及建筑物使用过程中的风化作用。岩石地基的完整程度等级按表 2-10 确定。

表 2-10　岩体完整程度划分

完整程度等级	完整	较完整	较破碎	破碎	极破碎
完整性指数	>0.75	(0.55，0.75]	(0.35，0.55]	(0.15，0.35]	≤0.15

注：完整性指数为岩体纵波波速与岩块纵波波速之比的平方。

根据工程经验制定表格供工程技术人员查阅确定地基承载力，能节约勘察成本、加快设计进度，给地基基础设计人员提供了很大的便利，《桥涵地基规范》《建筑地基规范》在1989年及之前的版本中都提供了地基承载力表。但是我国幅员辽阔，各类岩土性质差异显著，由地区经验总结出的表格并不适用于全国范围。随着我国经济和技术装备的发展，通过原位测试确定地基承载力的条件逐渐具备，2002年《建筑地基规范》修订时取消了这种表格。公路铁路桥涵地基多位于水中，相比建筑工程更难以开展原位测试，因此《桥涵地基规范》还一直保留着。

2.5.4 地基承载力特征值实测值的修正

不同的地基承载力确定方法所得地基承载力的内涵也不同。《建筑地基规范》和《桥涵地基规范》都规定，通过实测确定的地基承载力特征值在用于地基基础计算前，需要根据基础的尺寸和埋深进行修正。那么，为什么要进行修正呢？通过力学学习我们知道，结构构件的承载力大小既取决于材料强度，又取决于其几何尺寸。与构件不同，地层有强度而无尺寸，其在竖向和水平方向都可视为无限大，因此无法确定地层的承载力。注意，前文给出的是地基承载力，而非地层承载力，是因为地基是有尺寸的：地基是受基底荷载影响的那部分地层，地层虽然是半无限空间体，但它受外荷载影响的范围是有限的，因此地基是有尺寸的，而且其尺寸取决于基础的尺寸和埋深。载荷试验测得的地基承载力特征值实际上是承压板尺寸及其埋深对应的地基承载力。当基础的尺寸、埋深与承压板不同时，就不能直接用承压板尺寸、埋深对应的地基承载力特征值计算，而要先按基础尺寸、埋深对实测的地基承载力特征值修正后再用于计算。按其他原位测试以及工程经验确定的地基承载力特征值，本质上是基于载荷试验经验关系得到的，其内涵与载荷试验相同，因此在计算前也应进行深宽修正。

另外仔细的读者可以发现，前文介绍的确定地基承载力的方法中，通过公式计算确定地基承载力特征值的符号是 f_a，通过原位测试和经验确定的符号是 f_{ak}（《桥涵地基规范》中是 f_{a0}）。二者的差异在于：f_a计算公式在推导时已经考虑了基础尺寸、埋深，因此在计算前不需再作深宽修正；f_{ak}是通过承压板试验确定的，未考虑具体基础尺寸。就设计代表值而言，f_a和 f_{ak}都是标准值。

了解了地基基础设计时需要先进行地基承载力特征值修正的原因后，再学习《建筑地基规范》和《桥涵地基规范》中关于地基承载力修正的方法，分别如下：

(1)《建筑地基规范》地基承载力修正方法

《建筑地基规范》规定当基础宽度大于 3 m 或埋置深度大于 0.5 m 时，由载荷试验、其他原位测试以及经验方法确定的地基承载力特征值，按下式修正：

$$f_a = f_{ak} + \eta_b \gamma (b - 3) + \eta_d \gamma_m (d - 0.5) \tag{2-10}$$

式中，f_a为修正后的地基承载力特征值，单位为 kPa；f_{ak}为由载荷试验、其他原位测试以及经验方法确定的地基承载力特征值，单位为 kPa；η_b、η_d分别为基础宽度和埋深的地基承载力修正系数，按基底下土的类别查表 2-11 可得；γ 为基础底面以下土的重度，单位为 kN/m^3（地下水位以下取有效重度）；b 为基础底面宽度，单位为 m（当基础底面宽度小于 3 m 时按 3 m 取值，大于 6 m 时按 6 m 取值）；γ_m为基础底面以上土的加权平均重度，单位为 kN/m^3（地下水位以下取有效重度）；d 为基础埋置深度，单位为 m（实际代表能限制基底平面隆起的基础侧面土体厚度，按不利情况选取：对于独立基础或条形基础，从室内外较低地面标高起算；对于箱形基础或筏形基础，从室外地面标高起算；填方整平地区，建筑施工前完成整平的，从填土面标高起算，建筑施工后完成填土的，从天然地面标高起算）。

表 2-11　承载力修正系数

土的类别		η_b	η_d
淤泥和淤泥质土		0	1.0
人工填土、e 或 I_L 大于等于 0.85 的黏性土		0	1.0
红黏土	含水比 $\alpha_w>0.8$	0	1.2
	含水比 $\alpha_w\leqslant0.8$	0.15	1.4
大面积压实填土	压实系数大于 0.95、黏粒含量 $\rho_c\geqslant10\%$的粉土最大干密度大于 2.1 t/m^3 的级配砂石	0	1.5
		0	2.0
粉土	黏粒含量 $\rho_c\geqslant10\%$的粉土	0.3	1.5
	黏粒含量 $\rho_c<10\%$的粉土	0.5	2.0
e 及 I_L 均小于 0.85 的黏性土		0.3	1.6
粉砂、细砂（不包括很湿与饱和的稍密状态）		2.0	3.0
中砂、粗砂、砾砂和碎石土		3.0	4.4

注：①强风化和全风化的岩石，可参照所风化成的相应土类取值，其他状态下的岩石不修正。

②地基承载力特征值按《建筑地基规范》附录 D 深层平板载荷试验确定时 η_d 取 0。

（2）《桥涵地基规范》地基承载力修正方法

《桥涵地基规范》规定，当基础宽度 b 超过 2 m，基础埋置深超过 3 m，且 $h/b\leqslant4$ 时，地基的承载力特征值，按下式修正：

$$f_a = f_{a0} + k_1\gamma_1(b-2) + k_2\gamma_2(h-3) \tag{2-11}$$

式中，f_a 为修正后的地基承载力特征值，单位为 kPa；f_{a0} 为根据土的物理、力学指标查表或原位测试所得地基承载力特征值，单位为 kPa；b 为基础底面的最小边长度（或直径），单位为 m（当 $b<2$ m 时，取 2 m；$b>10$ m 时，按 10 m 计）；h 为基础底面的埋置深度，单位为 m（对于受水流冲刷的基础，由一般冲刷线算起；不受水流冲刷者，由天然地面算起；对于挖方内的基础，由开挖后地面算起；当 $h<3$ m 时，取 3 m 计算；沉井基础遇到基础宽度和埋深超出以上范围的应另行研究确定）；γ_1 为基底下持力层土的天然重度，单位为 kN/m^3（如持力层在水面以下且为透水者，应采用有效重度）；γ_2 为基底以上土的重度或不同土层的加权平均重度，单位为 kN/m^3（如持力层在水面以下，且为不透水者，不论基底以上土的透水性质如何，应一律采用饱和重度，如持力层为透水者，应一律采用有效重度）；k_1、k_2 分别为宽度、深度的修正系数，按表 2-12 确定。

表 2-12　地基土承载力宽度、深度修正系数 k_1 、k_2

系数	黏性土				粉土	砂土								碎石土			
	老黏性土	一般黏性土		新近沉积黏性土		粉砂		细砂		中砂		砾砂、粗砂		碎石、圆砾、角砾		卵石	
		$I_L \geq 0.5$	$I_L < 0.5$			中密	密实	中密	密实	中密	密实	中密	密实	中密	密实	中密	密实
k_1	0	0	0	0	0	1.0	1.2	1.5	2.0	2.0	3.0	3.0	4.0	3.0	4.0	3.0	4.0
k_2	2.5	1.5	2.5	1.0	1.5	2.0	2.5	3.0	4.0	4.0	5.5	5.0	6.0	5.0	6.0	6.0	10.0

注：①对稍密和松散状态的砂、碎石土，k_1、k_2值可采用中密值的 50%。

②强风化和全风化的岩石，可参照所风化成的相应土类取值；其他状态下的岩石不修正。

如果注意观察，可以发现《建筑地基规范》《桥涵地基规范》的修正公式形式与地基承载力理论计算公式（2-8）接近，实际上表 2-11 和表 2-12 所列系数，就是基于现场实测数据，结合式（2-8）的计算结果综合分析确定的。

对于岩石地基，《建筑地基规范》《桥涵地基规范》都规定强风化和全风化岩石可参照所风化成的相应土类取宽度和深度修正系数值；对其他状态（中风化、微风化、未风化等）岩石地基不作深宽修正。这样的规定，对于强风化和全风化岩石地基偏于保守，因为这两类岩石强度指标往往要高于其所风化成的相应土类，而对于其他状态岩石地基，则是表明规范给出的修正系数不适用于完整程度较高的岩石地基。显然，完整程度较高的岩石地基的地基承载力也与埋深有关，但是岩石地基上的基础宽度和埋深对地基承载力的影响与土质地基不同，其修正方法仍有待深入研究，不能套用土质地基修正方法，所以规范规定不作修正。从这一条规定可以理解规范编制的原则：吸收成熟的方法和经验，对于不成熟的地方先偏于安全地进行处理。

2.6　地基基础设计计算的基本规定

地基基础是土木工程最重要的部分之一，事关人民群众生命财产安全，需遵循一定的程序进行设计。地基基础设计的基本步骤如下：

①取得地基基础设计所需的基本资料，如上部结构（一般为设计图纸、计算书等）、地层和周边环境资料（一般为岩土工程勘察报告）等。基础是置于地基之上、承上启下的过渡结构，因此其设计基本资料至少应包括：上部结构的尺寸、荷载资料，反映地基工程性质与场地及其周边环境的资料，必要时还需要周边施工环境的资料。对于特殊的建筑、可能需进行地基处理的工程，需要的资料更多。

②划分地基基础设计等级。土木工程既是技术活动又是经济活动，除了确保安全性还要保证经济性。重要的、复杂的工程，需要做更深入的工作，等级应该更高，要求收集更多的资料，投入更多人力资源进行分析；次要的、简单的工作，等级可以低一点，在满足

安全性的基础上，节约资源投入。

③拟定地基基础设计方案。设计方案包括基础类型、基础埋深、主要尺寸等要素，它们是工程师根据收集到的资料，根据自己的知识、经验和判断，在全面考虑上部结构功能要求、特征以及地基和场地条件的基础上提出的。知识和经验丰富的工程师可以一次性提出合理的方案，经验不足的工程师提出的方案往往要经过多轮修改。

④进行承载力、变形等各项指标的计算和验算，判断拟定的方案是否满足要求。设计方案是否合理，能否满足要求，需要通过计算来确定。如果方案尺寸不合理，则调整材料、优化尺寸，必要时，需重新拟定设计方案，有些时候，甚至还要补充收集地基和场地资料。在地基和场地条件实在无法满足技术和经济指标要求的情况下，则需对上部结构甚至建筑方案进行调整。

经过上述步骤，最终会得到满足安全性和经济性指标的地基基础设计。交付的成果中应有计算书和各种图纸。图纸一般包括总体布置图、平面图、立面图、剖面图、各种结构详图以及设计说明等。

为确保地基基础的设计质量、保证安全、避免破坏环境和资源浪费，国家编制了相关规范和技术标准进行技术管理，相关各行业也针对本行业特点编制了行业规范，工程师需遵循这些规范的规定进行设计。对于强制性条文，必须严格执行；对于非强制性条文，不执行时一般要有充分的理由。本教材主要介绍《建筑地基规范》对地基基础设计的基本规定，在需要的时候，还会介绍《桥涵地基规范》的有关要求。《建筑地基规范》是国家标准，主要用于指导建筑地基基础设计，《桥涵地基规范》是交通行业标准，主要用于公路桥涵地基基础的设计。对于其他行业，如铁路、港口、矿山等行业，其地基基础设计计算基本原理是相通的，在理解《建筑地基规范》各项规定内涵的基础上举一反三即可。

2.6.1　地基基础设计的基本资料

地基是地层，是建筑荷载的最终载体；基础是结构，是将建筑上部结构荷载传递给地基的过渡结构。从地基基础的作用我们就可以推测设计地基基础所需的基本资料。首先，我们需要知道上部结构的资料，上部结构是基础的服务对象，所以必须知道上部结构的几何构造，一楼的墙、柱的平面位置和标高，以及与基础接触位置处的作用力，这样我们就能确定基础顶面的标高、荷载。然后，基础的荷载最终由地层承受，因此需要基础下方地层的信息。历史上许多重大的基础工程事故，都是因为没有查明地层中存在软弱层所致。为此，国家和各行业规范都规定在进行地基基础设计前必须进行岩土工程勘察。岩土工程勘察的作用就是查明基础周边的条件，其成果为岩土工程勘察报告，合格的勘察报告至少应包括以下信息：

①拟建场地有无影响建筑稳定性的不良地质条件及其危害程度。

②建筑物范围内的地层结构及其均匀性，各岩土层的物理力学性质。

③地下水埋藏情况和水位变化幅度及规律，以及其对建筑材料的腐蚀性。

④在抗震设防区应划分场地土类型和场地类别，对饱和砂土及粉土进行液化判别。

⑤对可备选的地基基础设计方案进行论证分析，提出经济合理的设计方案建议。

⑥提供与设计要求相对应的地基承载力及变形计算参数，对设计与施工应注意的问题

提供建议。

我国过去未经勘察就进行建筑设计，施工出过的问题很多，如今在地基基础设计前进行岩土工程勘察已经成为法定程序。除了场地和地层信息之外，现在的岩土工程勘察报告还会提供建筑所在地区的气候、降雨量、地表水以及周边可用建筑材料分布等资料，供规划、设计、施工时候采用。

2.6.2 地基基础的设计等级划分

《建筑地基规范》规定对地基基础设计应分等级进行，其设计等级根据拟建的建筑结构、所在的场地和地基条件，按表 2-13 确定。

表 2-13 地基基础设计等级

设计等级	建筑和地基类型
甲级	重要的工业与民用建筑物；30 层以上的高层建筑；体型复杂，层数相差超过 10 层的高低层连成一体建筑物；大面积的多层地下建筑物（如地下车库、商场、运动场等）；对地基变形有特殊要求的建筑物；复杂地质条件下的坡上建筑物（包括高边坡）；对原有工程影响较大的新建建筑物；场地和地基条件复杂的一般建筑物；位于复杂地质条件及软土地区的二层及二层以上地下室的基坑工程；开挖深度大于 15 m 的基坑工程；周边环境条件复杂、环境保护要求高的基坑工程
乙级	除甲级、丙级以外的工业与民用建筑物；除甲级、丙级以外的基坑工程
丙级	场地和地基条件简单、荷载分布均匀的 7 层及 7 层以下民用建筑及一般工业建筑；次要的轻型建筑物；非软土地区且场地地质条件简单、基坑周边环境条件简单、环境保护要求不高且开挖深度小于 5.0 m 的基坑工程

《建筑地基规范》对地基基础设计的划分的原则，体现的是对建筑和地基重要性和复杂性差异的区分，重要性越高、复杂程度越高的地基基础，对应的设计等级越高。如：对于 30 层以上的高层建筑，其基底压力很大，采用浅基础时要慎重；而体型复杂、层数相差超过 10 层的高低层连成一体建筑物，基础底面各处基底压力有差异，容易发生不均匀沉降，导致建筑开裂或倾斜，应特别重视。对于重要或复杂的建筑和地基，均应划分为甲级；对于不重要的建筑且简单的地基，才能划分为丙级。以此为原则，分别逐项确定了甲级和丙级地基基础的具体类型，其余的类型归为乙级。

2.6.3 地基基础设计的基本规定

《建筑地基规范》根据建筑物地基基础设计等级以及长期荷载作用下地基变形对上部结构的影响程度，对地基基础的设计做了如下规定：

①所有建筑物的地基计算均应满足承载力计算的有关规定。

②甲级、乙级建筑物均应按地基变形进行设计。部分对沉降不敏感且地基承载力满足一定要求的丙级建筑物可不作地基变形验算。具体可不做沉降验收的情形本章不做介绍，

相关规定可参见《建筑地基规范》。

③对经常受水平荷载作用的高层建筑、高耸结构和挡土墙等，以及建造在斜坡上或边坡附近的建筑物和构筑物，还应验算其稳定性。

④基坑工程应进行稳定性验算。

⑤当地下水埋藏较浅，建筑地下室或地下构筑物存在地下室上浮问题时，还应进行抗浮验算。

从以上规定可知，基础工程设计须对地基的强度、变形、稳定性进行验算。另外，由于基础本身是结构，因此地基基础设计还需要按结构的要求对基础的尺寸、配筋、材料与构造进行设计和验算。

计算是土木工程设计中的核心工作之一，如果工程建设中和建成后建筑物出现结构问题，设计计算书是分析问题原因和追究责任的重要依据。因此地基基础设计中应遵循应算尽算的原则，为了减轻设计人员的计算工作量，《建筑地基规范》虽然规定有些情形可不计算，但是规定非常慎重，例如一般来说丙级建筑物所在的场地和地基都比较简单，建筑重要性也不高，大多可不作变形验算，但是《建筑地基规范》仍规定，只要在建筑、场地(周边环境)、地基任何一方面有特殊之处，均应进行地基变形验算。

另外，由于目前地基基础分析理论和计算方法仍不够深入，许多会导致地基基础性能指标下降的因素仍不能通过力学计算来控制。因此，对于尚不能通过计算确定的设计参数，则需通过构造措施来保证地基基础的性能。对于常见基础，国家标准和各行业规范中做了较为细致的规定，设计中如没有非常透彻的理解和验证，不应修改规范规定的构造要求。

2.6.4 地基基础设计方法与极限状态设计原则

结构设计有两种方法：容许应力法（allowable stress method）和极限状态法（limit state method)。容许应力法采用安全系数来衡量结构的安全程度，规定结构的荷载效应只要小于结构的容许应力（即承载力极限值除以安全系数 K）即可。容许应力法忽略荷载、材料、尺寸等所有因素的不确定性带来的影响，其安全系数与失效概率无关，不同验算指标的安全系数代表的安全程度不能比较。例如，某一挡土墙，即使已知其抗倾覆安全系数为1.5、抗滑安全系数为1.2，也不能判断该挡土墙是更容易滑动还是更容易倾覆。因此容许应力法在逐渐被淘汰，只有在无法确定计算参数的统计特性时才会使用。地基由天然形成的岩土构成，时空变异性很大，对某一地基很难取得可靠的岩土统计参数，因此在涉及地基、地层的计算时，还需采用容许应力法。

整个结构或结构的一部分构件超过某一特定状态就不能满足设计规定的某一功能要求，此特定状态称为该功能的极限状态。按此状态进行设计的方法称为极限状态法。目前常用的极限状态法是以概率论为基础的概率极限状态设计法。该方法要求已知结构各种基本变量的统计特性，然后根据预先规定的可靠度指标求出所需的结构构件抗力，并选择截面。该方法能考虑各因素变异性的影响，使结构具有符合预期的失效概率，并且结构的不同指标之间的可靠度具有可比性。

结构的极限状态有承载能力极限状态和正常使用极限状态两类。承载能力极限状态对应于结构构件达到最大承载能力或不适于继续承载变形的情况，正常使用极限状态对应于结构或结构构件达到正常使用或耐久性能的某项规定限值。它们对应的状态分别如下：

（1）当地基基础出现下列状态之一时，认为超过了承载能力极限状态

①整个结构或结构的一部分作为刚体失去平衡（如倾覆等）。

②结构构件或连接因超过材料强度而被破坏（包括疲劳破坏），或因过度变形而不适于继续承载。

③结构转变为机动体系。

④结构或结构构件丧失稳定（如压屈等）。

⑤地基丧失承载力而被破坏。

（2）当地基与基础结构出现下列状态之一时，认为超过了正常使用极限状态

①影响正常使用或外观的变形。

②影响正常使用或耐久性能的局部破坏（包括裂缝）。

③影响正常使用的振动。

④影响正常使用的其他特定状态。

根据两种极限状态特点，地基基础不同功能指标对应的极限状态不同，其设计方法也不同。对于地基承载力、基础结构承载力、地基基础的稳定性这三个指标，按承载能力极限状态设计；对于地基和基础的变形、裂缝以及其他与耐久性有关的指标，按正常使用极限状态设计。

2.6.5 地基基础的荷载效应组合与抗力取值

《建筑结构荷载规范》（GB 50009—2012）规定：建筑结构设计应根据使用过程中在结构上可能同时出现的荷载，按承载能力极限状态和正常使用极限状态分别进行荷载组合，并应取各自的最不利的组合进行设计。对于承载能力极限状态，应按荷载的基本组合或偶然组合计算荷载组合的效应设计值；对于正常使用极限状态，应根据不同的设计要求，采用荷载的标准组合、频遇组合或准永久组合进行设计。其中常用的荷载效应组合有两种，分别是标准组合和基本组合，它们的计算方法分别如下：

（1）荷载效应的标准组合值 S_k

$$S_k = S_{Gk} + S_{Q1k} + \psi_{c2} S_{Q2k} + \cdots + \psi_{cn} S_{Qnk} \tag{2-12}$$

式中，S_{Gk} 为按永久荷载标准值 G_k 计算的荷载效应值；S_{Qik} 为按可变荷载标准值 Q_{ik} 计算的荷载效应值；ψ_{ci} 为可变荷载 Q_i 的组合值系数（代表荷载 Q_i 与 Q_1 同时出现的可能性）。

（2）荷载效应的基本组合值 S

$$S = \gamma_G S_{Gk} + \gamma_{Q1} S_{Q1k} + \gamma_{Q2} \psi_{c2} S_{Q2k} + \cdots + \gamma_{Qn} \psi_{c2} S_{Qnk} \tag{2-13}$$

式中，γ_G 为永久荷载的分项系数；γ_{Qi} 为第 i 个可变荷载的分项系数，取值反映该荷载的不确定性，并与结构可靠度相关。

因为《建筑结构荷载规范》（GB 50009—2012）规定 γ_G 与 γ_{Qi} 的取值范围为 1.2～1.4，因此有 $S = (1.2 \sim 1.4)S_k$ 。传至基础顶面的荷载效应中，往往永久荷载效应占比大，为简化计算，《建筑地基规范》规定，荷载效应基本组合值 S 可按下式确定：

$$S = 1.35S_k \tag{2-14}$$

在进行地基基础设计时，《建筑地基规范》对所采用的荷载效应组合值与相应的抗力限值有如下规定：

①按地基承载力确定基础底面积、埋深或按单桩承载力确定桩数时，传于基础或承台底面上的荷载效应应按正常使用极限状态下荷载效应的标准组合取值，相应的抗力应采用地基承载力特征值或单桩承载力特征值。

②计算地基变形时，传至基础底面上的荷载效应应按正常使用极限状态下荷载效应的准永久组合取值，不计入风荷载和地震作用，相应的限值应为地基变形允许值。

③计算挡土墙、地基或滑坡稳定以及基础抗浮稳定时，作用效应应按承载能力极限状态下作用的基本组合取值，但其分项系数均为 1.0。

④在确定基础或桩、承台、支挡结构截面，计算基础或支挡结构内力，确定配筋和验算材料强度时，上部结构传来的荷载和相应的基底反力，应按承载能力极限状态下荷载效应的基本组合取值，采用相应的荷载分项系数。当需要验算基础裂缝宽度时，应按正常使用极限状态荷载效应标准组合取值。

⑤基础设计安全等级、结构设计使用年限、结构重要性系数应按有关规范的规定采用，但结构重要性系数 γ_0 不应小于 1.0。

上述规定与前述极限状态设计原则规定不符：首先，按极限状态的规定，原则上地基承载力应按承载力极限状态进行设计，对应的荷载效应为基本组合；《建筑地基规范》规定按正常使用极限状态下荷载效应的标准组合取值。这是因为地基承载力特征值是按变形确定的，即按正常使用允许的沉降值确定，因此地基承载力按正常使用极限状态进行设计。其次，计算挡土墙、地基或滑坡稳定以及基础抗浮稳定时，虽按承载力极限状态设计，但其分项系数均为 1.0。这是因为在这些计算中涉及地层参数取值问题，而大多数工程中很难掌握准确的地层参数统计特性，无法确定合适的抗力分项系数，因此对荷载也忽略相应的荷载分项系数，即取 1.0。

2.7 基础底面尺寸的确定

2.7.1 地基承载力验算原则

在地基基础设计中，从经济角度考虑应将基础尺寸设计得尽可能小，但为了确保建造物的安全和正常使用，基础底面的应力不应大于地基承载力，即各级各类建筑物浅基础的地基承载力验算均需满足下式的要求：

$$p_k \leqslant f_a \tag{2-15}$$

基础底面的平均压力 p_k 不得大于修正后的地基承载力特征值 f_a。这里所采用的验算荷载 p_k 按荷载效应的标准组合取值，因为地基承载力验算是同时确保基础安全和沉降变形不超过上部结构的允许值，应按正常使用极限状态进行设计。

当基底应力不均匀时，为了避免基础两端发生过大不均匀沉降，还要求基底最大压力 p_{kmax} 满足下式：

$$p_{kmax} \leqslant 1.2 f_a \tag{2-16}$$

式中，p_k 为相应于荷载效应标准组合时，基础底面平均压力值，单位为 kPa；p_{kmax} 为相应于荷载效应标准组合时，基础底面最大压力值，单位为 kPa；f_a 为修正后的地基承载力特征值，单位为 kPa。

需注意的是，地基承载力验算需同时满足式（2-15）和式（2-16）。

2.7.2 基础底面积估算

图 2-13 所示为一独立基础，其埋深为 d，承受作用于基础顶面的各种荷载，若令基础底面积为 A，则基底平均压力 p_k 可按下式确定：

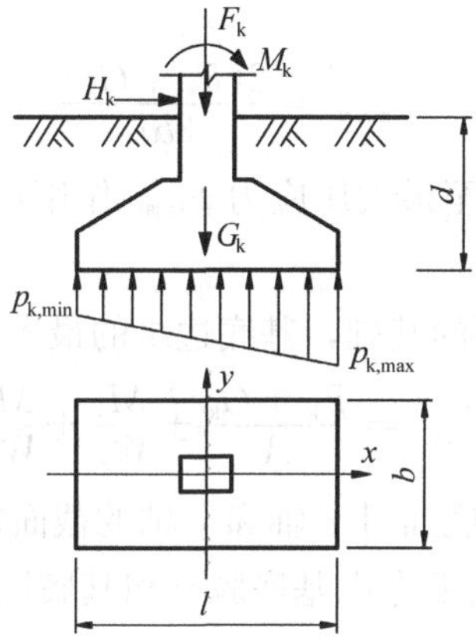

图 2-13 独立基础

$$p_k = \frac{F_k + G_k}{A} \tag{2-17}$$

式中，F_k 为上部结构传至基础顶面竖向力的荷载效应标准组合值，单位为 kN；G_k 为基础自重和基础上的土重，单位为 kN（对实体基础，可近似地取 $G_k = \gamma_G A d$（γ_G 为基础及回填土的平均重度，可取 20 kN/m^3，位于地下水位以下部分应扣去浮力）。

将式（2-17）代入式（2-15），可得

$$A \geqslant \frac{F_k}{f_a - \gamma_G d} \tag{2-18}$$

若基础为墙下条形基础，通常沿墙长度方向取 1 m 进行计算，即 l=1 m，此时可得基础宽度为

$$b \geqslant \frac{F_k}{f_a - \gamma_G d} \tag{2-19}$$

式中的 F_k 相应为基础沿墙长度方向单位长度上的荷载，单位为 kN/m。

当基础顶面荷载仅有中心荷载 F_k 时，面积 A 即为所求基础底面积。当基础顶面荷载 F_k 为偏心荷载，或有弯矩、水平力作用时，还需确定基底压力是否满足式（2-16），因此

利用式（2-18）求得的基础底面积 A 只是估算值，不是最终基础底面积。同样地，利用式（2-19）所确定的墙下条形基础宽度也是估算值。

2.7.3 基底最大压力计算

如图 2-13 所示，当基础顶面作用单向弯矩 M_k 时，基础底面边缘的最大、最小压力值计算方法为

$$p_{\text{kmin}}^{\text{kmax}} = \frac{F_k + G_k}{A} \pm \frac{M_k}{W} = \frac{F_k + G_k}{A}\left(1 \pm \frac{6e}{l}\right) \tag{2-20}$$

式中，e 为荷载偏心距，l 为力矩作用方向的矩形基础底面边长。

当计算所得 $p_{\text{kmin}} < 0$ 时，基础与地基之间本应产生拉应力，但浅基础底面与地基土之间不会存在拉力，因此基底会脱空，导致基底压力重分布使 $p_{\text{kmin}} = 0$ ，这种情况下，边缘最大压力 p_{kmax} 的计算公式为

$$p_{\text{kmax}} = \frac{2(F_k + G_k)}{3ba} \tag{2-21}$$

式中，a 为偏心荷载作用点至最大压应力 p_{kmax} 作用边缘的距离；b 为垂直于力矩作用方向的基础底边边长。

对于承受双向偏心荷载作用的基础，基底边缘的最大、最小压力值可按下式计算：

$$p_{\text{kmin}}^{\text{kmax}} = \frac{F_k + G_k}{A} \pm \frac{M_x}{W_x} \pm \frac{M_y}{W_y} \tag{2-22}$$

式中，W_x 、W_y 分别为基础底面对 x 轴和 y 轴的截面抵抗矩，单位为 m^3。

若计算所得 $p_{\text{kmin}} < 0$ 时，需要考虑基底脱空和基底压力重分布，更新计算公式后重新计算。

2.7.4 软弱下卧层验算

地壳表层土大多是成层的，且土层的强度随深度而增加，而基底压力在地基中引起的附加应力则随深度而减小，因此只要验算基础底面持力层承载力即可。但是，诸如湖区和滨海地区，在上部较硬持力层下往往分布有承载力很低的软土层，这时就需验算下卧层的承载力，确保下卧层顶面处的附加应力与土体自重应力之和不超过下卧层的地基承载力，即

$$p_z + \sigma_{cz} \leqslant f_{az} \tag{2-23}$$

式中，p_z 为相应于荷载效应标准组合时，下卧层顶面处的附加应力平均值；σ_{cz} 为下卧层顶面处土的竖向自重应力值；f_{az} 为下卧层顶面处经深度修正后的地基承载力特征值。

根据弹性半空间体理论，地基中的附加应力在基础底面中轴线处最大，沿水平和竖直方向向四周扩散，呈复杂的非线性分布，如果还考虑地层上硬下软，地基内的附加应力分布规律则更为复杂，因此准确求解 p_z 比较困难。有关单位通过试验研究，结合双层地基中附加应力分布理论，提出计算 p_z 的简化方法：当持力层与软弱下卧层的压缩模量比值 $E_{s1}/E_{s2} \geqslant 3$ 时，对矩形和条形基础，可按压力扩散角的概念计算 p_z 。如图 2-14 所示，假定基底处的附加压力（$p_k - \gamma_m d$）在持力层内往下传递时在水平面上保持均匀分布，并按角度 θ 向 x、y 两个方向扩散，可得到 p_z 的计算式如下：

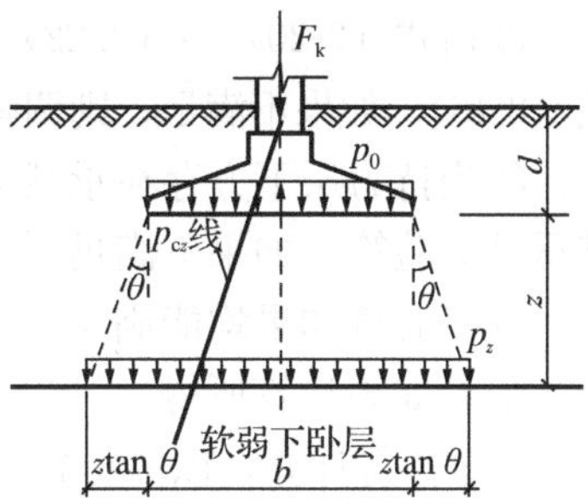

图 2-14　软弱下卧层顶面附加应力计算

对于矩形基础：

$$p_z = \frac{lb(p_k - \gamma_m d)}{(l + 2z\tan\theta)(b + 2z\tan\theta)} \tag{2-24}$$

对于条形基础：

$$p_z = \frac{b(p_k - \gamma_m d)}{b + 2z\tan\theta} \tag{2-25}$$

式中，p_k 为基础自重和上部荷载在基础地面处产生的应力，单位为 kPa；z 为基础底面到软弱下卧层顶面的距离，单位为 m；θ 为压力扩散角，单位为 °，可按表 2-14 取值。

表 2-14　地基压力扩散角 θ

E_{s1}/E_{s2}	z/b	
	0.25	0.50
3	6°	23°
5	10°	25°
10	20°	30°

注：①E_{s1} 为上层土压缩模量，E_{s2} 为下层土压缩模量。

②$z/b<0.25$ 时取 $\theta=0°$，必要时，宜由试验确定；$z/b>0.50$ 时 θ 值不变。

2.7.5　基底尺寸的确定步骤

确定基础底面尺寸是一个试算过程，应同时满足式（2-15）和式（2-16），试算过程如下：

①按式（2-15）的要求，根据地基承载力和基础顶面荷载的大小，由式（2-18）估算基础底面积 A 。对于以基础顶面作用荷载为中心荷载的情况，该面积即为基础底面积；反之，则令 A 增大 10%～40%，再进行估算。

②根据基础底面估算 A 和工程常用构造比例，初步拟定基础底面长度 l 和宽度 b 。

③由式（2-20）～（2.22）计算基底最大应力 p_{kmax}，然后验算基底最大应力是否满足式（2-16）。如果不满足，则调整 l 和 b 重新计算，直到同时满足式（2-15）和式（2-16）。

④当持力层下方存在承载力低于持力层的地层时，还要按式（2-23）进行下卧层的地基承载力验算。如果不满足，也要调整 l 和 b 重新计算。

⑤经验算如果均能满足式（2-15）、式（2-16）和式（2-23），基础底面尺寸就可确定了。但是如果计算所得 p_k 与 p_{kmax} 显著小于 f_a，则表明所定基底尺寸偏大，一般应适当减小 l 和 b 再行计算，以取得较好的经济效果。

经过上述步骤反复计算，最后可定出合适的基底尺寸。另外须指出，对于土质地基，为了减少因地基应力不均匀而引起过大的不均匀沉降，基底压力 p_{kmax} 和 p_{kmin} 相差不宜过大。在中、高压缩性地基土上的基础或有吊车的厂房柱基础，荷载偏心距 e 不宜大于 $l/6$；对低压缩性地基土上的基础，当考虑短暂作用的偏心荷载时，偏心距 e 应控制在 $l/4$ 以内。当上述条件不能满足时，则应调整基础尺寸，使基底形心与荷载重心尽量重合，必要时可设计成非对称基础。

【例 2-1】某基础埋深 $d=2.0$ m，持力层为粉质黏土层，基础所受荷载及地基土的力学指标如图 2-15 所示，试根据持力层承载力确定基础地面尺寸并验算是否满足承载力要求。

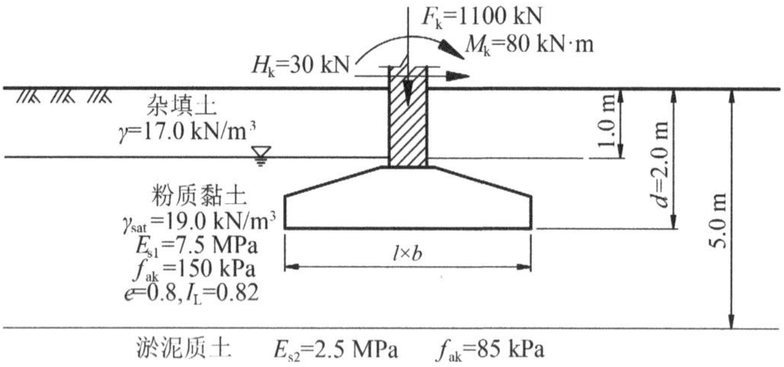

图 2-15 例 2-1 图

【解】（1）求地基承载力特征值

埋深范围内土的加权平均重度 $\gamma_{m1}=\dfrac{17.0\times1.0+(19-10)\times1}{2.0}=13(\mathrm{kN/m^3})$。

根据粉质黏土 $e=0.8$，$I_L=0.82$，查表 2-11 得 $\eta_b=0.3, \eta_d=1.6$。

初次修正时不进行宽度修正，宽度修正项取零。持力层修正后特征值 $f_a=f_{ak}+\eta_d\gamma_m(d-0.5)=150+0+1.6\times13\times(2-0.5)=181.2(\mathrm{kPa})$。

（2）初步选择基底尺寸

$$A_0=\frac{F_k}{f_a-\gamma_G d}=\frac{1\,100}{181.2-(20\times1+10\times1)}\approx7.28(\mathrm{m^2})$$

由于偏心不大，基础底面积按 20%增大，即

$$A=1.2A_0=1.2\times7.28\approx8.74(\mathrm{m^2})$$

初步选择基础底面积 $A=l\times b=3.5\times2.5=8.75(\mathrm{m^2})$，因 $b=2.5\ \mathrm{m}<3\ \mathrm{m}$，不需

对 f_a 进行再次修正。

(3) 验算持力层地基承载力

基础及回填土平均重度一般取 20 kN/m^3，地下水位以下取 10 kN/m^3。

基础及回填土自重 $G_k = (20\times1+10\times1)\times3.5\times2.5 = 262.5(kN)$

偏心距 $e_k = \dfrac{M_k}{F_k+G_k} = \dfrac{80+30\times2}{1\,100+262.5} = 0.10(m) < \dfrac{l}{6} = 0.6m$，则满足 $p_{kmin} > 0$。

$$p_k = \frac{F_k+G_k}{A} = \frac{1\,100+262.5}{8.75} \approx 155.7(kPa) < 181.2(kPa)$$

$$p_{kmax} = \frac{F_k+G_k}{A}\times\left(1+\frac{6e}{l}\right) = \frac{1\,100+262.5}{8.75}\times\left(1+\frac{6\times0.1}{3.5}\right)$$

$$\approx 182.4kPa < 1.2f_a \approx 217.4(kPa)$$

满足要求，最后，确定基础底面尺寸为 $l\times b = 3.5\ m\times2.5\ m$。

(4) 软弱下卧层强度验算

软弱下卧层顶面处自重应力 $p_{cz} = 13\times2+(19-10)\times(5-2) = 53(kPa)$。

软弱下卧层顶面以上土的加权平均重度 $\gamma_{m2} = \dfrac{53}{5} = 10.6\ (kN/m^3)$。

查表 2-11 得淤泥质土地基承载力修正系数 $\eta_b = 0$，$\eta_d = 1.0$，故软弱下卧层的地基承载力按式 (2-10) 修正为

$$f_{az} = 85+1.0\times10.6\times(5-0.5) = 132.7(kPa)$$

由 $E_{s1}/E_{s2} = 7.5/2.5 = 3$，以及 $z/b = 3/2.5 = 1.2 > 0.5$，查表 2-14 得地基压力扩散角 $\theta = 23°$。

软弱下卧层顶面处的附加应力：

$$p_z = \frac{lb(p_k-\gamma_{m1}d)}{(l+2z\tan\theta)(b+2z\tan\theta)} = \frac{3.5\times2.5\times(155.7-13\times2.0)}{(3.5+2\times3\times\tan23°)(2.5+2\times3\times\tan23°)} \approx 37.8(kPa)$$

验算：$p_{cz}+p_z = 53+37.8 = 90.8(kPa) < f_{az} = 132.7(kPa)$，满足要求。

2.8 地基变形验算

建筑因地基承载力不足而倒塌往往是重大事故，但重大事故并不多见，建筑领域对大众造成困扰较多的是建筑裂缝问题，其中，地基变形超标是导致建筑物开裂甚至不能正常使用的主要原因。《建筑地基规范》《桥涵地基规范》采用地基承载力特征值控制设计，地基承载力特征值就是上部结构允许变形在载荷试验中所得荷载-地基沉降曲线上对应的荷载值，所以本应能保证建筑沉降不产生过大变形，也应保证上部结构不出现地基变形导致的建筑开裂和影响正常使用的问题。然而因为以下原因，在建筑地基基础设计时仍需要进行变形计算和验算。

①按上部结构允许变形值确定地基承载力特征值，并不意味着建筑荷载施加后，地基的变形等于上部结构允许变形值。因为建筑基础的尺寸远大于荷载板尺寸，在同等的基底应力作用下，基础导致的地基变形要大于荷载板。

②大型建筑的不同位置具有不同的沉降，可形成不同的特征沉降。大型建筑往往具有多个基础，不同基础因荷载不同、尺寸不同、其下地基不同，可能产生不同的沉降；大型基础的不同位置，沉降值也可能不同。建筑物不同的沉降和不同的距离，可组合形成不同的特征沉降。

③不同建筑结构对不同的特征沉降敏感程度不同。如砌体结构对基础的沉降差异非常敏感，建筑墙体容易因地基沉降差而产生斜的裂缝；高耸的塔楼可耐受较大的均匀沉降，但对不均匀沉降非常敏感，因为基础在水平方向较小的沉降差异，可在塔楼的竖向形成较大的倾斜。

因此，对于地基承载力验算通过的地基基础设计，仍要计算地基的沉降，还要验算其特征沉降是否满足上部结构的要求。下面介绍《建筑地基规范》对地基沉降计算和验算的规定。

2.8.1 基础沉降计算方法

地基最终沉降一般采用分层总和法计算，地基内的应力分布采用各向同性均质线性变形体理论计算，其计算式如下所示：

$$s = \psi_s s' = \psi_s \sum_{i=1}^{n} \frac{p_0}{E_{si}} (z_i \bar{\alpha}_i - z_{i-1} \bar{\alpha}_{i-1}) \tag{2-26}$$

式中，s 为地基最终变形量，单位为 mm；s' 为地基计算变形量，单位为 mm；ψ_s 为沉降计算经验系数，根据地区沉降观测资料及经验确定；n 为地基变形计算深度范围内所划分的土层数；p_0 为相应于作用的准永久组合时基础底面处的附加压力，单位为 kPa；E_{si} 为基础底面下第 i 层土的压缩模量，单位为 MPa（应在土的自重压力至土的自重压力与附加压力之和的压力段计算）；z_i、z_{i-1} 分别为基础底面至第 i 层土、第 $i-1$ 层土底面的距离，单位为 m；$\bar{\alpha}_i$、$\bar{\alpha}_{i-1}$ 分别为基础底面计算点至第 i 层土、第 $i-1$ 层土底面范围内平均附加应力系数。

地基沉降是土中水、气排出的结果，因土体渗透系数较小，土中水排出需要荷载持续作用，因此传递到基础上的瞬时荷载作用不会令地基发生沉降，所以用于计算地基沉降的荷载为传至基础底面荷载的长期效应组合，不计入风荷载和地震作用。

当建筑物有地下室，基础埋置较深时，开挖基坑后基坑底面土体会产生回弹，基础在回弹后的地基表面施工，因此基础的总沉降量不仅包括式（2-26）计算的压缩变形量，还包括开挖基坑地基土回弹再压缩变形量，回弹再压缩变形量按下式计算：

$$s_c = \psi_c \sum_{i=1}^{n} \frac{p_c}{E_{ci}} (z_i \bar{\alpha}_i - z_{i-1} \bar{\alpha}_{i-1}) \tag{2-27}$$

式中，s_c 为地基的回弹再压缩变形量；ψ_c 为考虑回弹影响的沉降计算经验系数，无经验时，取 1.0；p_c 为基坑底面以上土的自重压力，地下水位以下应扣除浮力；E_{ci} 为土的回弹模量，按《土工试验方法标准》（GB/T 50123—2019）确定。

对比式（2-26）和式（2-27）可知，压缩变形与回弹变形的计算原理是相同的，只是压缩变形采用压缩模量，回弹变形采用回弹模量，这两个模量都是基于土的压缩试验结果确定的。

2.8.2 地基变形特征类型及相应敏感建筑结构

不同类型的建筑结构对不同特征的地基变形耐受性不同，由各基础或同一基础各点的沉降计算结果，可以整理出四个地基特征变形量：沉降量、沉降差、倾斜和局部倾斜，其特征如图 2-16 所示。四个特征变形量的定义及其相应敏感建筑结构分别如下：

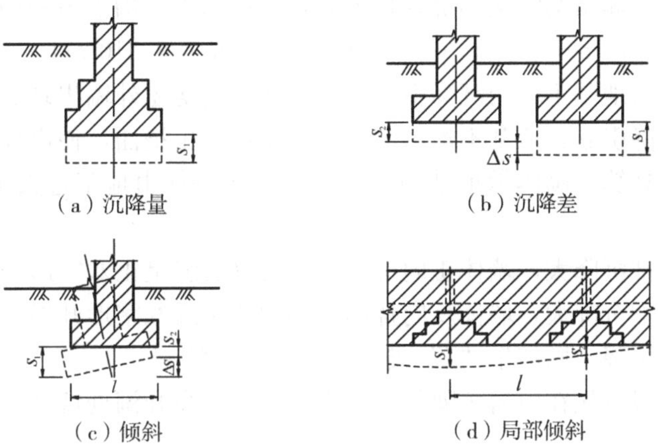

图 2-16 基础沉降分类

（1）沉降量

沉降量指基础或单体建筑物的平均沉降［图 2-16（a）中所示 s_1］，常以基础或建筑中心的沉降量代表。

一般来说，均匀沉降量不会对建筑结构造成损伤，但是对出入建筑物的通道、管线有影响：建筑沉降量过大，可导致进出建筑的水、电、气管折断，也可能出现雨水倒灌等不良现象。因此，对建筑物的沉降量也需加以限制。

（2）沉降差

沉降差指同一基础上两点或者两基础中心点的沉降量之差［图 2-16（b）（c）中所示 Δs］。

对于框架结构、有桥式吊车的厂房、单层排架结构以及桥梁的地基基础设计，应由沉降差来控制，因为：

①对于框架结构，如果框架结构相邻两个基础的沉降差过大，将引起结构中梁、柱产生较大的次应力。

②对于有桥式吊车的厂房，如果沉降差过大，将导致吊车梁倾斜（厂房纵向布置时）或吊车桥倾斜（厂房横向布置时），严重者可令吊车卡轨不能正常使用。

③对于单层多跨排架，中排柱基受荷较大，若沉降差过大，可能会因支承于其上的相

邻屋架发生相对倾斜而使两端部相互碰撞。

④对于桥梁，若桥梁桥墩的沉降差过大，可导致超静定上部结构内部产生较大的变形应力，降低结构承载力，还可导致桥面坡度变化，令行车颠簸，不仅降低舒适性，还会增大车辆对桥梁的冲击力。

（3）倾斜

倾斜指两点的沉降差与其距离的比值［图 2-16（c）中所示（s_1-s_2）/l］。

高层建筑物、高耸结构物对基础倾斜敏感。这类结构物重心高，基础倾斜不仅可引起结构内产生附加偏心距，还可使地基边缘压力增加，降低其倾覆稳定性。高层建筑物、高耸结构物的整体倾斜还会令室内地面倾斜，引起人们视觉上的注意，造成心理恐慌。

（4）局部倾斜

局部倾斜是为砌体结构定义的沉降特征，指砌体承重结构沿纵向两基础的沉降差与其距离的比值［图 2-16（d）中所示（s_1-s_2）/l，l 一般为 6～10 m］。

砌体承重结构对地基不均匀沉降很敏感，砌体结构房屋外墙出现斜裂缝多由沿墙体方向的地基不均匀沉降引起：地基不均匀沉降导致墙体产生挠曲，使砌体拉应变超过其可忍受的极限进而产生裂缝。砌体承重结构沉降裂缝分布特征由地基过大沉降发生位置决定，一般有以下规律：

①如果墙体中部沉降大，墙体正向挠曲，则沉降裂缝呈正八字形开展。

②如果墙体两端沉降大，墙体反向挠曲，则裂缝呈反八字形开展。

③如果仅一端沉降，则产生“/”或“\”线形裂缝。

④沉降裂缝一般首先在门窗角隅位置产生，因为门窗开洞处墙体刚度低，而且角隅有应力集中现象。

地基基础设计中应对地基局部倾斜量进行限制，以防止砌体结构产生沉降裂缝。使用中的建筑地基不均匀沉降多因地基局部浸水软化所致（比如给水管爆裂、排水管渗漏）。掌握砌体承重结构沉降裂缝分布特征，对判断软化地基的位置和原因有帮助，进而快速找到针对性处治措施。

2.8.3 地基变形允许值

确定地基允许变形值需考虑较多因素，如建筑物的结构类型、使用要求、安全储备等。诸多因素很难通过理论分析准确考虑，实际各种建筑物的地基变形控制指标是根据结构对变形的耐受性，结合建筑用途和使用经验综合确定的。表 2-15 是《建筑地基规范》对不同结构类型规定的地基变形允许值，表 2-16 是《公路桥梁技术状况评定标准》（JTG/T H21—2011）、《铁路桥涵地基和基础设计规范》（TB 10093—2017）规定的地基变形允许值。

表 2-15　建筑物的地基变形允许值

变形特征		地基土类别	
		中、低压缩性土	高压缩性土
砌体承重结构基础的局部倾斜		0.002	0.003
工业与民用建筑相邻柱基的沉降差	框架结构	0.002l	0.003l
	砌体墙填充的边排柱	0.000 7l	0.001l
	当基础不均匀沉降时不产生附加应力的结构	0.005l	0.005l
单层排架结构（柱距为 6 m）柱基的沉降量/mm		(120)	200
桥式吊车轨面的倾斜（按不调整轨道考虑）	纵向	0.004	
	横向	0.003	
多层和高层建筑的整体倾斜	$H_g\leqslant 24$	0.004	
	$24<H_g\leqslant 60$	0.003	
	$60<H_g\leqslant 100$	0.002 5	
	$H_g>100$	0.002	
体型简单的高层建筑基础的平均沉降量/mm		200	
高耸结构基础的倾斜	$H_g\leqslant 20$	0.008	
	$20<H_g\leqslant 50$	0.006	
	$50<H_g\leqslant 100$	0.005	
	$100<H_g\leqslant 150$	0.004	
	$150<H_g\leqslant 200$	0.003	
	$200<H_g\leqslant 250$	0.002	
高耸结构基础的沉降量/mm	$H_g\leqslant 100$	400	
	$100<H_g\leqslant 200$	300	
	$200<H_g\leqslant 250$	200	

注：①本表数值为建筑物地基实际最终变形允许值。

②有括号者仅适用于中压缩性土。

③ l 为相邻柱基的中心距离（mm），H_g 为自室外地面起算的建筑物高度（m）。

表 2-16　公路、铁路桥梁的地基变形允许值

单位：mm

<table>
<tr><th colspan="3" rowspan="2">项目</th><th colspan="2">变形特征</th><th rowspan="2">说明</th></tr>
<tr><th>沉降量</th><th>沉降差</th></tr>
<tr><td>公路桥梁</td><td colspan="2">墩台基础</td><td>$20\sqrt{L}$</td><td>$10\sqrt{L}$</td><td rowspan="6">差异沉降限值对应静定结构相邻墩台基础</td></tr>
<tr><td rowspan="5">铁路桥梁</td><td rowspan="3">有砟轨道</td><td>250 km/h 及以上</td><td>30</td><td>15</td></tr>
<tr><td>200 km/h</td><td>50</td><td>20</td></tr>
<tr><td>160 km/h 及以下</td><td>80</td><td>40</td></tr>
<tr><td rowspan="2">无砟轨道</td><td>250 km/h 及以上</td><td>20</td><td>5</td></tr>
<tr><td>200 km/h 及以下</td><td>20</td><td>10</td></tr>
</table>

注：①L 为相邻墩台间最小跨径长度，以米计，跨径小于 25 m 时仍以 25 m 计。

②超静定结构墩台沉降量之差除应满足上述规定外，还应根据沉降差对结构产生的附加应力的影响程度确定。

③无砟轨道铁路不仅应满足差异沉降要求，还应满足不均匀沉降造成的折角不应大于 1/1 000 的规定。

④无砟轨道路基沉降比较均匀且调整轨面高程后的竖曲线半径大于 $0.4v^2$（v 为设计速度）时，工后沉降控制限值为 30 mm。

在设计中一般先根据结构类型确定相应的地基特征变形，然后选择适用的沉降计算方法（如分层总和法）计算出各点沉降量和相应的地基特征变形量，并按下式验算变形是否满足要求：

$$\Delta \leqslant [\Delta] \tag{2-28}$$

式中，Δ 为建筑结构对应的地基特征变形量，$[\Delta]$ 为建筑结构对应的允许特征变形量。

需要说明的是，尽管基础工程学科已经发展近百年，但准确计算地基沉降量依然是一大难题，计算值常与实际发生沉降量不同，甚至差异显著。因此，对于重要的、新型的、体型复杂以及对沉降要求严格的结构物，应在施工期间和使用期进行沉降观测，以确保建筑沉降在允许范围之内。沉降观测结果还可用于验证设计计算的正确性，并借以总结经验，完善设计方法。另外，地基变形验算只是计算了地基的最终沉降量，有些情况下，还需要估算建筑物在施工期间和使用期间的地基变形值，以便为设计预留必要的净空，或者帮助承包商合理安排施工。一般认为砂土地基上的浅基础建筑物在施工期间可完成 80％以上沉降，高压缩性土地基上的可完成 5％～20％，其他低压缩性土地基上的可完成 50％～80％。

2.9　无筋扩展基础结构设计

2.9.1　无筋扩展基础结构计算

地基计算完成后，基础的平面尺寸就确定了，然后开始基础结构的设计计算。基础的上方是上部结构，其顶部标高上限即上部结构底部的标高；其底部是地基，基础埋置深度确定后，基底标高也就确定了。这样，基础的外轮廓尺寸就基本确定了，基础结构设计要做的工作就是确定基础具体高度以及所用的材料，还可以根据荷载传递特性对基础形状做一些优化。

无筋扩展基础不配钢筋，所选的材料有砖、石、灰土、毛石混凝土、素混凝土等。作为材料力学出现前就存在的基础形式，确定无筋扩展基础的高度并不需要进行抗压、抗弯、抗剪计算，只需根据所选材料的宽度和高度之比限制来确定。

如图 2-17 所示为无筋扩展基础的构造示意图，前人假想上部结构荷载在基础内向下扩散传递，图中虚线是应力扩散的边线，扩散边线以外没有荷载应力分布。扩散边线与垂线的夹角称为刚性角（图 2-17 中所示 α 角）。显然，材料强度越高，其扩散荷载的能力越强，对应的刚性角越大，因此刚性角实际代表了前人对材料强度的理解：当需要以较小高度的基础将荷载扩散到较大宽度范围时，就需要选择较好的材料；否则就要求基础有较大的高度。这就是说，基础允许的荷载传递宽度和基础高度之比，不应大于该基础所用材料的 $\tan\alpha$ 。对于基础位于扩散边线以外的部分，理论上可以削去，所以浅基础可以设计成台阶形或者锥形。

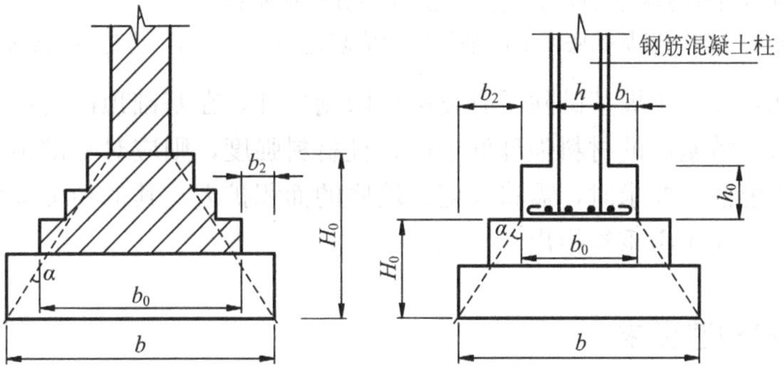

图 2-17　无筋扩展基础的构造示意

将基础从柱边缘或墙边缘延伸出去的宽度与基础高度之比称为宽高比。进一步地，对台阶形基础，每级台阶延伸出去的宽度与相应台阶高度之比也是宽高比。显然对于无筋扩展基础，基础的宽高比以及各级台阶的宽高比都应该满足下式：

$$\frac{b_i}{H_i} \leqslant \tan\alpha_i \tag{2-29}$$

式中，b_i 为无筋扩展基础某台阶的宽度，单位为 mm；H_i 为某台阶相应的高度，单位为 mm；α_i 为台阶建造材料对应的刚性角，单位为°；$\tan\alpha_i$ 为台阶建造材料对应的宽高比允许值。

对于材料允许的宽高比，《建筑地基规范》对不同材料、不同受力水平的基础台阶的宽高比允许值做了规定，如表 2-17 所示，可见常见无筋扩展基础材料的宽高比允许值都不大于 1，因此无筋扩展基础的高度普遍较大，这样的结构在开裂前几乎不发生明显挠曲变形，所以无筋扩展基础也称为刚性基础。

表 2-17 无筋扩展基础台阶宽高比的允许值

基础材料	质量要求	台阶宽高比的允许值		
		$p_k \leqslant 100$	$100 < p_k \leqslant 200$	$200 < p_k \leqslant 300$
混凝土基础	C15 混凝土	1∶1.00	1∶1.00	1∶1.25
毛石混凝土基础	C15 混凝土	1∶1.00	1∶1.25	1∶1.50
砖基础	砖不低于 MU10、M5 砂浆	1∶1.50	1∶1.50	1∶1.50
毛石基础	M5 砂浆	1∶1.25	1∶1.50	
灰土基础	体积比为 3∶7 或 2∶8 的灰土，其最小干密度：粉土 15.5 kN/m^3，粉质黏土 15.0 kN/m^3，黏土 14.5 kN/m^3	1∶1.25	1∶1.50	
三合土基础	体积比 1∶2∶4～1∶3∶6（石灰∶砂∶骨料），每层约虚铺 220 m，夯至 150 mm	1∶1.50	1∶2.00	

注：①p_k 为荷载效应标准组合时基础底面处的平均压力值（kPa）。
②阶梯形毛石基础的每阶伸出宽度，不宜大于 200 mm。
③当基础由不同材料叠合组成时，应对接触部分作抗压验算。
④对于混凝土基础，当基础底面处的平均压力值超过 300 kPa 时，应进行抗剪验算。

在力学方面，无筋扩展基础除了有宽高比限制之外，在基础顶面还应满足墙、柱底端的局部受压要求：若基础的材料强度低于墙、柱材料强度，则应对基础顶面进行局部受压验算，当验算不能满足要求时，需将柱底或墙底的面积扩大。其他种类基础同样也有局部受压验算要求，后文不再重复指出。

2.9.2 材料和构造要求

除了满足宽高比要求外，无筋扩展基础在材料和构造方面还需满足一定要求，以确保基础能满足耐久性、施工便利等要求。

（1）砖和砂浆

砌筑基础所用砖和砂浆的强度等级，因地基土的潮湿程度和地区的严寒程度而要求不同。地面以下或防潮层以下的砖砌体，所用材料强度等级不得低于表 2-18 的规定。

表 2-18　基础用砖、石材及砂浆最低强度等级

地基的潮湿程度	黏土砖		石材	白灰、水泥混合砂浆	水泥砂浆
	严寒地区	一般地区			
稍潮湿的	MU10	MU7.5	MU20	M2.5	M2.5
很潮湿的	MU15	MU15	MU20	M5	M5
含水饱和的	MU20	MU20	MU30		M5

（2）石料

抗压强度和抗冻性较高的毛石和料石（经过加工，形状规则的块石）是良好的基础建筑材料，特别是在山区可以就地取材，应该充分利用。建造基础的石料要选用质地坚硬、不易风化的岩石，石块的最小厚度不宜小于 150 mm。石料的强度等级要求如表 2-18 所示。

（3）混凝土

混凝土的抗压强度、耐久性、抗冻性都较砖好，且便于机械化施工，但材料造价稍高，且一般需要支模板，较多用于地下水位以下的基础。基础的混凝土强度等级一般不低于 C20。为了节约混凝土用量，可以在混凝土中掺入不超过基础体积 20%～30%的毛石，形成毛石混凝土基础。

（4）灰土

灰土是经过消解后的石灰粉和黏性土按一定比例加适量的水拌和夯击而成的材料，其配合比常为 3∶7 或 2∶8（体积比）。灰土在水中硬化慢，早期强度低，抗水性差；此外，灰土早期的抗冻性也较差。所以，灰土作为基础材料，一般只用于地下水位以上。若在灰土中再加入一种材料（如砖块、碎石、粉煤灰、水泥等），就成了三合土（即三种材料合成的土，以此类推还有四合土）。

无筋扩展基础的特点是稳定性好、施工简便，缺点是基础高度大、材料用量大，相应的基础埋深也大，导致施工基坑开挖工作量增大。因此，无筋扩展基础一般适于不超过六层的民用建筑、砌体结构厂房以及跨径较小的桥涵。

2.10　扩展基础结构设计

当无筋扩展基础采用素混凝土建造，但其宽高比验算不能通过时，可以在混凝土中配筋提高基础抵抗荷载能力，于是得到了扩展基础。钢筋混凝土材质的扩展基础不仅承载力高、材料用量少，还具有施工速度快、所需人工少的优点，在城区应用越来越普遍。基础属于结构，其结构设计原理与计算方法与普通钢筋混凝土结构基本相同，特殊之处主要在于两点：

①基础结构设计只能在允许的尺寸范围内进行：由于地基设计中已经确定了基础埋深和基础底面尺寸，因此扩展基础结构设计只能在既定的尺寸范围内进行。

②需对基础结构和地基反力进行简化：与基础的钢筋混凝土材料相比，地基土刚度和

强度都偏低，导致实际作用在基础底面的地基反力分布非常复杂，荷载的复杂会使得结构计算也很复杂。

因此工程中一般将扩展基础本身简化为刚体，将地基反力简化为线性分布进行计算。为了保证这个简化的合理性，就需要保证基础平面尺寸与高度相差不那么悬殊，因此《建筑地基规范》所指的扩展基础仅指墙下钢筋混凝土条形基础和柱下钢筋混凝土独立基础两种。柱下钢筋混凝土独立基础的长宽一般不超过高度的 3 倍；墙下钢筋混凝土条形基础的长度虽然远大于基础高度，但因其沿长度方向处处荷载相同，可取 1 延米按平面应变问题计算，因此其长宽与高度相差也不是很悬殊。

2.10.1 墙下钢筋混凝土条形基础

墙下钢筋混凝土条形基础沿长度方向可按平面应变问题计算，其横向翼板或台阶可简化为固支在墙边的悬臂板计算，地基反力简化为线性分布。令 p_0 为基础底面总的基底反力，令 p_j 为基础底面地基净反力。所谓地基净反力 p_j 是指 p_0 扣除基础及其上方回填土自重后的基底反力。基础结构采用基底反力为 p_j 而不是 p_0 进行计算和验算，这是因为基础及其上方回填土自重所引起的基底反力与基础及回填土自重处处相抵，在基础内不产生内力（弯矩、剪力和轴力），所以应予以扣除。应注意，基础结构设计计算时，基础顶面的荷载为荷载效应的基本组合。

（1）基础高度验算

如图 2-18 所示为墙下钢筋混凝土条形基础构造示意图。基础验算截面处的剪力 V_{I}(kN/m) 为

$$V_{\mathrm{I}}=\frac{b_1}{2b}\left[(2b-b_1)p_{\mathrm{jmax}}+bp_{\mathrm{jmin}}\right] \tag{2-30}$$

式中，b_1 为验算截面距基础边缘的距离，p_{jmax} 为基础底面地基净反力最大值，p_{jmin} 为基础底面地基净反力最小值。

基础验算截面应取最危险位置处，如果不能确定，则应对所有高度变化处进行验算。一般来说，当墙体材料为混凝土时，验算截面取在墙脚处，b_1 等于基础边缘至墙脚的距离 a；当墙体材料为砖墙且墙脚伸出不大于 1/4 砖长时，验算截面在墙面处，即 $b_1=a+0.06$ m（此时 a、b_1 单位取 m）。

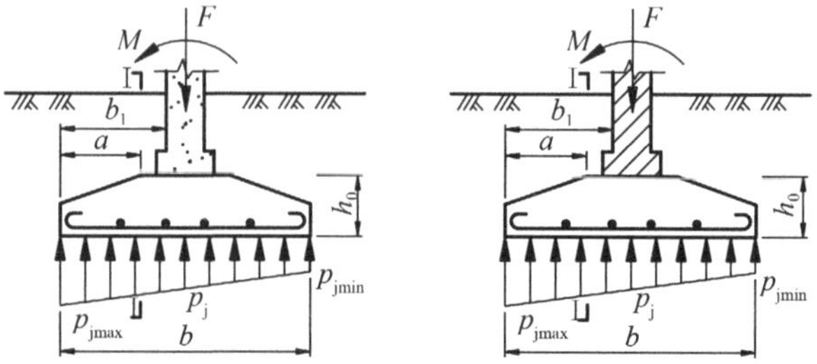

（a）混凝土墙情况　　（b）砖墙情况

图 2-18　墙下条形基础的验算截面

验算截面剪力确定之后，按下式计算或验算该截面的有效高度 h_0：

$$h_0\geqslant\frac{V}{0.7\beta_h f_{\mathrm{t}}} \tag{2-31}$$

式中，f_{t} 为砼轴心抗拉强度设计值，β_h 为验算截面高度影响系数，h_0 为基础验算截面有

效高度。

式（2-31）整理自混凝土梁试验结果，其推导过程参见“基础工程”慕课相应内容。

（2）基础底板配筋

条形基础底板验算截面的横向配筋由其弯矩值 M_{I} 决定，弯矩计算式如下：

$$M_{\mathrm{I}}=\frac{a^2}{2}p_{\mathrm{jI}}+\frac{a^2}{3}(p_{\mathrm{jmax}}-p_{\mathrm{jmin}}) \tag{2-32}$$

式中，a 为验算截面距基础边缘的距离，p_{jI} 为验算截面处的地基净反力。

弯矩确定后，可按简化公式计算条形基础底板每延米横向配筋面积 A_{s} 。

$$A_{\mathrm{s}}=\frac{M_{\mathrm{I}}}{0.9h_0 f_{\mathrm{y}}} \tag{2-33}$$

式中，f_{y} 为钢筋抗拉强度设计值；A_{s} 为条形基础底板每延米横向配筋面积。

墙下钢筋混凝土条形基础横向受力按平面应变问题计算，其纵向需按构造要求配筋以抵抗因墙体荷载、基础材料和地基岩土不均匀在基础梁纵向产生的内力。《建筑地基规范》规定基础纵向分布钢筋的直径不小于 8 mm，间距不大于 300 mm，必要时还可在墙下设肋，以增强条形基础纵向的整体性和抗弯能力、减小地基基础不均匀沉降。

2.10.2 柱下钢筋混凝土独立基础

柱下钢筋混凝土独立基础是空间结构，精确计算其内力很复杂，因此一般不考虑基础的变形，将其简化为刚体，其基底反力同样简化为线性分布。其截面高度按抗冲切计算确定或验算；其弯矩计算和配筋，按两个水平方向分别计算，不考虑两个方向上钢筋和混凝土的互相影响。

如图 2-19 所示，柱对基础产生局部压力，若基础混凝土高度不足，则容易沿柱边缘处出现冲切破坏，形成冲切锥体，锥体斜面角度近似等于 45°，为此，必须进行抗冲切验算。对于台阶形基础，上部台阶对下部台阶也可形成冲切锥体，需逐阶进行抗冲切验算。

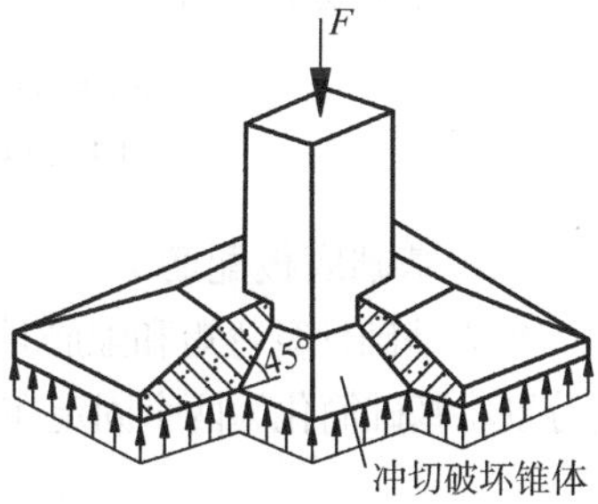

图 2-19 冲切破坏示意图

（1）基础高度验算

抗冲切验算的基本思路：冲切锥体以外地基净反力产生的冲切力应小于冲切面（即冲切角锥体）上混凝土的抗冲切力。以矩形基础为例（图 2-20），可对受冲切最不利一侧按下列公式验算承载力：

$$F_l=p_{\mathrm{j}}A_l \tag{2-34}$$

$$F_l\leqslant 0.7\beta_{hp}f_{\mathrm{t}}a_{\mathrm{m}}h_0 \tag{2-35}$$

$$a_m=(a_{\mathrm{t}}+a_b)/2 \tag{2-36}$$

式中，A_l 为冲切验算时取用的部分基底面积［图 2-20（a）(b）中的阴影面积 $ABCDEF$，或图 2-20（c）中的阴影面积 $ABCD$］；F_l 为相应于荷载效应基本组合时作用在 A_l 上的地基土净反力设计值。β_{hp} 为受冲切承载力截面高度影响系数（当 $h\leqslant$800 mm 时取 1.0，当 $h\geqslant$

2 000 mm 时取 0.9，当 $800<h<2\,000$ 时按线性内插法取值）；f_t 为混凝土轴心抗拉强度设计值；h_0 为基础冲切破坏锥体的有效高度；a_m 为冲切破坏锥体计算长度，可将 $a_m h_0$ 视为冲切破坏锥体面在立面的投影面积，再据此理解式（2-36）以及 a_t、a_b 取值规定；a_t 为冲切破坏锥体斜截面的上边长（下标 t 代表 top，当计算柱与基础交接处的受冲切承载力时，取柱宽，当计算基础变阶处的受冲切承载力时，取上阶宽）；a_b 为冲切破坏锥体斜截面在基础底面积范围的下边长［下标 b 代表 bottom，当冲切破坏锥体的底面落在基础底面以内，见图 2-20（a）（b），计算柱与基础交接处的受冲切承载力时，取柱宽加两倍基础有效高度，当计算基础变阶处的受冲切承载力时，取上阶宽加两倍基础有效高度，当冲切破坏锥体的底面在 l 方向落在基础底面以外，即 $a+2h\geqslant l$ 时见图 2-20（c），$a_b=l$］。

当 F_l 不满足式（2-35）的要求时，需调整基础顶面标高或加大基础埋深后重新验算，直到满足要求为止。

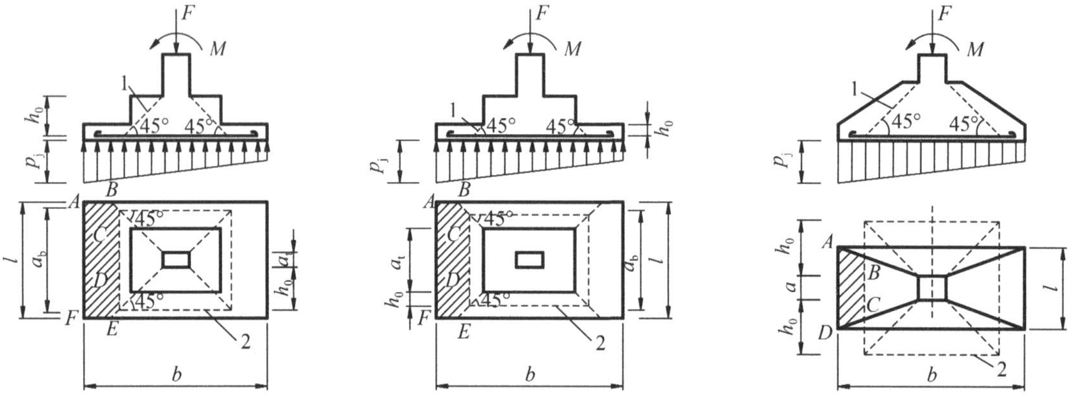

（a）柱与基础交接处　　（b）基础变阶处　　（c）基础底面外

1—冲切破坏锥体最不利一侧的斜截面；2—冲切破坏锥体的底面线

图 2-20　计算阶形基础的受冲切承载力截面位置

（2）基础底板配筋

独立基础计算弯矩和配筋时，不考虑两个方向上钢筋和混凝土的互相影响，在两个水平方向分别将基础简化为两个固定在柱边缘的梯形悬臂板进行计算，其计算简图如图 2-21 所示。

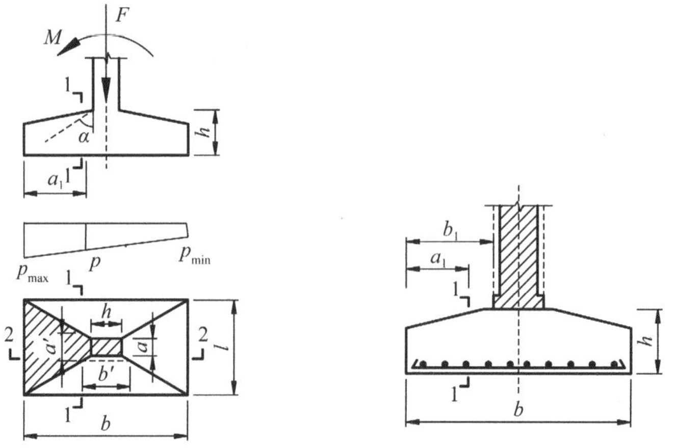

图 2-21　矩形基础底板的计算示意

对于轴心荷载作用下的矩形基础，当台阶的宽高比小于或等于 2.5 和偏心距小于或等于 $l/6$ 基础宽度时，图 2-21 所示任意验算截面 1-1 和 2-2 的弯矩 M_{I} 和 M_{II} 可按下式计算：

$$M_{\mathrm{I}}=\frac{p_{\mathrm{j}}}{24}(l+a_1)^2(2b+b_1) \tag{2-37}$$

$$M_{\mathrm{II}}=\frac{p_{\mathrm{j}}}{24}(b-b_1)^2(2l+a_1) \tag{2-38}$$

式中，a_1为验算截面距基础边缘的距离。

式（2-38）是将基础底板长边方向和短边方向按 45°线切割为四块嵌固在弯矩验算截面处的独立悬臂板导得的简化公式。其设计控制截面是柱边或阶梯形基础的变阶处。

单向偏心荷载作用下，基底压力为梯形分布，采用积分方法，可导得任意截面弯矩计算式如下：

$$M_{\mathrm{I}}=\frac{1}{12}a_1^2\left[(2l+a')\left(p_{\max}+p-\frac{2G}{A}\right)+(p_{\max}-p)l\right] \tag{2-39}$$

$$M_{\mathrm{II}}=\frac{1}{48}(l-a')^2(2b+b')\left(p_{\max}+p_{\min}-\frac{2G}{A}\right) \tag{2-40}$$

由以上公式求出相应的控制截面弯矩值后，可按简化公式（2-33）计算底板长边方向和短边方向的受力钢筋面积$A_{\mathrm{s\,I}}$和$A_{\mathrm{s\,II}}$。

2.11 柱下钢筋混凝土条形基础结构设计

柱下钢筋混凝土条形基础，是指沿柱列配置的向一个方向延伸的基础梁，或向两个方向延伸相交于柱位处的交叉基础梁。因基础纵向计算尺寸显著大于高度和宽度，因此柱下条形基础不属于扩展基础，其地基设计包括确定基础长度、基础底面宽度，验算地基变形，结构设计包括拟定结构横截面，计算或验算基础高度和纵、横向配筋。

2.11.1 柱下条形基础的构造

柱下条形基础的构造如图 2-22 所示，其横截面一般做成倒 T 形，下部伸出部分称为翼板，中间部分称为肋梁。

肋梁的构造要求如下：

①翼板厚度 h_{f} 不宜小于 200 mm，当 $h_{\mathrm{f}}=200\sim250$ mm 时，翼板宜取等厚度；当 $h_{\mathrm{f}}>250$ mm 时，可做成坡度 $i\leqslant1:3$ 的变厚翼板，当柱荷载较大时，可在柱位处加腋［图 2-22（c）］，以提高梁的抗剪切能力。

②肋梁高度 h 应由计算确定，初估截面时宜取柱距的 1/8～1/4；肋宽 b_0 应由截面的抗剪条件确定，且应满足图 2-22（e）的要求。

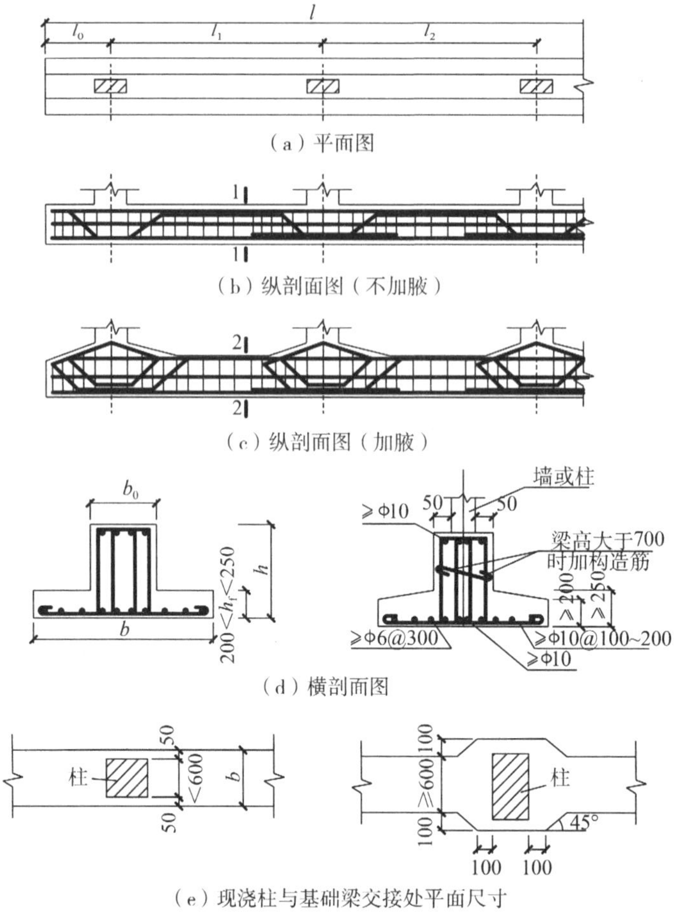

图 2-22　柱下条形基础的构造

③为了调整基础底面形心的位置以及使各柱下弯矩与跨中弯跨均衡以利配筋，条形基础两端宜伸出柱边，其外伸悬臂长度 l_0 宜为边跨柱距的 1/4～1/3。

④肋梁的纵向受力钢筋应计算确定，肋梁上部纵向钢筋应通长配置，下部的纵向钢筋至少应有 2～4 根通长配置，且其面积不得小于底部纵向受力钢筋面积的 1/3。当肋梁的腹板高度≥450 mm 时，应在梁的两侧沿高度配置直径大于 10 mm 的纵向构造腰筋，每侧腰筋（不包括梁上、下部受力架立钢筋）的截面面积不应小于梁腹板截面面积的 0.1%，其间距不宜大于 200 mm。底板受力钢筋计算确定，直径不宜小于 10 mm，间距为100～200 mm。

⑤混凝土强度等级不应低于 C20；垫层混凝土强度为 C10，其厚度宜为 70～100 mm。

2.11.2　柱下条形基础的计算

与墙下条形基础不同，柱下条形基础上部受成列集中柱荷载作用，不能视为平面问题，在基础纵向不能将基础底面地基反力视为线性分布。进行结构计算时，需先确定基础底面纵向地基反力，再以延米为单位将纵向地基反力按线性分布向翼板分配。最后，根据柱荷载和纵横向地基反力计算结果，分别进行纵横向抗弯、抗剪计算和配筋。

1）基础底面尺寸的确定

需首先考虑上部柱的间距和构造要求确定好基础长度 L，在按构造要求确定基础长度 L 时，应尽量使基础底面形心与其所受外合力重心相重合。条形基础确定基础底面尺寸时，仍假定地基反力为线性分布，如图 2-23 所示，按地基承载力验算确定基础底面宽度 b 。

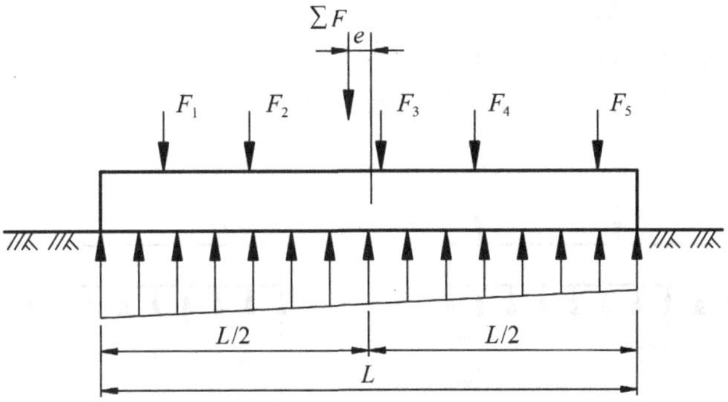

图 2-23　简化计算法的基底反力分布

2）基础梁纵向内力分析

（1）静定分析法

如图 2-23 所示，假定柱下条形基础的地基反力沿纵向也呈线性分布，可以求得基底净反力（ $p_j b$ ，单位为 kN/m）。此时，可取隔离体如图 2-24 所示，按静力平衡条件计算出梁上任意截面上的剪力 V 及弯矩 M，由此绘制出沿基础长度方向的剪力图和弯矩图，依此进行肋梁纵向配筋，包括纵向钢筋和箍筋。这种方法将基础梁视为静定结构，称为静定分析法，也称为剪力平衡法。

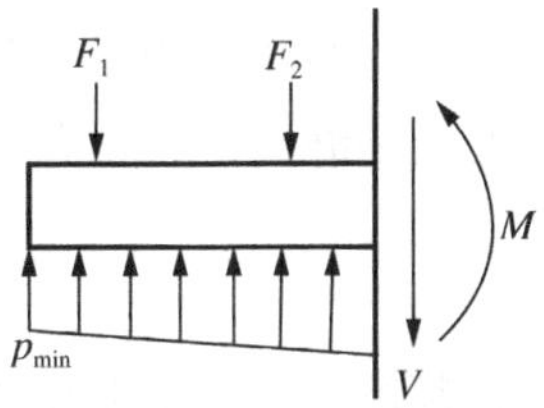

图 2-24　静定分析法计算简图

静定分析法的优点是简便易行、易于理解，但是它将地基反力视为直线分布，需以基础梁的纵向刚度无穷大为前提。我们知道，基础梁的刚度不可能无穷大，一般基础梁在柱的集中力作用下，沿梁纵向会发生挠曲变形，导致柱下方的地基反力大于柱间部分，静定分析法将基底纵向反力假定为线性分布不符合多数情况，只适用于基础刚度很大的条形基础。

（2）倒梁法

倒梁法不再视基础梁刚度无穷大，而将柱下条形基础视为倒置的梁：将基底净反力视为加在条形基础梁上的分布荷载，将条形基础上的柱视为支座来进行梁的内力计算。如图 2-25 所示，计算过程：

①首先仍假定基底反力呈线性分布，按静定分析法计算出基底净反力 p_j 。将 p_j 施加在梁上，按结构力学方法计算得到倒梁所有支座（柱）的反力 R_{1i} 。

②各柱反力 R_{1i} 与柱竖向荷载 F_i 若有差异，取不平衡力 $\Delta R_{1i}=F_i-R_{1i}$，按均匀分布叠加到相应柱两侧各 1/3 柱间跨度范围内基础底面，再按结构力学方法计算得到对应的支座（柱）的反力 R_{2i}。

③对比各柱反力 R_{2i} 与 F_i 的差异，若差异不够小，取合力 $\Delta R_{2i}=F_i-R_{2i}$，重复步骤②和③，直到 R_{ni} 与 F_i 的差异足够小。

④各步骤的基底净反力叠加起来：$p_j+\Delta R_{1i}+\cdots+\Delta R_{ni}$，沿纵向形成台阶状基底净反力，再按静定分析法计算条形地基梁的梁上任意截面上的剪力 V 及弯矩 M，并进行纵向配筋。

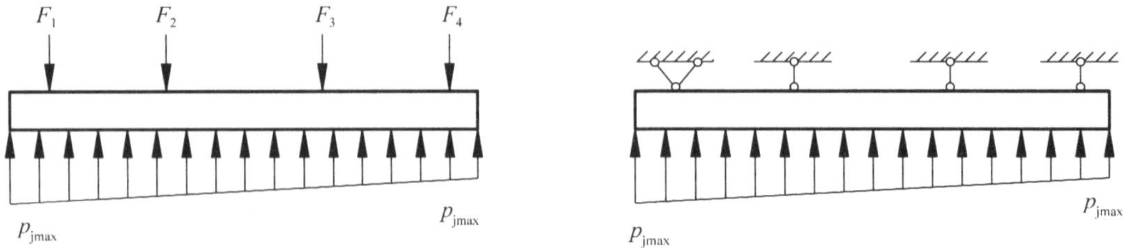

图 2-25　用倒梁法计算地基梁简图

静定分析法视基础梁刚度无限大，基础梁单独承受由地基反力产生的弯矩和剪力，这是不合理的；倒梁法考虑了基础梁纵向刚度有限，比静定分析法更先进，但是倒梁法将柱视为支座，实际上是假定上部结构刚度无穷大，其计算结果也是不合理的。在实际中，上部结构和基础梁刚度都有限，如果将基础梁与上部结构视为叠梁体系，上部结构与地基反力共同作用在这个体系上，体系整体会产生向下的弯曲变形，基础梁位于柱间的部分则在两端柱荷载与柱间地基反力共同作用下会产生向上的弯曲变形。称前者为整体弯曲，相应在上部结构与基础梁内产生的弯矩称为整体弯曲弯矩；称后者为局部弯曲，相应在基础梁内产生的弯矩称为局部弯曲弯矩。整体弯曲弯矩由基础梁和上部结构按刚度分配，局部弯曲弯矩由基础梁独自承受。因此，无论是静定分析法还是倒梁法其计算结果都不准确，实际设计中应作适当处理。

3）基础梁翼板的计算

翼板可视为嵌固在肋梁两侧的悬臂板。沿条形基础纵向各处地基反力不同，在柱底对应位置较大。翼板下地基反力一般取计算所得最大纵向地基反力（单位为 kN/m），然后按线性分布向横向分布，计算得到翼板的地基反力（单位为 kN/m^2），最后按墙下条形基础（扩展基础）的方法验算翼板高度、计算翼板内的横向配筋。

2.12　筏形基础结构设计

2.12.1　筏形基础构造

（1）筏形基础的平面构造

筏形基础的选型应根据工程地质和水文地质条件、上部结构体系、柱距、荷载大小以及施工条件等因素综合确定。筏形基础的底面尺寸按地基承载力验算确定，进行筏形基础平面布置时，应尽量使筏形基础底面形心与结构竖向永久荷载合力作用点重合，若偏心距较大，可通过调整筏板基础外伸悬挑跨度的办法进行调整。对单幢建筑物，当地基土比较均匀时，在荷载效应准永久组合下的偏心距 e 宜符合下式要求：

$$e \leqslant 0.1W/A \tag{2-41}$$

式中，W 为与偏心距方向一致的基础底面边缘抵抗矩，m^3；A 为基础底面面积，m^2。

构造上，筏板边缘应伸出边柱和角柱外侧包线以外，伸出长度一般不大于伸出方向边跨跨度的 1/4，对肋梁不外伸的悬挑板，为减少板内弯矩，挑出长度不宜超过 1.5～2.0 m，当悬挑板做成坡度状时，其边缘最小厚度不宜小于 200 mm。

（2）筏形基础的构造配筋

筏形基础底板的厚度和配筋除应满足抗弯、抗冲切、抗剪切等内力计算要求外，还应满足下列构造要求：一般情况下，筏板的配筋率以 0.5%～1.0%为宜；平板式筏形基础柱下板带和跨中板带的底部钢筋应有 1/3～1/2 贯通全跨，且配筋率不应小于 0.15%；顶部钢筋应全部贯通全跨。当筏板厚度大于 2 000 mm 时，宜在板中部设置直径不小于12 mm、间距不大于 300 mm 的双向钢筋网。梁板式筏形基础的底板和基础梁的纵、横向底部应有 1/3～1/2 贯通全跨，且配筋率不应小于 0.15%，顶部钢筋按计算结果全部连通。

筏形基础的混凝土强度等级不应低于 C30，且应满足耐久性的要求，当有地下室时，应采用防水混凝土。采用筏形基础的地下室，钢筋混凝土外墙厚度不应小于 250 mm，内墙不应小于 200 mm，墙的截面设计除满足承载力要求外，还应考虑变形、抗裂及防渗等要求。

高层建筑的地下室底层柱或剪力墙与梁板式筏基的基础梁连接时，柱、墙边缘至基础梁边缘的距离不应小于 50 mm。当交叉基础梁的宽度小于柱截面边长时，交叉基础梁连接处应设置八字角，角柱与八字角之间的净距不宜小于 50 mm；单向基础梁与柱的连接以及基础梁与剪力墙间的连接要求如图 2-26 所示。

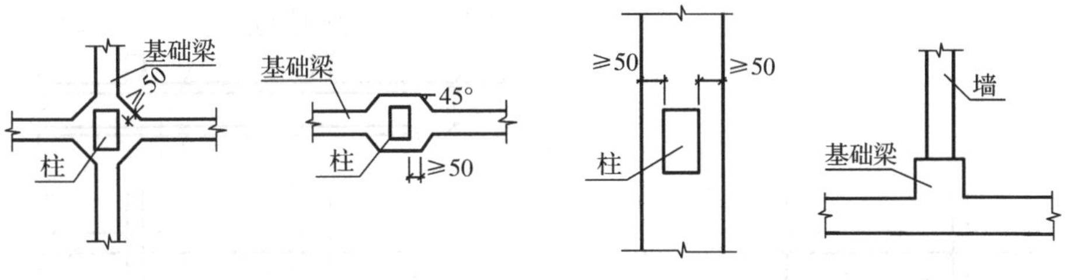

图 2-26　地下室底层柱或剪力墙与基础梁连接的构造要求

2.12.2　梁板式筏形基础高度计算

基础的高度由剪切和冲切验算确定，首先计算基底净反力 p_j，工程中常采用简化方法进行筏基内力计算（图 2-27），即认为基础是绝对刚性的，基底反力呈直线分布，并按静力学方法计算基底反力：

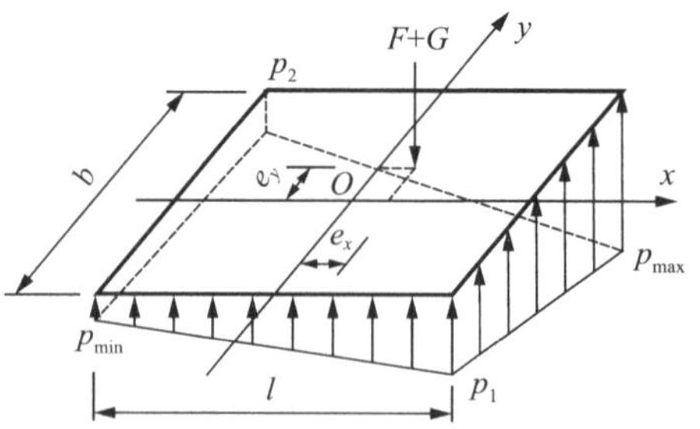

图 2-27　基底反力简化示意图

$$\left.\begin{matrix} p_{max}, p_1 \\ p_{min}, p_2 \end{matrix}\right\} = \frac{\sum F_i + G}{bl} \pm \frac{\sum M_x}{W} \pm \frac{\sum M_y}{W} \tag{2-42}$$

计算得到基底反力后，再计算基底净反力。试验表明，梁板式筏形基础的剪切破坏模式表现为底板区格中部隆起，如图 2-28 所示，因此其底板斜截面受剪承载力应符合下式要求：

$$V_s \leqslant 0.7\beta_{hs} f_t (l_{n2} - 2h_0) h_0 \tag{2-43}$$

$$\beta_{hs} = (800/h_0)^{1/4} \tag{2-44}$$

式中，V_s 为距梁边缘 h_0 处，作用在图 2-28 中阴影面积上的地基土平均净反力设计值，单位为 N；f_t 为混凝土轴心抗拉强度设计值，单位为 N/mm^2；h_0 为底板的有效高度，单位为 mm；β_{hs} 为受剪承载力截面高度影响系数，当按式（2-44）计算时，若板的有效高度 h_0 <800 mm，h_0 取 800mm，若 h_0 >2 000 mm，h_0 取 2 000 mm。

当筏基底板厚度变化时，还应验算变厚度处筏板的受剪承载力。

底板受冲切承载力按下式计算：

$$F_l \leqslant 0.7\beta_{hp} f_t \mu h_0 \tag{2-45}$$

式中，F_l 为作用在图 2-29 中阴影部分面积上的地基土平均净反力设计值，单位为 N；β_{hp} 为受冲切承载力截面高度影响系数。当 $h_0 \leqslant 800$ mm 时，β_{hp} 取 1.0；当 $h_0 \geqslant 2\ 000$ mm 时，β_{hp} 取 0.9；当 800 mm<h<2 000 mm 时，按线性内插法取用。μ 为距基础梁边 $h_0/2$ 处冲切临界截面的周长，单位为 mm，如图 2-28、图 2-29 所示。

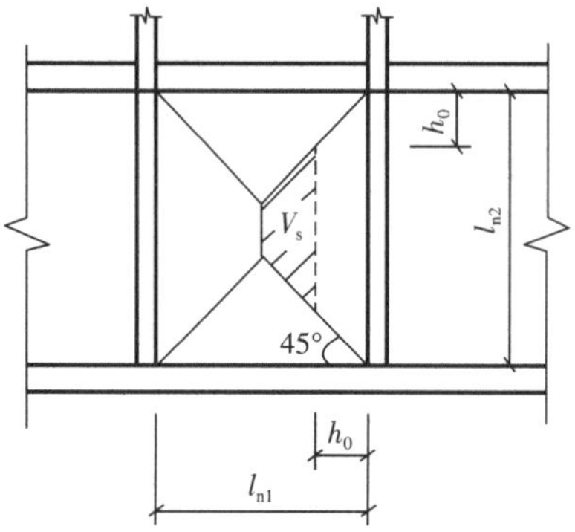

图 2-28　底板剪切计算示意图

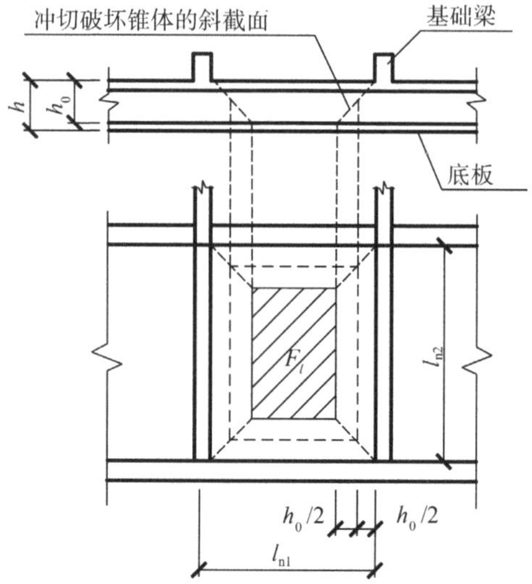

图 2-29　底板冲切计算示意图

求解式（2-43）和式（2-45）得到 h_0，取二者大值，加上保护层厚度可得到筏板的厚度 h。当底板区格为矩形双向板时，可基于图 2-29 所示尺寸，导得 F_l 和 μ 表达式，再代入式（2-45）得到一个关于 h_0 的一元二次方程，求解该方程可得底板受冲切所需厚度 h_0 计算式：

$$h_0 \geqslant \frac{(l_{n1}+l_{n2})-\sqrt{(l_{n1}+l_{n2})^2-\dfrac{4pl_{n1}l_{n2}}{p+0.7\beta_{hp}f_t}}}{4} \tag{2-46}$$

式中，l_{n1}、l_{n2} 为计算板格的短边、长边净长度，单位为 mm；p 为相应于荷载效应基本组合的地基土平均净反力设计值，单位为 Pa。

2.12.3 筏形基础内力计算方法

常用的筏形基础内力简化计算方法有两种，条带法和倒楼盖法。

（1）条带法

条带法将筏板划分为相互垂直的条带，条带的分界线就是相邻柱列间的中线，将各条带假设为互不影响的基础梁，按静定分析法、倒梁法或其他方法可计算出条带的内力。步骤：

①假定基底反力为线性分布，按绝对刚性基础计算基底反力。

②将筏基在两个方向分成若干条带，不考虑条带间的剪力，每条板带作为独立的梁计算。

③条带上的柱荷载与底部基底反力不平衡。

④取两者均值与原荷载、基底反力之比作为荷载/反力修正系数，对各柱荷载/反力进行调整。

⑤根据调整后的柱荷载与地基反力计算基础条带的内力并配筋。

由于空间效应的影响，即受柱的影响，在同一个条带内弯矩沿带宽并非均匀分布。设计时，一般将 67%的总弯矩分配给柱中线 $a/2$（或 $b/2$）范围部分，其余 33%分配给两侧宽 $a/4$（或 $b/4$）的边缘部分。条带法以相邻柱间的中心线作为板带间界线，忽略了板带间剪应力的影响，各自按独立的条形基础计算内力，优点是将计算方法简化了，缺点是将一块整板分割为互无联系的条带进行计算，与筏板实际的变形及受力情况不符。

（2）倒楼盖法

倒楼盖法将筏形基础视为一倒置的楼盖，以地基净反力作为外荷载，柱或墙视为该楼盖的支座，按混凝土结构中的单向或双向梁板的肋梁楼盖方法进行内力计算。筏板按双向多跨连续板、肋梁按多跨连续梁计算内力；若柱网内有小基础梁，把底板分割成边比大于 2 的矩形格板时，底板可按单向板计算，主、次肋仍按连续梁计算。倒楼盖法适用于框架柱网在两个方向的尺寸比小于 2，且柱网内无小基础梁的情况。

筏形基础计算的条带法和倒楼盖法与柱下条形基础的剪力平衡法、倒梁法类似，都是将基础或上部结构视为绝对刚性，这种假设并不符合实际情况，计算结果与实际情况的符合程度取决于地基、基础、结构的相对刚度。这些方法都是在过去工程计算能力不足的情况下，不得已采取的简化计算方法，在计算机技术发达的今天，采用数值计算方法可以得到更符合实际的计算结果。

2.13 上下部共同工作与地基模型

2.13.1 地基基础与上部结构共同工作的概念

上部结构由基础支撑，宏观上二者可视作如图 2-30 所示放置在地基上的叠梁体系。叠梁体系承受地基反力，上部结构、基础均有一定刚度，因此上部结构与基础共同承担荷载与地基反力作用产生的整体弯曲弯矩，如式（2-47）所示，基础和上部结构根据刚度比分配整体弯曲弯矩，基础所分担弯矩按式（2-48）计算。

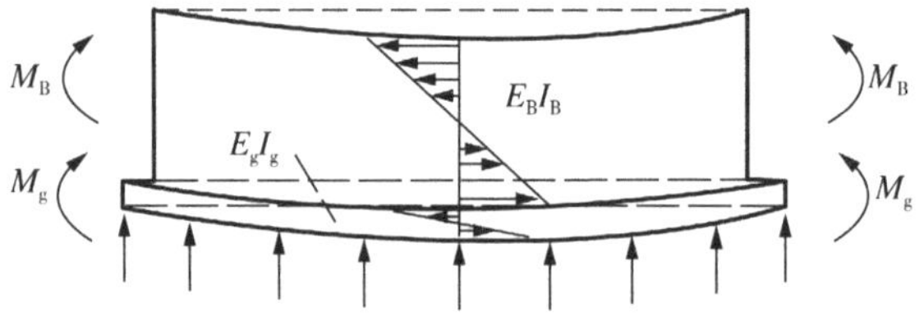

图 2-30　基础与上部结构共同工作

$$M = M_B + M_g \tag{2-47}$$

$$M_g = M\frac{E_gI_g}{E_BI_B + E_gI_g} \tag{2-48}$$

式中，E_BI_B 、M_B 为上部结构抗弯刚度及其承受的整体弯曲弯矩，E_gI_g 、M_g 为基础刚度及其承受的整体弯曲弯矩。

图 2-31 所示为多层建筑的上部结构-基础-地基体系的一种常规地基基础计算模式：计算上部结构柱底荷载时，将地基基础视为刚体；计算地基反力与基础内力时，将上部结构视为绝对柔性。该计算模式割裂上下部的相互影响，没有考虑上下部共同工作。

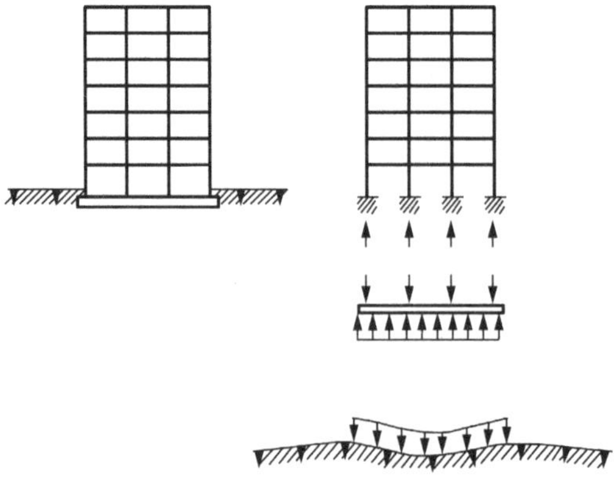

图 2-31　上部结构-基础-地基体系的常规分析简图

柱下基础的变形如图 2-32 所示，它们是一个整体，地基在上部结构、基础荷载的作用下产生沉降变形，由此导致上部结构与基础向上挠曲，形成整体弯曲弯矩，柱间的地基反力导致基础向上挠曲，形成局部弯曲弯矩。上部结构在柱间也有向下的局部挠曲。上部结构和基础的变形是整体弯曲和局部弯曲组合变形产生的。式（2-48）分配的弯矩是整体弯曲弯矩，这种上部结构与地基基础共同承担上部荷载与地基反力产生的弯矩的现象，称为上下部共同工作。

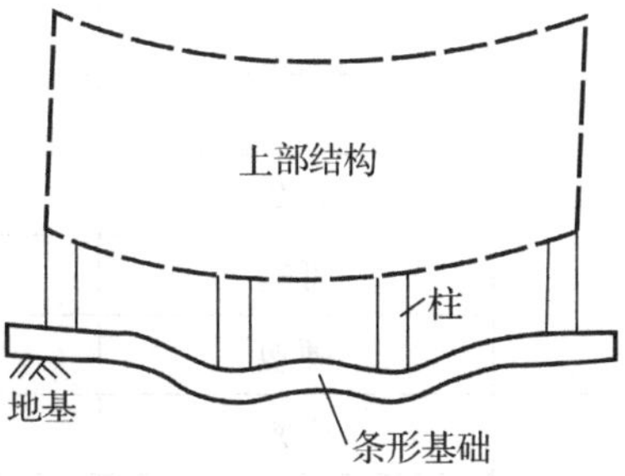

图 2-32　柱下基础变形

有了上下部共同工作的概念，再来分析柱下条形基础计算中的剪力平衡法和倒梁法。将叠梁的任何一根梁视为刚度无穷大，都会自动忽略另一根梁承受整体弯曲弯矩的能力，被视为刚度无穷大的部分，计算结果将偏大，造成浪费；被忽略的部分，计算结果偏小，存在安全隐患。剪力平衡法认为柱荷载不变，实质是忽略上部结构的刚度，而视基础梁为刚度无穷大，基础梁承受了所有整体弯曲弯矩和自身的局部弯曲弯矩，导致基础梁计算结果偏大。倒梁法将上部结构视为刚度无穷大，由上部结构承受所有整体弯曲弯矩，基础梁只承受自身的局部弯曲弯矩，导致基础梁计算结果偏小。

在建筑领域，有些房屋结构确实可以忽略其上部结构的横向刚度，如以屋架-柱-基础为承重体系的排架结构，其沿基础纵向的刚度比较低，几乎不承受整体弯曲弯矩，采用剪力平衡法就比较合理。而水塔、高炉这类上下浑然一体的结构就适用倒梁法。土木行业将对基础的不均匀沉降有很大的顺从性的上部结构称为柔性结构，将刚度很大的上部结构称为刚性结构。

2.13.2　文克尔地基模型

上部结构、基础、地基三者不仅在各自接触面上保持静力平衡，而且必须变形协调。三者按各自的刚度承担各种荷载效应。因此考虑上下部共同作用时，地基、基础、上部结构之间必须同时满足静力平衡和变形协调两个条件，需建立地基、基础、上部结构整体模型，一次性求解三者变形和内力。要建立整体模型，就需要有描述地基受力与变形关系的模型（即地基模型），使得地基按基础的变形量提供相应抗力的行为可以在整体中得以描述。

1867 年文克尔（Winkler）第一个提出地基模型，即土体表面任一点受到的压力强度（压应力）与该点的沉降成正比，其数学描述为

$$p = ks \tag{2-49}$$

式中，p 为土体表面某点单位面积上的压力，单位为 kN/m^2；s 为相应于某点的竖向位

移，单位为 m；k 为基床系数，单位为 kN/m^3。

式（2-49）也称为文克尔地基模型（Winkler foundation model），其基床系数应通过静载荷试验结果确定，表 2-19 所示为国内外的学者根据试验和工程实践得到的基床系数的经验值。

表 2-19　基床系数 k 的经验值

土的类别	土的状态	基床系数 k/（MN/m^3）
淤泥质黏土		3～5
淤泥质粉质黏土		5～10
黏性土、粉质黏土	软塑	5～20
	可塑	20～40
	硬塑	40～100
砂土	中密	15～25
	密实	25～40
砾石土	中密	25～40

文克尔地基模型实际是把地基切割成互不相连的土柱，将土柱简化为弹簧，因此文克尔地基模型也称为弹簧模型。但是地基中的土柱之间实际存在摩擦和黏结，一个土柱受压会牵动周围土柱共同承载，因此文克尔地基模型是一种简化模型，适用于较软弱的地基。

2.13.3　弹性地基上梁的挠曲微分方程及其解答

考虑上下部共同工作的完善计算方法应是将上部结构、基础、地基三者整体建模分析，但是这个难度很大，能将地基与基础共同建模分析也是一个进步。下面基于文克尔地基模型，以柱下条形基础为例，展示地基与基础共同工作的计算方法，文克尔地基上的柱下条形基础的计算模式简图如图 2-33（a）所示，其中梁底反力为 p（kPa），梁宽为 b（m），梁底反力沿长度方向的分布为 bp（kN/m），梁和地基的竖向位移为 w。

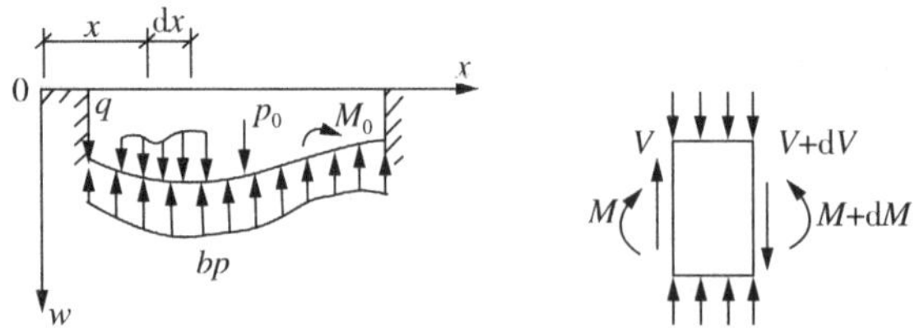

(a)梁的挠曲曲线　　(b)梁微元

图 2-33　文克尔地基上梁的计算图式

取微段梁元素 dx［图 2-33（b）］，其上作用分布荷载和梁底反力 bp 及相邻截面作用的弯矩 M 和剪力 V，根据梁元素上竖向力的静力平衡条件可得

$$\frac{\mathrm{d}V}{\mathrm{d}x} = bp - q \tag{2-50}$$

根据材料力学，$V = \mathrm{d}M/\mathrm{d}x$ ，$EI \times (\mathrm{d}^2 w/\mathrm{d}x^2) = -M$ ，故上式可写成：

$$EI \frac{\mathrm{d}^4 w}{\mathrm{d}x^4} = -\frac{\mathrm{d}^2 M}{\mathrm{d}x^2} = -bp + q \tag{2-51}$$

地基为文克尔地基，有 $p = ks$ ，接触条件为梁全长的地基沉降应与梁的挠度相等（即基础底面与地基不出现脱开现象），$s = w$ ，从而可得文克尔地基上梁的挠曲微分方程式为

$$EI \frac{\mathrm{d}^4 w}{\mathrm{d}x^4} = -bkw + q \tag{2-52}$$

式中，k 为基床系数，单位为 $\mathrm{kN/m^3}$ 。

式（2-52）的通解为

$$\omega = e^{\lambda x}(C_1 \cos \lambda x + C_2 \sin \lambda x) + e^{-\lambda x}(C_3 \cos \lambda x + C_4 \sin \lambda x) \tag{2-53}$$

式中，C_1 、C_2 、C_3 和 C_4 为积分常数的数值，根据边界条件确定；$\lambda = \sqrt[4]{bk/4EI}$ ，称为弹性地基梁的弹性特征，λ 的量纲为 $[\mathrm{m}^{-1}]$，它的倒数 $1/\lambda$ 称为特征长度。显然特征长度 $1/\lambda$ 愈大，梁相对愈刚，因此，λ 值是影响挠曲线形状的一个重要因素。

根据基础梁的实际边界条件确定出通解中的待定系数后，就得到了基础梁的位移解析解，然后根据材料力学公式求解得 M 和 V ，这样就可求得柔性上部结构柱荷载作用下条形基础的变形和内力。根据式（2-53），即可绘制 w 、θ 、M 、V 随 λx 的变化图，如图 2-34所示。

由图 2-34 可见集中力和集中力偶作用下条形基础中的弯矩和剪力分布规律，认识这些规律可以帮助我们更好地理解柱下条形基础的配筋要求，例如纵筋在何处可截断，在何处需加强。文克尔地基模型是一个简单的地基模型，如果需要更好的计算结果，则需研究更完善的地基模型。

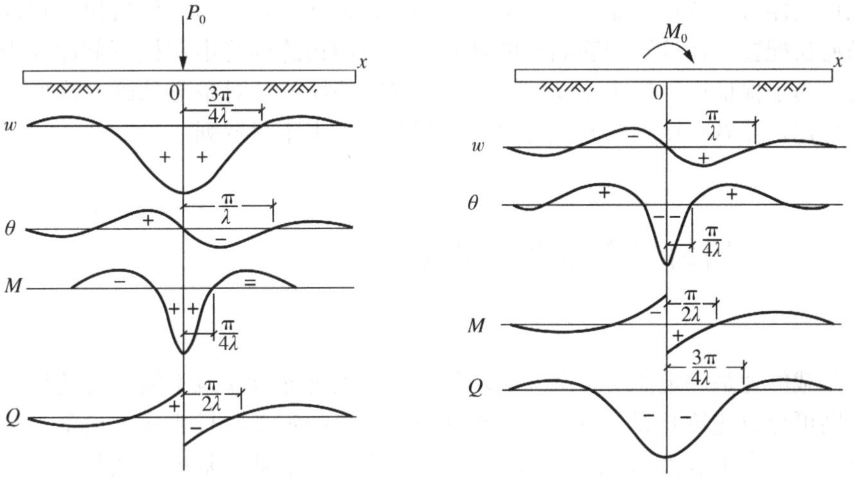

(a)集中力作用　　(b)集中力偶作用

图 2-34　文克尔地基上无限长梁的挠度和内力

2.13.4　考虑上下部共同作用的基础构造设计

上一节介绍了通过列微分方程求解柱下条形基础的变形和内力，一般复杂的问题需要用到有限单元法或有限差分法等数值方法来分析。图 2-35 所示为柱下条形基础的有限元

模型，采用文克尔地基模型描述地基，弹簧的刚度系数为 $K = klb$ 。结构力学中的矩阵位移法就是一种数值分析方法，它是有限单元法的雏形，也可以用来计算文克尔地基上的柱下条形基础。

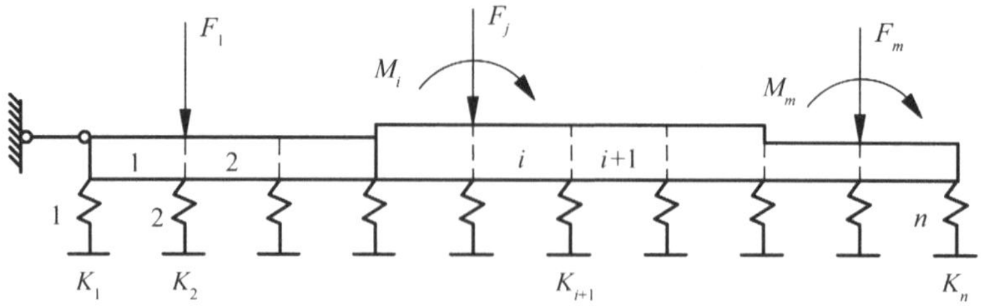

图 2-35　柱下条形基础的有限单元法

这是简单的地基与基础的模型，如果需要考虑上部结构刚度的影响，还可建立包含地基-基础-上部结构的整体模型进行计算，因此采用数值方法可以显著地提高地基基础内力分析的准确性，因此其应用越来越广泛。

一方面，无论地基基础与上部结构的刚度如何，绝对刚性或柔性的结构是不存在的，因此地基、基础、上部结构共同工作是客观存在的；另一方面，设计不是做题，采用理论上有缺点的方法进行计算在工程中并不罕见（如计算地基沉降的分层总和法），但是作为工程师应该明白自己所用方法的缺陷，在设计中予以调整和补偿，避免出具有问题的图纸。以柱下条形基础为例，如果采用剪力平衡法计算变形和内力，则可适当减少基础配筋，但需考虑上部结构承受部分整体弯曲荷载；如果采用倒梁法，则应采取措施适当增强基础梁抵抗整体弯曲弯矩的能力，如限制基础梁、板在边柱、边墙处挑出，将部分或全部受拉钢筋通长配置，在计算钢筋面积的基础上，将两边跨的跨中和柱下截面受力钢筋面积适当增大。为了保证设计成果安全可靠，《建筑地基规范》对条形基础、筏形基础作了比较细致的规定，读者在用到的时候可以查阅规范，本书不再罗列。

2.14　减轻不均匀沉降损害的措施

承受荷载的地基一定会发生沉降，均匀沉降过大可导致建筑不能正常使用，而不均匀沉降过大则可导致建筑开裂。按照地基承载力特征值的定义，只要建筑地基承载力验算通过，建筑就不会发生过大的沉降。但是由于建筑高度、地基、基础各处受力不同，地基内各处岩土层也不同，因此若地基各处发生不均匀沉降，则可能对建筑物产生损害；另外有些建筑或构筑物对沉降要求可能很严格，例如精密的生产线如果发生不均匀沉降，则可能导致工件传送出现问题。因此，需防止或者减轻地基沉降和不均匀沉降对建筑物和构筑物的不利影响。

防止或者减轻地基的沉降和不均匀沉降，需从导致地基沉降的原因入手。下式是土力学提出的计算地基沉降的基本公式：

$$S = \sum_{i=1}^{n} \frac{\sigma_{zi}}{E_{si}} h_i \tag{2-54}$$

式（2-54）说明地基的沉降量由地基应力 σ 、地基土的压缩模量 E_s 及其厚度 h 三个参量决定，因此对应的导致基底相邻两点发生不均匀沉降的原因可以分为三类：

①地基内各点应力不同：地基中各点附加应力由上部结构基底荷载形成，建筑物高度不同、建筑平面复杂、周边有多栋建筑都会导致地基内部相邻各点附加应力差异显著以及基础下相邻两点沉降差异显著。

②地基岩土刚度不同：不同的岩土的力学性质不同，地基中岩土变化导致地基压缩系数不同，在相同的应力作用下，其产生的压缩模量也不同，若地基内相邻两点岩土刚度差异显著，在相近的荷载下，可发生差异显著的沉降。

③地基内各处可压缩层厚度不同：相同的地基中，同一建筑的基础埋深不同，可导致地基压缩层厚度不同；山区地基中下部基岩顶面的土层厚度不同，压缩层厚度也不同。

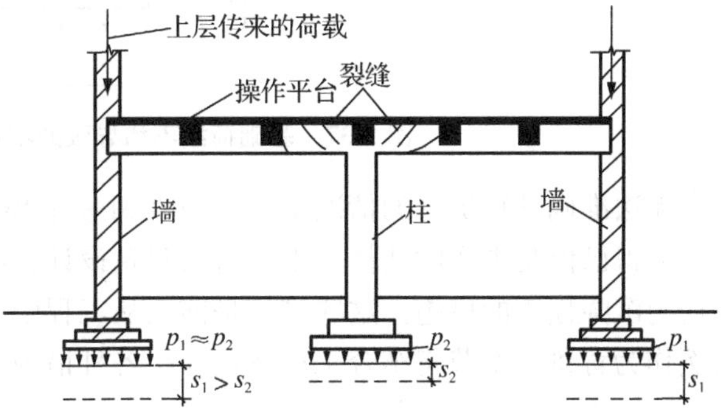

图 2-36　基础荷载不均导致的不均匀沉降损害

如图 2-36 所示为基础不均匀沉降导致建筑开裂的例子，开裂现象：柱上方主梁上缘开裂。原因是柱承受的荷载显著小于墙，在基础尺寸相同的情况下，两侧墙体基础沉降大于中柱，导致支撑在柱上的主梁产生倒八字斜裂缝。

不均匀沉降导致建筑开裂问题的后果可能会很严重：从范围上，可能从底层开裂到顶层；从时间上，可能从工程建设期出现，一直发展到建筑寿命结束；从治理上，不均匀沉降问题维修范围大、时间长，且很难根治。有的情况下，建筑发生的不均匀沉降，对用户造成的心理压力甚至超过实际破坏力。所以对不均匀沉降损害进行控制是土木工程的一个重要课题。

理解了地基不均匀沉降发生的原因，就可以有针对性地提出降低不均匀损害的对策，相应的原则也有三个：

①降低总沉降：减小荷载、提高地基强度、降低可压缩层厚度，这些都是降低沉降的方式。

②降低不均匀沉降：是指减小基础两点间的荷载差异、强度差异和压缩层厚度差异。

③降低不均匀沉降带来的损害：在不均匀沉降不可避免时，降低损害也是一种经常使用的方式。降低损害的方式：加强结构，阻止沉降导致的开裂发生；削弱结构，在可能开裂的位置设置沉降缝；采用可以避免损害的结构类型。

理论上，工程应在地基基础设计阶段通过仔细的设计计算消除地基的不均匀沉降，但是准确计算地基沉降很困难，计算结果往往和实际差别很大，所以以目前的技术水平，还不能要求通过准确计算消除地基不均匀沉降，图 2-37 所示的基础荷载不均导致的不均匀沉降损害便是一个实例：尽管考虑到了廊柱荷载与房屋框架柱荷载差异，采用了不同尺寸的基础，但是门廊顶棚根部上方依然因廊柱沉降而产生了裂缝。

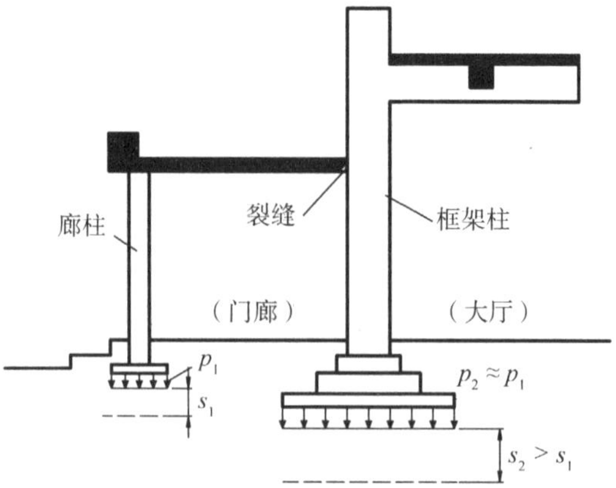

图 2-37　基础荷载不均导致的不均匀沉降损害

在无法准确计算沉降的情况下，尽量在每一个环节采取消除不均匀沉降损坏的措施，是一个不得已但是现实的选择。本节将从建筑设计、结构设计、工程施工各角度，介绍减轻不均匀沉降损害的措施。这些措施是前人从工程中总结出来的，往往每一项措施都有工程案例作为背景。本节将结合工程案例介绍各种措施。

2.14.1　建筑措施

建筑设计主要负责确定建筑物的外形和尺寸，广义上也包括与周边环境的几何关系。图 2-38（a）所示为坐落在均匀地基上的一栋纵向高差较大的建筑，由于中部主楼荷载较大，导致建筑中部地基沉降较大，形成了中部大、两侧小的沉降，这种形式的建筑，容易发生八字形裂缝。图 2-38（b）所示是 L 形的建筑，由于 L 形的拐角处基底压力显著大于两端，该处的沉降较大，因此对应着沉降较大的区域，建筑也出现了八字形裂缝。

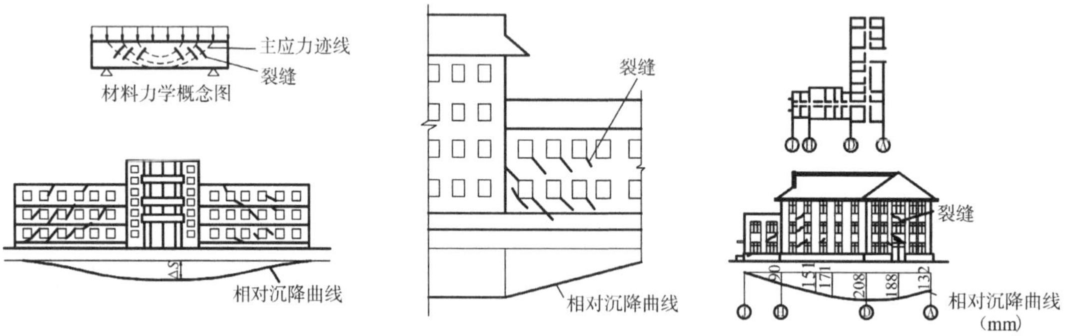

图 2-38　不均匀沉降引起的建筑物开裂

图 2-39 所示为一栋横向长度较大的建筑，中间基底压力显著大于两端，因此对应着沉降较大的区域，建筑也出现了八字形裂缝。

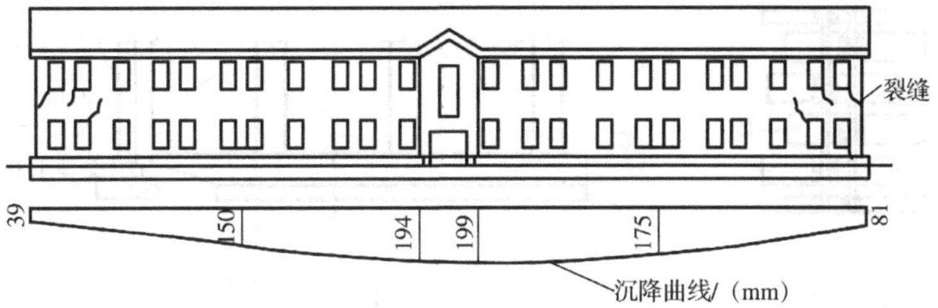

图 2-39　纵墙的长高比过大的建筑物开裂

图 2-40 所示的建筑外纵墙多次转折，在地基中形成复杂的应力分布，内纵墙中断降低了结构整体刚度，这种建筑容易出现扭转型的裂缝。

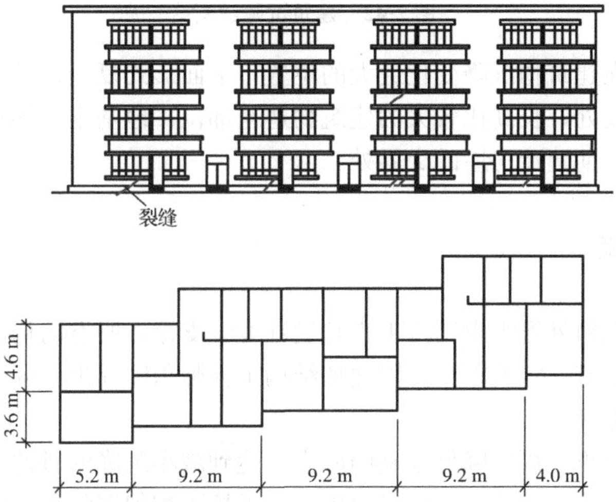

图 2-40　外纵墙多次转折、内纵墙中断的建筑物开裂实例

图 2-41 所示是相邻建筑物相互影响导致开裂的实例。由于新建六层大楼的影响，临近原有二层房屋两端产生了不均匀沉降从而导致墙体开裂。

根据上述例子可以从建筑设计角度总结出减轻不均匀沉降的措施：建筑物体型力求简单（包括平面、立面），控制建筑物长高比及合理布置纵横墙，控制相邻建筑物的间距，调整建筑物的局部标高。

当建筑设计的单体房屋体型复杂、长高比过大，可能发生不均匀沉降导致建筑开裂时，可以设置沉降缝将单体建筑的各部分断开，沉降缝的做法如图 2-42 所示。设置沉降缝后，应该将沉降缝填充，以避免外界环境影响建筑内部，墙上沉降缝的外表面一般需用防水钢板覆盖。沉降缝的设置增加了建筑建造的复杂程度，降低了建筑的密闭性，但沉降缝是设计预设的，而且针对其不利影响做了处理，用户普遍能接受。

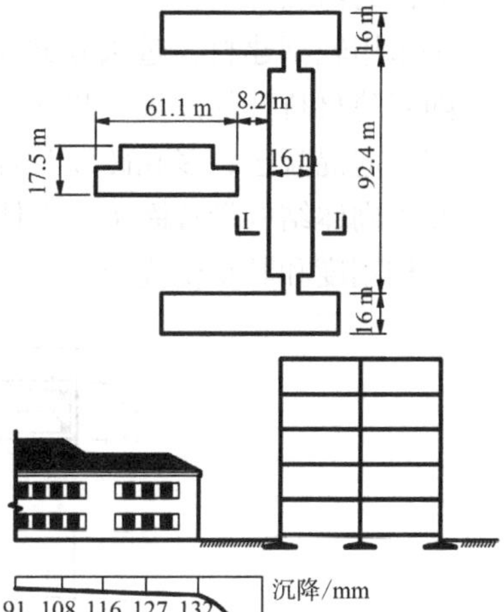

图 2-41　相邻建筑物相互影响实例

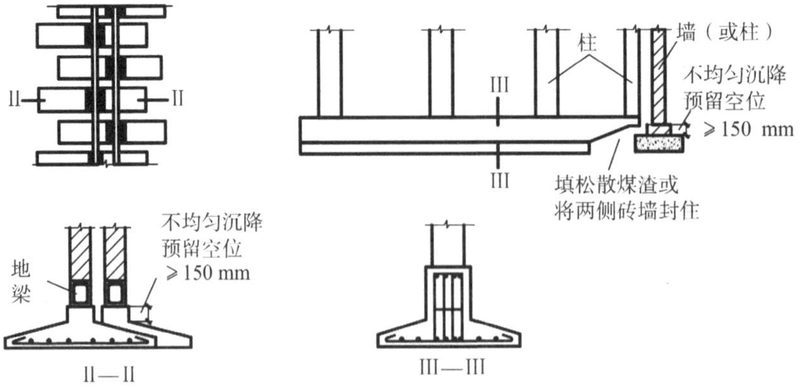

图 2-42　建筑沉降缝构造

沉降缝一般设在建筑物沉降变化最大的位置：平面形式复杂建筑物的转折部位，建筑物的高度或荷载突变处，长高比较大的建筑物适当部位，地基土压缩性显著变化处，建筑结构类型变化处，分期建造房屋的交界处。

2.14.2　结构措施

建筑师确定的几何外形需由结构工程师设计力学支撑，所有的构件都需要有足够的力学强度，其自身也会有一定的重量。因此从结构工程师角度提出的降低不均匀沉降损害的措施主要基于以下原理：

①减轻结构的自重：可以降低地基的应力，达到减小沉降的目的。

②加强结构的强度和整体性：可以提供结构抵抗不均匀沉降导致的结构应力。

③在不影响使用功能的位置将结构某个约束断开，降低结构内力水平，避免开裂。

具体的做法：

①采用轻型建材：过去建筑的建材主要在钢材、混凝土、砖等这些传统建材之间选择。随着建材科技的发展，出现了很多强度不低，但是密度显著低于传统建材的新型材料。如气泡混凝土、多孔砖以及各种工程塑料等。

②为砌体结构设置圈梁：砌体结构对不均匀沉降敏感，实践中常在墙内设置圈梁增强上部结构刚度和其承受挠曲应力的能力。圈梁的构造如图 2-43 所示。

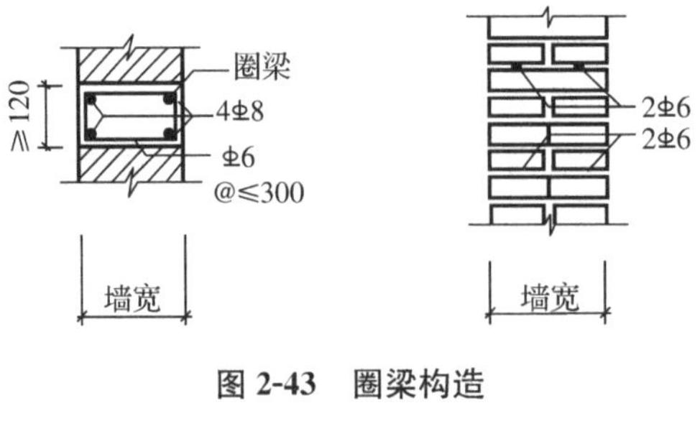

图 2-43　圈梁构造

③采用非敏感性结构（non-sensitive structure）：如图 2-44 所示，A 单元建筑层数多，地基沉降大；B 单元层数少，沉降小。在 A 单元与 B 单元之间采用简支结构连接，当 A

单元与B单元之间出现沉降差异时，因简支结构可以转动，所以建筑物上不会产生裂缝。

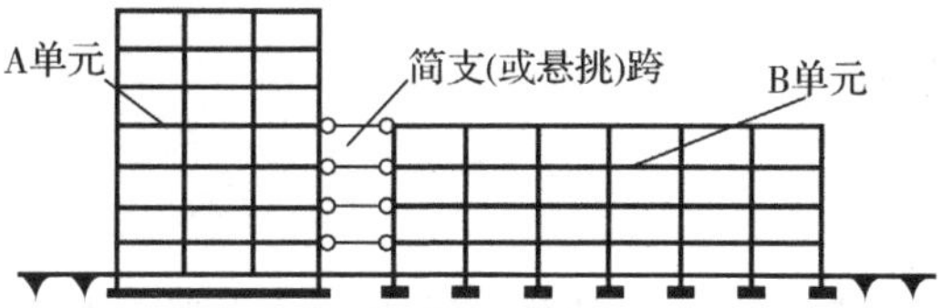

图 2-44　设置过渡结构避免开裂

图2-45是在软土地基上建造的三铰门架结构仓库，当基础之间发生沉降差时，门架的铰节点可以转动，可释放弯矩，避免门架结构开裂。

上述两个措施是在结构某处设铰，断开了弯矩传递路径，可避免结构受弯开裂。这种结构对沉降不敏感，称为非敏感性结构。如果还需要断开相邻的结构的水平和竖向联系，可直接设置沉降缝。

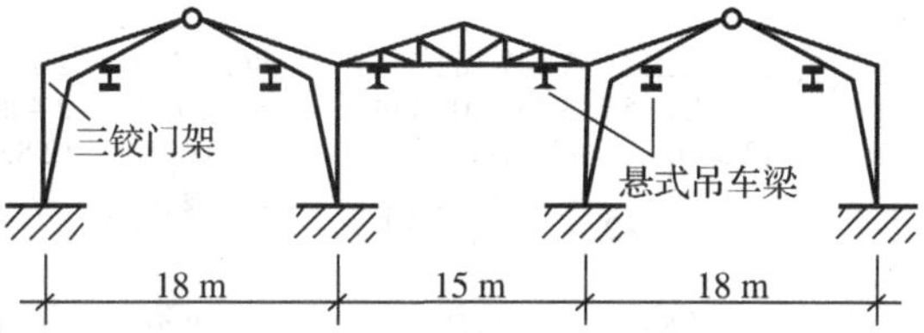

图 2-45　设置非敏感性结构避免开裂

2.14.3　施工措施

土木工程建设都有一定工期，地基沉降从发生到完成也需要一定时间。如果能在施工中采取措施，让地基沉降在施工过程中完成或完成大部分，它就不会对建成后的建筑产生损害。措施如下：

①当拟建建筑高低（轻重）悬殊时，可以先建造高（重）的建筑，后建造低（轻）的建筑。高（重）的建筑先建，让它的沉降先完成，就不会对低（轻）的建筑产生影响；低（轻）的建筑后建但产生的地基应力小，不会对高（重）的建筑产生明显影响。

②对压缩性大的地基先进行预压。预压可显著降低地基的压缩性，再在其上建造建筑物时，建筑物的沉降量会显著降低。

③避免在压缩性大的地基上堆载。在压缩性大的地基表面不应堆放建材、土方等临时荷载，避免因堆载导致地基下沉，对建筑产生不利影响。

④保护好基础底面土体。开挖基槽时不一次性挖到基底标高，而是保留一定厚度土体，避免地基土受到施工扰动而强度降低，待基槽内基础施工准备工作做好后再开挖，在最短的时间内完成基础施工。

⑤设置后浇带。根据结构沉降差异，在沉降变化和结构敏感处设置后浇带，在建筑整体施工接近尾声，各部分沉降已经完成时，再进行后浇带混凝土浇筑。后浇带的浇筑时间宜选择气温较低时，所用混凝土可掺微量铝粉，混凝土强度等级应比构件强度高一级，防止新老混凝土之间出现裂缝形成薄弱部位。

2.15 条形基础算例

【例 2-2】如图 2-46 为某柱网 3 号轴线（图中对于大跨度实验室部分的框架柱编号为 Z1，尺寸为 600 mm×900 mm；其余部分柱编号为 Z2，尺寸为 600 mm×600 mm）。已知场地位于非抗震区，不考虑地震影响。室外地面标高为 ±0.00 m，场地地下水类型为潜水，地下水位离地表 2.1 m，且地下水对混凝土无腐蚀性。场地内地层及其相应的物理力学指标如表 2-20 所示。试设计 3 号轴线上条形基础 JL-3。

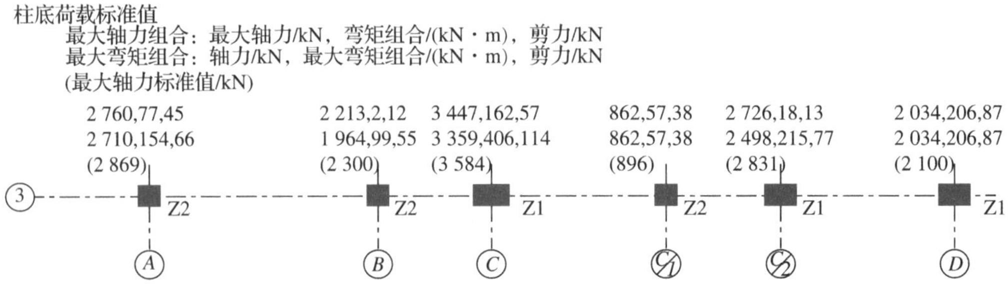

图 2-46　柱网 3 号轴线平面布置

表 2-20　土的主要物理力学指标

层号	土层名称	层厚 /m	w/%	γ/(kN·m^{-3})	e	I_L	c/kPa	φ/(°)	E_s/MPa	f_{ak}/kPa
1	杂填土	1.8		18.5			10	10	5.0	90
2	粉质黏土（冲积）	5.3	24.1	20.0	0.70	0.070	54.7	17.0	12.3	230
3	粉质黏土	20.0	21.9	20.5	0.61	0.075	78.4	24.2	41.6	280
4	强风化泥质粉砂岩	5.3		22.0			15	30	70	350

【解】取 3 号轴线设计条形基础，取综合分项系数为 1.35。

1）主要材料

钢筋主要为 HRB400，$f_y = 360$ MPa，$E_a = 2.00\times10^5$ MPa，箍筋采用 HRB400 级，$f_{yv} = 360$ MPa。±0.00 m 以下砼强度等级采用 C30，$f_c = 14.3$ MPa，$f_t = 1.43$ MPa，$E_c = 3.00\times10^4$ MPa。

2）基础初步设计

考虑规范构造要求和推荐取值范围，初选基础肋梁高度为 1 600 mm，翼缘边缘高度为 500 mm，肋梁侧翼缘高度为 600 mm。柱宽为 600 mm，故选择肋梁宽度为 700 mm。基础顶部标高距地面标高 400 mm，所以基础埋深 $d = 2.0$ m。

考虑构造要求，基础伸出 A 点的距离为

$$a = 0.25l = 0.25 \times 6\ 000 = 1\ 500(\text{mm})$$

为使最大轴力组合的合力与基底形心重合，基础需伸出 D 点之外的距离为

$$\frac{2\ 760 \times 1.5 + 2\ 213 \times 7.5 + 3\ 447 \times 10.5 + 862 \times 15 + 2\ 726 \times 18 + 2\ 034 \times 22.5}{2\ 760 + 2\ 213 + 3\ 447 + 862 + 2\ 726 + 2\ 034} \times 2 - 22.5 \approx 1.0\ (\text{m})$$

基础总长度为

$$L = 1.5 + 6.0 + 3.0 + 4.5 + 3.0 + 4.5 + 1.0 = 23.5(\text{m})$$

基础地面以上土的加权平均重度为

$$\gamma_{\text{m}} = \frac{\sum \gamma_i}{\sum h_i} = \frac{18.5 \times 1.8 + 20.0 \times 0.2}{2.0} = 18.65(\text{kN/m}^3)$$

查表 2-11 可得地基承载力的埋深、宽度修正系数。黏性土：$\eta_{\text{d}} = 1.6$，$\eta_{\text{b}} = 0.3$。

持力层经深度修正后的地基承载力特征值为

$$f_{\text{a}} = f_{\text{ak}} + \eta_{\text{d}} \gamma_{\text{m}} (d - 0.5) = 230 + 1.6 \times 18.65 \times (2.0 - 0.5) = 274.76(\text{kPa})$$

所需的基础底面宽度为

$$b \geqslant \frac{\sum N_{\text{k}}}{(f_{\text{a}} - \gamma_G d) L} = \frac{2\ 869 + 2\ 300 + 3\ 584 + 896 + 2\ 831 + 2\ 100}{(274.76 - 20 \times 2.0) \times 23.5} \approx 2.64(\text{m})$$

所以取 $b = 2.7\ \text{m}$。

3）地基强度及变形验算

(1) 地基承载力验算

地基承载力根据最大轴力组合和最大弯矩组合分别进行验算，过程如下：

①按最大轴力组合计算，总弯矩较小，可按轴心受压计算：

总竖向荷载标准值：

$$\sum N_{\text{k}i} = (2\ 869 + 2\ 300 + 3\ 584 + 896 + 2\ 831 + 2\ 100)\text{kN} = 14\ 580(\text{kN})$$

基础自重标准值：

$$G_{\text{k}} = \gamma_G A d = 20 \times 2.7 \times 23.5 \times 2.0 = 2\ 538(\text{kN})$$

基础底面总竖向力标准值：

$$\sum N_{\text{k}i} + G_{\text{k}} = 14\ 580 + 2\ 538 = 17\ 118(\text{kN})$$

基底压力：

$$p_{\text{k}} \approx \frac{17\ 118}{2.7 \times 23.5} \approx 269.79(\text{kPa}) < f_{\text{a}} = 274.76(\text{kPa})\ \text{(满足承载力要求)}$$

②按最大弯矩组合计算，总弯矩较大，按偏心受压计算：

总竖向荷载标准值：

$$\sum N_{ki} = 2\ 710 + 1\ 964 + 3\ 359 + 862 + 2\ 498 + 2\ 034 = 13\ 427(\text{kN})$$

总弯矩标准值：

$$\sum M_{ki} = 154 + 99 + 406 + 57 + 215 + 206 = 1\ 137(\text{kN} \cdot \text{m})$$

总水平荷载标准值：

$$\sum V_{ki} = 66 + 55 + 114 + 38 + 77 + 87 = 437(\text{kN})$$

基础自重标准值：

$$G_k = \gamma_G A d = 20 \times 2.7 \times 23.5 \times 2.0 = 2\ 538(\text{kN})$$

基础底面总竖向力标准值：

$$\sum N_{ki} + G_k = 13\ 427 + 2\ 538 = 15\ 965(\text{kN})$$

基础底面总弯矩标准值：

$$M_k = \sum M_{ki} + d\sum V_{ki} = 1\ 137 + 2.0 \times 437 = 2\ 011(\text{kN} \cdot \text{m})$$

偏心距：

$$e_k = \frac{2\ 011}{15\ 965} + \left(\frac{23.5}{2} - \frac{2\ 710 \times 1.5 + 1\ 964 \times 7.5 + 3\ 359 \times 10.5 + 862 \times 15 + 2\ 498 \times 18 + 2\ 034 \times 22.5 + 2\ 538 \times \frac{23.5}{2}}{15\ 965}\right)$$

$$\approx 0.13(\text{m}) < L/6 \approx 3.92(\text{m})$$

基底压力：

$$p_k = \frac{15\ 965}{2.7 \times 23.5} \approx 251.62(\text{kPa}) < f_a = 274.76(\text{kPa})$$

$$p_{k,\max} = \frac{\sum N_{ki} + G_k}{bL}\left(1 + \frac{6e_k}{L}\right) = \frac{15\ 965}{2.7 \times 23.5} \times \left(1 + \frac{6 \times 0.13}{23.5}\right)$$

$$\approx 259.97(\text{kPa}) < 1.2 f_a \approx 329.71(\text{kPa})$$

因此，满足地基承载力要求。

(2) 软弱下卧层验算

因持力层深度以下的地基承载力均不显著低于持力层，故无须进行软弱下卧层计算。

(3) 沉降验算

地基变形验算时，按最大轴力组合计算时基底平均压力较大，所以按最大轴力组合进行地基变形验算。

基底压力：

$$p_k = 269.79\text{kPa}$$

基础底面处土的自重应力：

$$\sigma_{cz} = 18.5 \times 1.8 + 20.0 \times 0.2 = 37.3(\text{kPa})$$

基底附加压力：

$$p_0 = p_k - \sigma_{cz} = 269.79 - 37.3 = 232.49(\text{kPa})$$

沉降计算深度：

$$Z_n = b(2.5 - 0.4 \times \ln b) = 2.7 \times (2.5 - 0.4 \times \ln 2.7) \approx 5.7(\text{m})$$

如表 2-21 所示，根据“角点法”将基础分为四块相同的小面积，得到平均竖向附加应力系数 $\bar{\alpha}_i$，再由 $\Delta S_i = \frac{p_0}{E_{si}}(z_i\bar{\alpha}_i - z_{i-1}\bar{\alpha}_{i-1})$ 计算出各分层的沉降量，求和后即为基础中点下的沉降量。

表 2-21　规范法计算基础最终沉降量

点号	z/m	l/b	z/b	$\bar{\alpha}_i$	$z_i\bar{\alpha}_i$ /mm	$(z_i\bar{\alpha}_i - z_{i-1}\bar{\alpha}_{i-1})$	p_0/E_{si}	Δs_i/mm	$\sum\Delta s_i$/mm
0	0	$\frac{23.5}{2}/\frac{2.7}{2} \approx 8.704$	0.000	1	0				61.40
1	0.1		0.037	1	100.00	100.00	0.019	1.90	
2	5.1		3.778	0.622 2	3 173.22	3 073.221	0.019	58.39	
3	5.7		4.222	0.589 3	3 359.01	185.79	0.006	1.11	

取 $\Delta z = 0.6$ m，最后一层沉降量 $\Delta s_n = 1.11$ mm，$\frac{\Delta s_n}{\sum \Delta s_i} = \frac{1.11}{61.40} \approx 0.018 < 0.022\,5$，符合要求。

沉降计算深度范围内压缩模量的当量值：

$$\bar{E}_s = \frac{p_0 \sum (z_i\bar{\alpha}_i - z_{i-1}\bar{\alpha}_{i-1})}{p_0 \sum [(z_i\bar{\alpha}_i - z_{i-1}\bar{\alpha}_{i-1})/E_{si}]} = \frac{100.00 + 3\,073.22 + 185.79}{\frac{100.00}{12.3} + \frac{3\,073.22}{12.3} + \frac{185.79}{41.6}} \approx 12.8(\text{MPa})$$

基础最终沉降量：

因为 $p_0 \geqslant f_{ak}$，所以沉降计算经验系数 $\psi_s = 0.565$，有

$$s = \psi_s \sum \Delta s_i = 0.565 \times 61.40 \approx 34.69(\text{mm}) < 120(\text{mm})\ (\text{满足要求})$$

4）梁的弯矩计算

计算基础内力和配筋时，荷载效应和基底反力按承载能力极限状态下荷载效应基本组合考虑。由于基础底面反力为均匀分布，因此单位长度地基的净反力为

$$q_n = \frac{\sum N}{L} = \frac{1.35 \times 13\,427}{23.5} \approx 771.3(\text{kN/m})$$

基础梁可看成在均布线荷载 q_n 作用下以柱为支座的五跨连续梁，地基反力如图 2-47 所示。

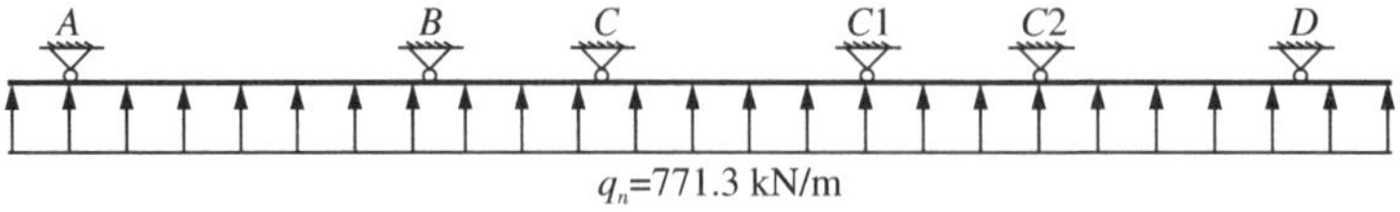

图 2-47　地基反力示意图

结构力学求解器
编码示例

采用结构力学求解器对五跨结构进行求解，内力分布如图 2-48 所示。

5）基础梁配筋及裂缝验算

（1）梁板部分计算

翼缘边缘高度为 500 mm，肋梁侧翼缘高度 600 mm。基底宽 2 700 mm，肋梁宽度为 700 mm，取 $\alpha_s = 40$ mm。

基底净反力设计值：

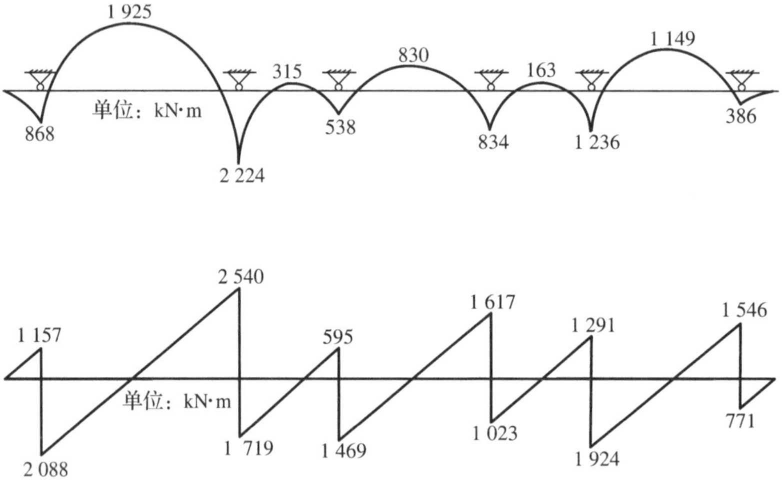

图 2-48　基础梁内力图

$$p_j = \frac{771.3}{2.7} \approx 285.7(\text{kPa})$$

翼板抗弯强度计算：

$$h_0 = h - \alpha_s = 500 - 40 = 460(\text{mm})$$

$$M = \frac{1}{2}p_j l^2 = \frac{1}{2} \times 285.7 \times \left(\frac{2.7 - 0.7}{2}\right)^2 = 142.9(\text{kN} \cdot \text{m})$$

$$A_s = \frac{M}{0.9h_0 f_y} = \frac{142.9 \times 10^6}{0.9 \times 460 \times 360} \approx 958.8(\text{mm}^2)$$

取⌀14@150，$A_s = 1\,026\ \text{mm}^2$，满足要求。

斜截面抗剪强度验算（按每米长计）

$$V = 285.7 \times 1.0 = 285.7(\text{kN})$$

$$h_0' = \frac{V}{0.7\beta_h f_t} = \frac{285.7}{0.7 \times 1.0 \times 1.43} \approx 285.4(\text{mm})$$

实际 $h_0'' = h - \alpha_s = \frac{500 + 600}{2} - 40 = 510(\text{mm}) > 388.1(\text{mm})$，满足要求。

（2）肋梁部分计算

基础肋梁高度为 1 600 mm，宽为 700 mm 。主筋和箍筋均采用 HRB400 级钢筋，混凝土强度等级为 C20 。

①正截面强度计算：

根据基础梁内力分析 M，对各支座、跨中分别按矩形、T 形截面进行正截面强度计算。

支座 B 处（$M = 2\ 224\ \text{kN}\cdot\text{m}$）

$$\alpha_s = \frac{M}{\alpha_1 f_c b h_0^2} = \frac{2\ 224 \times 10^6}{1.0 \times 14.3 \times 700 \times 1\ 560^2} \approx 0.091\ 3$$

$$\xi = 1 - \sqrt{1 - 2\alpha_s} = 1 - \sqrt{1 - 2 \times 0.091\ 3} \approx 0.095\ 9$$

$$A_s = \xi b h_0 \frac{\alpha_1 f_c}{f_y} = 0.095\ 9 \times 700 \times 1\ 560 \times \frac{1.0 \times 14.3}{360} \approx 4\ 159.8(\text{mm}^2)$$

选用钢筋 4 ⌀ 20＋6 ⌀ 25，实际 $A_s = 4\ 210\text{mm}^2 > \rho_{\min} bh = 0.2\% \times 700 \times 1\ 600 = 2\ 240(\text{mm}^2)$，满足最小配筋率要求。

②斜截面强度计算：

支座 B 左截面（$V = 2\ 540\ \text{kN}$）

$$0.7 f_t b h_0 = 0.7 \times 1.43 \times 700 \times 1\ 560 \times 10^{-3} \approx 1\ 093(\text{kN})$$

选用箍筋 4 ⌀ 14@200，f_{yv}=360 mm²，A_s=615 mm²。则

$$[V_{cs}] = 0.7 f_t b h_0 + f_{yv} \frac{A_{sv}}{s} h_0 = 1\ 093 + 360 \times \frac{615}{200} \times 1\ 560 \times 10^{-3} \approx 2\ 820(\text{kN}) > 2\ 540\ \text{kN}（满足抗剪要求）$$

各部位的正、斜截面配筋均可列表计算，如表 2-22、表 2-23 所示。

表 2-22　正截面配筋

截面	M/（kN·m）	A_s/ mm²	选用钢筋	实配 A_s/ mm²
支座 A	−868	1 574.1	2 ⌀ 20+4 ⌀ 25	2 592
AB 跨中	1 925	3 463.6	6 ⌀ 20+4 ⌀ 25	3 848
支座 B	−2 224	561.8	2 ⌀ 20+4 ⌀ 25	4 210
BC 跨中	−315	561.8	2 ⌀ 20+4 ⌀ 25	2 592
支座 C	−538	968.8	2 ⌀ 20+4 ⌀ 25	2 592
$CC1$ 跨中	830	1 484.5	2 ⌀ 20+4 ⌀ 25	2 592
支座 $C1$	−834	1 511.4	2 ⌀ 20+4 ⌀ 25	2 592
$C1C2$ 跨中	163	290.5	2 ⌀ 20+4 ⌀ 25	2 592
支座 $C2$	−1 236	2 259.7	2 ⌀ 20+4 ⌀ 25	2 592
$C2D$ 跨中	1 149	2 058.6	2 ⌀ 20+4 ⌀ 25	2 592
支座 D	−386	692.9	2 ⌀ 20+4 ⌀ 25	2 592

表 2-23　斜截面配筋

支座截面	V/kN	选用箍筋	A_{sv}/ mm^2	s/mm	实配选用 s/mm
A	2 088	4Φ14	615	347.1	200
B	2 540	4Φ14	615	238.7	200
C	1 469	4Φ14	615	918.6	200
$C1$	1 617	4Φ14	615	659.1	200
$C2$	1 924	4Φ14	615	415.6	200
D	1 546	4Φ14	615	762.4	200

统一调整后，条形基础配筋如图 2-49 所示。

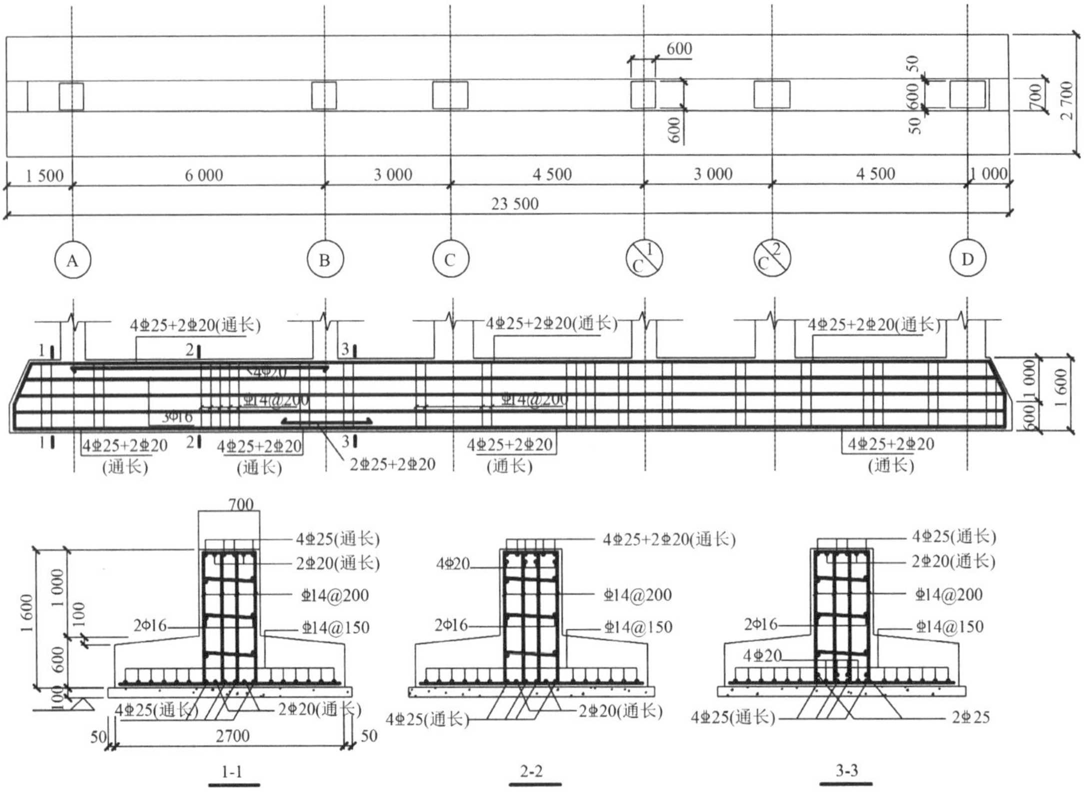

图 2-49　基础配筋图

思考题

2-1 常见浅基础有哪些类型？它们在构造、材料、地基承载面积利用率以及刚度方面各有何特点？

2-2 确定基础埋深的基本原则是什么？举例说明确定基础埋深时如何遵循这些基本原则。

2-3 确定地基承载力的方法有哪些？为什么实测地基承载力需要进行深、宽修正？

2-4 设计地基基础需做哪些计算？其中哪些计算内容需采用荷载效应的标准组合？

2-5 在进行地基基础设计时，为什么地基承载力验算通过后，还要验算地基沉降变形？

2-6 如何确定扩展基础的平面尺寸和高度？

2-7 钢筋混凝土柱下条形基础、墙下条形基础构造有何差异？为什么二者分属不同的浅基础类型？

2-8 从上下部共同作用的观点，倒梁法和剪力平衡法分别是如何考虑上部结构刚度的？其计算结果是偏大还是偏小？设计中如何降低由计算偏差带来的风险？

2-9 建筑地基产生不均匀沉降对上部结构会产生哪些损害？如何在结构设计中避免？

习　题

2-1 某桥梁基础，基础埋置深度（一般冲刷线以下）$h=4.5$ m，基础底面短边尺寸 $b=2.5$ m。地基土为一般黏性土，天然孔隙比 $e_0=0.7$，液性指数 $I_L=0.75$，土在水面以下的容积密度（饱和状态）$\gamma_0=28$ kN/m^3。要求按《公路桥涵地基与基础设计规范》(JTG 3363—2019)：

(1) 查表确定地基土的承载力特征值 f_{a0}。

(2) 计算对基础宽度、埋深修正后的地基承载力特征值 f_a。

2-2 已知某拟建筑物场地地质条件。第一层：杂填土，层厚 1.2 m，$\gamma=18$ kN/m^3。第二层：黏性土，层厚 4.2 m，$\gamma=19.5$ kN/m^3，$e=0.75$，$I_L=0.7$，地基承载力特征值 $f_{ak}=130$ kPa。试按以下基础条件，分别计算修正后的地基承载力特征值：

(1) 基础底面为 4.0 m×2.5 m 的矩形独立基础，埋深 $d=1.2$ m。

(2) 基础底面为 9.0 m×42 m 的箱形基础，埋深 $d=4.2$ m。

2-3 某建筑物承受中心荷载的柱下独立基础底面尺寸为 3.5 m×2.0 m，埋深 $d=1.5$ m；地基土为粉土，土的物理力学性质指标：$\gamma=17.8$ kN/m^3，$c_k=3.0$ kPa，$\varphi_k=20°$。试确定持力层的地基承载力特征值。

2-4 某场地土层分布如图 2-50 所示，作用于条形基础顶面的荷载标准值 $F_k=$

300 kN/m，弯矩 M_k=35 kN·m/m，取基础埋置深度 d=0.8 m，底宽 b=2.0 m，试按承载力要求验算所选基础底面尺寸是否合适。

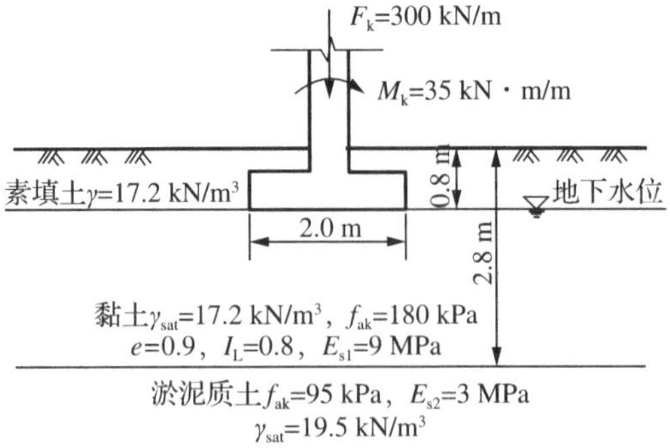

图 2-50　习题 2-4 附图

2-5　某砌体承重结构，底层墙厚 490 mm，在荷载效应的标准组合下，传至±0.00 标高（室内地面）的竖向荷载 F_k=310 kN/m，室外地面标高为−0.30 m，建设地点的标准冻深 1.5 m，场地条件如下：天然地面下 4.5 m 为厚黏土层，下为 30 m 厚中密稍湿状态的中砂，黏土层 e=0.73，γ=19 kN/m³，w=28%，w_L=39%，w_P=18%，c_k=22 kPa，φ_k=18°，中砂层 γ=18 kN/m³，φ_k=30°，试设计该基础（基础材料自定）。

2-6　在题 2-5 的场地上，有一柱下独立基础，柱的截面尺寸为 400 mm×600 mm，在荷载效应的标准组合下，传至±0.00 标高（室内地面）的竖向荷载 F_k=2 400 kN，M_k=210 k·Nm，水平力 V_k=180 kN（与 M 同方向），室外地面标高为−0.15 m，试设计该基础（基础材料自定）。

2-7　某均质黏土地基，其孔隙比 e=0.9，土的重度 γ=19 kN/m³，在如图 2-51 所示的框架结构中拟修建柱下筏形基础，按正常使用极限状态下的荷载效应标准组合时，传至各柱室内地面（±0.00）标高的荷载如图 2-51 所示，室外算起的基础埋深 d=1.50 m，室外标高−0.30 m，地基土承载力特征值 f_{ak}=106 kPa，试设计该基础（注：图中柱荷载单位为 kN，柱采用 C50 现浇混凝土，截面尺寸为 600 mm×600 mm，柱外边缘悬挑跨度自定）。

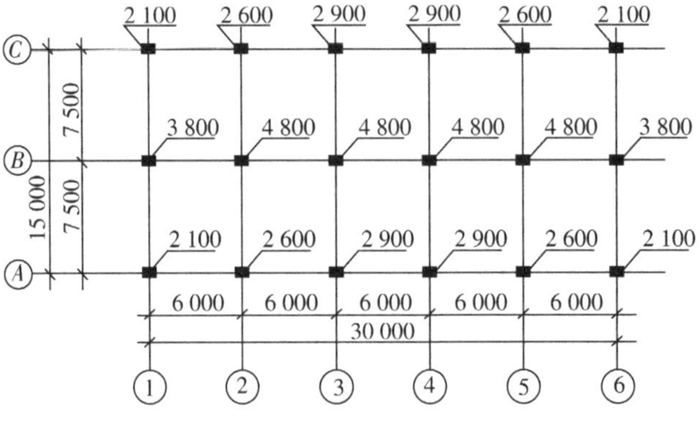

图 2-51　习题 2-7 附图

第 3 章　桩基础
Pile Foundation

本章学习目标

掌握桩基础的分类方法；
熟悉桩基础设计内容及桩基础验算的具体方法；
熟悉竖向荷载下单桩的破坏模式、桩侧负摩阻力的产生条件、单桩承载力的确定方法；
掌握水平受荷桩承载力、桩身内力和位移的计算方法；
掌握群桩基础的工作特点与几个重要概念。

3.1　概　述

当浅基础不能满足建筑物向地层传递荷载的功能要求时，就需要考虑采用深基础。深基础不仅可提供所需的承载力，而且沉降小，深基础与浅基础的根本差别在于：

①从施工角度来看：浅基础一般通过明挖基坑、支模浇筑基础实现；深基础多为人工或机械开挖桩孔，利用孔壁作为模板浇筑桩体，或直接将预制的基础结构沉入地层中。

②从受力角度来看：深基础可利用其侧面地层承受荷载，其中既包括通过侧摩擦力作用把竖向荷载传递给周边地层，也包括通过土压力作用把水平荷载传递给基础周边地层。

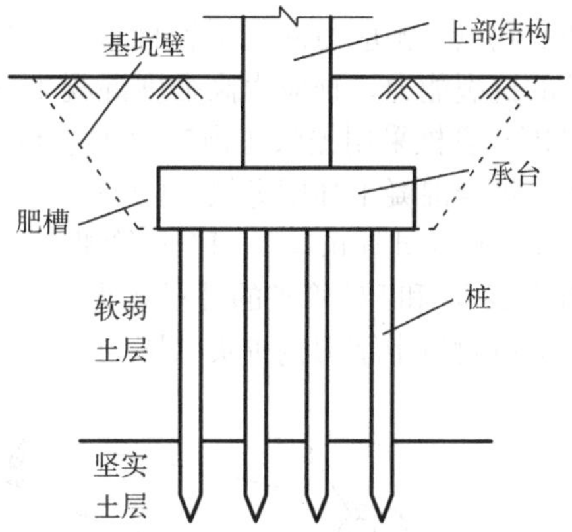

图 3-1　桩基示意图

深基础与浅基础在施工和受力方面的两个差别是相关联的：浅基础采用明挖施工，开挖的基坑大于基础，因此需支模浇筑基础。当基础建造完成后，需要回填基础与基坑侧壁之间的富余空间（工程中称为“肥槽”）。回填土大多压实不足，结构松散，勘察报告也未提供其计算参数，因此在浅基础计算中，不考虑基础侧面岩土体承载。而深基础则不同，深基础侧面一般与原地基土密贴，有计算参数，因此可考虑利用基础侧面岩土体承载。

深基础主要有桩基础、沉井基础、地下连续墙基础和墩基础等类型，其中以桩基础应用最为广泛。图 3-1 所示为典型的桩基础，桩基础一般由若干根单桩与其上部的承台组成，承台起到向各单桩传递荷载的作用。当桩基础由一根桩构成时，则可不设承台，这样的基础称为单桩基础。

3.2 桩基础施工与分类

3.2.1 单桩构造、施工方法及分类

单桩根据施工方法可分为预制桩和灌注桩两类。预制桩是先在地表制作桩体，再将桩体沉入地层中成桩；灌注桩则是先在地层中造孔，然后在孔中放入钢筋笼、灌入混凝土凝固成桩。两类单桩的构造及其施工方法分别介绍如下：

1）预制桩

预制桩（prefabricated pile）在施工现场或工厂预制桩体，然后运至桩位处，经锤击、振动、静压或旋入等方式将桩体沉入地层中形成。预制桩桩体材料可以是钢筋混凝土、钢材和木材，各种材料桩的构造如下：

（1）混凝土预制桩

混凝土预制桩横截面有方、圆、管等多种形状。普通实心方桩截面边长为 300～500 mm，桩长多在 30 m 以内，工厂预制时分节长度≤12 m，沉桩时逐节施工，并连接到所需桩长。分节接头应保证满足桩身传递轴力、弯矩和剪力的要求，通常可用钢板、角钢焊接，并涂以沥青以防腐蚀，也可采用钢板垂直插头加水平销连接。

实心混凝土预制桩具有制桩材料用量大、桩体自重大以及运输和沉桩过程桩身容易开裂的缺点。预应力混凝土管桩（图 3-2），则可减轻自重、节约钢材、提高桩的抗裂能力。预应力高强度混凝土（pre-stressed high-strength concrete，PHC）管桩采用先张法预应力工艺和离心成型法制作，经高压蒸汽养护生产，桩身混凝土强度等级≥C80；未经高压蒸汽养护生产的为预应力混凝土（pre-stressed concrete，PC）管桩，强度等级一般为 C60～C80。工程中常用的 PHC 和 PC 管桩的外径多为 300～600 mm，每节长 5～13 m。桩的下端设置开口的钢桩尖或封口十字刃钢桩尖（图 3-3）。

预制桩施工

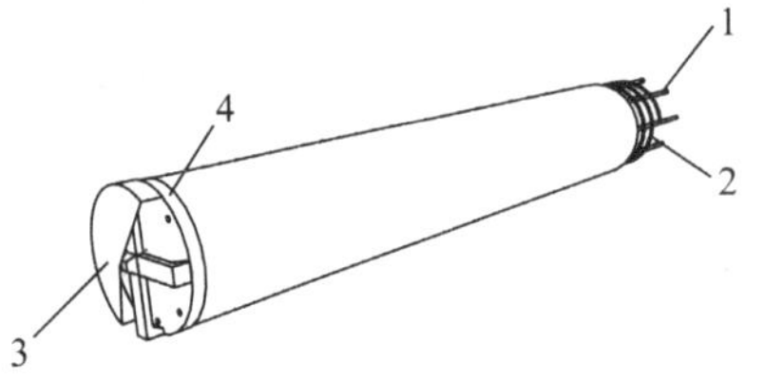

1—预应力钢筋；2—螺旋箍筋；3—端头板；4—钢套箍

图 3-2 预应力混凝土管桩

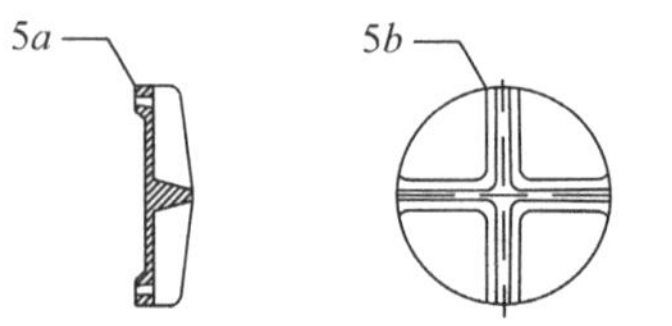

（a）桩尖剖面图　（b）桩尖正视图

图 3-3 预应力混凝土管桩的封口十字刃钢桩尖

（2）钢桩

常用的钢桩有钢管桩和 H 形钢桩，其下端可开口也可闭口。一般钢管桩的直径为 250～1 200 mm。钢桩的优点是自重轻、承载能力高、锤击沉桩效果好、穿透能力强，无论起吊、运输还是沉桩、接桩都很方便，其缺点是耗钢量大、成本高、易锈蚀。

（3）木桩

木桩常用松木、杉木或橡木做成，一般桩径为 160～260 mm，桩长 4～6 m，桩顶锯平并加铁箍，避免桩头被打坏，桩尖削成棱锥形，便于打入地层。木桩制作和运输方便、打桩设备简单，在我国使用历史悠久，但目前已很少使用，只在某些临时加固工程或能就地取材的工程中采用。木桩在淡水中耐久性较好，但在海水及干湿交替的环境中极易腐烂，因此一般应打入地下水位以下不少于 0.5 m。

预制桩置入地层中的过程也叫沉桩。预制桩沉桩有锤击、静压、振动、旋入或植入等多种方式，其中锤击打入方式因为会产生巨大的打击噪声而在城市中被限制使用，静压施工无噪声，但是需要重达数百吨的施工设备提供静压力。预制桩的各种施工方法各有利弊，需根据工程现场实际确定。

预制桩沉桩深度一般应根据地质资料及结构设计要求确定。当采用锤击法施工时，多以最后贯入度和桩尖设计标高两个指标控制。最后贯入度是指桩沉至某标高时，每次锤击的沉入量，通常以最后每阵的平均贯入量表示。锤击法常以 10 次锤击为一阵，振动沉桩则以振动 1 min 为一阵。最后贯入度多根据试桩或地区经验确定，一般可取最后两阵的平均贯入度 10～50 mm/阵作为停止沉桩施工控制标准。

2）灌注桩

预制桩具有耐久性好、桩身质量较易保证等优点，但其尺寸受制于沉桩能力，预制桩直径一般较小，桩长不大，单桩承载力也相对较低，适用性有限。灌注桩（cast-in-place pile）是先在桩位处成孔，然后在孔内下放钢筋笼（也有直接插筋或省去钢筋的）再浇灌混凝土而成，因此其直径可更大，长度可更长。目前最大灌注桩直径超过 5 m，长度可达上百米，可提供很大的承载力。灌注桩适用于持力层埋藏深、对基础承载力要求高的场景。

灌注桩的材料都是现浇钢筋混凝土，其成孔方式有挖孔、钻孔、冲孔和沉管等。不同成孔方式的灌注桩构造和施工方法如下：

（1）人工挖孔桩

人工挖孔桩是采用人工挖掘成孔，达所需深度后再吊放钢筋笼、浇灌混凝土而成。人工挖孔桩人工开挖需要安全操作空间，因此需进行护壁，防止孔壁坍塌，因此设计桩径需足够大，护壁要足够厚，一般人工挖孔桩内径应大于 800 mm，护壁厚大于等于 100 mm，护壁分节支护，每节高 500～1 000 mm，护壁可用混凝土浇筑或砖砌筑，图 3-4 为人工挖孔桩设计示例。人工挖孔桩优点：施工设备简单，噪声小，对施工场地要求低；孔底可清理干净，还可以扩孔，能充分利用桩端承载力等。但由于人工挖孔桩采用人工挖掘施工，过程中可能出现塌方、缺氧、有害气体、触电等危险，现在已被限制使用，对于桩长超过 16 m的挖孔桩工程需按危险性较大工程进行施工方案论证。倘若桩深范围内存在饱和细砂层等不利地层时，则不允许使用，因为挖孔时可能发生的流砂会危及孔内工人生命安全。

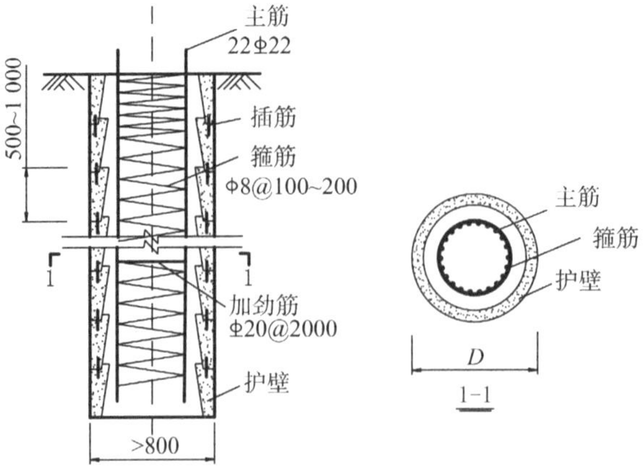

图 3-4　人工挖孔桩示例

(2) 钻孔灌注桩

灌注桩钻孔工艺有机械钻孔、挖孔、冲孔等，需分别采用钻、挖、冲孔设备（如旋挖机、螺旋钻、振动钻、冲抓锥钻、旋转水冲钻等）成孔，然后清除孔内和孔底残渣，吊放钢筋笼，浇灌混凝土形成。其中，钻孔灌注桩（bored cast-in-place pile）的施工程序如图 3-5 所示。有的钻机成孔后，可撑开钻头的扩孔刀刃挤压孔壁或者旋转切土扩大桩孔，浇灌混凝土后可在底端或桩身形成扩大段，提高单桩的承载力，这种桩称为扩底桩或支盘桩。

钻（挖、冲）孔灌注桩在成孔过程中都可能发生孔壁坍塌的问题，必要时需进行护壁。目前钻孔桩成孔多采用泥浆护壁，即在孔中灌泥浆，利用泥浆自重以及向孔周边地层的渗透压力防止孔壁坍塌。泥浆应选用膨润土或高塑性黏土在现场加水搅拌制成，一般要求其比重为 1.1～1.3，黏度为 10～25s，含砂率<6%，胶体率>95%。若普通泥浆不能满足护壁和排渣要求时，还可用聚合物浆液施工。施工时泥浆面应高出地下水面 1 m 以上，确保浆液向桩孔外渗透，保证护壁效果。机械钻孔灌注桩适用的桩径范围较大，从数十厘米到数米，钻孔深度可达上百米。

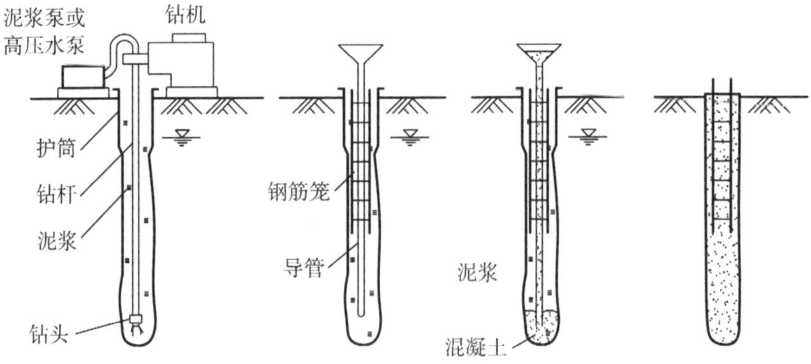

图 3-5　钻孔灌注桩施工程序

（3）沉管灌注桩

沉管灌注桩（driven cast-in-place pile）通过向地层内打入钢管挤土成孔，然后向钢管内灌入混凝土，混凝土面上升的同时上拔钢管，最后放入钢筋笼成桩，其施工程序如图3-6所示。沉管灌注桩按施工方法又分为锤击沉管灌注桩、振动沉管灌注桩和内击式沉管灌注桩三种。沉管灌注桩的钢管底端带有活瓣桩尖（沉管时桩尖闭合，拔管时活瓣张开可灌入混凝土），或套上如图 3-6 所示的预制混凝土桩尖。

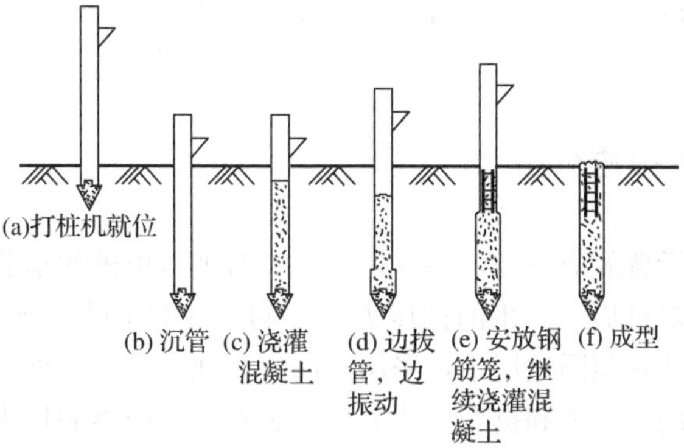

图 3-6　沉管灌注桩的施工程序示意

锤击或振动沉管成桩方式有单打、复打（浇灌混凝土拔管成桩后，立即在原位再次沉管及浇灌混凝土）和反插法（灌满混凝土后，先振动再拔管，一般拔 0.5～1.0 m，再反插 0.3～0.5 m）三种。复打后的桩横截面面积增大，可提高桩的承载力，但其造价也会相应提高。沉管灌注桩的常用桩径（预制桩尖的直径）为 300～500 mm，桩长常在 20 m 以内，可打至硬塑黏土层或中、粗砂层中。

沉管灌注桩的优点是施工设备简单、打桩进度快、成本低，但在软、硬土层交界处或软弱土层处，沉管灌注桩易发生缩颈（桩身截面局部缩小）现象，此时通常要放慢拔管速度，管内混凝土量充盈系数（混凝土实际用量与计算的桩身体积之比）一般应达 1.10～1.15。此外，沉管灌注桩也可能由于邻桩施工挤压或其他振动作用等各种原因使土体上隆，引起桩身受拉而出现断桩现象，或出现局部夹土、混凝土离析及强度不足等现象。

内击式沉管灌注桩也叫夯扩桩，锤击或振动沉管到设计标高灌入一定量混凝土后，使用内管在管内夯击混凝土，使桩端形成混凝土扩大头，然后再按普通沉管灌注桩施工直到成桩。它的优点是桩端混凝土密实、与土层紧密接触，同时桩头扩大，承载力更高。

3.2.2　单桩按材料与几何特征分类

前述预制桩和灌注桩是按单桩施工方法分类的。单桩按其材料和几何特征分类：

（1）按制造材料分

单桩可以分为木桩、钢桩、钢筋混凝土桩。木材是天然建材，木桩使用历史悠久，但承载力较低；钢材承载力高，但造价高，而且有锈蚀问题；钢筋混凝土承载力高、耐腐蚀，因此用量最大。

（2）按垂直度分

单桩可以分为竖直桩和倾斜桩，建筑和桥梁主要产生竖向荷载，因而多用竖直桩作为基础，港口码头需要抵抗大型船舶靠泊时的水平撞击力，则会用到倾斜桩。本书所言单桩均为竖直桩，倾斜桩的施工、设计、计算可根据力学基本原理参照竖直桩理解。

（3）按桩径大小分

单桩可分为小桩（$d\leqslant 250$ mm）、普通桩（250 mm$<d<$800 mm）和大直径桩（$d\geqslant$800 mm），不同直径的桩，能提供的承载力不同，适宜的施工方法也不同，应根据需要选用。

3.2.3 单桩按设置效应分类

单桩还可以根据设置效应分类，理解这种分类对理解单桩的承载特性有重要意义。不同施工方法的桩，其对桩周土产生的挤压力也不同。桩对土的挤压作用可改变土的结构、应力状态和性质，因此在相同地层中，采用不同方法施工的桩，桩侧和桩端所受的地基抗力也不同，从而对桩的承载力和抗变形能力产生影响，这种影响称为桩的设置效应。按设置效应，桩可分为三类：

（1）非挤土桩

钻（挖、冲）孔灌注桩，因桩在设置过程中清除了桩体所占位置全部土体，桩周土不受桩的排挤作用，这种桩称为非挤土桩（non-soil-extrusion pile）。非挤土桩的桩周土不但没有受到明显挤压，在成孔过程中，桩周土还可能向桩孔内移动，导致土体变得松弛、抗剪强度降低，桩侧摩阻力减小。一般来说，非挤土桩桩径越大，桩周土松弛就越严重，这对桩的承载力是不利的。

（2）挤土桩

预制桩以及沉管灌注桩，在沉桩过程中要将桩体所占空间位置的土体全部排挤开，这种桩称为挤土桩（soil-extrusion pile）。挤土桩的挤土作用使桩周土密实度提高，桩体侧面受到的水平压力增大，有利于桩侧产生更大的摩擦力，因此，在其他条件相同时，挤土桩的承载力往往较非挤土桩更高。但是挤土作用也可能破坏桩周土的结构，在用于敏感性土地层时，还可能降低桩的承载力，因此使用中要注意。另外，挤土作用会使得地基中产生超孔隙水压力，使土中有效应力暂时降低。

（3）部分挤土桩

预钻孔打入式预制桩在桩的设置过程中有部分土体取出，其施工方法对桩周土体也有一定排挤作用，程度介于非挤土桩与挤土桩之间，称为部分挤土桩（partial-soil-extrusion pile）。其桩周土的性质变化也介于非挤土桩与挤土桩之间。冲击成孔灌注桩也有一定挤土作用；H 形钢桩、开口钢管桩等，桩体所占面积不大，有一定挤土作用，但不如挤土桩，也称为部分挤土桩。

3.2.4 按承载性状分类

单桩还可以根据承载性状分类。单桩成桩后承受的荷载由桩侧土的摩擦力（桩侧阻力）

和桩端土的承载力（桩端阻力）共同承担。当桩在竖向荷载下达到承载力极限状态时，按桩侧土与桩端土的分担荷载比例，可将桩分为摩擦型桩和端承型桩两大类（图 3-7）。

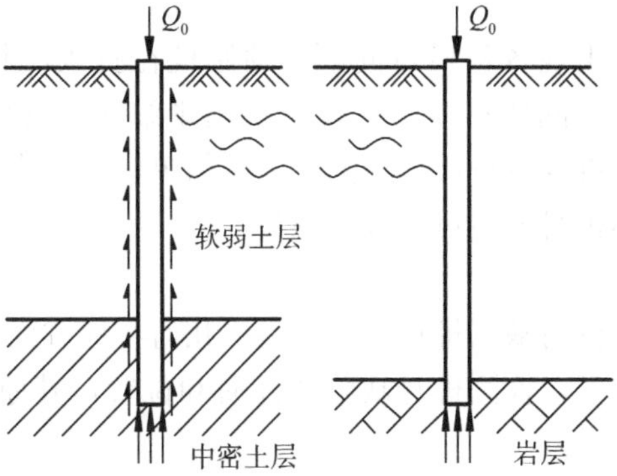

图 3-7　桩的计算图示

（1）摩擦型桩

在竖向极限荷载作用下，桩顶荷载全部或主要由桩侧阻力承担的桩称为摩擦型桩 (friction pile)。根据桩侧阻力分担荷载的比例，摩擦型桩又分为摩擦桩和端承摩擦桩两类。

①摩擦桩：桩顶极限荷载绝大部分由桩侧阻力承担，桩端阻力可忽略不计。以下情况多为摩擦桩：长径比很大的桩，桩顶荷载向下传递过程中由桩侧阻力抵消，达到桩端土层的荷载很小；桩端地层软弱的桩；桩底残留虚土或沉渣的灌注桩；桩端脱空的沉管灌注桩（吊脚桩）等。

②端承摩擦桩：桩顶极限荷载由桩侧阻力和桩端阻力共同承担，但桩侧阻力分担荷载较大。当桩的长径比不很大，桩端持力层为较坚实的黏性土、粉土或砂类土时，除桩侧阻力外，还有一定的桩端阻力。

（2）端承型桩

在竖向极限荷载作用下，桩顶荷载全部或主要由桩端阻力承受的桩称为端承型桩 (End－bearing Pile)。同样地，根据桩端阻力分担荷载的比例，又可分为端承桩和摩擦端承桩两类。

①端承桩：桩顶极限荷载绝大部分由桩端阻力承担，桩侧阻力可忽略不计。长径比较小（一般小于 10）、桩端设置在密实砂类、碎石类土层中或基岩中的桩多为端承桩。

②摩擦端承桩：桩顶极限荷载由桩侧阻力和桩端阻力共同承担，但桩端阻力分担荷载较大。通常桩端进入中密以上的砂类、碎石类土层中或位于中、微风化及新鲜基岩面上的桩，多为此类桩。这类桩的侧阻力虽属次要，但不可忽略。

工程中把桩端嵌入岩层一定深度的桩称为嵌岩桩（socketed pile）（一般要求桩全断面嵌入岩层不小于 0.5 m)。嵌岩桩多为端承型桩，但也不全是，其桩侧与桩端荷载分担比例与其长径比、在土层中的长度以及孔底沉渣厚度有关。

3.2.5 单桩的桩身质量检验

单桩施工过程中可能出现各种质量问题：预制桩在打入沉桩过程中可能被打断、打裂；多节拼装可能存在接头问题；灌注桩现浇易出现缩颈、夹泥、断桩或沉渣过厚等缺陷。因此成桩后，必须对桩身进行质量检测，以确保单桩施工满足设计要求。常用桩身质量检测方法根据是否损坏桩身材料可以分为两类：

（1）无损检测法

无损检测法基于完整桩与缺陷桩在桩身材料、几何特性方面的差异，通过力学或声学方法在不损坏桩身的情况下，检测桩身缺陷的性质和位置，其原理与医学检查中的B超、CT等方法类似。

①反射波法（low-strain reflected wave testing method）：在桩顶粘贴可感应桩体振动加速度或速度的传感器，然后在桩顶敲击激发出弹性波，入射的弹性波沿桩身传播，到桩底发生反射，反射波回到桩顶可被传感器检测到。如果桩身某处存在缺陷，则在缺陷处也可能发生反射，同样可被桩顶传感器检测到。这种通过分析反射信号判断桩身缺陷类别和位置的方法，称为反射波法。因其敲击能量小，引起的桩身弹性应变较小，故这种方法也称小应变法。反射波法对预制桩和灌注桩均适用，由于其理论基础是一维波动理论，不考虑桩的直径，因此桩径越大，反射波法测试误差越大。

②声波透射法（crosshole sonic logging method）：预先在桩中埋入两根及以上金属管，测试时在其中一根管中放入声波发射器，而在其他管中放入接收器，通过检测声波从发射器到接收器所需的时长，可检测桩身混凝土是否正常，倘若某处时长显著大于同种情况的正常混凝土，则表明该处存在缺陷。声波透射法适用于灌注桩，检测结果比反射波法更准确。

③高应变法（high-strain dynamic testing method）：包括锤击激振、机械阻抗、水电效应、共振等小应变动测法和打桩分析仪（PDA）检测法等。该法采用大质量的重锤锤击桩顶，在桩身激发应力波，通过对应力波的分析，可以判断桩身质量。因锤击激发的桩身应变显著大于反射波法，因此称为高应变法。该法不仅可测试桩身完整性，还可测试桩的竖向承载力。该法对预制桩测试效果较可靠，对于大直径灌注桩测试效果稍差。

（2）有损检测法

无损检测法检测速度快，且不会损坏桩身结构，是工程中首选的桩身完整性检测方法，但是该方法具有多解性，当采用无损检测法可靠性不够或者结果有争议时，就需要采用有损法检测，可通过钻芯取出缺陷位置桩材或开挖通过视觉直接观察进行检测，两种方法简介如下：

①钻芯法：在桩顶向下对桩身钻孔（直径100～150 mm），取混凝土芯样观察并进行单轴抗压强度试验，可直观看到混凝土是否存在缺陷，如有无离析、空洞、桩底沉渣和夹泥等现象，也可检测桩长、桩身强度及判断桩身完整性类别等。有条件的，还可采用钻孔电视直接观察孔壁和孔底质量。

②开挖检查：当采用上述检测方法发现桩身有重大缺陷且需要验证时，可以开挖桩侧土体对所暴露的桩身进行观察检查。

如果说单桩无损检测类似医学影像检查中的 B 超、CT 的话，有损检测法就是医学中的穿刺诊断和解剖，有损检测法对桩身有损坏作用，重复检测后即便确认桩身质量没问题，也带来了损害。

3.2.6 桩基础的分类

前面介绍的是单桩，绝大多数桩基础是由多根桩组成，桩顶设承台（file cap）将各桩联系成一个整体，建筑物的荷载通过承台分配给各桩，各桩再把荷载传递给地基，这种由承台和两根及以上单桩组成的桩基础称群桩基础，群桩基础中的单桩称基桩。根据承台与地面的相对位置，桩基础可分为低承台桩基和高承台桩基。

（1）低承台桩基

低承台桩基的承台底面位于地表以下，其施工方法与扩展基础相同，即在地面开挖基坑，铺设垫层后支模浇筑混凝土。因底面与侧面均与地基接触，因此受力性能好，具有较强的抵抗水平荷载的能力。图 3-1 所示桩基即为低承台桩基。

（2）高承台桩基

图 3-8 所示为高承台桩基，即承台底面高出地表的桩基，多用于河流中。水中桩基设计成高承台是为了施工方便，可避免在水面以下浇筑承台，即利用枯水期在水位以上支模浇筑混凝土完成承台施工。从景观角度考虑，一般工程都应尽量保证常水位时承台处于水下。力学上，承台高出地表（河床）时，其侧面和底面没有地层包围，承台不能分担竖向荷载和水平荷载，所以高承台桩基的承载性能比低承台桩基差。

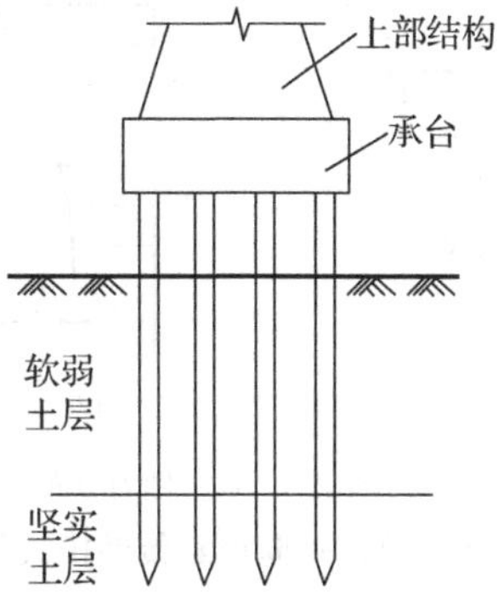

图 3-8　高承台桩基

3.3　竖向荷载下单桩的工作性能

理解单桩的工作性能是开展桩基设计计算的前提，作用在桩顶的荷载有竖向荷载、水平荷载和力矩等，本节介绍单桩在竖向荷载下的工作性能。

3.3.1 单桩竖向荷载传递过程

如图 3-9（a）所示，桩在桩顶竖向荷载作用下产生压缩变形，桩身各截面与相应位置桩侧土体之间产生相对位移，导致桩侧土对桩身产生向上的摩擦力（桩侧摩阻力），桩侧摩阻力抵消等量的竖向荷载，使能向下传递的桩身竖向荷载越来越小。因此，竖向荷载在桩身向下传递的过程，就是其不断被桩侧摩阻力抵消的过程。桩端产生的竖向抗力称为桩端阻力。如果桩身发挥出来的全部桩侧阻力仍不足以抵消桩顶竖向荷载，剩余竖向荷载将传递到桩端，使桩端持力层受力，相应地，桩端持力层也会产生压缩变形。大多数情况下，桩顶荷载是由桩侧摩阻力和桩端阻力共同承受，它们分担的比例取决于桩顶荷载大小、桩的长径比、桩-土相对位移关系等许多因素。

在取桩身任一深度 z 处桩段高度为 dz 的微元［图 3-9（b)］，桩身 z 处横截面的轴力为 N_z，微元相应压缩量为 δ_z，分析微元力的平衡条件：

$$N_z - \tau_z u_p \mathrm{d}z - (N_z + \mathrm{d}N_z) = 0 \tag{3-1}$$

式中，τ_z 为单位面积土提供的桩侧阻力，u_p 为桩的周长。

可得 z 深度处桩侧摩阻力 τ_z 与桩身轴力 N_z 的关系为

$$\tau_z = -\frac{1}{u_p}\frac{\mathrm{d}N_z}{\mathrm{d}z} \tag{3-2}$$

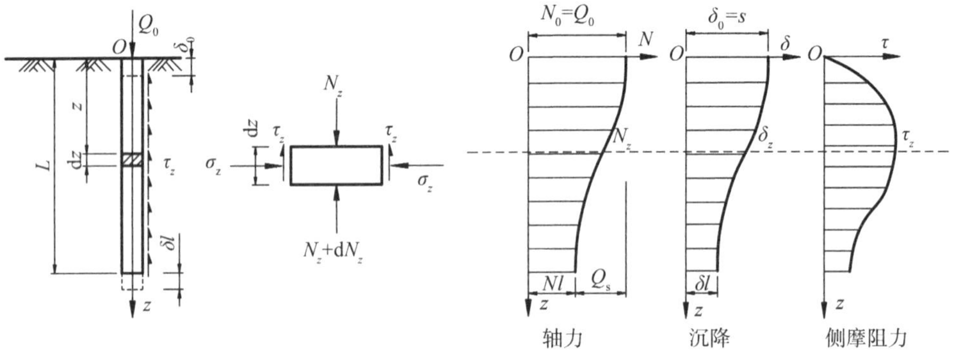

（a）轴向受压的单桩　（b）微桩段的受力情况　（c）轴力分布　（d）摩阻力分布　（e）截面位移

图 3-9　单桩轴向荷载传递模式简图

试验表明，桩与桩侧土之间的摩阻力 τ_z 的发挥程度和桩与桩侧土之间的相对滑移量有关，相对滑移量越大，桩侧摩阻力发挥程度越高。桩侧摩阻力很难直接测量，但是桩身轴力相对容易测量。式（3-2）表明，可以通过沿桩身若干截面预先埋设的应力量测元件（传感器），获得桩身轴力 N_z分布图［图 3-9（c)］，进而计算得到桩侧摩阻力 τ_z 分布图［图 3-9（d)］。

令桩顶在竖向荷载 Q 作用下桩顶的下沉量为 s_0，桩端沉降量为 s_b，忽略桩周土的沉降量，则桩身 z 处截面与桩周土体之间相对滑移 s_z 的计算式为

$$s_z = s_0 - \int_0^z \delta_z \mathrm{d}z = s_b + \int_h^z \delta_z \mathrm{d}z \tag{3-3}$$

由式（3-3）可知，桩身截面与桩侧土之间的相对滑移从桩顶到桩端逐渐减小，其大

致分布如图 3-9（e）所示。可见，桩身上部桩侧摩阻力要高于下部，并先于下部摩阻力发挥到极限。当桩身某处 s_z 为 0 时，其下部的桩侧摩阻力就不会发挥出来，因此桩不是越长越好。

3.3.2　桩侧摩阻力发挥机理和特性

桩侧摩阻力 τ_z 是桩土界面之间的剪力，也是桩土相对位移 s_z 的函数，图 3-10 中曲线 OCD 为试验所测得混凝土和土的摩擦力与两者相对位移关系曲线，可代表桩侧摩阻力与桩土相对位移的关系。在力学分析中，通常将曲线 OCD 简化为折线 OAB。

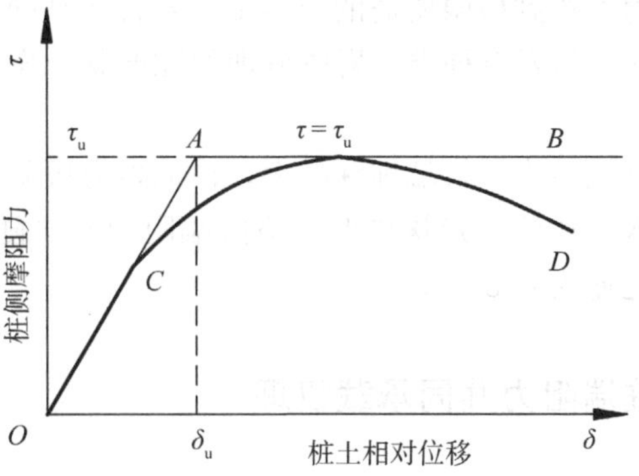

图 3-10　τ-s 曲线

试验表明，桩侧摩阻力 τ_u 达到所需的桩-土相对滑移极限值 δ_u 基本上只与土的类别有关，一般黏性土为 4～6 mm，砂土为 6～10 mm。

桩侧摩阻力极限值 τ_u 可用类似于土的抗剪强度的库伦公式表达：

$$\tau_u = c_a + \sigma_x \tan \varphi_a \tag{3-4}$$

式中 c_a 和 φ_a 为桩土之间的附着力和摩擦角，σ_x 为深度 z 处作用于桩侧表面的法向压力，它与桩侧土的竖向有效应力 σ_v' 成比例，即

$$\sigma_x = K_s \sigma_v' \tag{3-5}$$

式中，K_s 为桩侧土的侧压力系数，对挤土桩，桩侧土受挤压，有 $K_0 < K_s < K_p$，对非挤土桩，因桩周土松弛，有 $K_a < K_s < K_0$。其中 K_a、K_0、K_p 分别为主动、静止和被动土压力系数。因此其他条件（桩材、土、桩长、桩径等）相同时，挤土桩的竖向承载力高于非挤土桩。在桩的分类中，按桩的设置效应进行分类，就是为了体现挤土桩和非挤土桩在承载特性方面的差异。

式（3-5）表明，桩的侧阻随深度呈线性增大。但试验表明，当桩入土深达某一临界值（约为 5～10 倍桩径）后，侧阻就不再随深度增大，这一现象称为桩侧摩阻力的深度效应。

桩侧土实际发挥的摩阻力由桩-土相对位移 s_z 和桩侧摩阻力极限值 τ_u 共同控制。靠近桩顶的土，s_z 大但 τ_u 小，因此桩侧土摩阻力 τ_z 并不大；靠近桩端的土，τ_u 大但 s_z 小，因此 τ_z 也不大。所以，实际 τ_z 分布多呈图 3-9（d）所示的中间大两端小。

3.3.3 桩端阻力发挥机理和特性

地基承载力一般通过地基的载荷试验来确定。地基载荷试验表明，地基在竖向荷载的作用下发生沉降并产生抗力，沉降越大抗力越大。桩端阻力是桩端地基在竖向受压时产生的抗力，实质就是桩端地层的地基承载力，因此发挥机理和特性与地基承载力相同。桩端阻力的极限值可按确定地基承载力的方法确定，桩端阻力的发挥程度由桩端地基在荷载下产生的沉降量决定。根据土层试验结果，砂类土的桩端阻力达到极限时，需发生位移为（0.08～0.1）d（桩径），硬黏土为 $0.1d$，一般黏性土为 $0.25d$。桩端阻力发挥到极限所需位移显著大于桩侧摩阻力发挥到极限所需的位移量。岩石地基弹性模量高，发挥到极限所需压缩变形量（1～2 mm）与岩石种类、岩体节理裂隙产状、发育程度有关，但总体比土小很多。

与侧阻相似，在同种地层中，桩端埋深越大，桩端阻力极限值越大，但是桩端阻力也存在临界深度，当桩端入土达到一定深度时，极限端阻力不再随深度增加，有资料表明，侧阻与端阻的临界深度之比为 0.3～1.0。

3.3.4 桩侧阻力和桩端阻力共同承载机理

作用在桩顶的荷载由桩侧阻力与桩端阻力共同承担。但由于桩与桩周土相对位移从上到下逐渐减小，桩端阻力发挥到极限所需位移又大于桩侧阻力所需位移，因此桩端阻力发挥晚于桩侧摩阻力发挥，其共同承载机理如下：

①桩顶荷载值较小时，桩土相对位移主要发生在桩身上段，荷载主要由上段桩侧阻力承担。

②随着桩顶荷载增大，出现桩土相对位移的截面不断下移，当荷载增大到一定值时，桩端产生位移，桩端阻力开始起作用。

③随着桩顶荷载不断增大，桩端阻力发挥程度不断增大，直到桩端地基承载力达到极限荷载，此时，桩顶无力支承更大的荷载，桩处于承载力极限状态。

桩侧与桩端阻力共同承载机理表明，桩端阻力的发挥滞后于桩侧阻力，不同的桩型，其承载力发挥机理略有不同：

①对于摩擦型桩，在正常使用状态下，往往是桩侧阻力在抵抗桩顶荷载，桩端阻力起安全储备作用。

②对于端承型桩：如果桩端地层是土层，则在桩端阻力发挥之前，桩侧阻力已经发挥到极限；如果桩端地层是岩层，当桩长较大时，因桩身有一定压缩变形，岩石地基上方的土质覆盖层的桩侧摩阻力也能发挥到极限。

③对于嵌岩桩，若非岩石地基上的短桩，在计算单桩竖向承载力时，都可以计入岩石地基上方的土质覆盖层的桩侧摩阻力作用。

④对于当桩长大（如 $l/d>25$）的嵌岩桩，可能出现荷载作用下桩顶位移已超过上部结构允许值，但桩端仍没有位移的情况，这样的桩的桩端阻力并不能发挥出来，仍属于摩擦桩。

由于桩端阻力的发挥滞后于桩侧阻力，因此理论上桩的极限承载力并不能由桩侧极限阻力和桩端极限阻力简单叠加得到，如果桩侧摩阻力发挥达到极限后下降（应变软化：strain softening），就只能采用残余强度产生的摩阻力作为桩侧摩阻力。但是实践中采用的桩侧摩阻力值是通过载荷试验反算得到，或者通过经验总结得到的，其中包含了应变软化的作用，并不是桩侧摩阻力峰值强度，因此工程中一般用所测桩侧极限摩阻力值与桩端极限阻力值叠加得到桩的极限承载力。

3.3.5 桩侧负摩阻力

桩土相对位移方向决定了桩侧摩阻力的方向。正常情况下，桩在桩顶荷载作用下发生向下的位移，桩侧摩阻力方向向上；但是当桩侧土层因加载或沉陷等原因也发生沉降，且沉降量大于对应深度处的桩身沉降时，则该处土层提供的桩侧摩阻力方向向下，工程中称方向向下的桩侧摩阻力为桩侧负摩阻力。此时桩侧负摩阻力不但不能支撑桩顶荷载，反而是桩的负担，要将其计入桩的荷载中。

任何可导致桩侧土发生大于桩身沉降的情况，都需要考虑负摩阻力的作用。工程中，桩侧出现负摩阻力多见于下列情况：

①桩穿越欠固结土层，如松散的填土、未完成自重固结的软土、自重湿陷性黄土等。

②桩侧地面承受较大的长期荷载，如地面大面积堆载、填土等。

③软土地区地下水位下降导致桩侧土层沉降。

④冻土地区温度升高导致桩侧土的融陷。

负摩阻力是个偏贬义的概念，隐含了其对承压桩的不利影响，抗拔桩的桩侧摩阻力方向也是向下，但是有意而为，一般不称抗拔桩侧摩阻力为负摩阻力。

要计算桩侧负摩阻力的大小，就要确定产生负摩阻力的桩身范围和摩阻力强度。引起桩侧负摩阻力的条件：桩侧土体下沉量大于同一标高处桩身的下沉量。桩侧负摩阻力并不一定发生于整个发生沉降的土层中，图 3-11 给出了穿过软弱压缩土层而达到坚硬土层竖向荷载桩的荷载传递情况。由图可见，在 l_n 深度内桩周土发生了相对于桩身向下位移，桩侧摩阻力朝下，为负摩阻力；在 l_n 深度以下，桩周土向下位移小于桩截面，桩侧摩阻力朝上，为正摩阻力；而在 l_n 深度处桩侧土与桩截面沉降相等，两者无相对位移发生，其摩阻力为零，称该深度位置为中性点（neutral point）。图 3-11（c）（d）分别为桩侧摩阻力和桩身轴力的分布曲线，其中 F_n 为负摩阻力引起的桩身轴力，或称下拉荷载，在中性点处桩身轴力达到最大值（Q_0+F_n）。

中性点深度 l_n 应按桩侧土与桩身的沉降相等条件确定。一般来说，中性点位置在桩承载初期会有变化，它随着桩、土沉降发展而上下移动。当桩、土沉降都趋于稳定，中性点也将稳定在某一固定深度。工程实测表明，在高压缩性土层厚度 l_0 的范围内，l_n 随桩端持力层的强度和刚度增大而增加，表 3-1 是《建筑桩基技术规范》（JGJ 94—2008）（以下简称《桩基规》）给出的深度比 l_n/l_0 经验值，供设计计算采用。

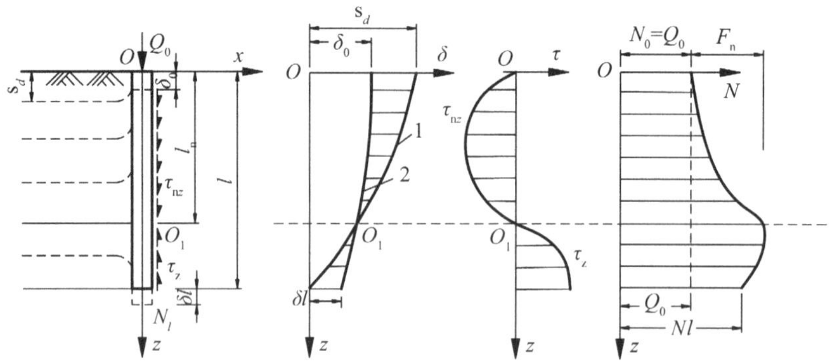

图 3-11　单桩在产生负摩阻力时的荷载传递

表 3-1　中性点深度比 l_n/l_0

桩端持力层土类	黏性土、粉土	中密以上砂	砾石、卵石	基岩
l_n/l_0	0.5～0.6	0.7～0.8	0.9	1.0

对于负摩阻力的强度，其标准值 q_{si}^{n} 可按下式计算：

$$q_{si}^{n}=\zeta_{n}\sigma_{i}' \tag{3-6}$$

式中，ζ_n 为桩侧负摩阻力系数，可按表 3-2 取用；σ_i' 为桩侧第 i 层土平均竖向有效上覆压力，即计算深度土的自重应力，单位为 kPa。

表 3-2　负摩阻力系数 ζ_n

桩侧土类	饱和软土	黏性土、粉土	砂土	自重湿陷性黄土
系数	0.15～0.25	0.25～0.40	0.35～0.50	0.20～0.35

注：①在同一类土中，对于挤土桩，取表中较大值，对于非挤土桩，取表中较小值。
②填土按其组成取表中同类土的较大值。

这样，桩侧总的负摩阻力（也称下拉荷载）Q_n 为

$$Q_{n}=u_{p}\sum q_{si}^{n}l_{i} \tag{3-7}$$

式中，u_p 为桩的周长，单位为 m；l_i 为中性点以上各土层的厚度，单位为 m。

在工程中，如判断桩侧土可能产生负摩阻力，则应尽量采取减小桩侧负摩阻力的措施，例如在预制桩表面涂一层沥青，在灌注桩桩土界面灌注泥浆，或者在打桩前进行地基处理，消除桩侧土下沉的可能性。

3.3.6　竖向荷载作用下单桩的破坏模式

桩承载到了极限就会出现破坏，如图 3-11 所示，单桩在竖向荷载作用下的可能破坏模式有三种，实际单桩发生哪种破坏，取决于桩的类型、尺寸、桩体的强度以及桩周土的强度、桩端支承情况等因素。

（1）桩体压碎、压曲破坏

根据竖向荷载传递路径，桩的承载力首先取决于桩体强度和稳定性。当桩体正截面抗

压承载力小于桩顶荷载产生的荷载效应时，会发生桩身压碎破坏；若为深厚软土中的细长桩，桩侧摩阻力较低，桩体在顶部荷载与桩端阻力的作用下，可能出现压曲破坏。这种破坏形式出现时，桩的荷载-沉降（Q-s）关系曲线为“急剧破坏”的陡降型，其沉降量不大，具有明确的破坏荷载［图 3-12（a)］。一般桩身有严重缺陷的桩，穿越软土层支撑在硬土、基岩中的小直径桩易出现桩体压碎、压曲破坏。

（2）桩端岩土破坏

如果桩体具有足够的强度，可不断加载，到最后因桩周土承载力发挥到极限而破坏，一般先发生桩侧摩阻力破坏，再发生桩端岩土破坏。端承桩主要依靠桩端阻力承载，应关注桩端岩土破坏，其破坏模式如图 3-12（b）所示。桩端岩土发生何种破坏取决于岩土体性质、强度、桩端埋深和桩的截面尺寸。对土质地基而言可能呈现整体剪切破坏，也可能呈现局部剪切破坏；对岩质地基，可能是压碎破坏，也可能是压剪破坏。发生桩端岩土破坏形式的单桩，其 Q-s 关系曲线多为陡降型，呈现明确的破坏荷载。

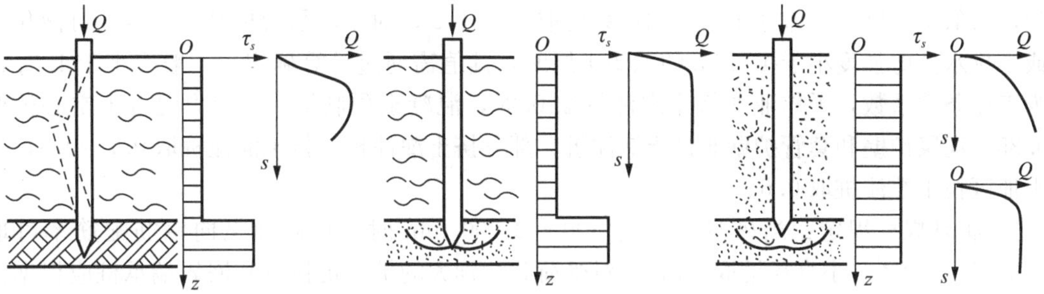

（a）桩体压曲破坏　　（b）桩端岩土破坏　　（c）桩刺入破坏

图 3-12　轴向荷载下基桩的破坏模式

（3）桩侧摩阻力破坏

摩擦桩主要依靠桩侧摩阻力承载，须重点关注桩侧摩阻力破坏形式。桩侧摩阻力破坏不是桩侧土破坏，而是桩土界面摩阻力发挥达到极限，如图 3-12（c）所示，破坏时桩顶沉降量较大，呈现刺入现象。一般当桩周土质较软弱时，Q-s 曲线一般为“渐进破坏”的缓变型，无明显拐点，难以判断极限荷载，桩的承载力取值主要由上部结构允许的沉降量确定；当桩周土的抗剪强度较高时，桩土界面摩阻力发挥到峰值后软化，Q-s 曲线可能为陡降型，有明显拐点，桩的承载力主要取决于桩周土的强度。

3.4　单桩的竖向抗压承载力确定方法

单桩在竖向压力作用下到达破坏状态前，或出现不适于继续承载的变形前所对应的最大荷载，称为单桩的竖向抗压极限承载力。根据荷载传递的路径，压力从桩顶向下传递，通过桩身最终传递到地层中，因此，单桩竖向抗压承载力首先取决于桩身正截面强度和稳定性，然后取决于地基土。桩身是结构，由人为制造，大多数情况下，桩身承载力是足够的，因此工程中桩的承载力多由地基土的支承能力决定；但是如果桩身设计计算错误、施工质量有缺陷，桩的承载力也受桩身材料强度和稳定性控制。此外，当桩顶沉降较大或建筑物对沉降有特殊要求时，就应按上部结构的允许沉降量来确定单桩竖向抗压承载力。

3.4.1 按桩身正截面承载力确定桩身竖向抗压承载力设计值

按桩身材料强度确定单桩竖向承载力时，可将桩视为轴心受压杆件计算，且应满足结构设计规范规定的构造要求。作为配有纵向钢筋和箍筋的受压杆件，当桩身螺旋式箍筋间距不大于 100 mm 时，可以考虑桩身主筋的作用，桩身承载力按下式验算：

$$N \leqslant \varphi(\psi_c f_c A_{ps} + 0.9 f'_y A'_s) \tag{3-8}$$

式中，N 为荷载效应基本组合下的桩顶轴向压力设计值，单位为 kN；f_c 为混凝土的轴心抗压强度设计值，单位为 kPa；f'_y 为纵向钢筋的抗压强度设计值，单位为 kPa；A_{ps} 为桩身的横截面面积，单位为 m^2；A'_s 为纵向主筋的横截面面积，单位为 m^2；φ 为桩身稳定系数，对低承台桩基，考虑土的侧向约束可取 $\varphi = 1.0$，对于高承台桩基、桩身穿可液化土或不排水抗剪强度小于 10 kPa 的软弱土层时，其值需通过计算确定，一般应小于 1.0；ψ_c 为工作条件系数，干作业非挤土灌注桩取 0.90，混凝土预制桩、预应力混凝土空心桩取 0.85，泥浆护壁和套管护壁非挤土灌注桩、部分挤土灌注桩、挤土灌注桩取 0.7～0.8，软土地区挤土灌注桩取 0.6。

《桩基规》规定：当桩身直径为 300～2 000 mm 时，正截面纵向钢筋配筋率可取 0.65%～0.2%（小直径桩取高值）；对受荷载特别大的桩、抗拔桩和嵌岩端承桩应根据计算确定配筋率，并不应小于上述值。

当箍筋间距不满足要求时，不宜考虑桩身钢筋的作用，桩身承载力按下式验算：

$$N \leqslant \varphi \psi_c f_c A_{ps} \tag{3-9}$$

计算偏心受压混凝土桩正截面受压承载力时，一般可不考虑偏心距的增大影响，但对于高承台基桩、穿越深厚软土或可液化土层的桩，应考虑桩身挠曲对轴向力偏心距的影响，将轴向力对截面重心的初始偏心距 e_i 乘以偏心距增大系数 η。偏心距增大系数 η 的具体计算方法可按《混凝土结构设计规范》（2015 年版）（GB 50010—2010）执行。如果是采用数值计算方法分析基础结构荷载效应，考虑桩身挠曲对轴向力偏心距的影响就需按大变形计算。

3.4.2 按竖向抗压静载荷试验确定单桩极限承载力

静载荷试验（static load testing）是确定单桩承载力最为直接的方法，《桩基规》规定：对于甲级建筑物，必须通过静载荷试验确定单桩承载力；对于地基条件复杂、桩施工质量可靠性低等情况下的乙级建筑桩基也须进行静载荷试验。静载荷试验方法的详细规定可参见《建筑基桩检测技术规范》（JGJ 106—2014），本节简介如下：

（1）静载荷试验装置及方法

试验装置主要由加荷系统和观测系统两部分组成。如图 3-13 所示，常规的加荷系统自下而上依次由桩顶的千斤顶、主梁、次梁以及上方的堆载重物或锚桩组成；一般的观测系统由安装在千斤顶上的压力传感器、安装在基准梁上的百分表或位移计组成。压力传感器负责观测千斤顶在桩顶施加的压力，百分表或位移计负责观测相应压力下桩顶的沉降。在单桩静载荷试验中，主要费用花在加荷系统上，为了降低试验费用，除了堆载、锚桩外，工程中还开发了伞状锚杆加载、自平衡法等加荷方法。

图 3-13 所示静载试验中，试桩、支墩（锚桩）、基准梁支点三者之间，相互应间隔一定距离，以避免相互影响，其原因是试桩、支墩、基准梁支点都由地基支撑，如果它们距离太近，就会互相影响：支墩若离试桩太近，支墩产生的地基附加应力可导致地基下沉，使试桩承受负摩阻力（负摩阻力也是一种荷载），导致加载失真；基准梁支点若离支墩（锚桩）、试桩太近，支点就会跟着地层产生沉降（或上浮），导致位移计对桩顶沉降测试失真。一般要求三者之间的中心距离应不小于 4 倍试桩设计直径，以保证观测精度。

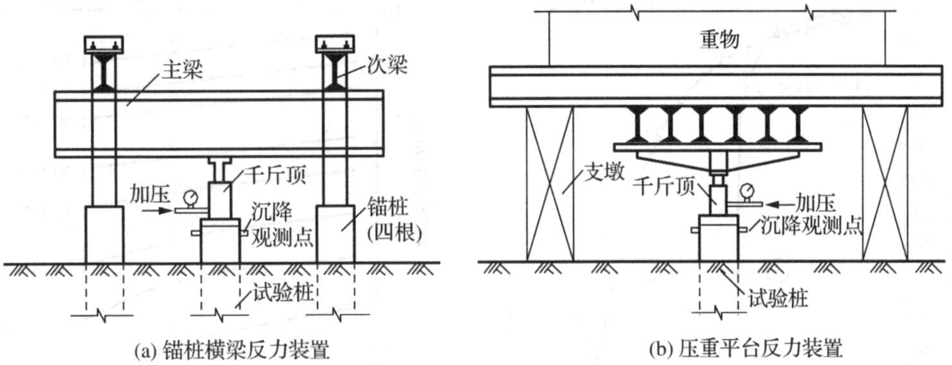

图 3-13　单桩静载荷试验的加载装置

试验加载方式通常有慢速维持荷载法、快速维持荷载法、等贯入速率法、等时间间隔加载法以及循环加载法等多种。工程中最常用的是慢速维持荷载法，即逐级加载并维持荷载一定时间。一般每级荷载值约为最大加载值或预估极限承载力的 1/10，每级荷载需维持到桩顶沉降量小于 0.1 mm/h 时才能视为沉降稳定，再施加下一级荷载，如此循环直到终止加载，再分级卸载到零。对于工程桩的检验性试验，也可采用快速维持荷载法，即每一级荷载仅施加 1 h，不需等到沉降完全稳定。

（2）终止加载条件

当试验加载到出现下列情况之一时即可终止加载：

①某级荷载下，桩顶沉降量为前一级荷载下沉降量的 5 倍，且桩顶总沉降量超过 40 mm。

②某级荷载下，桩顶沉降量大于前一级荷载下沉降量的 2 倍，且经 24 h 尚未达到稳定。

③已达到设计要求的最大加载值。

④已达到锚桩最大抗拔力或压重平台的最大质量。

⑤荷载-沉降关系曲线呈缓变型时，桩顶总沉降量达到 60～80 mm。

（3）试验成果处理

试验结束后，根据试验结果绘出荷载、加载时间与桩顶沉降关系曲线，然后根据曲线特性，采用下述方法确定单桩竖向抗压极限承载力 Q_u：

①根据沉降随荷载的变化特征确定 Q_u：如图 3-14 中曲线①所示陡降型 Q-s 曲线，可

取曲线发生明显陡降的起始点所对应的荷载为 Q_u 。该方法有个缺点，就是不同作图比例对 Q-s 曲线的斜率有影响，以至于影响对 Q_u 所在位置的判断，因此宜按统一的比例作图，一般取整个图形比例为横∶竖＝2∶3。

② 根据沉降量确定 Q_u ：对于缓变型 Q-s 曲线（图 3-14 中曲线②），一般可取 $s=40$ mm 对应的荷载值。对于大直径桩可取 $s=0.05D$（D 为桩端直径）所对应的荷载值。

③根据沉降随时间的变化特征确定 Q_u：按试验数据绘制 s-log t 曲线（图 3-15），尾部出现明显向下弯曲的前一级荷载值作为 Q_u（图 3-15 中的曲线 e）。如果试验中未测得极限荷载，可将终止加载条件②中的前一级荷载值作为 Q_u 。

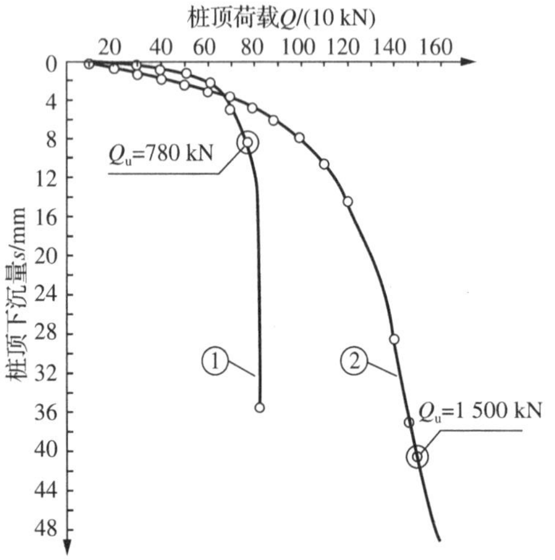

图 3-14　单桩 Q-s 曲线

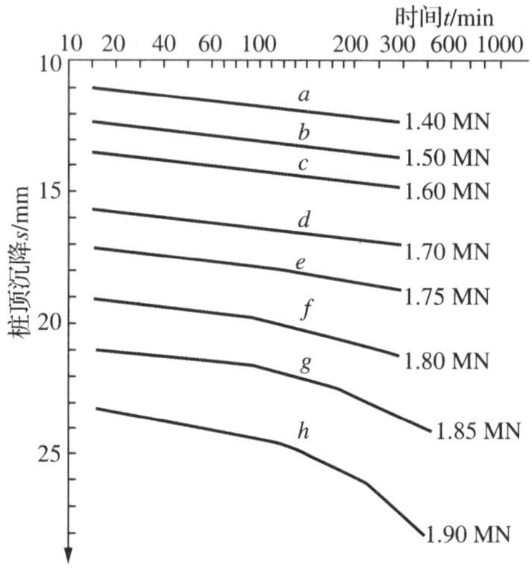

图 3-15　单桩 s-log t 曲线

测出每根试桩的极限承载力值 Q_{ui} 后，通过统计取值确定单桩竖向极限承载力的标准值 Q_{uk} 。当各试验点所得的承载力特征值的极差不超过其平均值的 30%时，可取此算术平均值作为单桩竖向抗压极限承载力；当承台下桩数不大于 3 根或试验桩数小于 3 根时，应取最低值作为 Q_{uk} 。

要注意，灌注桩的静载荷试验需待桩身混凝土凝固达到设计强度后进行，以免桩身不能承受最大试验荷载导致试验失败。对于预制桩，虽然桩身混凝土强度不是问题，但沉桩过程会在桩周土中产生超孔隙水压力（挤土效应所致）。根据有效应力原理，土中孔隙水压力升高会导致土的抗剪强度降低，进而对桩的承载力产生不利影响。因此预制桩的静载荷试验应在土中超孔隙水压力消散后进行，即打桩后等待一定时间进行：对于砂土地基，需等待至少 7 天，粉土需等待 10 天，非饱和黏性土需等待 15 天，饱和黏性土需等待 25 天。总之，土的渗透性越差、地层饱和度越高，需等待的时间越长。

3.4.3　按静力触探试验确定单桩极限承载力

静力触探试验在第 2 章介绍过，根据探头构造的不同，静力触探又可分为单桥探头和双桥探头两种。单桥探头只能测试比贯入阻力值，双桥探头可同时测出 f_s 和 q_c 。静力触探测试方法与预制桩打入土中的过程基本相似，所以可把静力触探近似看成是小尺寸打入桩的现场模拟，因此可利用其所测参数确定桩的承载力。《桩基规》在总结各地经验的基础上提出按静力触探资料确定混凝土预制桩单桩竖向极限承载力标准值 Q_{uk} 的方法，按双桥探头测试的结果确定 Q_{uk} 如下：

$$Q_{uk} = u_p \sum l_i \beta_i f_{si} + \alpha q_c A_p \tag{3-10}$$

式中，f_{si} 为第 i 层土的探头平均侧阻力，单位为 kPa；α 为桩端阻力修正系数，对黏性土、粉土取 2/3，对饱和砂土取 1/2；q_c 为桩端平面上、下探头阻力，单位为 kPa，取桩端平面以上 $4d$ 范围内探头阻力加权平均值，再与桩端平面以下 $1d$ 范围内的探头阻力进行平均；β_i 为第 i 层土桩侧阻力综合修正系数，按下式计算：

$$黏性土：\beta_i = 10.04\,(f_{si})^{0.55} \tag{3-11}$$

$$砂性土：\beta_i = 5.05\,(f_{si})^{0.45} \tag{3-12}$$

静力触探试验具有设备简单、自动化程度高的特点，被认为是一种很有发展前途的确定单桩承载力的方法，国外应用较广。

3.4.4 按经验公式法确定

利用经验公式确定单桩竖向极限承载力标准值 Q_{uk} 是一种沿用多年的传统方法，《桩基规》在总结大量经验及积累资料的基础上，针对各种常用桩型，推荐如下单桩竖向承载力估算公式：

（1）一般预制桩及中小直径灌注桩

对直径 $d<800$ mm 的灌注桩和预制桩，单桩竖向极限承载力标准值 Q_{uk} 可按下式估算：

$$Q_{uk} = Q_{sk} + Q_{pk} = u_p \sum q_{sik} l_i + q_{pk} A_p \tag{3-13}$$

式中，Q_{sk} 为单桩总极限侧阻力标准值，单位为 kN；Q_{pk} 为单桩总极限端阻力标准值，单位为 kN；q_{sik} 为桩侧第 i 层土的极限侧阻力标准值，单位为 kPa，无当地经验值时，可按表 3-3 取值；q_{pk} 为桩端极限端阻力标准值，单位为 kPa，无当地经验值时，可按表 3-4 取值。

表 3-3 桩的极限侧阻力标准值 q_{sik}

单位：kPa

土的名称	土的状态	混凝土预制桩	泥浆护壁钻（冲）孔桩	干作业钻孔桩
填　土		22～30	20～28	20～28
淤　泥		14～20	12～18	12～18
淤泥质土		22～30	20～28	20～28

续表

土的名称	土的状态	混凝土预制桩	泥浆护壁钻（冲）孔桩	干作业钻孔桩
黏性土	$I_L>1$	24～40	21～38	21～38
	$0.75<I_L\leqslant 1$	40～50	38～53	38～53
	$0.50<I_L\leqslant 0.75$	55～70	53～68	53～66
	$0.25<I_L\leqslant 0.5$	70～86	68～84	66～82
	$0<I_L\leqslant 0.25$	86～98	84～86	82～94
	$I_L\leqslant 0$	98～105	96～102	94～104
红黏土	$0.7<\alpha_w\leqslant 1$	13～32	12～30	12～30
	$0.5<\alpha_w\leqslant 0.7$	32～74	30～70	30～70
粉土	$e>0.9$	26～46	24～42	24～42
	$0.75\leqslant e\leqslant 0.9$	46～66	42～62	42～62
	$e<0.75$	66～88	62～82	64～86
粉细砂	稍密	24～48	22～46	22～46
	中密	48～66	46～64	46～64
	密实	66～88	64～86	64～86
中砂	中密	54～74	53～72	53～72
	密实	74～95	72～94	72～94
粗砂	中密	74～95	74～95	76～98
	密实	95～116	95～116	98～120
砾砂	稍密	70～110	50～90	60～100
	中密、密实	116～138	116～130	112～130
圆砾、角砾	中密、密实	160～200	135～150	135～150
砾石、卵石	中密、密实	200～300	140～170	150～170
全风化软质岩		100～120	80～100	80～100
全风化硬质岩		140～160	120～140	120～150
强风化软质岩		160～240	140～200	140～220
强风化硬质岩		220～300	160～240	160～260

注：①对于尚未完成自重固结的填土和以生活垃圾为主的杂填土，不计算其侧阻力。

②α_w 为含水比，$\alpha_w=w/w_L$ 。

③N 为标准贯入击数，$N63.5$ 为重型圆锥动力触探击数。

④全风化、强风化软质岩和全风化、强风化硬质岩系指其母岩分别为 $f_{rk}\leqslant 15$ MPa 、$f_{rk}>30$ MPa 的岩石。

表 3-4　桩的极限端阻力标准值 q_{pk}

单位：kPa

土的名称	土的状态	混凝土预制桩桩长 l/m				泥浆护壁钻（冲）孔桩桩长 l/m			
		$l\leqslant 9$	$9<l\leqslant 16$	$16<l\leqslant 30$	$l>30$	$5\leqslant l<10$	$10\leqslant l<15$	$15\leqslant l<30$	$30\leqslant l$
黏性土	$0.75<I_L\leqslant 1$	210～850	650～1 400	1 200～1 800	1 300～1 900	150～250	250～300	300～450	300～450
	$0.50<I_L\leqslant 0.75$	850～1 700	1 400～2 200	1 900～2 800	2 300～3 600	2 350～450	450～600	600～750	750～850
	$0.25<I_L\leqslant 0.5$	1 500～2 300	2 300～3 300	2 700～3 600	3 600～4 400	800～900	900～1 000	1 000～1 200	1 200～1 400
	$0<I_L\leqslant 0.25$	2 500～3 800	3 800～5 200	5 500～6 000	6 000～6 800	1 100～1 200	1 200～1 400	1 400～1 600	1 600～1 800
粉土	$0.75<e\leqslant 0.9$	950～1 700	1 400～2 100	1 900～2 700	2 500～3 400	300～500	500～650	650～750	750～850
	$e\leqslant 0.75$	1 500～2 600	2 100～3 000	2 700～3 600	3 600～4 400	650～900	750～950	900～1 100	1 100～1 200
粉砂	稍密	1 000～1 600	1 500～2 300	1 900～2 700	2 100～3 000	350～500	450～600	600～700	650～750
	中密、密实	1 400～2 200	2 100～3 000	3 000～4 500	3 800～5 500	600～750	750～900	900～1 100	1 100～1 200
细砂	中密、密实	2 500～4 000	3 600～5 000	4 400～6 600	5 300～7 000	650～850	900～1 200	1 200～1 500	1 500～1 800
中砂		4 000～6 000	5 500～7 000	6 500～8 000	7 500～9 000	850～1 050	1 100～1 500	1 500～1 900	1 900～2 100
粗砂		5 700～7 500	7 500～8 500	8 500～10 000	9 500～11 000	1 500～1 800	2 100～2 400	2 400～2 600	2 600～2 800
砾砂	中密、密实	6 000～9 500		9 000～10 500		1 400～2 000		2 000～3 200	
角砾、圆砾		7 000～10 000		9 500～11 500		1 800～2 200		2 200～3 600	
碎石、卵石		8 000～11 000		10 500～13 000		2 000～3 000		3 000～4 000	
全风化软质岩		4 000～6 000				1 000～1 600			
全风化硬质岩		5 000～8 000				1 200～2 000			
强风化软质岩		6 000～9 000				1 400～2 300			
强风化硬质岩		7 000～11 000				1 800～2 800			

土的名称	土的状态	干作业钻孔桩桩长 l/m		
		$5\leqslant l<10$	$10\leqslant l<15$	$15\leqslant l$
黏性土	$0.75<I_L\leqslant 1$	200～400	400～700	700～950
	$0.50<I_L\leqslant 0.75$	500～700	800～1 100	1 000～1 600
	$0.25<I_L\leqslant 0.5$	850～1 100	1 500～1 700	1 700～1 900
	$0<I_L\leqslant 0.25$	1 600～1 800	2 200～2 400	2 600～2 800
粉土	$0.75<e\leqslant 0.9$	800～1200	1 200～1 400	1 400～1 600
	$e\leqslant 0.75$	1 200～1 700	1 400～1 900	1 600～2 100
粉砂	稍密	500～950	1 300～1 600	1 500～1 700
	中密、密实	900～1 000	1 700～1 900	1 700～1 900
细砂	中密、密实	1 200～1 600	2 000～2 400	2 400～2 700
中砂		1 800～2 400	2 800～3 800	3 600～4 400
粗砂		2 900～3 600	4 000～4 600	4 600～5 200
砾砂	中密、密实	3 500～5 000		
角砾、圆砾		4 000～5 500		
碎石、卵石		4 500～6 500		
全风化软质岩		1 200～2 000		
全风化硬质岩		1 400～2 400		
强风化软质岩		1 600～2 600		
强风化硬质岩		2 000～3 000		

注：①对于砂土和碎石类土，要综合考虑土的密实度、桩端进入持力层的深度比 h_b/d 确定，土愈密实，h_b/d 愈大，取值愈高。

②预制桩的岩石极限端阻力指端承于中、微风化基岩表面或进入强风化岩、软质岩一定深度条件下的极限端阻力。

（2）大直径桩（$d\geqslant 0.8$ m）

大直径桩一般为钻、冲、挖孔灌注桩，《桩基规》推荐的大直径桩竖向极限承载力标准值 Q_{uk} 估算公式如下：

$$Q_{uk} = Q_{sk} + Q_{pk} = u_p \sum \varphi_{si} q_{sik} l_{si} + \varphi_p q_{pk} A_p \tag{3-14}$$

式中，u 为桩身周长，当人工挖孔桩桩周护壁为振捣密实的混凝土时，按护壁外直径计算；q_{sik} 为参数，意义同式（3-13），无当地经验值时，可按表 3-3 取值，对于扩底桩，变截面以上 $2d$ 长度范围不计侧阻力，其中 d 为桩身直径；q_{pk} 为桩端直径 D 为 800 mm 时的极限端阻力标准值，对于干作业（清底干净）可采用深层载荷板试验确定，当不能进行深层载荷板试验时，可按表 3-5 取值；φ_{si} 、φ_p 分别为大直径桩侧阻、端阻尺寸效应系数，因大直径桩成孔后存在因孔壁应力解除而侧阻降低，以及随桩径增大桩端阻力降低的现象，计算中数值按表 3-6 取。

表 3-5　干作业桩（清底干净，D=0.8 m）极限端阻力标准值 q_{sik}

单位：kPa

名称		状态		
黏性土		$0.25<I_L\leqslant0.75$	$0<I_L\leqslant0.25$	$I_L\leqslant0$
		800～1 800	1 800～2 400	2 400～3 000
粉土			$0.75\leqslant e\leqslant0.9$	$e<0.75$
			1 000～1 500	1 500～2 000
砂土、碎石类土		稍密	中密	密实
	粉砂	500～700	800～1 100	1 200～2 000
	细砂	700～1 100	1 200～1 800	2 000～2 500
	中砂	1 000～2 000	2 200～3 200	3 500～5 000
	粗砂	1 200～2 200	2 500～3 500	4 000～5 500
	砾砂	1 400～2 400	2 600～4 000	5 000～7 000
	圆砾、角砾	1 600～3 000	3 200～5 000	6 000～9 000
	卵石、碎石	2 000～3 000	3 300～5 000	7 000～11 000

注：① q_{pk} 取值宜考虑桩端持力层土的状态及桩进入持力层的深度效应，当桩进入持力层深度 h_b 为 $h_b\leqslant D$，$D<h\leqslant4D_b$，$h_b\geqslant4D$；q_{pk} 可相应取较低值、中值、较高值。

②当桩的长径比 $l/d\leqslant8$ 时，q_{pk} 宜取较低值。

③当对沉降要求不严时，可适当提高 q_{pk} 的值。

表 3-6　大直径桩侧阻力尺寸效应系数 ψ_{si}、端阻尺寸效应系数 ψ_p

土类别	黏性土、粉土	砂土、碎石类土	土类别	黏性土、粉土	砂土、碎石类土
ψ_{si}	$\left(\frac{0.8}{d}\right)^{\frac{1}{5}}$	$\left(\frac{0.8}{d}\right)^{\frac{1}{3}}$	ψ_p	$\left(\frac{0.8}{D}\right)^{\frac{1}{4}}$	$\left(\frac{0.8}{D}\right)^{\frac{1}{3}}$

（3）嵌岩桩

嵌岩桩的承载机理与土中桩有较大差别，工程中对其认识是一个不断深化的过程，因此本节首先介绍 1994 版《桩基规》的规定，然后再介绍 2008 版《桩基规》的变化，通过两版规范规定的对比，深化对嵌岩桩承载特性的认识。

嵌岩桩的竖向极限承载力标准值 Q_{uk} 由桩周土总侧阻力 Q_{sk} 、嵌岩段总侧阻力 Q_{rk} 和总

端阻力 Q_{pk} 三部分组成，《桩基规》（JGJ 94—1994）提出的嵌岩桩 Q_{uk} 计算方法如下：

$$Q_{uk}=Q_{sk}+Q_{rk}+Q_{pk}=u_p\sum\zeta_{si}q_{sik}l_i+u_p\zeta_r f_{rc}h_r+\zeta_p f_{rc}A_p \tag{3-15}$$

式中，ζ_{si} 为覆盖层第 i 层土的侧阻力发挥系数，当桩的长径比不大（$l/d<30$），桩端置于新鲜或微风化硬质岩中且桩底无沉渣时，对于黏性土、粉土，取 $\zeta_{si}=0.8$，对于砂类土及碎石类土，取 $\zeta_{si}=0.7$，对于其他情况，取 $\zeta_{si}=1.0$；q_{sik} 为桩周第 i 层土的极限侧阻力标准值，根据成桩工艺按表 3-3 取值；f_{rc} 为岩石饱和单轴抗压强度标准值，对于黏土质岩取天然湿度单轴抗压强度标准值；h_r 为桩身嵌岩（中等风化、微风化、新鲜基岩）深度，超过 $5d$ 时，取 $h_r=5d$，当岩层表面倾斜时，以坡下方的嵌岩深度为准；ζ_r、ζ_p 分别为嵌岩段侧阻力和端阻力修正系数，与嵌岩深径比 h_r/d 有关，按表 3-7 取值。

表 3-7　嵌岩段侧阻和端阻修正系数

嵌岩深径比 h_r/d	0.0	0.5	1	2	3	4	≥5
侧阻修正系数 ζ_s	0.000	0.025	0.055	0.070	0.065	0.062	0.050
端阻修正系数 ζ_p	0.5	0.5	0.4	0.3	0.2	0.1	0.0

注：当嵌岩段为中等风化岩时，表中数值乘以 0.9 折减。

与土中基桩承载相比，通过式（3-15）表征出的嵌岩桩承载机理有三个特点：

①上覆土层的侧阻力需折减，这是因为考虑到嵌岩桩的桩端基岩只需要很少的位移就可以发挥出极限承载力，因此桩身沉降减小，会导致上覆土层的侧阻力发挥不充分。

②嵌岩段的侧摩阻力与岩石抗压强度有关，而不是与桩岩截面剪切强度有关。这是因为桩侧岩石弹性模量接近桩身混凝土，桩身混凝土受压鼓胀可激发桩侧岩石水平抗力，导致嵌岩段桩周破坏发生在岩石内（压剪破坏，破坏模式如图 3-16 所示），因此嵌岩段桩侧阻力取决于岩石抗压强度。

③桩端阻力随嵌岩深度增大而递减，当嵌岩深度达 $5d$ 时，不再考虑端阻作用（当 $h_r/d\geqslant5.0$ 时 $\zeta_p=0$）。

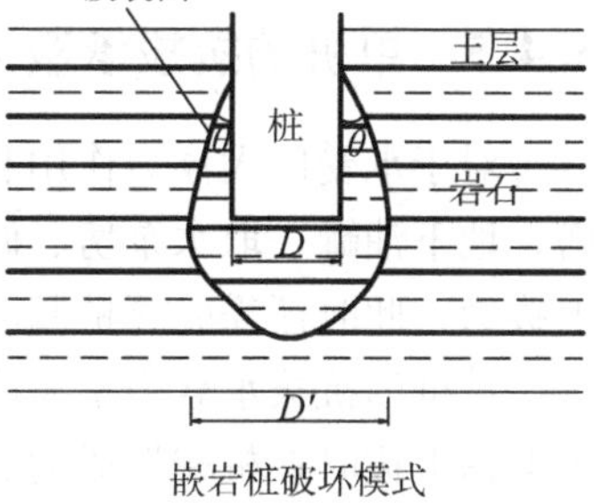

图 3-16　嵌岩桩破坏模式

《桩基规》（JGJ 94—1994）的嵌岩桩公式是基于少量试验总结得到的，经过 10 余年工程实践，《桩基规》（JGJ 94—2008）对其修订如下：

$$Q_{uk}=Q_{sk}+Q_{rk}=u_p\sum q_{sik}l_i+\zeta_r f_{rc}A_p \tag{3-16}$$

式中，ζ_r 为桩嵌岩段侧阻和端阻综合系数，与嵌岩深径比 h_r/d、岩石坚硬程度和成桩工艺有关，可按表 3-8 取值。表中数值适用于泥浆护壁成桩，对于干作业成桩（清底干净）和泥浆护壁成桩后注浆，ζ_r应取表列数值的 1.2 倍。

表 3-8 桩嵌岩段侧阻修正系数 ζ_s、端阻修正系数 ζ_p 和端阻综合系数 ζ_r

嵌岩深径比 h_r/d		0.0	0.5	1	2	3	4	5	6	7	8
极软岩	ζ_s	0.0	0.052	0.056	0.056	0.054	0.051	0.048	0.045	0.042	0.040
	ζ_p	0.60	0.70	0.73	0.73	0.70	0.66	0.61	0.55	0.48	0.42
	ζ_r	0.60	0.80	0.95	1.18	1.35	1.48	1.57	1.63	1.66	1.80
较硬岩 坚硬岩	ζ_s	0.0	0.050	0.052	0.050	0.045	0.040				
	ζ_p	0.45	0.55	0.60	0.50	0.46	0.40				
	ζ_r	0.45	0.65	0.81	0.90	1.00	1.04				

对比式（3-15）和式（3-16），可见两个显著差异：

①式（3-16）取消了覆盖层第 i 层土的侧阻力发挥系数，这是因为实测发现，嵌岩桩侧覆盖层的侧阻力发挥系数比预想的要高，不需要折减。

②将侧阻系数 ζ_s 和端阻系数 ζ_p 合并为一个系数，即桩嵌岩段侧阻和端阻综合系数 ζ_r，这是因为图 3-16 所示桩端岩石破坏模式已经揭示嵌岩段岩石的侧阻与端阻并不能分开，也没有必要区分。数值上，ζ_r 与 ζ_s、ζ_p 的关系是

$$\zeta_r = \zeta_p + \zeta_s \frac{4h_r}{d} \tag{3-17}$$

与《桩基规》（JGJ 94—1994）相比，《桩基规》（JGJ 94—2008）的嵌岩桩承载力计算公式不但简化了，而且更合理了，体现了桩基技术的进步。

3.4.5 单桩的抗拔承载力

对于承受巨大浮力作用和水平荷载作用的结构（如高压输电塔、电视塔、微波通信塔、地下油罐、取水泵房、码头、桥台、支挡结构等），桩基础的部分或全部单桩会承受上拔力，此时还需验算桩基的抗拔承载力。

单桩的抗拔承载力主要取决于桩身材料强度、桩与土之间的侧阻力和桩身自重，一般不考虑上拔时在桩端形成的真空吸力。因为有关桩抗拔承载力的研究尚不充分，《桩基规》规定甲级和乙级建筑桩基，单桩抗拔承载力应采用现场上拔试验确定，对于丙级建筑，当群桩基础呈非整体破坏时，可按下式估算基桩抗拔极限承载力标准值 T_{uk}：

$$T_{uk} = \sum \lambda_i q_{si} u_i l_i \tag{3-18}$$

式中，λ_i 为抗拔系数，可按表 3-9 取值，l/d 小于 20 时，λ 取小值，表中 λ 小于 1 的原因是桩周土承受上拔力时，围压会降低导致土体抗剪强度下降；u_i 为桩身周长，对于等直径桩取 $u=\pi d$，对于扩底桩按表 3-10 取值；l_i 取值与土层强度有关，对于软土取低值，对于卵石砾石取高值。

表 3-9 抗拔系数 λ_i

土类	λ_i
砂土	0.50～0.70
黏性土、粉土	0.70～0.80

表 3-10　扩底桩破坏表面周长 u_i

自桩底起算的长度 l_i	$\leqslant$ (4～10) d	$>$ (4～10) d
u_i	πD	πd

当群桩基础呈整体破坏时，基桩的抗拔极限承载力标准值 T_{gk} 可取群桩外围周长范围形成的抗拔承载力再除以桩数。

3.4.6　单桩竖向承载力特征值

用于基础设计的单桩竖向承载力代表值也称为特征值（符号为 R_a），其与地基承载力特征值具有相同的工程内涵，即在单桩极限承载力标准值的范围内，按安全性和变形控制确定单桩承载力特征值。《桩基规》给出的取值方法为

$$R_a = \frac{Q_{uk}}{K} \tag{3-19}$$

式中，K 为安全系数，取 $K = 2$。

【例 3-1】 某预制桩桩径为 400 mm，桩长 12 m，桩身混凝土强度等级 C30，穿越回填土层，厚度 $l_1 = 8$ m，粉质黏土层厚度 $l_2 = 3$ m，黏土层的液性指数 $I_L = 0.75$；进入密实中砂层中的桩长 $l_3 = 1$ m。试确定该预制桩的下拉荷载 Q_{nk}、竖向极限承载力标准值 Q_{uk}、单桩抗拔极限承载力标准值 T_{nk} 和单桩竖向承载力特征值 R_a。

【解】 由表 3-3、表 3-9 查得混凝土预制桩的极限侧阻力标准值 q_{sik} 及抗拔系数 λ_i。

回填土层：$q_{s1k} = 25$ kPa，$\lambda_1 = 0.75$；

粉质黏土层：$I_L = 0.75$，$q_{s1k} = 60$ kPa，$\lambda_1 = 0.75$；

中砂层：密实，可取 $q_{s2k} = 80$ kPa，$\lambda_2 = 0.6$；

再由表 3-4 查得桩的极限端阻力标准值 q_{pk}。

密实中砂，$l = 12$ m，查得 $q_{pk} = 5\,500 \sim 7\,000$ kPa，可取 $q_{pk} = 6\,000$ kPa。

故单桩竖向极限抗压承载力标准值为

$$\begin{aligned} Q_{uk} &= Q_{sk} + Q_{pk} = u_p \sum q_{sik} l_i + q_{pk} \\ &= \pi \times 0.4 \times (25 \times 8 + 60 \times 3 + 80 \times 1) + 6\,000 \times \pi \times 0.2^2 \\ &\approx 1331.36(\text{kN}) \end{aligned}$$

单桩抗拔极限承载力标准值为

$$\begin{aligned} T_{uk} &= u_p \sum \lambda_i q_{sik} l_i \\ &= \pi \times 0.4 \times (0.75 \times 25 \times 8 + 0.75 \times 60 \times 3 + 0.6 \times 80 \times 1) \\ &\approx 418.25(\text{kN}) \end{aligned}$$

单桩竖向抗压承载力特征值为

$$R_a = Q_{uk}/2 = 665.68(\text{kN})$$

3.5 单桩的水平承载力与位移计算

建筑物和构筑物在风荷载、地震荷载或土压力、水压力等的作用下会对基础顶面产生水平荷载和力矩，并使之产生相应变形，桥梁工程中的桩基尤为如此，作用在桥梁上的风、水流、桥面车辆制动以及河流中的船舶撞击等，都会产生显著的水平荷载。因此，桩基除了应满足竖向承载力和沉降要求外，还必须满足水平承载力及其位移的要求。

3.5.1 水平受荷桩的破坏模式

在桩顶水平荷载和力矩作用下，桩身产生挠曲变形挤压桩侧土体，土体则在桩身两侧产生水平抗力，两侧水平抗力合力大小不相等，其差值用以抵抗水平荷载。两侧水平抗力分布在桩身不同位置，作用不共线，可形成力矩抵抗桩顶弯矩。其中，桩身起传递荷载作用，最终承载的是桩侧土体。这样，承受水平荷载和弯矩作用单桩的破坏模式有两种：

①桩身折断：桩顶作用的水平力和力矩过大，在桩身形成过大的剪力和弯矩，可导致桩身开裂甚至折断。

②桩侧土体破坏：足量配筋和桩身截面积的桩具有较大的抗弯抗剪能力，当承受过大的水平力和力矩时，破坏表现为桩侧土体开裂和隆起。这时，桩的水平位移往往已显著超出上部结构允许变形值，因此桩侧土体破坏模式实际上是桩顶位移超过允许值导致的上部结构失效。

影响单桩水平承载力的因素：桩的截面尺寸、材料强度和配筋率、土质条件、桩的入土深度、桩顶嵌固条件以及上部结构的水平位移允许值等。实践表明，桩的水平承载力远比竖向承载力低。荷载由桩传给土，因此确保桩身强度是地基土的承载潜力能得到充分发挥的前提。《桩基规》规定，当桩身直径为 300～2 000 mm 时，钢筋混凝土桩的最小配筋率为 0.2%～0.65%。在常见的情况下，该配筋率可避免发生桩身折断，尽量发挥土的承载能力。

3.5.2 单桩水平静载荷试验

了解水平受荷桩承载机理和承载力大小最直接的方法是进行单桩水平静载荷试验（lateral static load test），其试验设备、试验方法和数据处理方法如下：

（1）试验装置

与单桩竖向静载荷试验相同，水平静载荷试验装置同样由加载系统和观测系统组成（图 3-17)。其反力一般由临近桩提供，同样采用千斤顶施加水平力，水平力作用高度相同，一般在地面线处，或与实际水平荷载作用高度相同。千斤顶与试桩接触处宜设置一球形铰座，并且要保证作用力能水平通过桩身轴线。桩的水平位移宜用大量程百分表（位移传感器）量测，若需测定地面以上桩身转角时，在水平力作用线以上 500 mm 左右还应安装一或两只百分表。为避免试验中桩土位移影响位移量测，固定百分表的基准桩与试桩、反力桩的净距不应少于 1 倍桩径。

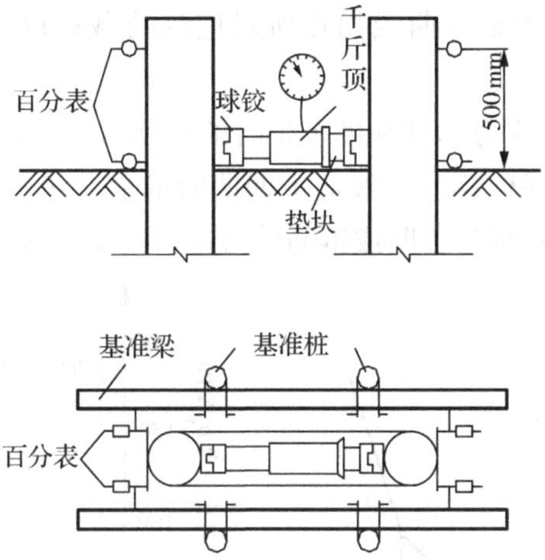

图 3-17　单桩水平静载荷试验装置

（2）试验加载方法

实际作用在桩顶的水平荷载多是往复循环荷载，如水流、风荷载都是往复循环荷载，因此基桩试验也采用单向多循环加卸载法。每级荷载增量约为预估水平极限承载力的 1/15～1/10。每级荷载施加后，保持荷载 4 min 测读水平位移，然后卸载至零，停2 min 测读残余水平位移，或者加载、卸载各 10 min，如此循环 5 次。试验选择加载方式的基本原则是尽可能模拟工程实际荷载，对于抗滑桩等工作荷载不是循环荷载的情形，对其水平加载应采用慢速连续加载法进行，其加载方法可参照单桩竖向静载荷试验进行。

（3）终止加载条件

当桩身折断，或桩顶水平位移超过上部结构水平位移允许值，或达到 30～40 mm（软土取 40 mm）时，即可终止试验。当试桩为工程桩时，加载不应破坏工程桩。

（4）试验成果整理

根据试验结果，一般应绘制桩顶水平荷载-时间-桩顶水平位移（H_0-t-x_0）曲线（图 3-18），或绘制水平荷载-位移梯度（H_0-$\Delta x_0/\Delta H_0$）曲线（图 3-19），或水平荷载-位移（H_0-x_0）曲线，当具有桩身应力量测资料时，尚应绘制应力沿桩身分布图及水平荷载与最大弯矩截面钢筋应力（H_0-σ_g）曲线（图 3-20）。

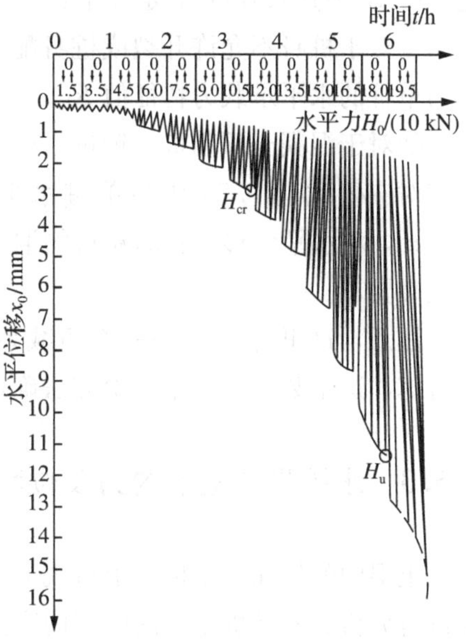

图 3-18　水平静载荷试验 H_0-t-x_0 曲线

（5）水平承载力的确定

试验资料表明，上述曲线上通常有两个特征点，所对应的桩顶水平荷载称为临界荷载 H_{cr} 和极限荷载 H_u。H_{cr} 是相当于桩身开裂、受拉区混凝土退出工作时的桩顶水平力，一般可取：H_0-t-x_0 曲线出现突变点（相同荷载增量的条件下出现比前一级明显增大的位移增量）的前一级荷载；H_0-$\Delta x_0/\Delta H_0$ 曲线的第一直线段的终点或 $\log H_0 \sim \log x_0$ 曲线拐点所对应的荷载；H_0-σ_g 曲线第一突变点对应的荷载。

H_u 是相当于桩身钢筋应力达到强度极限时的桩顶水平力，一般可取：H_0-t-x_0 曲线明显陡降的前一级荷载或水平位移包络线向下凹曲时的前一级荷载；H_0-$\Delta x_0/\Delta H_0$ 曲线第二直线段终点所对应的荷载；桩身折断或钢筋应力达到极限的前一级荷载。

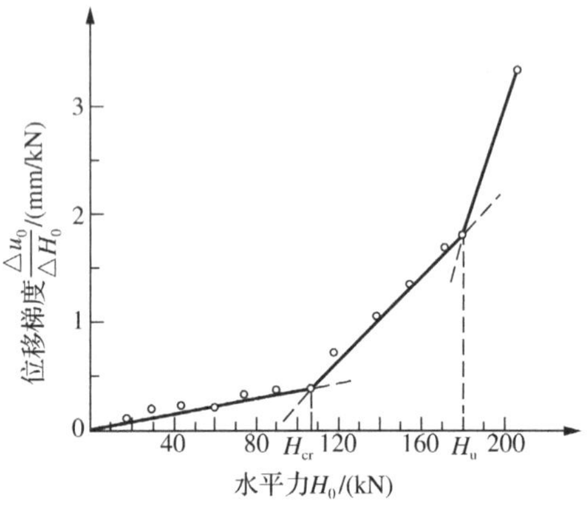

图 3-19　单桩 H_0-$\Delta x_0/\Delta H_0$ 曲线

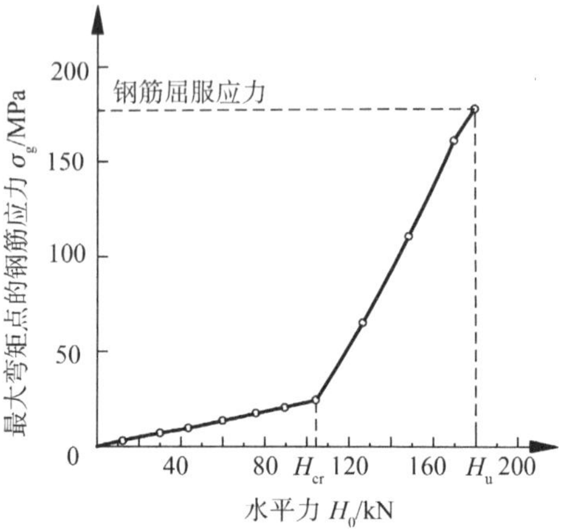

图 3-20　单桩 H_0-σ_g 曲线

根据试验结果可确定单桩的水平承载力特征值（符号为 R_{ha}），《建筑基桩检测技术规范》（JGJ 106—2014）规定如下：

①对于桩身不允许开裂或桩身配筋率小于 0.65％的灌注桩，可取临界荷载 H_{cr} 的 0.75 作为单桩的水平承载力特征值 R_h。

②对于混凝土预制桩、钢桩、桩身配筋率大于 0.65％的灌注桩，可按桩顶允许的水平位移对应荷载的 0.75 作为单桩水平承载力特征值 R_h。容许的水平位移一般取 $x_0 = 10$ mm，对水平位移敏感的建筑物取 $x_0 = 6$ mm，也可取其他值对应的荷载，但需满足桩身抗裂要求。

注意，这里的 0.75 是一个折减系数，体现了设计中取承载力代表值时对安全富余度的考虑，这个数值在利用理论方法确定桩的水平承载力特征值时还会用到。

3.5.3　水平受荷桩的内力及位移分析

土层中的桩在力学模式上可视为垂直设置在地基中的梁，可采用文克尔地基上的梁模型进行分析。不计桩土之间的竖向摩阻力，令 z 深度处桩与土之间的水平作用力为 $p(z)$，对应位置桩的水平位移为 x，x 为 z 的函数。根据文克尔地基模型，有

$$p(z) = k_h x \tag{3-20}$$

式中，k_h 为地基水平抗力系数，即地基土的刚度。

考虑到地基土的刚度随深度越来越大，可以假定 k_h 与地基深度 z 有如下关系：

$$k_n = \psi z^n \tag{3-21}$$

根据对 n 的假定不同，又可分为多种方法，采用较多的是图 3-21 中所示的几种方法：

①常数法：假定地基水平抗力系数 k_h 沿深度不变，即 $n=0$，其比例系数为 $\psi = 1$ 。该法为我国学者张有龄于 1937 年提出的，现在多用于岩石地基。

②“k”法：假定地基水平抗力系数 k_h 在第一弹性零点以上按抛物线形变化，以下保持为常数。该法由苏联学者盖尔斯基于 1937 年提出。

③“m”法：假定地基水平抗力系数 k_h 随深度按比例呈线性增加，即 $n=1$，其比例系数 $\psi = m$ 。该法始见于 1939 年，乌尔班（И. В. Урбан）用于计算板桩墙。

④“c”法：假定地基水平抗力系数随深度呈抛物线增加，即 $n=0.5$，其比例系数为 $\psi = c$ 。1964 年由日本久保浩一提出。

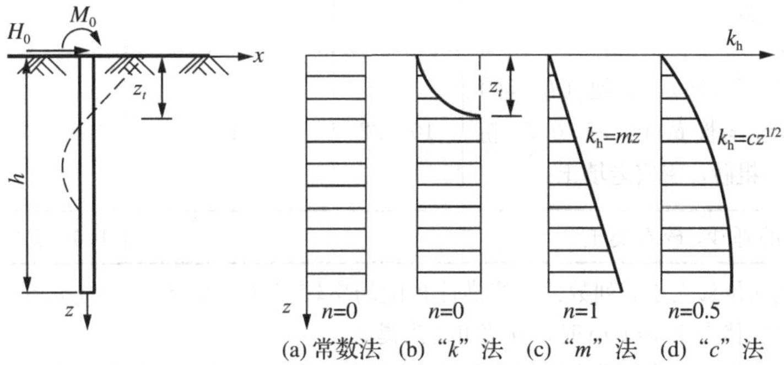

图 3-21　地基水平抗力系数的分布图式

由于目前我国各规范均推荐使用“m”法，故下面仅介绍“m”法。

(1) 计算参数

单桩在水平荷载作用下所引起的桩周土抗力不仅由桩宽度范围内土体提供，桩宽度外部分土体也能提供抗力，考虑这一点，所取桩的截面计算宽度 b_1 应大于桩的直径或宽度，另外桩的截面形状对受力范围也有影响，综合考虑之下，按下式确定桩的截面计算宽度 b_1：

$$b_1 = \begin{cases} k_f(d+1) & d > 1\ \text{m} \\ k_f(1.5d+0.5) & d \leqslant 1\ \text{m} \end{cases} \tag{3-22}$$

式中，k_f 为桩的形状系数，方形截面桩 $k_f=1.0$，圆形截面桩 $k_f=0.9$；d 为桩的直径，方形截面时为桩的边长 b 。

计算时所取桩身抗弯刚度 EI，对于钢筋混凝土桩，可取 $EI = 0.85E_cI_0$ ，其中 E_c 为混凝土的弹性模量，I_0 为桩身换算截面惯性矩。

如无试验资料时，地基水平抗力系数的比例系数 m 值可参考表 3-11 选取。此外，若桩侧为多层土，可按主要影响深度 $h_m = 2(d+1)$ 范围内的 m 值加权平均，具体可参见有关规范。

表 3-11　地基土横向抗力系数的比例系数 m 值

序号	地基土类别	预制桩、钢桩		灌注桩	
		m/（MN/m^4）	相应单桩在地面处水平位移/mm	m/（MN/m^4）	相应单桩在地面处水平位移/mm
1	淤泥，淤泥质土，饱和湿陷性黄土	2～4.5	10	2.5～6	6～12
2	流塑（$I_L>1$）、软塑（$0.75<I_L\leqslant 1$）状黏性土，$e>0.9$ 粉土，松散粉细砂，松散、稍密填土	4.5～6.0	10	6～14	4～8
3	可塑（$0.25<I_L\leqslant 0.75$）状黏性土，$e=0.7\sim 0.9$粉土，湿陷性黄土，中密填土，稍密细砂	6.0～10	10	14～35	3～6
4	硬塑（$0<I_L\leqslant 0.25$）、坚硬（$I_L\leqslant 0$）状黏性土，湿陷性黄土，$e<0.75$ 粉土，中密的中粗砂，密实老填土	10～22	10	35～100	2～5
5	中密、密实的砾砂，碎石类土			100～300	1.5～3

注：①当桩顶横向位移大于表列数值或当灌注桩配筋率较高（≥0.65%）时，m 值应适当降低；当预制桩的横向位移小于 10 mm 时，m 值可适当提高。

②当横向荷载为长期或经常出现的荷载时，应将表列数值乘以 0.4 降低采用。

③当地基为可液化土层时，表列式中应乘以相应的土层液化折减系数。

（2）单桩挠曲微分方程及其求解方法

设单桩在桩顶竖向荷载 Q_0 、水平荷载 H_0 、弯矩 M_0 和桩侧地基水平抗力 $p(z)$ 作用下产生挠曲，根据材料力学原理，其微元在水平方向受力，可得桩身的弹性挠曲微分方程为

$$\frac{d^2}{dz^2}\left(EI\frac{d^2x}{dz^2}\right)+Q_0\frac{d^2x}{dz^2}=-p(z) \tag{3-23}$$

$$p(z)-b_1k_hx=b_1mzx \tag{3-24}$$

通常，竖向荷载 Q_0 的影响很小可忽略不计，将式（3-24）代入式（3-23），可得桩的挠曲微分方程式为

$$\frac{d^4x}{dz^4}+\alpha^5zx=0 \tag{3-25}$$

$$\alpha=\sqrt[5]{\frac{mb_1}{EI}} \tag{3-26}$$

式中，α 为桩的水平变形系数，单位为 m^{-1}。

3.5.4　弹性桩的内力和位移解答

（1）微分方程求解过程

采用幂级数法求解单桩挠曲微分方程，即令

$$x=\sum_{i=0}^{\infty}a_iz^i=a_0+a_1z+a_2z^2+\cdots+a_nz^n\cdots+ \tag{3-27}$$

则有

$$\frac{\mathrm{d}^4x}{\mathrm{d}z^4}=4!!a_4+5!!a_5z+6!!a_6z^2+\cdots+n!!a_nz^{n-4} \tag{3-28}$$

式中，$n!!$ 代表 $n(n-1)(n-2)$ 。

将式（3-27)、式（3-28）代入式（3-25）可得

$$4!!a_4+(5!!a_5-\alpha^5a_0)z+(6!!a_6-\alpha^5a_1)z^2+\cdots+(n!!a_n-\alpha^5a_{n-3})z^{n-4}=0 \tag{3-29}$$

由于式（3-29）对任意 z 均成立，因此各项系数均为 0，即第 1 项 $a_4=0$ ，第 2 项 $a_5=\frac{\alpha^5}{5!!}a_0$ ，第 n 项 $a_n=\frac{\alpha^5}{n!!}a_{n-3}$ 。这说明，式（3-27）中只有 4 个独立待定系数，分别为 a_0、a_1、a_2、a_3 。且当 $z=0$ 时，有 $x_0=a_0$ 、$\varphi_0=\left.\frac{\mathrm{d}x}{\mathrm{d}z}\right|_{z=0}=a_1$ 、$M=M_0$、$H_0=H_0$。

据此可推导出单桩挠曲微分方程的解为

$$x=x_0\left[1+\sum_{k=1}^{\infty}(-1)^k\alpha^{5k}\frac{(5k-4)!!}{(5k)!}z^{5k}\right]+\varphi_0\left[z+\sum_{k=1}^{\infty}(-1)^k\alpha^{5k}\frac{(5k-3)!!}{(5k+1)!}z^{5k+1}\right]+$$
$$\frac{M_0}{2EI}\left[z^2+\sum_{k=1}^{\infty}(-1)^k\alpha^{5k}\frac{(5k-2)!!}{(5k+2)!}z^{5k+2}\right]+\frac{H_0}{6EI}\left[z^3+\sum_{k=1}^{\infty}(-1)^k\alpha^{5k}\frac{(5k-1)!!}{(5k+3)!}z^{5k+3}\right] \tag{3-30}$$

解答中有 2 个待定系数 x_0 、φ_0 ，对于具体问题桩端边界条件如下：

①当桩端嵌岩时，认定桩端嵌固，即 $\varphi_h=\left.\frac{\mathrm{d}x}{\mathrm{d}z}\right|_{z=h}=0$ 和 $x_h=0$ 。

②当桩端在土中时，认定桩端自由，即 $M_h=EI\left.\frac{\mathrm{d}^2x}{\mathrm{d}z^2}\right|_{z=h}=0$ 和 $V_h=EI\left.\frac{\mathrm{d}^3x}{\mathrm{d}z^3}\right|_{z=h}=0$。

将式（3-30）分别代入 2 个边界条件，可得到 2 个方程式，联立形成方程组求解，可得 x_0 、φ_0 的表达式。将 2 个表达式代入式（3-30）便得到了桩身位移解答。该解答形式比较复杂，但其自变量只有 z 。将该解答对 z 求导，可得桩身不同深度 z 处的位移 x_z 、转角 φ_z 、弯矩 M_z 和剪力 V_z 的解答。

（2）桩身内力和位移解答的查表形式

为了便于应用，将桩身深度 z 处的位移及内力的解答整理成如下形式：

$$\begin{aligned}x_z&=\frac{H_0}{\alpha^3EI}A_{xz}+\frac{M_0}{\alpha^2EI}B_{xz}\\ \varphi_z&=\frac{H_0}{\alpha^2EI}A_{\varphi z}+\frac{M_0}{\alpha EI}B_{\varphi z}\\ M_z&=\frac{H_0}{\alpha}A_{Mz}+M_0B_{Mz}\\ V_z&=H_0A_{Vz}+\alpha M_0B_{Vz}\end{aligned} \tag{3-31}$$

式中，A_{xz} 、B_{xz} 、$A_{\varphi z}$ 、$B_{\varphi z}$ 、A_{Mz} 、B_{Mz} 、A_V 、B_V 与所求截面埋深 z 和常数 α 、h 有关，可通过 αh 和 αz 查表 3-12 和表 3-13 确定，称 αh 为桩的无量纲深度，称 αz 为换算深度。

计算表明，对于 $\alpha h\geqslant4.0$ 的情形，无论桩端边界条件如何，埋深 $z=4/\alpha$ 以下桩身变

形内力均接近 0，说明对于抵抗水平荷载，$\alpha h \geqslant 4.0$ 的桩已经足够长，因此称 $\alpha h \geqslant 4.0$ 的桩为长桩。表 3-12 为长桩（$\alpha h \geqslant 4.0$）不同 αz 对应的计算系数表，对于 $\alpha h < 4.0$ 的情形可参阅《桩基规》。

表 3-12　长桩的内力和变形计算系数

αz	A_{xz}	B_{xz}	$A_{\varphi z}$	$B_{\varphi z}$	A_{Mz}	B_{Mz}	A_{Vz}	B_{Vz}
0.0	2.440 7	1.621 0	−1.621 0	−1.750 6	0.000 0	1.000 0	1.000 0	0.000 0
0.1	2.278 7	1.450 9	−1.616 0	−1.650 7	0.099 6	0.999 7	0.988 3	−0.007 5
0.2	2.117 8	1.290 9	−1.601 2	−1.550 7	0.197 0	0.998 1	0.955 5	−0.028 0
0.3	1.958 8	1.140 8	−1.576 8	−1.451 1	0.290 1	0.993 8	0.904 7	−0.058 2
0.4	1.802 7	1.000 6	−1.543 3	−1.352 0	0.377 4	0.986 2	0.839 0	−0.095 5
0.5	1.650 4	0.870 4	−1.501 5	−1.253 9	0.457 5	0.974 6	0.761 5	−0.137 5
0.6	1.502 7	0.749 8	−1.460 1	−1.157 3	0.529 4	0.958 6	0.674 9	−0.181 9
0.7	1.360 2	0.638 9	−1.395 9	−1.062 4	0.592 3	0.938 2	0.582 0	−0.226 9
0.8	1.223 7	0.537 3	−1.334 0	−0.969 8	0.645 6	0.913 2	0.485 2	−0.270 9
0.9	1.093 6	0.444 8	−1.267 1	−0.879 9	0.689 3	0.884 1	0.386 9	−0.312 5
1.0	0.970 4	0.361 2	−1.196 5	−0.793 1	0.723 1	0.850 9	0.289 0	−0.350 6
1.1	0.854 4	0.286 1	−1.122 8	−0.709 8	0.747 1	0.814 1	0.193 9	−0.384 4
1.2	0.745 9	0.219 1	−1.047 3	−0.630 4	0.761 8	0.774 2	0.101 5	−0.413 4
1.3	0.645 0	0.159 9	−0.970 8	−0.555 1	0.767 6	0.731 6	0.014 8	−0.436 9
1.4	0.551 8	0.107 9	−0.894 1	−0.484 1	0.765 0	0.686 9	−0.065 9	−0.454 9
1.5	0.466 1	0.062 9	−0.818 0	−0.417 7	0.754 7	0.640 8	−0.139 5	−0.467 2
1.6	0.388 1	0.024 2	−0.743 4	−0.356 0	0.737 3	0.593 7	−0.205 6	−0.473 8
1.8	0.259 3	−0.035 7	−0.600 8	−0.246 7	0.684 9	0.498 9	−0.313 5	−0.471 0
2.0	0.147 0	−0.075 7	−0.470 6	−0.156 2	0.614 1	0.406 6	−0.388 4	−0.449 1
2.2	0.064 6	−0.099 4	−0.355 9	−0.083 7	0.531 6	0.320 3	−0.431 7	−0.411 8
2.6	−0.039 9	−0.111 4	−0.178 5	−0.014 2	0.354 6	0.175 5	−0.436 5	−0.307 3
3.0	−0.087 4	−0.094 7	−0.069 9	−0.063 0	0.193 1	0.076 0	−0.360 7	−0.190 5
3.5	−0.105 0	−0.057 0	−0.012 1	−0.082 9	0.050 8	0.013 5	−0.199 8	−0.016 7
4.0	−0.107 9	−0.014 9	−0.003 4	−0.085 1	0.000 1	0.000 1	0.000 0	−0.000 5

表 3-13 各类桩的桩顶水平位移系数

αh	桩端置于土中		桩端嵌固在基岩中	
	A_{x0}	B_{x0}	A_{x0}	B_{x0}
2.4	3.526	2.327	2.240	1.586
2.6	3.163	2.048	2.330	1.596
2.8	2.905	1.869	2.371	1.593
3.0	2.727	1.758	2.385	1.586
3.5	2.502	1.641	2.389	1.584
≥4.0	2.441	1.621	2.401	1.600

取一组参数代入式（3-31），就可求得桩身内力和位移。将桩的水平位移 x_z 、弯矩 M_z 、剪力 V_z 和地基土抗力 p_z 随深度 z 的变化绘制成曲线如图 3-22 所示，由此可以了解水平荷载与力矩作用下桩土一般响应特征。注意到，桩身入土深度超过 $4.0/\alpha$ 的段落，桩身内力及位移已几乎为零，在此深度以下，桩身只需按构造配筋或不配钢筋。

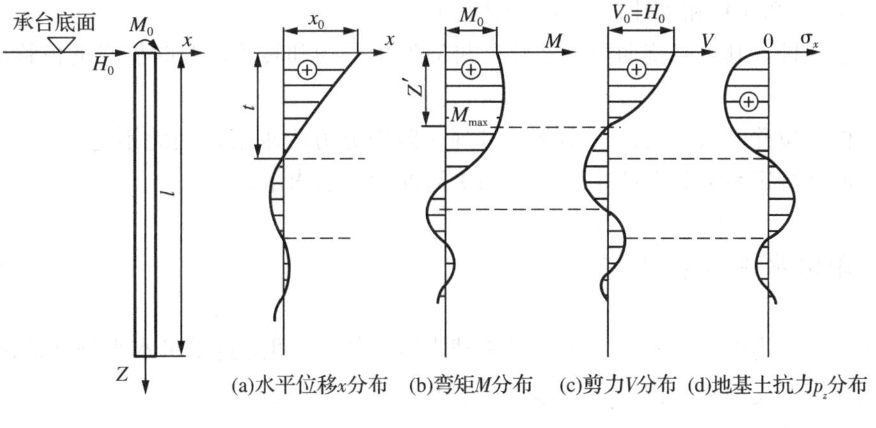

图 3-22 单桩内力与变位曲线

桩顶水平位移 x_0 是控制基桩水平承载力取值的主要因素，且桩的无量纲深度 αh 不同、桩端约束条件不同，其水平荷载下的工作性状也不同。表 3-13 给出了基桩在不同 αh 和不同桩端约束条件下桩顶（$z=0$ 处）的位移系数 A_{x0} 和 B_{x0} ，将其代入式（3-31）即可求出桩顶的水平位移 x_0 。

3.5.5 刚性桩与柔性桩

如图 3-23 所示，在桩顶水平力和力矩的作用下，桩的变形模式有两种：对于桩身刚度大、桩周土弱、入土深度浅的桩，桩身挠曲变形很小，桩体呈现出转动和平动的特征；对于桩身刚度小、桩周土强、入土深度大的桩，桩身呈现出挠曲变形。我们称前者为刚性桩（rigid pile），后者为柔性桩（flexible pile）（也称弹性桩）。

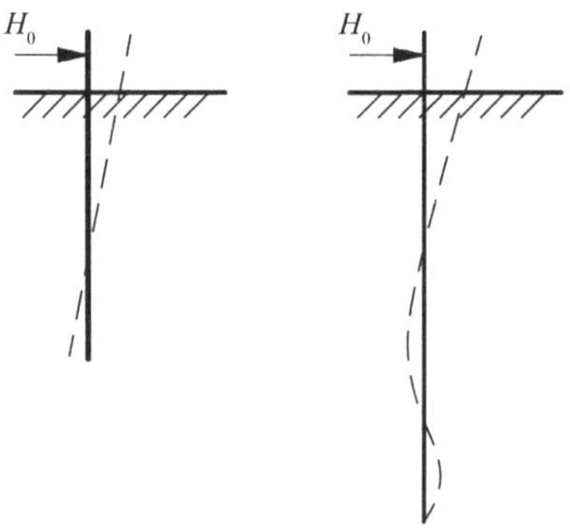

(a) 刚性桩　　(b) 柔性桩

图 3-23　水平受荷桩示意

在决定桩的水平变形系数 α 的参数中 [式 (3-26)]，地基水平抗力系数的比例系数 m 反映了桩周土的刚度，b_1/EI 反映了桩的刚度。h 代表桩的长度，因此无量纲深度 αh 是一个能代表桩土相对刚度特征的指标：它的数值越大，意味着桩的刚度越小，即桩周土越强、桩越长，桩的相对刚度越小；反之桩的刚度越大。工程中依据 αh 的数值，将桩分为刚性桩（$\alpha h < 2.5$）和柔性桩（$\alpha h \geq 2.5$）。

对于刚性桩，其桩身挠曲可以忽略，桩只发生平动和转动，此时桩身的位移函数为

$$x = a_0 + a_1 z \tag{3-32}$$

这个桩身位移函数为线性，不能通过列 4 阶微分方程求解，因此不适用式（3-30）作为解答。但因待定系数只有两个，可以用更简便的方法求解。

3.5.6　单桩水平承载力特征值

对于受水平力的竖直桩，单桩水平承载力特征值 R_{ha} 可通过单桩水平静载荷试验确定，也可以利用水平受荷桩的内力和位移理论解答，方法如下：

(1) 按桩顶位移允许值确定

当桩的配筋量足，不会发生折断破坏时，单桩的水平承载力特征值 R_{ha} 由桩顶位移控制。由式（3-31）第 1 式，令 $M_0 = 0$，可导得水平力 H_0 与桩顶（$z=0$）位移 x_0 的关系为

$$H_0 = \frac{\alpha^3 EI}{A_{x0}} x_0 \tag{3-33}$$

《桩基规》规定预制桩、钢桩、桩身配筋率不小于 0.65％的灌注桩可根据静载荷试验结果，取上部结构容许水平位移所对应的荷载的 0.75 为单桩水平承载力特征值。根据这一取值原则，结合式（3-33）所给的桩顶位移与桩顶水平力的关系，《桩基规》规定，当不能开展静载荷试验时，对预制桩、钢桩、桩身配筋率大于 0.65％的灌注桩，R_{ha} 可按下式估算：

$$R_{ha} = 0.75 \frac{\alpha^3 EI}{\nu_x} x_{0a} \tag{3-34}$$

式中，x_{0a} 为桩顶容许水平位移；ν_x 为桩顶水平位移系数，含义与 A_{x0} 相同，根据桩顶约束条件和 αh 按表 3-14 取值，对于单桩基础和单排桩基纵向轴线与水平力方向相垂直的

情况，按桩顶铰接考虑。

注意，数值 0.75 在前文提到过，是代表考虑安全性的折减系数。

表 3-14 桩顶（身）最大弯矩和水平位移系数

桩顶约束情况	桩的无量纲深度（αh）	ν_m	ν_x
铰接（自由）	4.0	0.768	2.441
	3.5	0.750	2.502
	3.0	0.703	2.727
	2.8	0.675	2.905
	2.6	0.639	3.163
	2.4	0.601	3.526
固接	4.0	0.926	0.940
	3.5	0.934	0.970
	3.0	0.967	1.028
	2.8	0.990	1.055
	2.6	1.018	1.079
	2.4	1.045	1.095

注：①铰接（自由）的 ν_m 系桩身的最大弯矩系数，固接 ν_m 系桩顶的最大弯矩系数。

②当 $\alpha h > 4.0$ 时取 $\alpha h = 4.0$ 。h 为桩的入土深度。

（2）按桩身抗弯强度确定

当桩的配筋量不足，可能发生折断破坏时，单桩的水平承载力特征值 R_{ha} 由桩身最大弯矩控制。根据 $M_0 = 0$ 和最大弯矩截面处 $V_z = 0$ 条件，由式（3-31）第 4 式可知最大弯矩截面处 $A_{Vz} = 0$ 。当桩为长桩时，可按 $A_{Vz} = 0$ 查表 3-12，得到最大弯矩的换算深度 αz（≈1.3）和 A_{Mz}（≈0.768），进而由式（3-31）第 3 式得到桩身最大弯矩 M_{max} 与 H_0 的关系：

$$H_0 = \frac{\alpha}{A_{Mz}} M_{max} \tag{3-35}$$

根据式（3-35）揭示的桩身最大弯矩与桩顶水平力的关系，以及桩身截面抗弯承载力计算研究成果，《桩基规》规定可按下式估算桩身配筋率小于 0.65%灌注桩的 R_{ha} ：

$$R_{ha} = 0.75 \frac{\alpha}{\nu_m} \gamma_m f_t W_0 (1.25 + 22\rho_g)\left(1 \pm \frac{\zeta_N N_k}{\gamma_m f_t A_n}\right) \tag{3-36}$$

式中，v_m 为桩身最大弯矩系数，含义与 A_{Mz} 相同，不同 αh 按表 3-14 查表确定；γ_m 为桩截面抵抗矩塑性系数，圆形截面 $\gamma_m = 2$ ，矩形截面 $\gamma_m = 1.75$ ；f_t 为桩身混凝土抗拉强度设计值；ρ_g 为桩身配筋率；N_k 为在荷载效应标准组合下桩顶的竖向力；± 号根据桩顶竖向力性质确定，压力取“+”，拉力取“−”；A_n 为桩身换算截面面积，对圆形截面为

$$A_n = \frac{\pi d^2}{4}[1 + (\alpha_E - 1)\rho_g] \tag{3-37}$$

ζ_N 为桩顶竖向力影响系数，竖向压力取 $\zeta_N = 0.5$，竖向拉力取 $\zeta_N = 1.0$；W_0 为桩身换算截面受拉边缘的弹性抵抗矩，圆形截面为

$$W_0 = \frac{\pi d}{32}[d^2 + 2(\alpha_E - 1)\rho_g d_0^2] \tag{3-38}$$

式中，d_0 为扣除保护层的桩直径；α_E 为钢筋弹性模量与混凝土弹性模量的比值。

【例 3-2】 某预制圆桩桩径为 500 mm，桩长 11 m，桩周土层为均匀密实中砂层，土体比例系数 $m=10\ \mathrm{MN/m^4}$，$E_c=2.6\times10^4$ MPa。桩顶作用水平力 $H_0=100$ kN，$M_0=200$ kN·m，若桩的配筋量足：①判断该桩是否为柔性桩；②桩顶约束按固接考虑，求最大弯矩和水平受荷桩承载力。

【解】 ①桩的计算宽度：

$$b_1=0.9\times(1.5\times0.5+0.5)\approx1.13(\mathrm{m})$$

桩身抗弯刚度：

$$\begin{aligned}EI&=0.85\times E_cI=0.85\times E_c\times\pi d^4/64\\&=0.85\times2.6\times10^7\times3.14\times0.5^4\div64\\&\approx6.78\times10^4(\mathrm{kN\cdot m^2})\end{aligned}$$

则桩的水平变形系数：

$$\alpha=\sqrt[5]{\frac{mb_1}{EI}}=\sqrt[5]{\frac{10\times1.13\times10^3}{6.78\times10^4}}\approx0.7(\mathrm{m^{-1}})$$

$$\alpha h=0.7\times11=7.7\geqslant2.5$$

因此该桩属于柔性桩。

②桩顶按固接考虑，查表 3-14 得 $\nu_x=0.940$，桩顶容许水平位移取 $x_{0a}=10$ mm。

根据式 (3-34)，水平受荷桩承载力特征值：

$$\begin{aligned}R_{ha}&=0.75\frac{\alpha^3EI}{\nu_x}x_{0a}=0.75\times\frac{0.7^3\times6.78\times10^7}{0.94}\times10\times10^{-3}\\&\approx186(\mathrm{kN})>H_0=100(\mathrm{kN})\ (\text{满足要求})\end{aligned}$$

根据式 (3-31)，结合表 3-12，利用 Excel 作出弯矩，如图 3-24 所示，最大弯矩为 275 kN·m，在 z=1.3 m 附近。

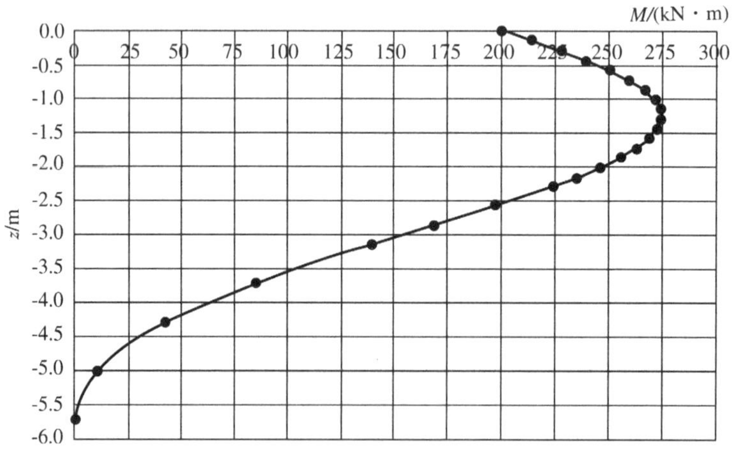

图 3-24 例 3-2 弯矩分布图

3.6 群桩基础

群桩基础下基桩的承载和沉降特性与单桩基础有显著差别，存在群桩效应（pile group effect），而且底承台桩基的承台底面土体也可分担部分荷载，因此，在设计时须综合这些因素来确定群桩基础的承载能力。

3.6.1 群桩效应

图 3-25 所示为摩擦型桩组成群桩基础的荷载传递示意图，可假想桩侧摩阻力在土层中引起的附加应力按某一扩散角沿桩长向下传递至桩端平面处，桩端平面处压力分布特征如图 3-25 中阴影部分所示。当桩间距 s_a较大时，各基桩传来的压力在桩端平面处互不重叠[图 3-25（a)]；当桩间距较小时，各桩传来的压力在桩端平面处相互重叠［图 3-25（b)]。与不重叠的情形相比，重叠将导致桩端平面处地基土体受荷更大，发生的压缩变形也更大。

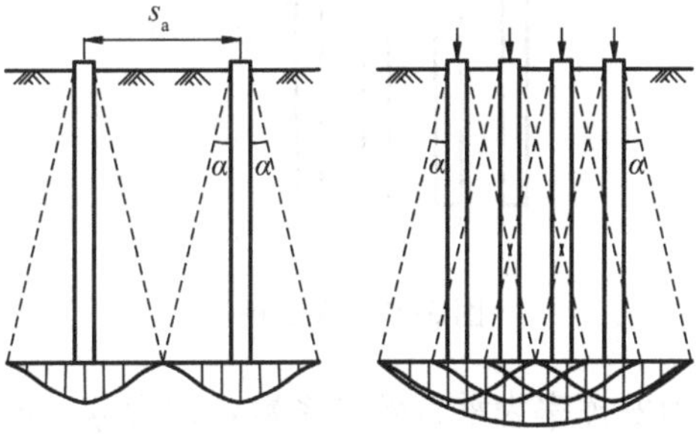

图 3-25 摩擦型群桩桩端平面上的压力分布

基桩桩顶荷载无论是以桩侧摩阻力还是以桩端阻力的方式传递，最终承受荷载的还是桩端平面的岩土，受荷载影响的桩端岩土面积及其地基承载力决定了群桩的承载能力。因此，对于桩端受力面积重叠的群桩，在相同的允许沉降下，其基桩承载力总和应小于各基桩按单桩确定的承载力之和，我们将这种现象称为群桩效应。因此，在一定面积地基范围内设置群桩时，群桩基础的承载力不会随基桩数量的增加而一直增加。

对于端承型桩组成的群桩基础，桩侧摩阻力不发挥或者发挥程度低，桩顶荷载基本通过桩身直接传到桩端平面地层，各基桩桩端平面地基受压面积彼此互不影响（图 3-26），这种情况下就没有群桩效应，群桩基础的承载力等于各基桩按单桩确定的承载力之和。

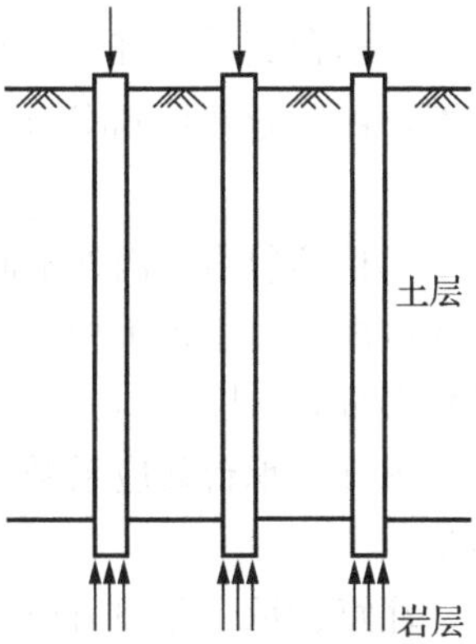

图 3-26 端承型群桩基础

《桩基规》（JGJ 94—1994）在设计中考虑了群桩效应对

群桩基础承载力取值的不利影响。但是工程实践和试验研究结果表明，群桩效应实际上很复杂，前述按桩端承载面积重叠来理解群桩效应，只看到群桩工作时的受力特点，没有考虑群桩施工过程的影响，如群桩基础中的基桩为挤土桩时，桩侧、桩端土体可能因相互挤压而使承载力提高，于是在《桩基规》（JGJ 94—2008）规范中，取消了对群桩效应考虑的规定。但是群桩与单桩的承载性状存在差异，这一点是肯定的，因此对于《桩基规》没有规定的情形应具体问题具体分析。

3.6.2 承台底的地基土抗力

低桩承台摩擦型群桩基础，承台与基桩共同沉降，作用于承台上的荷载由承台下的地基反力和基桩反力共同抵抗，构成复合桩基（图 3-27），因此可考虑计入承台下地基土抗力。

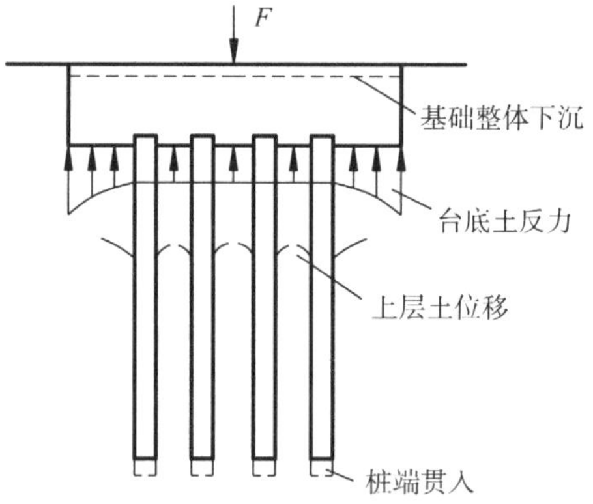

图 3-27 复合桩基

令承台底地基土承载力发挥率为承台效应系数，记为 η_c，η_c 的大小与以下因素有关：

①桩间距 s_a。桩顶受荷载下沉时，桩周土受桩侧剪应力作用而产生沉降，该沉降随桩间距离增大呈自然对数关系减小，显然，桩周土沉降愈小，承台所受地基土反力愈大，因此 s_a 愈大 η_c 愈大。实测表明，当 s_a 超过 $6d$ 时，η_c 不再增大。

②承台宽度与桩长之比 B_c/l。当 B_c/l 较大时，承台土反力形成的压力泡可包围整个桩群，由此导致桩侧阻力、端阻力发挥值降低，承台底土抗力随之加大，因此 B_c/l 愈大 η_c 愈大。

③桩群包络线内外不同。承台土抗力随区位和基桩的排列而变化，承台内区（桩群包络线以内）由于桩土相互影响明显，土的沉降更大，导致内区土反力明显小于外区，即呈马鞍形分布（图 3-27）。

另外，承台效应系数还随荷载的变化呈现复杂变化，该情况过于复杂，这里不再讨论。

注意：承台分担荷载以基桩与桩间土共同沉降为前提，故只有在桩基沉降不会危及建筑物的安全和正常使用，且地基一直能与台底接触时才能利用承台底土抗力。通常情况下，是否考虑利用承台底的地基土抗力要遵循以下规定。

对于符合下列条件之一的桩基，不宜考虑利用承台下土抗力抵抗竖向荷载，即取$\eta_c=0$：

①承受动力作用的基础，如铁路桥梁桩基。

②承台下存在可能产生负摩擦力的地层，如可液化土、湿陷性黄土、欠固结土、新填土、高灵敏度软土等。

③在饱和软土中沉入密集桩群，引起超静孔隙水压力和土体隆起，随着时间推移，桩间土逐渐固结下沉而与承台脱离等。

④端承型桩基。

⑤桩数少于 4 根的摩擦型柱下独立桩基。

对于符合下列条件之一的摩擦型桩基，可考虑承台效应：

①上部结构整体刚度较好、体型简单的建（构）筑物。

②对差异沉降适应性较强的排架结构和柔性构筑物。

③按变刚度调平原则设计的桩基刚度相对弱化区。

④软土地基的减沉复合疏桩基础。

《桩基规》规定，摩擦型低承台桩基群桩基础的承台效应系数 η_c 按表 3-15 确定。

表 3-15　承台效应系数 η_c

B_c/l	s_a/d				
	3	4	5	6	>6
≤0.4	0.06～0.08	0.14～0.17	0.22～0.26	0.32～0.38	0.50～0.80
0.4～0.8	0.08～0.10	0.17～0.20	0.26～0.30	0.38～0.44	
>0.8	0.10～0.12	0.20～0.22	0.30～0.34	0.44～0.50	
单排桩条形承台	0.15～0.18	0.25～0.30	0.38～0.45	0.50～0.60	

注：①表中 s_a/d 为桩中心距与桩径之比，B_c/l 为承台宽度与桩长之比。当计算基桩为非正方形排列时，$s_a=\sqrt{A/n}$，A 为承台计算域面积，n 为总桩数。

②对于桩布置于墙下的箱、筏承台，η_c可按单排桩条基取值。

③对于单排桩条形承台，当承台宽度小于 1.5d 时，η_c按非条形承台取值。

④对于采用后注浆灌注桩的承台宜取低值。

⑤对于饱和黏性土中的挤土桩基、软土地基上的桩基承台，η_c宜取低值的 0.8。

3.6.3　群桩基础的复合基桩竖向承载力特征值

承台效应 η_c不为 0 的群桩基础，其基桩与相应面积承台共同承担竖向荷载，构成复合基桩。复合基桩的竖向承载力特征值 R 按以下方法确定。

（1）不考虑地震作用时

$$R=R_a+\eta_c f_{ak}A_c \tag{3-39}$$

式中，f_{ak} 为承台下 1/2 承台宽度且不超过 5 m 深度范围内各层土的地基承载力特征值按厚度加权的平均值取值；A_c 为计算基桩所对应的承台底净面积。

（2）考虑地震作用时

$$R = R_a + \frac{\xi_a}{1.25}\eta_c f_{ak} A_c \tag{3-40}$$

$$A_c = \frac{A - nA_{ps}}{n} \tag{3-41}$$

式中，A_{ps} 为桩身截面面积；ξ_a 为承台效应系数地基抗震承载力调整系数，应按《建筑抗震设计规范》（2016 年版）（GB 50011—2010）取值；A_c 为承台计算域面积。对于柱下独立桩基，A 为承台总面积；对于桩筏基础，A 为柱、墙筏板的 1/2 跨距和悬臂边 2.5 倍筏板厚度所围成的面积。

3.6.4 群桩沉降计算方法

假定桩群为一实体深基础，先按与浅基础相同的计算方法和步骤计算桩端平面以下由实体深基础附加应力引起的地基沉降量 s'，其中，实体深基础等效作用面积为桩承台底面投影面积。计算过程中各土层的压缩模量，按实际的自重应力和附加应力由 e-p 曲线确定。然后引入桩基沉降计算经验系数 ψ 和桩基等效沉降系数 ψ_e 对沉降计算结果加以修正，以体现其作为深基础的特点，即

$$s = \psi_e \psi s' \tag{3-42}$$

式中，s 为桩基最终沉降量；s' 为按分层总和法计算的实体深基础沉降量，沉降量计算深度 z_n按应力比法确定；ψ 为桩基沉降计算经验系数，无当地经验时，一般桩基可按表 3-16 取值：

表 3-16　桩基沉降计算经验系数

E_s/MPa	≤10	15	20	35	≥50
ψ_e	1.2	0.9	0.65	0.5	0.4

ψ_e 为桩基等效沉降系数，计算如下：

$$\psi_e = C_0 + \frac{n_b - 1}{C_1(n_b - 1) + C_2} \tag{3-43}$$

式中，n_b 为矩形布桩时的短边布桩数；C_0 、C_1 、C_2 分别为根据群桩距径比 s_a/d 、长径比 l/d 及基础长宽比 L_c/B_c 确定的系数，此处略，详见《桩基规》。

这里解释一下系数 ψ_e 的内涵。浅基础的分层总和法采用弹性半空间表面荷载下 Boussinesq 应力解计算地基附加应力，理论上不适用于深基础作用下地基应力的计算，深基础的地基应力须以半无限弹性体内部集中力作用下的 Mindlin 解答计算附加应力。《桩基规》按相同的地基基础条件，分别采用 Mindlin 解和 Boussinesq 应力解计算基础沉降量，取二者之比为等效沉降系数 ψ_e，经对大量计算结果进行回归分析，得到式（3-43）。因此式（3-42）中，系数 ψ 代表了计算沉降与实测沉降之间的修正，系数 ψ_e 代表了两种计算方法之间差异的修正，不可混为一谈。

以上介绍的是《桩基规》对桩基础沉降计算的规定，应该清醒地认识到，基础工程学科发展近百年来，沉降计算问题始终未得到很好的解决，依据《桩基规》开展的桩基沉降计算，其结果在大多数情况下并不准确，还需在实践中积累修正经验。

3.7 桩基础方案设计

桩基础设计包括方案设计和计算（含验算）两个步骤，一般首先通过方案设计确定桩型，拟定桩与承台的材料和几何参数范围，然后通过承载力计算确定桩基础的具体材料和尺寸，再通过验算确定桩基变形、稳定性、耐久性等各项指标是否满足安全和经济要求。

本章将桩基础方案设计和计算的内容分两节介绍，但是在实际工作中，方案设计和计算两个步骤是相辅相成的迭代过程，如果计算结果不理想，就需调整设计方案重新计算，如此循环直到满意为止。

3.7.1 桩基础的适用范围

桩基础具有承载力高、稳定性好、沉降量小、便于机械化施工、适应性强等优点，与其他基础形式比较，桩基础的适用范围最广，一般遇到下述情形就需考虑选用桩基方案：

①浅部地层地基承载力低的情形。即使将建筑或桥墩占地范围内地基承载力全部利用起来，也不能提供足够的支撑力，即不能设计为浅基础的情形。

②地基土性特殊，浅部地层易受大气、水、温度变化影响产生膨胀或沉陷的情形。如存在可液化土层、自重湿陷性黄土、膨胀土及季节性冻土等，须将基础底面设置到不受大气和外界环境影响的较深地层中的情形。

③上部结构承受的荷载大而且复杂的情形。如除较大垂直荷载外，还有较大上拉荷载、水平荷载、动力或周期性荷载作用的情形。

④上部结构对沉降敏感或建筑物周边受到大面积地面超载影响的情形。

⑤位于水中或场地地下水位很高的基础，采用明挖基础施工困难的情形。如桥梁、码头、钻采平台、水中光伏、海洋风电等。

3.7.2 桩基础的设计等级

根据建筑规模、功能特征、对差异变形的适应性、场地地基和建筑物体型的复杂性以及由于桩基问题可能造成建筑破坏或影响正常使用的程度，《桩基规》将桩基设计分为表 3-17所列的三个设计等级，并要求进行相应的计算和验算。

表 3-17　建筑桩基设计等级

设计等级	建筑类型
甲级	①重要的建筑 ②30 层以上或高度超过 100 m 的高层建筑 ③体型复杂且层数相差超过 10 层的高低层（含纯地下室）连体建筑 ④20 层以上框架-核心筒结构及其他对差异沉降有特殊要求的建筑 ⑤场地和地基条件复杂的 7 层以上的一般建筑及坡地、岸边建筑 ⑥对相邻既有工程影响较大的建筑
乙级	除甲级、丙级以外的建筑
丙级	场地和地基条件简单、荷载分布均匀的 7 层及 7 层以下的一般建筑

表 3-17 所示分类中，丙类桩基所包括的范围比较清楚，所谓“场地和地基条件简单”在《岩土工程勘察规范》（2009 年版）（GB 50021—2001）有具体判断方法，而甲类包括的范围并不十分明确，需根据设计等级分类的基本原则在工作中自行判断。

分析表 3-17 所示甲级分类，可归纳出甲级建筑桩基有以下基本特点：

①政治经济意义重大：如大会堂、纪念碑、历史建筑、博物馆等。

②建筑体型复杂：层数相差超过 10 层的高低层（含纯地下室）连体建筑物、20 层以上框架-核心筒结构及其他对于差异沉降有特殊要求的建筑物。前者建筑荷载与刚度分布极为不均；后者有冷藏库、精密生产工艺的多层厂房、液面控制严格的贮液罐体、精密机床和透平设备基础等，两类都对基础沉降要求高。

③建筑荷载复杂：30 层以上或高度超过 100 m 的高层建筑的特点是荷载大、重心高、风载和地震作用水平剪力大，对桩基设计要求高。

④场地和地基条件复杂：如坡地、岩溶、湿陷性黄土、周边有重要的既有建筑等，这类建筑的桩基设计需要考虑的场地和地基因素复杂。

3.7.3　桩基础方案设计的内容

桩基础的方案设计应力求选型恰当、经济合理、安全适用、对环境友好，方案设计计算的内容与步骤如下：

①进行调查研究，收集基本资料。

②根据勘察报告、荷载情况、使用要求、上部结构条件等综合确定基桩的类型和持力层。

③确定桩对材料和构造等的基本要求，根据工程经验初拟单桩截面尺寸、桩长和桩数。

④根据桩的平面布置，初步拟定承台的轮廓尺寸及承台底标高。

⑤通过计算或验算确定桩基承载力、变形等各项指标是否满足安全、经济和环境要求。

⑥根据计算、验算结果调整桩数、桩径和桩长等参数，必要时可调整设计方案重新计算，直到达到技术、经济、环保最优。

⑦提出计算报告，绘制施工图。

⑧图纸审查，必要时需进行设计调整。

⑨现场试桩，确认设计可行性与合理性，必要时应进行设计调整。

3.7.4 基本资料

桩基设计前应充分收集原始资料，以便合理确定设计方案。设计前应收集的基本资料包括：岩土工程勘察文件、建筑场地与环境条件资料、拟建建筑物资料以及施工条件资料。各项基本资料的技术要求如下：

（1）岩土工程勘察报告

①应查明场地各层岩土的主要类型、深度、分布、工程特性和变化规律。

②当采用基岩作为桩的持力层时，应查明基岩的岩性、构造、岩面变化、风化程度、坚硬程度、完整程度和基本质量等级，判定有无洞穴、临空面、破碎岩体或软弱岩层。

③查明水文地质条件，评价地下水对桩基设计和施工的影响，判定水质对建筑材料的腐蚀性。

④查明不良地质作用，可液化土层和特殊性岩土的分布及其对桩基的危害程度，并提出防治建议。

⑤评价各种桩型成桩可能性，论证桩的施工条件及其对环境的影响。

⑥桩基按两类极限状态进行设计所需岩土物理力学参数及原位测试参数。

⑦抗震设防区按设防烈度提供的液化土层资料。

（2）建筑场地与环境条件

①建筑场地现状，包括交通设施、高压架空线、地下管线和地下构筑物的分布。

②相邻建筑物安全等级、基础形式及埋置深度。

③附近类似工程地质条件场地的桩基工程试桩资料和单桩承载力设计参数。

④周围建筑物的防振、防噪声要求。

⑤建筑材料特点，泥浆排放、弃土条件。

⑥建筑物所在地区的抗震设防烈度和建筑场地类别。

（3）建筑物资料

①建筑物的总平面布置图。

②建筑物的结构类型、荷载，建筑物的使用条件和设备对基础竖向及水平位移的要求。

③建筑结构的安全等级。

（4）施工条件资料

①施工机械设备条件，制桩条件，动力条件，施工工艺对地质条件的适应性。

②水、电及有关建筑材料的供应条件。

③施工机械的进出场及现场运行条件。

桩基设计方案是否合理，很大程度上取决于基本资料收集是否完善，因此除了以上资料外，其他任何可供设计比较用的有关桩型及实施的可行性的资料都在收集范围之内。

3.7.5 单桩桩长、桩型选择

桩基设计时，首先应确定单桩的类型与几何参数。单桩桩长、桩型选择是一个复杂的技术工作，需要具备设计、施工综合能力，本节仅简要介绍一些通常需要考虑的因素。

(1) 桩长选择

桩长主要取决于桩端持力层埋深。桩端最好进入坚硬土层或岩层，采用嵌岩桩或端承桩。当坚硬土层埋藏很深时，则采用摩擦桩基，桩端应尽量达到低压缩性、中等强度的土层上。桩端嵌入持力层的深度，对于黏性土、粉土不宜小于 $2d$，砂类土不宜小于 $1.5d$，碎石类土不宜小于 $1d$。当存在软弱下卧层时，桩端以下硬持力层厚度不宜小于 $4d$，嵌岩灌注桩的周边嵌入微风化或中等风化岩层的最小深度不宜小于 0.5 m，以确保桩端与岩体可靠接触。此外，应确保在桩底下 $3d$ 范围内无软弱夹层、断裂带、洞穴和空隙分布，尤其是荷载很大的单桩基础更应如此。当桩端岩层表面起伏不平，需注意在桩端应力扩散范围内无岩体临空面存在，并确保桩端岩体稳定。

(2) 桩型选择

桩型选择涉及桩基的承载能力、施工难度和经济性，一般要考虑以下三方面影响：

①上部结构对桩型的影响：桩型选择应尽量提高荷载传递效率，所选桩能布置在墙、柱、桥墩正下方。对于荷载较小的墙基，可采用单排小直径桩，沿墙下布置；如果荷载较大，则可采用双排小直径桩，沿墙下并排布置或交错布置。对于柱基多采用 2 桩以上小直径桩群桩基础。桥墩往往采用一柱一桩基础，所用基桩直径普遍较大，往往不小于 1 000 mm；桥台底面积较大时可采用群桩基础；大型桥梁的主墩往往采用群桩基础。桩径大小对选择桩型有重要作用：如果选用的是小直径桩，就可以考虑预制桩、沉管灌注桩等桩型；如果是大直径桩，就可以考虑采用钻、挖、冲孔灌注桩。此外，同一建筑物还应尽量避免采用不同类型的桩（如摩擦型桩和端承型桩、挤土桩与非挤土桩，但可用沉降缝分开者除外）。

②建筑场地周边环境对桩型的影响：位于城区的建筑场地选择桩型时，要考虑进出场道路便利、周边居民反映、废渣废液排放的问题。打入桩打桩噪声很大；静压桩的设备重达数百吨，对运输道路条件有要求；泥浆护壁的钻孔灌注桩有泥浆排放，对环境有污染。

③地基条件对桩型的影响：一般当土中存在孤石、大块建筑垃圾时，预制桩将难以穿越；当土层分布很不均匀时，预制桩的长度较难掌握；存在饱和砂土或深厚淤泥的地层，采用人工挖孔桩可能出现流砂、涌土问题；坚硬岩石地层钻进效率低；在深厚砂砾层钻孔容易垮孔；在饱和土地基中采用挤土桩，可能把已经施工的桩挤断或挤移位。

在桩基础设计中，桩型选择是一个很有艺术性的工作，以上只是从技术角度考虑，还有很多其他未提及的技术和非技术因素有时也会成为决定性的因素。如果所选桩型与建筑、结构、场地、地基、周边条件匹配良好，可产生显著的社会效益和经济效益；反之，如果相互不匹配，将严重影响造价、施工进度，甚至影响成桩质量。因此桩型选择需集思广益，认真对待，必要时要经过多轮论证。

桩长及桩型初步确定后，即可根据施工设备能力、基础顶面荷载大小，通过计算确定较为适宜桩身的截面尺寸，并初步拟定承台底面标高，这些尺寸往往需经过多轮试算、验算和调整后才能最终确定。

3.7.6 桩位布置

（1）桩的中心距

基桩间距过大可导致承台弯矩增大，增加造价；间距过小基桩存在群桩效应，导致单桩的承载力不能充分发挥。一般桩的最小中心距应符合表 3-18 的规定。对大面积桩群，尤其是挤土桩，桩最小中心距应按表列数值适当加大。

表 3-18　基桩的最小中心距

<table>
<tr><th colspan="2">土类与成桩工艺</th><th>桩排数≥3，桩根数≥9 的摩擦桩基础</th><th>其他情况</th></tr>
<tr><td colspan="2">非挤土灌注桩</td><td>3.0d</td><td>3.0d</td></tr>
<tr><td rowspan="2">部分挤土桩</td><td>非饱和土、饱和非黏性土</td><td>3.5d</td><td>3.0d</td></tr>
<tr><td>饱和黏性土</td><td>4.0d</td><td>3.5d</td></tr>
<tr><td rowspan="2">挤土桩</td><td>非饱和土、饱和非黏性土</td><td>4.0d</td><td>3.5d</td></tr>
<tr><td>饱和黏性土</td><td>4.5d</td><td>4.0d</td></tr>
<tr><td colspan="2">钻、挖孔扩底灌注桩</td><td>2.0D 或 2.0D₁，（当 D>2 m 时）</td><td>1.5D 或 1.5D₁，（当 D>2 m 时）</td></tr>
<tr><td rowspan="2">沉管夯扩、钻孔挤扩灌注桩</td><td>非饱和土、饱和非黏性土</td><td>2.2D 且 4.0d</td><td>2.0D 且 3.5d</td></tr>
<tr><td>饱和黏性土</td><td>2.5D 且 4.5d</td><td>2.2D 且 4.0d</td></tr>
</table>

注：①d 为圆桩设计直径或方桩设计边长，D 为扩大端设计直径。

②当纵横向桩距不相等时，其最小中心距应满足“其他情况”一栏的规定。

③当为端承桩时，非挤土灌注桩的“其他情况”一栏可减小至 $2.5d$。

（2）桩位的布置

桩在平面内可布置成方形（或长方形）、三角形和梅花形［图 3-28（a）］，条形基础下的桩，可采用单排或双排布置［图 3-28（b）］，也可采用不等距布置。为了使桩基中各桩受力比较均匀，布桩时应尽可能使上部荷载的中心与桩群横截面形心重合或接近。对柱下单独桩基和整片式桩基，布桩时宜外密内疏；对横墙下桩基，可在外纵墙之外布设 1～2 根“探头”桩（图 3-29）。在有门洞的墙下应将桩设置在门洞两侧；梁式或板式基础下的群桩应尽量在柱、墙下布桩，以尽量减少梁板剪力和弯矩。

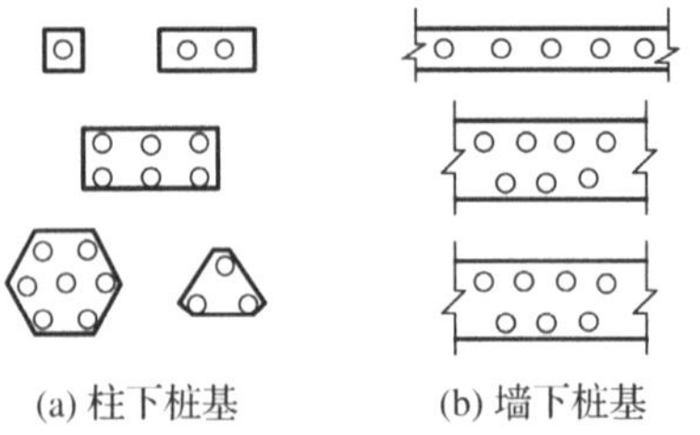

图 3-28　桩的平面布置示例

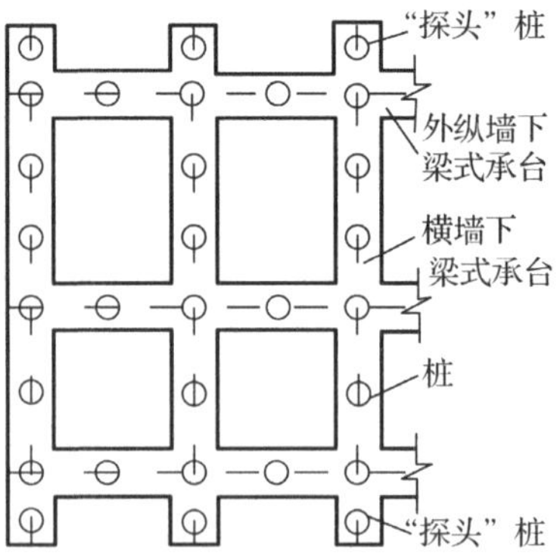

图 3-29　横墙下“探头”桩的布置

3.7.7　桩身构造

（1）灌注桩

灌注桩的混凝土强度等级不得小于 C25，混凝土预制桩尖应≥C30。配筋率 ρ_g一般可取 0.20%～0.65%（小桩径取高值，大桩径取低值），受较大水平荷载的桩以及抗拔桩应通过受力计算确定。水平受荷桩主筋的长度一般可取 $4.0/\alpha$，抗拔桩、端承桩和位于坡地岸边的基桩主筋应通长配置。

承受水平荷载的桩，主筋不应小于 8ф12，抗压和抗拔桩主筋不应小于 6ф10，其净距不应小于 60 mm。箍筋应采用螺旋箍筋，直径不应小于 6 mm，间距宜为 200～300 mm。受较大水平荷载和抗震的基桩，桩顶以下 $5d$ 内箍筋应加密，间距不小于 100 mm；位于液化土层范围内的桩身箍筋应加密；钢筋笼每隔 2 m 左右应设一道直径不小于ф12 的焊接加劲箍筋，作用是避免水平放置和吊装时钢筋笼变形；钢筋笼直径越大，加劲箍筋直径也应越大。主筋的混凝土保护层厚度不应小于 35 mm，水下浇灌混凝土的保护层厚度不应小于 50 mm。对于处于含有酸、氯等介质环境中的桩基，还应根据介质的腐蚀性强弱采取专门的防护措施，以保证桩基的耐久性。

（2）预制桩

与灌注桩相比，由于预制桩在工厂生产，混凝土浇筑、养生条件比现场好，可采用高强度混凝土和预应力钢筋，预制桩的配筋还需要考虑运输过程中的吊装和沉桩过程的受力工况，因此预制桩的混凝土强度等级和配筋率与灌注桩不同。

预制桩的混凝土强度等级不宜低于 C30，预应力混凝土桩的混凝土强度等级不应低于 C40。预制桩的主筋（纵向钢筋）应根据施工方法和承载受力按计算确定，并根据断面的大小及形状选用 4～8 根直径为 14～25 mm 的钢筋。预制桩最小配筋率 ρ_{min}不宜小于 0.8%，静压法沉桩时 ρ_{min}不宜小于 0.6%。箍筋直径可取 6～8 mm，间距≤200 mm，在桩顶和桩尖处应适当加密，如图 3-30 所示。用打入法沉桩时，桩顶以下应设置三层ф6@40～70 mm 的钢筋网，层间距 50 mm。桩尖所有主筋应聚拢焊接在一根圆钢上，或在桩尖处用钢板加强。主筋的混凝土保护层应大于等于 30 mm，桩上需埋设吊环，位置由计算确定。

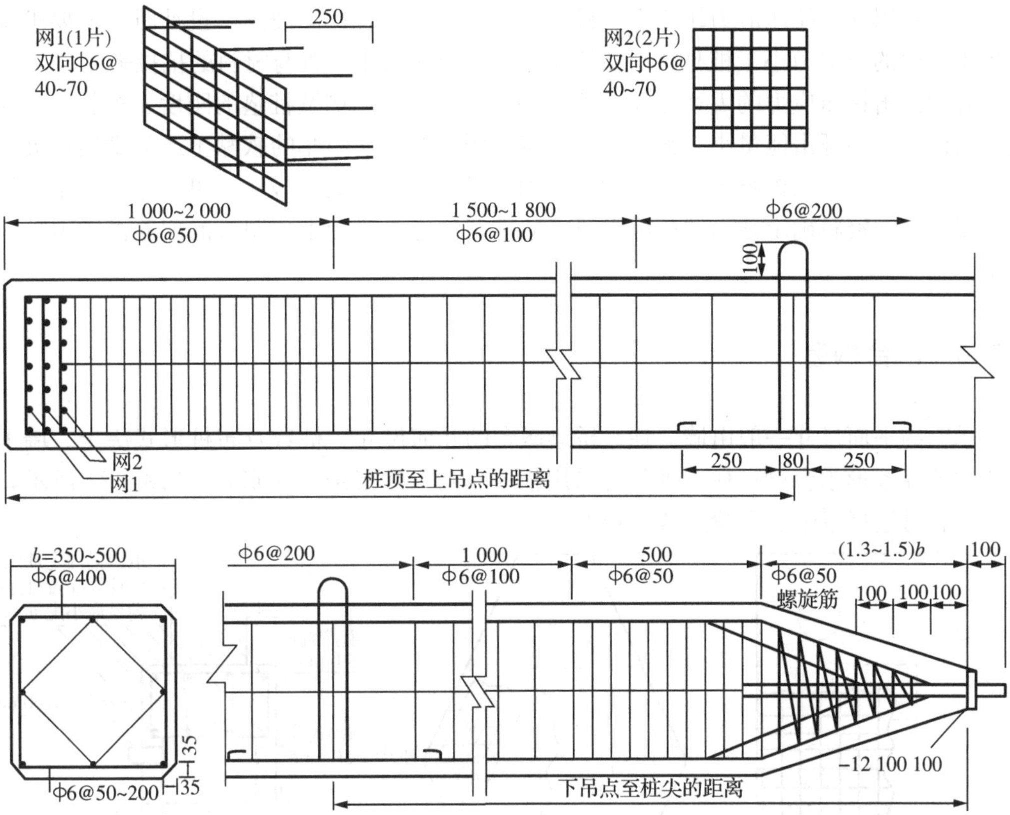

图 3-30　混凝土预制桩（单位：mm）

预制桩除了满足上述要求之外，还应考虑运输、起吊和锤击过程中的各种强度验算。桩在自重作用下产生的弯曲应力与吊点的数量和位置有关。桩长 l 在 20 m 以下者，一般采用双点吊；被打桩架吊立时，采用单点吊。吊点位置应按吊点间的正弯矩和吊点处的负弯矩相等的条件确定，如图 3-31 所示，图中 q 为桩单位长度的重力，K 为考虑在吊运过程中桩可能受到的冲击和振动而取的动力系数，可取 1.3。桩在运输或堆放时的支点应设在吊点处。通常，普通混凝土预制桩的配筋由起吊和吊立工况抗弯计算控制。

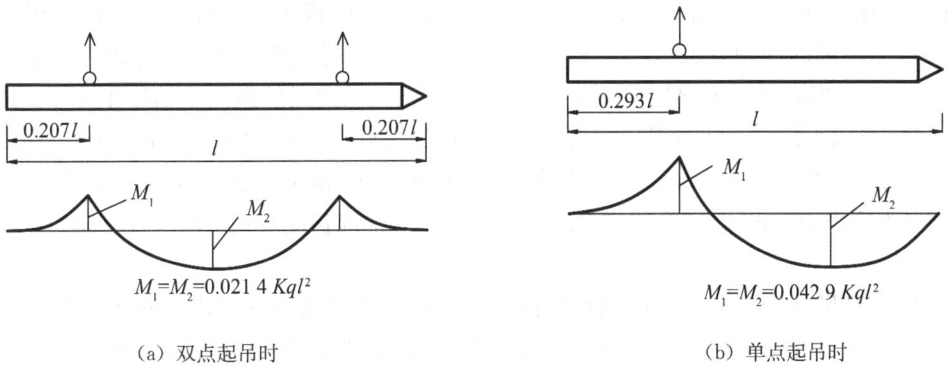

图 3-31　预制桩吊点位置及弯矩

用锤击法沉桩时，冲击产生的应力以压应力波的形式传到桩端，然后又反射回来形成拉力波。在周期性拉压应力作用下，桩身上端可能会出现环向裂缝。设计时一般要求锤击过程中产生的压应力小于桩身材料的抗压强度，拉应力小于桩身材料的抗拉强度。

影响锤击拉压应力的因素主要有锤击能量和频率、锤垫及桩垫的刚度、桩长、桩材及土质条件等。当锤击能量小、频率低时，应采用锤垫；在不厚的软黏土或无密实砂夹层的黏性土中沉桩，以及桩长较小（＜12 m）时，锤击拉压应力比较小，可不考虑锤垫。设计时常根据实测资料确定锤击拉压应力值，通常，预应力混凝土预制桩的配筋由锤击拉应力决定。

3.7.8 承台构造

承台的平面尺寸一般由墙、柱、桥梁墩台的几何尺寸、桩数及布桩形式决定。墙下桩基通常选择条形承台梁；柱下桩基宜采用板式承台（矩形或三角形），如图 3-32 所示，其剖面形状可选择锥形、台阶形或平板形。

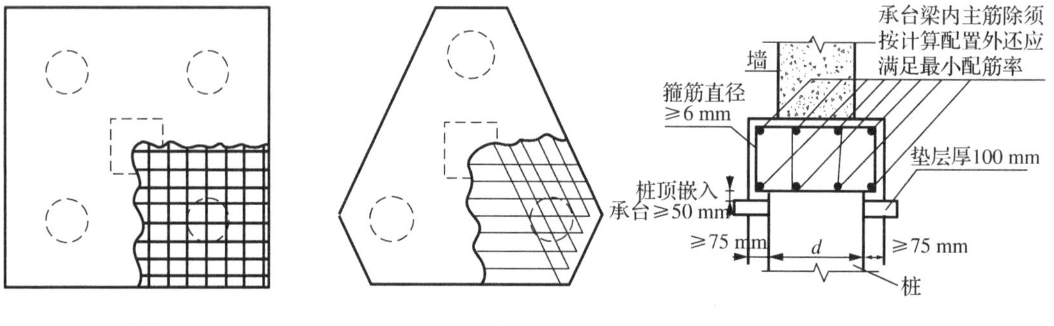

（a）矩形承台　　（b）三角形承台　　（c）墙下承台梁配筋图

图 3-32　柱下独立桩基承台配筋示意

柱下独立桩基承台厚度应大于等于 300 mm，宽度大于等于 500 mm，承台边缘至边桩中心距离不应小于桩的直径或边长，且边缘挑出部分应大于等于 150 mm，对于条形承台梁应大于等于 75 mm。高层建筑平板式和梁板式筏形承台的最小厚度应大于等于 400 mm，墙下布桩的剪力墙结构筏形承台的最小厚度应大于等于 200 mm。

承台的配筋按计算确定：对于矩形承台板，宜双向均匀配置，钢筋直径宜大于等于 12 mm，间距应小于 200 mm；对于三桩承台，应按三向板带均匀配置，里面 3 根钢筋应位于柱截面范围内［图 3-32（b）］相交围成三角形；台底钢筋的混凝土保护层厚度宜大于等于 70 mm，当有混凝土垫层时应大于等于 50 mm。承台梁的纵向主筋应不小于ϕ 12。

条形承台梁的纵向主筋应符合《混凝土结构设计规范》（2015 年版）（GB 50010—2010）关于最小配筋率的规定［图 3-32（c）］，主筋直径不应小于 12 mm，架立筋直径不应小于 10 mm，箍筋直径不应小于 6 mm。承台梁端部纵向受力钢筋的锚固长度及构造应与柱下多桩承台的规定相同。

筏形、箱形承台板的厚度应满足整体刚度、施工条件及防水要求。对于桩布置于墙下或基础梁下的情况，承台板厚度宜大于等于 250 mm，且板厚与计算区段最小跨度之比不宜小于 1/20。承台板的分布构造钢筋可用ϕ 10～12@150～200 mm，考虑到整体弯矩的影响，纵横两个方向的下层钢筋配筋率不宜小于 0.15%，上层钢筋应按计算配筋率全部连通。

为保证桩与承台之间连接的整体性，桩顶应嵌入承台一定长度，对大直径桩不宜小于100 mm；对中等直径桩不宜小于50 mm。混凝土桩的主筋应伸入承台内，其锚固长度不宜小于35倍纵向主筋直径，对于抗拔桩，主筋的锚固长度应按《混凝土结构设计规范》（2015年版）（GB 50010—2010）确定。承台的混凝土强度等级宜大于等于C25。

一柱一桩时，应在桩顶两个主轴方向上设置连系梁，当桩与柱的截面直径之比大于2时，可不设连系梁。两桩桩基的承台，宜在其短向设置连系梁。连系梁顶面宜与承台顶位于同一标高，梁宽应大于等于250 mm，梁高可取承台中心距的1/14～1/10，并配置不小于4 ф 12的钢筋，位于同一轴线上的相邻跨连系梁纵筋应连通。

3.8 桩基础计算

在设计方案初步拟定后，需要通过计算确定一些参数的具体数值或验算初拟参数是否合理可行，本节介绍桩基础计算和验算的内容及其计算方法。

3.8.1 桩基础计算内容

桩基础计算或验算内容包括下列各项：

（1）地基承载力计算

①计算单桩竖向承载力特征值R_a和水平向承载力特征值R_{ha}。

②估算桩数n。

③计算单桩桩顶竖向和水平荷载。

④计算复合基桩竖向和水平承载力特征值。

⑤验算基桩的竖向承载力和水平承载力。

⑥对于抗浮、抗拔桩基，应验算基桩和群桩的抗拔承载力。

⑦对于抗震设防地区的桩基应进行抗震承载力验算。

⑧当桩端平面以下存在软弱下卧层时，应进行软弱下卧层验算。

（2）稳定性计算

对位于坡地、岸边的桩基进行整体稳定性验算。

（3）结构计算

①按混凝土结构对基桩进行配筋计算或结构承载力验算。

②按混凝土结构对承台进行抗冲切、剪切、抗弯和局部承压计算。

③对不允许出现裂缝或需限制裂缝宽度的混凝土桩身和承台进行抗裂或裂缝宽度验算。

④对混凝土预制桩进行吊装、运输和锤击作用下桩身承载力验算，对于钢管桩应进行局部压屈验算。

（4）变形计算

对于设计等级高的基桩，还应进行沉降计算，需计算的情形有下列各项：

①设计等级为甲级的非嵌岩桩和非深厚坚硬持力层的建筑桩基。

②设计等级为乙级的体型复杂、荷载分布显著不均匀或桩端平面以下存在软弱土层的建筑桩基。

③软土地基上的多层建筑减沉复合疏桩基础。

④承受较大水平荷载或对水平变位要求严格的建筑桩基。

3.8.2 桩基设计方法与荷载组合

（1）设计方法

《桩基规》规定，建筑桩基采用以概率理论为基础的极限状态设计法，并按极限状态设计表达式计算，且桩基的极限状态分为两类：

①承载能力极限状态：对应于桩基达到最大承载能力导致整体失稳，或发生不适于继续承载的变形。

②正常使用极限状态：对应于桩基达到建筑物正常使用所规定的变形限值，或达到耐久性要求的某项限值。

（2）作用效应组合与相应的抗力取值

①确定桩数和布桩时，应采用传至承台底面的荷载效应标准组合；相应的抗力应采用基桩或复合基桩承载力特征值。

②计算荷载作用下的桩基沉降和水平位移时，应采用荷载效应准永久组合；计算水平地震作用、风载作用下的桩基水平位移时，应采用水平地震作用、风载效应标准组合。

③验算坡地、岸边建筑桩基的整体稳定性时，应采用荷载效应标准组合；验算抗震设防区建筑桩基的整体稳定性时，应采用地震作用效应和荷载效应的标准组合。

④在计算桩基结构承载力，确定尺寸和配筋时，应采用传至承台顶面的荷载效应基本组合。

⑤当进行承台和桩身裂缝控制验算时，应分别采用荷载效应标准组合和荷载效应准永久组合。

⑥桩基结构安全等级、结构设计使用年限和结构重要性系数 γ_0 应按现行有关建筑结构规范的规定采用，除临时性建筑外，重要性系数 γ_0 应不小于 1.0。

⑦对桩基结构进行抗震验算时，其承载力调整系数 γ_{RE} 应按《建筑抗震设计规范》（2016 年版）（GB 50011—2010）的规定采用。

3.8.3 基桩桩顶作用效应简化计算

桩顶作用效应分为荷载效应和地震作用效应，相应的作用效应基本组合分为荷载效应基本组合和地震效应组合。

（1）桩数估算

有了单桩桩长、桩型和桩径数据后，可以根据勘察所提供的计算参数估算单桩的竖向承载力特征值 R_a 和水平承载力特征值 R_{ha}，然后估定桩数。估算桩数时，先不考虑群桩效应，按桩基为轴心受压计算桩数 n：

$$n \geqslant \frac{F_k + G_k}{R_a} \tag{3-44}$$

偏心受压时，若桩的布置使群桩横截面的重心与荷载合力作用点重合，桩数可按上式确定，否则桩数应增加10%～20%。承受水平荷载的桩基，在确定桩数时还应满足桩的水平承载力要求，可粗略地以各单桩水平承载力之和作为桩基的水平承载力。

(2) 基桩桩顶荷载效应计算

对于一般建筑物和受水平力较小的高大建筑物，当桩基中的基桩桩径相同时，通常可假定：承台是刚性的，各桩刚度相同，x、y 是桩基平面的惯性主轴。按下列公式计算基桩的桩顶作用效应（图3-33）：

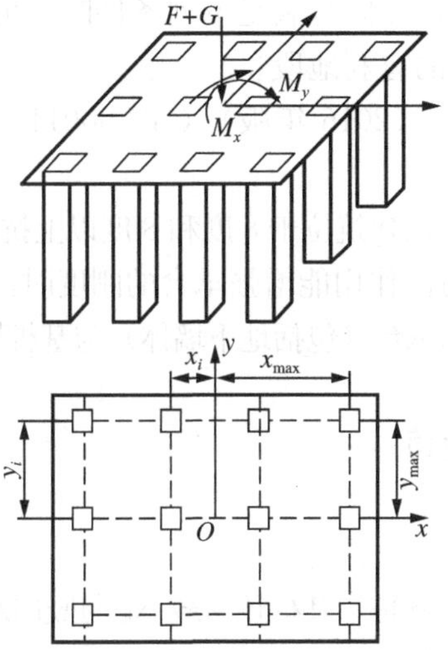

图3-33　桩顶荷载的计算简图

轴心竖向力作用下

$$N_k = \frac{F_k + G_k}{n} \tag{3-45}$$

偏心竖向力作用下

$$N_{ik} = \frac{F_k + G_k}{n} + \frac{M_{xk} y_i}{\sum y_i^2} + \frac{M_{yk} x_i}{\sum x_i^2} \tag{3-46}$$

水平力作用下

$$H_{ik} = H_k / n \tag{3-47}$$

式中，F_k、H_k 分别为荷载效应标准组合下，作用于承台顶面的竖向力和水平力；G_k 为承台及其上土的自重标准值，地下水位以下部分应扣除水的浮力；M_{xk}、M_{yk} 分别为荷载效应标准组合下，作用于承台底面通过桩群形心的 x、y 轴的力矩；i 为基桩编号，$i=1$，2，…，n，n 为桩基中的基桩总数；N_{ik} 为荷载效应标准组合下，第 i 根基桩的桩顶竖向力标准值；x_i、y_i 分别为第 i 根基桩分别至 x、y 轴的距离。

(3) 负摩阻力计算

群桩中任一基桩的下拉荷载标准值 Q_g^n，可取单桩下拉荷载 Q_n 乘以负摩阻力群桩效应系数 η_n，即

$$Q_g^n = \eta_n Q_n \tag{3-48}$$

其中，

$$\eta_n = s_{ax}s_{ay} \Big/ \left[\pi d\left(\frac{q_n}{\gamma_m}\right) + \frac{d}{4} \right] \tag{3-49}$$

式中，s_{ax}、s_{ay} 分别为纵横向桩的中心距，q_n 为中性点以上桩的平均负摩阻力标准值，γ_m 为中性点以上桩周土平均有效重度。

对于单桩基础，可取 $\eta_n = 1$；当按式（3-49）计算的群桩基础 $\eta_n > 1$ 时，取 $\eta_n = 1$。

（4）地震作用效应

经验表明，桩基抗震性能一般比同类结构的天然地基要好，因此，对于抗震设防区主要承受竖向荷载的低承台桩基，在同时满足下列条件时，可不考虑地震作用：

①建筑场地位于建筑抗震的有利地段。

②按《建筑抗震设计规范》（2016 年版）（GB 50011—2010）规定可不进行桩基抗震承载力验算的建筑物。

其他考虑地震作用的桩基，当建筑位于 8 度和 8 度以上抗震设防区，或者当其桩基承台刚度较大或由于上部结构与承台协同作用能增强承台的刚度时，以及其他受较大水平力的桩基，验算桩身内力和位移时，宜考虑承台（包括地下墙体）与基桩协同工作和土的弹性抗力作用。

3.8.4 基桩竖向承载力验算

（1）荷载效应基本组合

承受轴心荷载的基桩或复合基桩，其桩顶荷载 N_k 与竖向承载力特征值 R 应符合下式要求：

$$N_k \leqslant R \tag{3-50}$$

承受偏心荷载的桩基，除应满足式（3-50）要求外，基桩还应满足下式的要求：

$$N_{k\max} \leqslant 1.2R \tag{3-51}$$

式中，N_k、$N_{k\max}$ 分别为荷载效应标准组合下基桩桩顶竖向压力、最大竖向压力。

（2）地震作用效应组合

地震震害调查表明，不论桩周土类别如何，基桩竖向承载力均可提高 25%，故

轴心荷载作用下

$$N_{Ek} \leqslant 1.25R \tag{3-52}$$

偏心荷载作用下，除应满足式（3-52）的要求外，还应满足：

$$N_{Ek\max} \leqslant 1.5R \tag{3-53}$$

式中，N_{Ek}、$N_{Ek\max}$ 分别为地震作用效应和荷载效应标准组合下基桩桩顶竖向压力、最大竖向压力。

（3）含负摩阻力组合

当考虑桩侧负摩阻力，验算基桩竖向承载力特征值 R 时，对于摩擦型基桩取桩身计算中性点以上侧阻力为零，按下式验算基桩承载力：

$$N_k \leqslant R \tag{3-54}$$

对端承型基桩除应满足式（3-54）要求外，尚应计入下拉荷载 Q_g^n，按下式验算基桩承载力：

$$N_k + Q_g^n \leqslant R \tag{3-55}$$

当土层不均匀和建筑物对不均匀沉降较敏感时，尚应将负摩阻力引起的下拉荷载计入附加荷载验算桩基沉降。

(4) 竖向抗拔承载力

承受拔力的桩，群桩呈非整体破坏时应按以下公式验算基桩的抗拔承载力：

$$N_k \leqslant \frac{T_{uk}}{2} + G_p \tag{3-56}$$

式中，N_k 为荷载效应标准组合下，基桩桩顶的上拔力；G_p 为基桩自重标准值，地下水位以下取有效重度。

群桩呈整体破坏时应按以下公式验算基桩的抗拔承载力：

$$N_k \leqslant \frac{T_{gk}}{2} + G_{gp} \tag{3-57}$$

式中，G_{gp} 为群桩基础所包围体积的桩土总自重标准值除以总桩数，地下水位以下取有效重度；T_{gk} 为群桩呈整体破坏时基桩的抗拔极限承载力标准值。

$$T_{gk} = \frac{1}{n} u_l \sum \lambda_i q_{sik} l_i \tag{3-58}$$

式中，u_l 为群桩外围桩身周长。

此外，还应按《混凝土结构设计规范》(2015 年版)(GB 50010—2010) 验算桩身的抗拉承载力，并按规定进行裂缝宽度或抗裂性验算。

3.8.5 桩基水平承载力验算

对于受水平力的竖直桩，基桩的桩顶水平荷载值 H_{ik} 满足：

$$H_{ik} \leqslant R_h \tag{3-59}$$

式中，R_h 为单桩基础或群桩中基桩的水平承载力特征值，对于单桩基础可取单桩的水平承载力特征值 R_{ha} 。

3.8.6 桩基软弱下卧层承载力验算

对于桩间距不超过 $6d$ 的群桩基础，桩端持力层下存在地基承载力低于桩端持力层承载力 1/3 的软弱下卧层时，应进行下卧层的承载力验算(图 3-34)。验算可视群桩为实体基础，要求：

$$\sigma_z + \gamma_m z \leqslant f_{az} \tag{3-60}$$

$$\sigma_z = \frac{F_k + G_k - \frac{3}{4}(2a_0 + 2b_0)\sum q_{sik} l_i}{(a_0 + 2t\tan\theta)(b_0 + 2t\tan\theta)} \tag{3-61}$$

式中，σ_z 为作用于软弱下卧层顶面的附加应力；γ_m 为软弱层顶面以上各土层重度加权平均值；z 为地面至软弱层顶面的深度；t 为桩端平面至软弱层顶面的深度；f_{az} 为软弱下卧层经深度修正的地基承载力特征值；a_0、b_0 分别为桩群外围桩边包络线内矩形面积的长、短边长；θ 为桩端持力层的压力扩散角，按表 2-14 取值。

式（3-61）中分子的第 3 项表征实体基础外表面总极限侧阻力，将极限值转换为能与前 2 项作加减运算的标准值需除以安全系数 2，即乘 1/2。但考虑到实体基础外表面侧阻力的发挥程度比软弱下卧层地基承载力更高，因此乘 3/4。

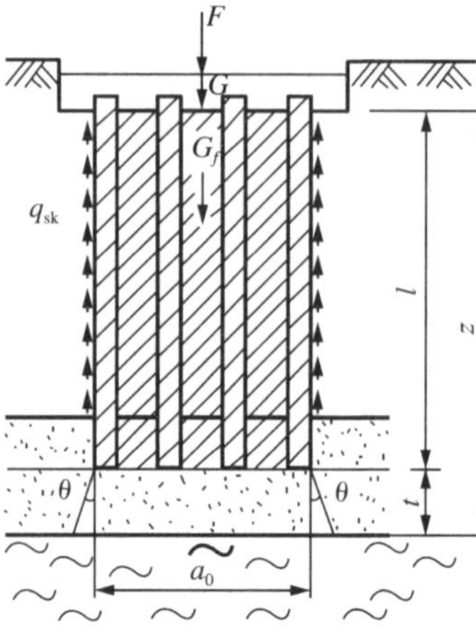

图 3-34　软弱下卧层承载力验算

3.8.7　承台的配筋计算

桩基承台的作用是把各桩桩顶联结成一个整体，将上部结构、桥梁墩台的荷载分配到各桩，然后通过桩传至地基；考虑承台效应时，承台也可将一部分荷载传至地基。承台所起的作用与扩展基础类似，差异在于扩展基础底部全部是地基土，而承台底部除了地基土还有桩，而且桩承担主要荷载。因此，承台的计算基本内容和原理与扩展基础相似：都是按抗弯承载力对承台进行配筋；按抗冲切、抗剪切确定或验算其高度；当承台混凝土强度等级低于柱的强度等级时，也应验算柱承台局部受压承载力。

试验研究表明，柱下承台在配筋不足的情况下将产生弯曲破坏，其破坏特征呈梁式破坏，因此《桩基规》规定的常用形状承台弯矩的计算方法如下（图 3-35）：

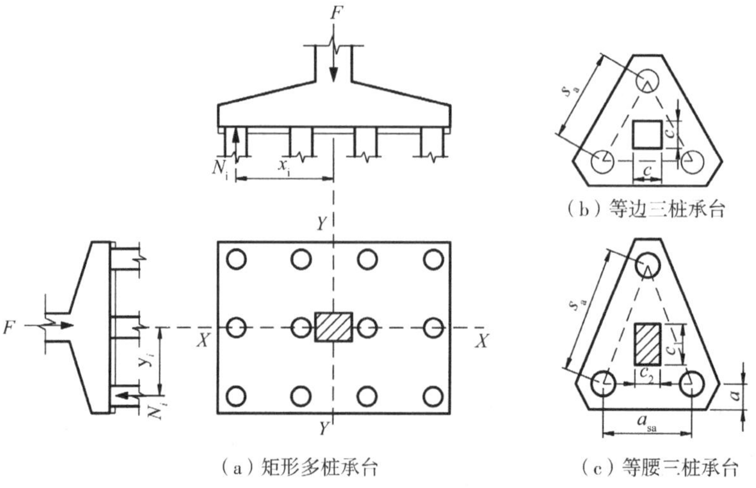

图 3-35　承台弯矩计算示意图

(1) 矩形多桩承台

计算截面取在柱边和承台变阶处，承台弯矩可按下列公式计算：

$$M_x = \sum N_i y_i \tag{3-62}$$

$$M_y = \sum N_i x_i \tag{3-63}$$

式中，M_x 、M_y 为分别绕 x 轴和绕 y 轴方向计算截面处的弯矩设计值；x_i 、y_i 分别为垂直 y 轴和 x 轴方向自桩轴线到相应计算截面的距离；N_i 为不计承台及其上土重，在荷载效应基本组合下的第 i 基桩或复合基桩竖向反力设计值。

(2) 三桩承台

等边三桩承台弯矩可按下式计算：

$$M = \frac{N_{\max}}{3}\left(s_a - \frac{\sqrt{3}}{4}c\right) \tag{3-64}$$

式中，M 为通过承台形心至各边边缘正交截面范围内板带的弯矩设计值；$N_{\max}$ 为不计承台及其上土重，在荷载效应基本组合下三桩中最大基桩或复合基桩竖向反力设计值；s_a 为桩中心距；c 为方柱边长，圆柱时 $c = 0.8d$（d 为圆柱直径）。

等腰三桩承台弯矩可按下式计算：

$$M_1 = \frac{N_{\max}}{3}\left(s_a - \frac{0.75}{\sqrt{4-\alpha^2}}c_1\right) \tag{3-65}$$

$$M_2 = \frac{N_{\max}}{3}\left(\alpha s_a - \frac{0.75}{\sqrt{4-\alpha^2}}c_2\right) \tag{3-66}$$

式中，M_1 、M_2 分别为通过承台形心至两腰边缘和底边边缘正交截面范围内板带的弯矩设计值；s_a 为长向桩中心距；α 为短向桩中心距与长向桩中心距之比，当 α 小于 0.5 时，应按变截面的二桩承台设计；c_1 、c_2 分别为垂直于、平行于承台底边的柱截面边长。

(3) 柱下或墙下条形桩基承台梁

柱下或墙下条形桩基承台梁可按弹性地基梁进行分析，基桩视为弹性支座，地基模型应根据地基土层的特性选取。通常可采用文克尔假定，将土和基桩视为弹簧支承，其刚度系数可由静载荷试验的 Q-s 曲线确定，具体计算可参见有关文献。当桩端持力层较硬且桩轴线不重合时，可视桩为不动支座，按连续梁计算。

3.8.8 承台冲切验算

与扩展基础类似，承台有效高度不足时将产生冲切破坏。破坏方式有柱（墙）、承台台阶向下冲切和单个基桩向上冲切两种。如图 3-36 所示，柱（墙）、承台台阶向下冲切的破坏锥体为自柱（墙）边、承台变阶处至承台底面的锥体，锥体斜面与承台底面的夹角不应小于 45°，单个基桩向上冲切的破坏锥体为自桩边缘处至承台顶面的 45°夹角锥体。

(1) 受柱（墙）冲切验算

承台抗冲切承载力与冲切锥角有关，可用冲跨比 λ 表达，柱墙下承台冲切验算公式的基本形式为

$$F_l \leqslant \beta_{hp}\beta_0 f_t u_m h_0 \tag{3-67}$$

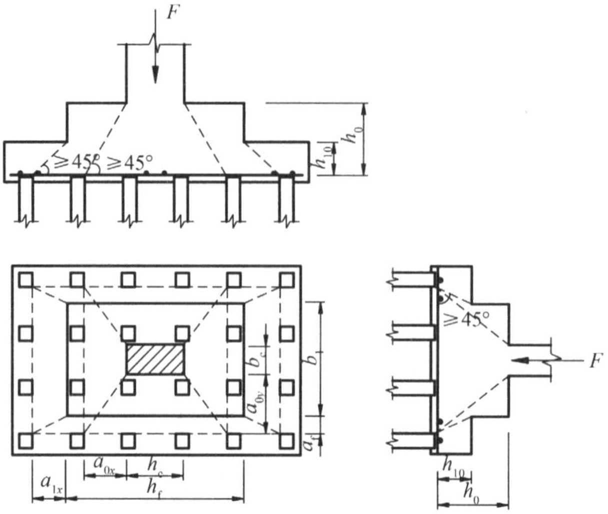

图 3-36　柱下承台的冲切

$$F_l = F - \sum N_i \tag{3-68}$$

$$\beta_0 = \frac{0.84}{\lambda + 0.2} \tag{3-69}$$

式中，F_l 为不计承台及其上土重，在荷载效应基本组合下作用于冲切破坏锥体上的冲切力设计值；β_{hp} 为受冲切承载力截面高度影响系数，当 $h \leqslant 800$ mm 时取 1.0，当 $h \geqslant 2\ 000$ mm 时取 0.9，当 $800 < h < 2\ 000$ mm 时按线性内插法取值；f_t 为承台混凝土抗拉强度设计值；h_0 为承台冲切破坏锥体的有效高度；u_m 为承台冲切破坏锥体一半有效高度处的周长；β_0 为冲切系数；λ 为冲跨比，$\lambda = a_0 / h_0$（a_0为冲跨，即柱边或承台变阶处到桩边的水平距离），当 $\lambda < 0.25h_0$时，取 $\lambda = 0.25$；当 $\lambda > 1$ 时，取 $\lambda = 1$；F 为不计承台及其上土重，在荷载效应基本组合作用下柱（墙）底的竖向荷载设计值；$\sum N_i$ 为不计承台及其上土重，在荷载效应基本组合下冲切破坏锥体内各基桩或复合基桩的反力设计值之和。

柱下矩形独立承台在水平面两个方向尺寸不同时（图 3-36），根据尺寸特点，可将式（3-67）中 u_m 和 β_0 计算具体化，得到下式：

$$F_l \leqslant 2[\beta_{0x}(b_c + a_{oy}) + \beta_{0y}(h_c + a_{ox})]\beta_{hp} f_t h_0 \tag{3-70}$$

式中，β_{0x}、β_{0y} 由式（3-69）求得，$\lambda_{0x} = a_{0x}/h_0$，$\lambda_{0y} = a_{0y}/h_0$；$h_c$、$b_c$ 分别为柱截面长、短边尺寸；a_{0x}、a_{0y} 分别为自柱长边或短边到最近桩边的水平距离。

（2）受位于柱（墙）冲切破坏锥体以外的基桩冲切验算

对位于柱（墙）冲切破坏锥体以外的基桩，还应考虑单桩对承台的冲切作用（如图 3-37），四桩及以上可按下式规定计算承台受基桩冲切的承载力，三桩承台另有公式详见规范。

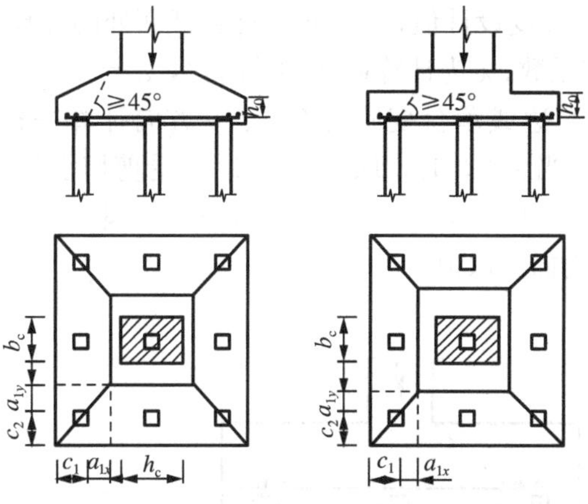

(a) 锥形承台　　　　(b) 阶梯形承台

图 3-37　柱下矩形独立承台受角桩冲切

$$N_l \leqslant 2[\beta_{1x}(c_2+a_{1y})] \tag{3-71}$$

$$N_l \leqslant 2[\beta_{1x}(c_2+a_{1y}/2)+\beta_{1y}(c_1+a_{1x}/2)]\beta_{hp}f_t h_0 \tag{3-72}$$

式中，

$$\beta_{1x}=\frac{0.56}{\lambda_{1x}+0.2} \tag{3-73}$$

$$\beta_{1y}=\frac{0.56}{\lambda_{1y}+0.2} \tag{3-74}$$

式中，N_l 为不计承台及其上土重，在荷载效应基本组合作用下角桩（含复合基桩）反力设计值；β_{1x}、β_{1y} 为角桩冲切系数；a_{1x}、a_{1y} 为从承台底角桩顶内边缘引 45°冲切线与承台顶面相交点至角桩内边缘的水平距离，当柱（墙）边或承台变阶处位于该 45°线以内时，则取由柱（墙）边或承台变阶处与桩内边缘连线为冲切锥体的锥线；h_0 为承台外边缘的有效高度；λ_{1x}、λ_{1y} 为角桩冲跨比，$\lambda_{1x}=a_{1x}/h_0$，$\lambda_{1y}=a_{1y}/h_0$，其值范围均应满足 0.25～1.00 的要求。

3.8.9　承台剪切验算

桩基承台斜截面受剪承载力计算同如一般混凝土结构，但由于桩基承台多属小剪跨比（$\lambda<1.40$）情况，故需将混凝土结构所限制的剪跨比（1.40～3.00）延伸到 0.3 的范围。桩基承台的剪切破坏面为一通过柱（墙）边与桩边连线所形成的斜截面（图 3-38）。当柱（墙）外有多排桩形成多个剪切斜截面时，对每一个斜截面都应进行受剪承载力计算。下面仅介绍柱下等厚度承台的计算，其斜截面受剪承载力可按下列公式计算：

$$V \leqslant \beta_{hs}\alpha f_t b_0 h_0 \tag{3-75}$$

式中，

$$\alpha=\frac{1.75}{\lambda+1} \tag{3-76}$$

$$\beta_{hs}=\left(\frac{800}{h_0}\right)^{\frac{1}{4}} \tag{3-77}$$

式中，V 为不计承台及其上土自重，在荷载效应基本组合下，斜截面的最大剪力设计值；f_t 为混凝土轴心抗拉强度设计值；b_0 为承台计算截面处的计算宽度；h_0 为承台计算截面处的有效高度；α 为剪切系数；λ 为计算截面的剪跨比，$\lambda_x = a_x/h_0$ ，$\lambda_y = a_y/h_0$ ，其中 a_x、a_y（图 3-38）为柱（墙）边或承台变阶处至 x、y 方向计算一排桩的桩边水平距离，当 $\lambda < 0.3$ 时，取 $\lambda = 0.3$，当 $\lambda > 3$ 时，取 $\lambda = 3$；β_{hs} 为受剪切承载力截面高度影响系数，当 $h_0 < 800$ mm 时，取 $h_0 = 800$ mm，当 $h_0 > 2\ 000$ mm 时，取 $h_0 = 2\ 000$ mm，当 800 mm$\leqslant h \leqslant 2\ 000$ mm 时按线性内插法取值。

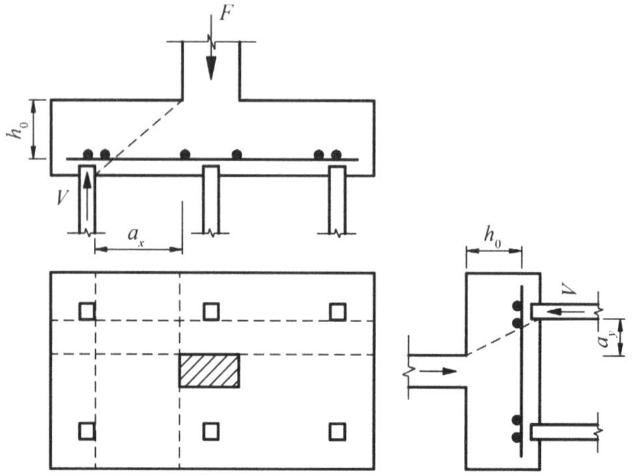

图 3-38　承台斜截面受剪切计算

计算得到承台各截面的内力后，即可按《混凝土结构设计规范》（2015 年版）（GB 50010—2010）规定对承台进行配筋。需要注意的是，上文介绍的《桩基规》规定的计算方法，其对基桩或复合基桩竖向反力设计值取值时均附带有“不计承台及其上土重”，这值得我们思考。第 2 章指出，浅基础采用地基净反力 p_j 计算结构内力，但是对承台并不一定要采用扣除承台及其上土重的“净反力”计算。因为只有能被承台底面土反力处处抵消的承台及其上回填土重才不会在承台中产生剪力和弯矩。对于不考虑承台效应的低承台桩基，在承台底面地基土体发生沉降与承台底面脱开后，承台及其上土重荷载将转移到桩顶；对于高承台桩基，承台浇筑时会支模板，施工完成后拆除模板，由底模承担的承台自重也将转移到基桩桩顶。在这两种情形中，原由地基土或底模支撑的承台自重荷载转由桩顶承受，因此产生桩顶反力增量与承台自重荷载并不共线，自然会在承台内产生弯矩和剪力，因此《桩基规》此处规定的“不计承台及其上土重”并不准确，读者运用上述规定时须有清醒认识。

【例 3-3】 某乙级建筑桩基如图 3-39 所示，柱截面尺寸为 450 mm×600 mm，作用在基础顶面的荷载设计值：$F_k = 2\ 800$ kN，$M_k = 210$ kN·m（作用于长边方向），$H_k = 145$ kN。拟采用截面为 350 mm×350 mm 的预制混凝土方桩，桩长 12 m，已确定基桩竖向承载力特征值 $R_a = 500.0$ kN，水平承载力特征值 $R_{ha} = 45$ kN，承台混凝土强度等级为 C30，配置 HRB400 级钢筋，试设计该桩基础（不考虑承台效应）。

【解】 C30 混凝土，$f_t = 1.43$ MPa，$f_c = 14.3$ MPa；HRB400 级钢筋，$f_y = 360$ MPa。

基桩持力层、桩材、桩型、外形尺寸及单桩承载力设计值均已选定，桩身结构设计从略。

(1) 确定桩数及布桩

初选桩数：

$$n > \frac{F_k}{R_a} = \frac{2\,800}{500} = 5.6$$

暂取 6 根，取桩距 $s_a = 3d = 3 \times 0.35 = 1.05(\mathrm{m})$，按矩形布置如图 3-39 所示。

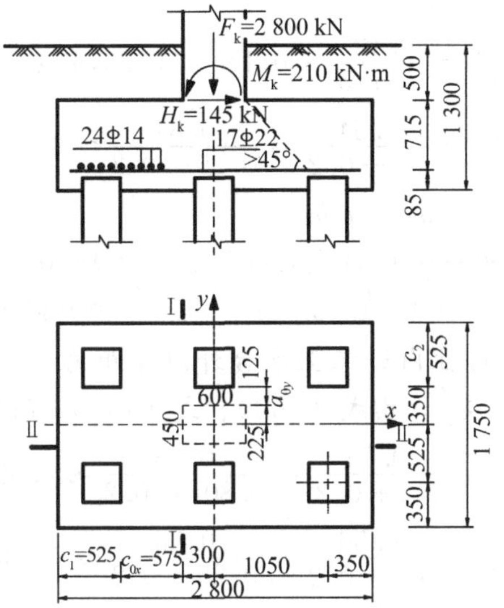

图 3-39　例 3-3 附图

(2) 初选承台尺寸

取承台长边和短边为

$$a = 2 \times (0.35 + 1.05) = 2.8(\mathrm{m})\text{，}b = 2 \times 0.35 + 1.05 = 1.75(\mathrm{m})$$

承台埋深 1.3 m，承台高 0.8 m，桩顶伸入承台 50 mm，钢筋保护层取 35 mm，则承台有效高度为

$$h_0 = 0.8 - 0.050 - 0.035 = 0.715(\mathrm{m})$$

(3) 计算桩顶荷载设计值

取承台及其上土的平均重度 $\gamma_G = 20\ \mathrm{kN/m^3}$，则桩顶平均竖向力值为

$$N_k = \frac{F_k + G_k}{n} = \frac{2\,800 + 20 \times 2.8 \times 1.75 \times 1.3}{6} = 487.9(\mathrm{kN}) < R = 500(\mathrm{kN})$$

$$N_{\min}^{\max} = N_k \pm \frac{(M_k + H_k h)x_{\max}}{\sum x_i^2} = 487.9 \pm \frac{(210 + 145 \times 0.8) \times 1.05}{4 \times 1.05^2} \approx \begin{cases} 565.5(\mathrm{kN}) < 1.2R = 600(\mathrm{kN}) \\ 410.3(\mathrm{kN}) > 0 \end{cases}$$

满足要求。

基桩水平力设计值：

$$H_{k1} = H_k / n = 145/6 \approx 24.2(\mathrm{kN})$$

其值远小于单桩水平承载力设计值 $R_{ha} = 45\ \mathrm{kN}$，因此无须验算考虑群桩效应的基桩水平承载力设计值（详见《桩基规》)。

(4) 承台受冲切承载力验算

①柱边冲切，按式（3-69）、式（3-70）求得冲跨比λ与冲切系数β：

$$\lambda_{0x}=\frac{a_{0x}}{h_0}=\frac{0.575}{0.715}\approx 0.804(满足\ 0.2\sim 1.0)$$

$$\beta_{0x}=\frac{0.84}{\lambda_{0x}+0.2}=\frac{0.84}{0.804+0.2}\approx 0.837$$

$$\lambda_{0y}=\frac{a_{0y}}{h_0}=\frac{0.125}{0.715}\approx 0.175<0.25,取\ \lambda_{0y}=0.25$$

$$\beta_{0y}=\frac{0.84}{\lambda_{0y}+0.2}=\frac{0.84}{0.25+0.2}\approx 1.867$$

$2[\beta_{0x}(b_c+a_{0y})+\beta_{0y}(h_c+a_{0x})]f_t h_0$

$=2\times[0.837\times(0.450+0.125)+1.867\times(0.600+0.575)]\times 1\ 430\times 0.715$

$\approx 5\ 470(\mathrm{kN})>F_l=2\ 800\times 1.35-0=3\ 780(\mathrm{kN})$(满足要求)

②角桩向上冲切，从角柱内边缘至承台外边缘距离 $c_1=c_2=0.525$ m，$a_{1x}=a_{0x}$，$\lambda_{1x}=\lambda_{0x}$，$a_{1y}=a_{0y}$，$\lambda_{1y}=\lambda_{0y}$，由式（3-71）、式（3-72）可得

$$\beta_{1x}=\frac{0.56}{\lambda_{1x}+0.2}=\frac{0.56}{0.804+0.2}\approx 0.558$$

$$\beta_{1y}=\frac{0.56}{\lambda_{1y}+0.2}=\frac{0.56}{0.25+0.2}\approx 1.244$$

$[\beta_{1x}(c_2+a_{1y}/2)+\beta_{1y}(c_1+a_{1x}/2)]f_t h_0$

$=[0.558\times(0.525+0.125/2)+1.244\times(0.6+0.575/2)]\times 1.0\times 1\ 430\times 0.715$

$\approx 1\ 464.0(\mathrm{kN})>N_l=1.35N_{\mathrm{kmax}}\approx 763.4(\mathrm{kN})$(满足要求)

(5) 承台受剪切承载力计算

根据式（3-76），剪跨比与以上冲跨比相同，故对 I–I 斜截面：

$$\lambda_x=\lambda_{0x}=0.804(介于\ 0.3\sim 1.4\ 之间)$$

故剪切系数 $\alpha=\frac{1.75}{\lambda+1}=\frac{1.75}{0.804+1}\approx 0.97$。

$\beta_{hs}\alpha f_t b_0 h_0=1.0\times 0.97\times 1\ 430\times 1.75\times 0.715\approx 1\ 735.6(\mathrm{kN})>V=2\times 1.35N_{\mathrm{kmax}}$

$=2\times 1.35\times 565.5\approx 1\ 526.9(\mathrm{kN})$

II–II 斜截面λ按 0.3 计，其受剪切承载力更大，故验算从略。

(6) 承台受弯承载力计算

由式（3-62）得

$$M_x=\sum N_i y_i=3\times 1.35\times 487.9\times(0.525-0.450/2)\approx 592.8(\mathrm{kN\cdot m})$$

$$A_s=\frac{M_x}{0.9f_y h_0}=\frac{592.8\times 10^6}{0.9\times 360\times 715}\approx 2\ 558.9(\mathrm{mm})^2$$

选用 237ф12，A_s =2 601 mm²，沿平行 y 轴方向均匀布置。

$$M_y=\sum N_i x_i=2\times 1.35\times 487.9\times(1\ 050-600/2)\approx 988(\mathrm{kN\cdot m})$$

$$A_s=\frac{M_y}{0.9f_y h_0}=\frac{988\times 10^6}{0.9\times 360\times 715}\approx 4\ 264.9(\mathrm{mm}^2)$$

选用 17ф18，A_s =4 326.5 mm²，沿平行 x 轴方向均匀布置。

思考题

3-1　简述桩基础的适用场合及设计原则。

3-2　分别根据桩的承载性状和桩的施工方法对桩进行分类。

3-3　简述单桩在竖向荷载下的工作性能以及其破坏性状。

3-4　什么叫负摩阻力、中性点？如何确定中性点的位置及负摩阻力的大小？

3-5　何谓单桩竖向承载力特征值？其与标准值、设计值有何异同？

3-6　何谓群桩效应？如何验算桩基竖向承载力？

3-7　单桩水平承载力与哪些因素有关？设计时如何确定？

3-8　在工程实践中如何选择桩的直径、桩长以及桩的类型？

3-9　如何确定承台的平面尺寸及厚度？设计时应进行哪些验算？

习　题

3-1　某预制混凝土方桩，桩截面尺寸为 350 mm×350 mm，桩长 10 m，桩身混凝土强度等级 C30，主筋为 8 根 C14，各土层分布情况如图 3-40 所示，试确定该基桩的单桩竖向抗压承载力设计值、竖向抗压极限承载力 Q_{uk} 和竖向承载力特征值 R_a 。

3-2　某单桩基础桩径 d=0.5 m，旋转钻施工，地质剖面如图 3-41 所示，试求该桩受到的下拉荷载值。

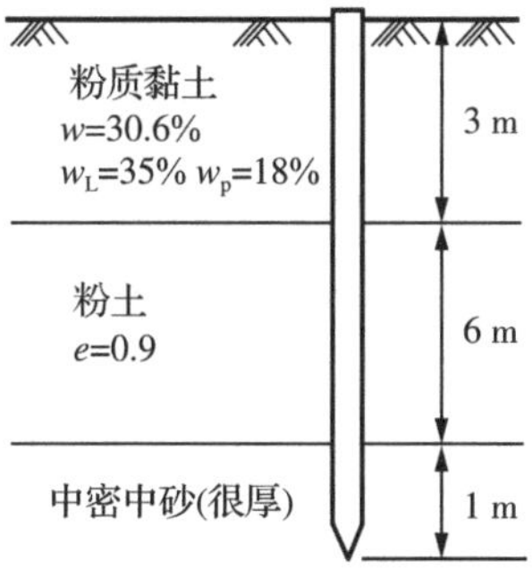

图 3-40　习题 3-1 附图

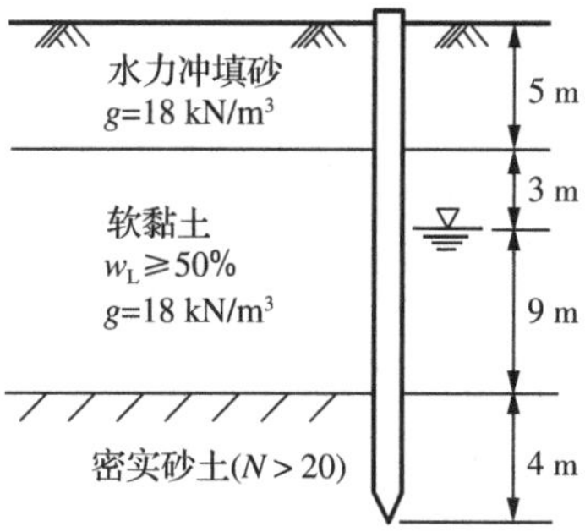

图 3-41　习题 3-2 附图

3-3　某工程一群桩基础中桩的布置及承台尺寸如图 3-42 所示，其中桩采用 d=500 mm的钢筋混凝土预制桩，桩长 12 m，承台埋深 1.2 m。土层分布第一层为 3 m 厚的填土，第二层为 4 m 厚的可塑状态黏性土，其下为很厚的中密中砂层。上部结构传至承台的轴心荷载设计值为 F=5 400 kN，弯矩 M=1 200 kN·m，试验算该桩基础是否满足设计要求。

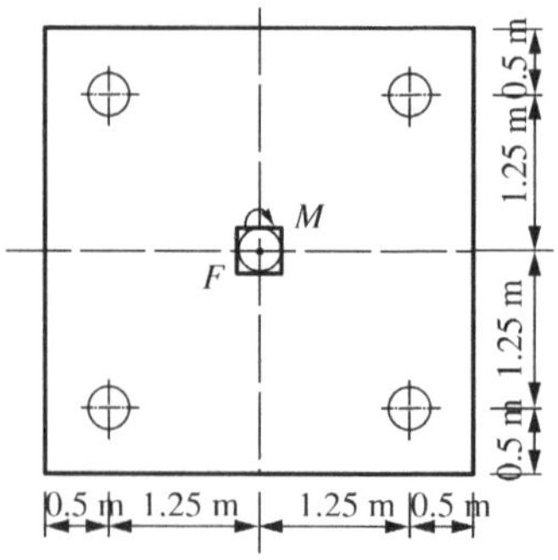

图 3-42 习题 3-3 附图

3-4 某场地土层分布情况：第一层为填土，厚 1.0 m；第二层为淤泥，厚 6.5 m；第三层为粉质黏土，$I_L = 0.25$，厚度较大。现需设计一框架内柱的预制桩 3 桩群桩基础。柱尺寸 400 mm×400 mm，柱底在地面处的竖向荷载设计值为 F =1 700 kN，弯矩为 M = 180 kN·m，水平荷载 H =100 kN，试设计该桩基础。

第 4 章　沉井基础
Caisson Foundation

本章学习目标

了解沉井的概念、作用、适用条件及主要施工方法；
熟悉沉井的常用类型和基本构造；
掌握沉井的设计内容与验算思路，尤其是作为永久整体深基础（刚性桩）的计算方法；
了解沉井作为临时支挡结构的受力特点、刃脚等计算与验算位置。

4.1　概　述

浅基础埋深较浅，其所受竖向荷载靠基础底面地层承载，其所受水平荷载依靠基础底面摩擦力承受。若基础埋深较大，且需利用基础侧面土体抵抗基础顶部传来荷载，就属于深基础。除了桩基础，深基础还包括沉井基础、地下连续墙基础（diaphragm wall foundation）、墩基础（pier foundation）等形式，图 4-1 所示为沉井基础。沉井是井筒状的结构物，它是以井内挖土，依靠自身重力克服井壁摩阻力后下沉到设计标高，然后经过混凝土封底并填塞井孔，使其成为结构物的基础。与其他基础相比，以下两个特点是沉井独有的：①它的井筒是预制结构，施工时是挡土和挡水围堰结构，可维持井孔边壁稳定性；②它的井筒是建成后基础的主要承重构件。沉井的施工方法和结构特点与利用护壁挡土的人工挖孔桩有相似之处，但人工挖孔桩是现浇混凝土护壁，不能连续施工；施工中的混凝

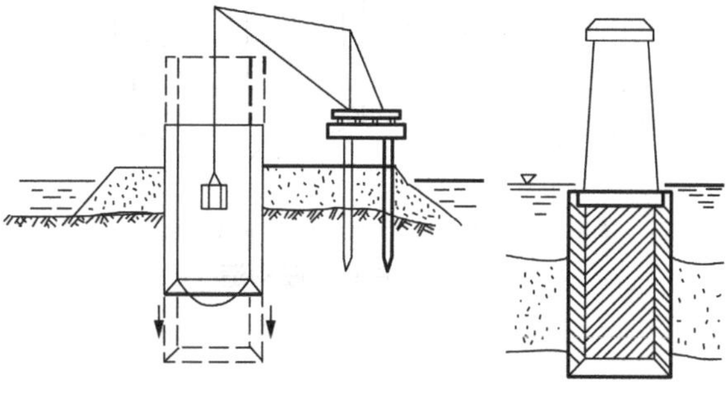

(a) 沉井下沉　　(b) 沉井基础

图 4-1　沉井基础示意

土护壁作用是支护，不考虑用于建成后承重。

沉井作为基础，具有整体性强、稳定性好、能承受较大的垂直和水平荷载的优点，还可设计成补偿性基础（自重小于原土体重量的基础），施工时作为挡土和挡水围堰结构，工艺简便，因此，在施工场地受限以及单体基础尺寸很大的工程中应用较为广泛。

沉井基础多适用于以下场景：

①沉井的井筒可用于实现建筑功能的。如泵房、水池、油库等建筑的地下储水、储油结构与沉井井筒结构形式接近，沉井既可做基础又可作为功能结构。

②结构平面尺寸、竖向和水平荷载都很大的。沉井需井内除土，因此平面尺寸较大，重心稳定性好，适合作为平面尺寸、竖向和水平荷载都很大的建筑或桥梁的基础。

③可设计为浅基础，但因河流冲刷大导致基础埋深较大的，或河水较深施工围堰有困难的。

④可设计为桩基础，但河床有较大卵石不便桩基施工的。

沉井基础在土木工程各行业都有应用，如桥梁、地下泵房、水池、油库、矿用竖井、大型设备基础等，但各行业中，只有《公路桥涵地基与基础设计规范》（JTG 3363—2019）对沉井基础设计做了比较详细的规定，本书主要结合该规范介绍沉井构造和设计计算方法。

4.2 沉井的构造与分类

4.2.1 沉井的构造

沉井一般由井壁、刃脚、隔墙、井孔、凹槽、封底和顶板等组成（图 4-2）。有时井壁中还预埋射水管等其他部分。

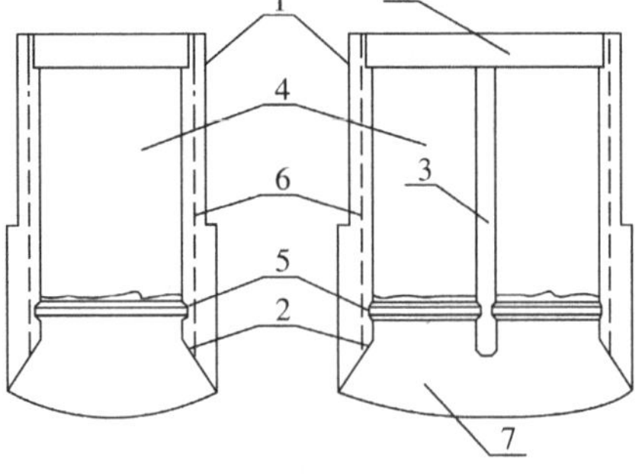

1 –井壁；2 –刃脚；3 –隔墙；4 –井孔；5 –凹槽；6 –射水管组；7 –封底混凝土；8 –顶板

图 4-2 沉井的一般构造

各组成部分的作用如下：

①井壁：沉井的外壁，是沉井的主体部分，其作用是在沉井下沉过程中挡土、挡水及利用本身自重克服土与井壁间摩阻力下沉，沉井施工完毕后，作为传递上部荷载的基础或基础的一部分。因此，井壁必须具有足够的强度和一定的厚度，并根据施工过程中的受力情况配置竖向及水平向钢筋。壁厚一般为 0.8～2.2 m，最薄不宜小于 0.4 m，混凝土强度等级不低于 C25。

②刃脚：井壁下端形如楔状部分称为刃脚（cutting edge），其作用是利于沉井切土下沉。刃脚底面（踏面）宽度一般为 0.1～0.2 m，软土可适当放宽。若下沉深度大，土质较硬，刃脚底面应以型钢（角钢或槽钢）加强（图 4-3），以防刃脚损坏。刃脚内侧斜面与水平面夹角宜大于等于 45°，其高度视井壁厚度、是否便于抽除垫木而定，一般大于 1.0 m，混凝土强度等级不低于 C30。

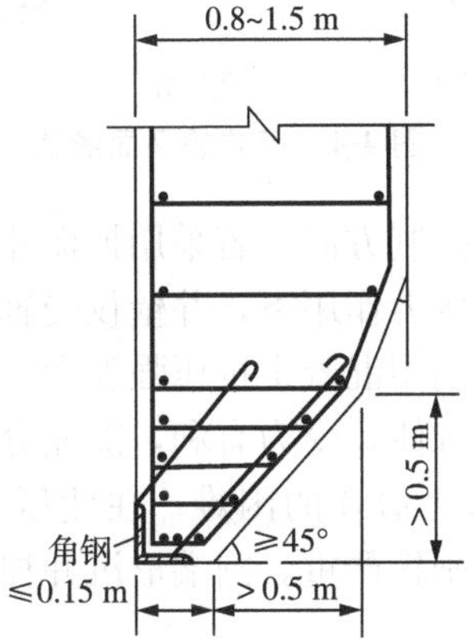

图 4-3　刃脚构造示意

③ 隔墙：沉井的内壁，其作用是将沉井空腔分隔成多个井孔，便于控制挖土下沉，防止或纠正倾斜和偏移，并加强沉井的刚度，减小井壁挠曲应力。隔墙厚度一般小于井壁，约 0.5～1.0 m。隔墙底面应高出刃脚底面 0.5 m 以上，避免被土搁住而妨碍下沉。当人工挖土时，在隔墙下应设置过人孔，以便工作人员于井孔间往来。

④井孔：挖土排土的工作场所和通道。其尺寸应满足施工要求，最小边长宜大于等于 3 m。井孔应对称布置，以便对称挖土，保证沉井下沉均匀。

⑤凹槽：位于刃脚内侧上方，沉井封底时利于井壁与封底混凝土的良好结合，使封底混凝土底面反力更好地传给井壁。凹槽高约 1.0 m，深度一般为 150～300 mm。

⑥封底：沉井达设计标高进行清基后，应在刃脚踏面以上至凹槽处浇筑混凝土形成封底，以承受地基土和水的反力，防止地下水涌入井内。封底混凝土顶面应高出凹槽不小于 0.5 m，其厚度可由应力验算决定，根据经验也可取不小于井孔最小边长的 1.5 倍。一般混凝土强度等级不低于 C20，井孔内的填充混凝土强度等级不低于 C15。

⑦ 顶板：沉井封底后，若条件允许，为节省圬工量，减轻基础自重，可做成空心沉井基础，或仅填以砂石，此时井顶须设置钢筋混凝土顶板，以承托上部结构的全部荷载。顶板厚度一般为 1.5～2.0 m，钢筋配置由计算确定。

4.2.2 沉井的分类

(1) 按平面形状分

根据沉井的平面形状可分为圆形、矩形和圆端形三种基本类型；按井孔的布置方式，又可分为单孔、双孔及多孔沉井（图 4-4）。

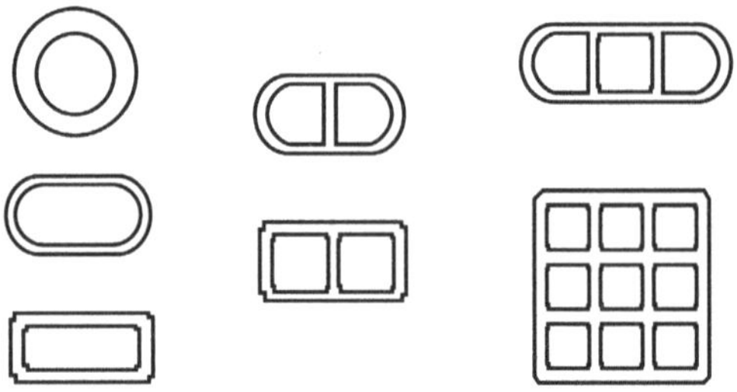

(a) 单孔沉井　(b) 双孔沉井　(c) 多孔沉井

图 4-4　沉井的平面形状

圆形沉井在下沉过程中易于控制方向，若采用抓泥斗挖土，可比其他沉井更能保证其刃脚均匀地支承在土层上，在侧压力作用下，井壁仅受轴向应力作用，即使侧压力分布不均匀，弯曲应力也不大，能充分利用混凝土抗压强度大的特点，多用于斜交桥或水流方向不定的桥墩基础。矩形沉井制造方便，受力有利，能充分利用地基承载力。沉井四角一般为圆角，以减少井壁摩阻力和除土清孔的困难。在侧压力作用下，井壁受较大的挠曲力矩；且流水中阻水系数较大，冲刷较严重。圆端形沉井控制下沉、受力条件、阻水冲刷均较矩形者有利，但施工较为复杂。

对平面尺寸较大的沉井，可在沉井中设隔墙，构成双孔或多孔沉井，以改善井壁受力条件及均匀取土下沉。

(2) 按剖面形状分

根据沉井的剖面形状可分为柱形、阶梯形和锥形沉井（图 4-5）。柱形沉井井壁受力较均衡，下沉过程中不易发生倾斜，接长简单，模板可重复利用，但井壁侧阻力较大，若土体密实，下沉深度较大，易出现上部卡住、下部悬空的问题，造成井壁拉裂，一般多用于入土不深或土质较松软的情况。阶梯形沉井和锥形沉井井壁侧阻力较小，抵抗侧压力性能较合理，但施工较复杂，模板消耗多，沉井下沉过程中易发生倾斜，多用于土质较密实、沉井下沉深度大、自重较小的情况。通常锥形沉井井壁坡度为 1/40～1/20，阶梯形井壁的台阶宽约为 100～200 mm。

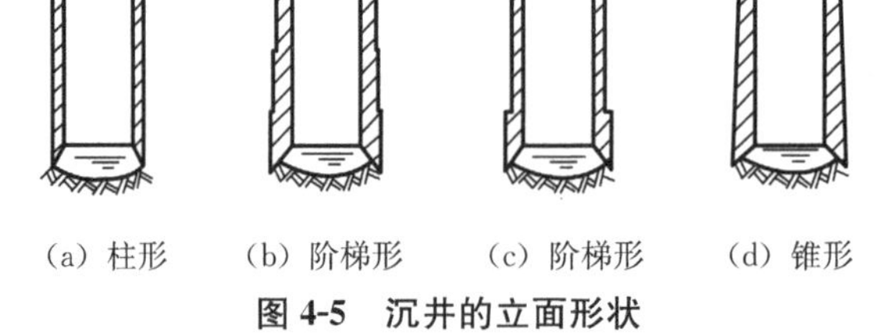

(a) 柱形　(b) 阶梯形　(c) 阶梯形　(d) 锥形

图 4-5　沉井的立面形状

(3) 按井壁材料分

根据井壁材料可将沉井分为混凝土沉井、钢筋混凝土沉井、竹筋混凝土沉井和钢壳混凝土沉井。混凝土沉井因抗压强度高、抗拉强度低，多做成圆形，且仅适用于下沉深度不大（4～7 m）的松软土层。钢筋混凝土沉井抗压抗拉强度高，下沉深度大，可做成重型或薄壁就地制造下沉的沉井，也可做成薄壁浮运沉井及钢丝网水泥沉井等，在工程中应用最广。沉井主要在下沉阶段过程中承受拉力，在钢产量低时曾采用耐久性差而抗拉力好的竹筋代替部分钢筋，做成竹筋混凝土沉井。钢壳混凝土沉井一般是浮运沉井，用钢材制作外壳，浮运就位后在钢壳内灌注混凝土形成。

(4) 按施工方法分

根据施工方法可将沉井分为一般沉井和浮运沉井。一般沉井指直接在基础设计的位置上制造，然后挖土，依靠井壁自重下沉。若基础位于水中，则先人工筑岛，再在岛上筑井下沉。浮运沉井指先在岸边预制，再浮运就位下沉的沉井。浮运沉井通常在无法筑岛或不易筑岛的深水区（如水深大于 10 m），河流水流流速大、有通航要求时采用。

4.2.3 浮运沉井的构造

浮运沉井可分为不带气筒和带气筒两种。不带气筒的浮运沉井多用钢、木、钢丝网水泥等材料制作，薄壁空心，其构造简单、施工方便、节省钢材。适用于水不太深、流速不大、河床较平、冲刷较小的自然条件。为增加水中自浮能力，还可做成带临时性井底的浮运沉井，当浮运就位后，灌水下沉，同时接筑井壁，达河床后，再打开临时性井底，按一般沉井施工。若水深流急、沉井较大时，可采用不带气筒的浮运沉井（图 4-6），其主要由双壁的沉井底节、单壁钢壳、钢气筒等组成。双壁钢沉井底节为一可自浮于水中的壳体结构，底节以上井壁为单壁钢壳，用于防水兼作接高时灌注沉井外圈混凝土的模板，钢气筒

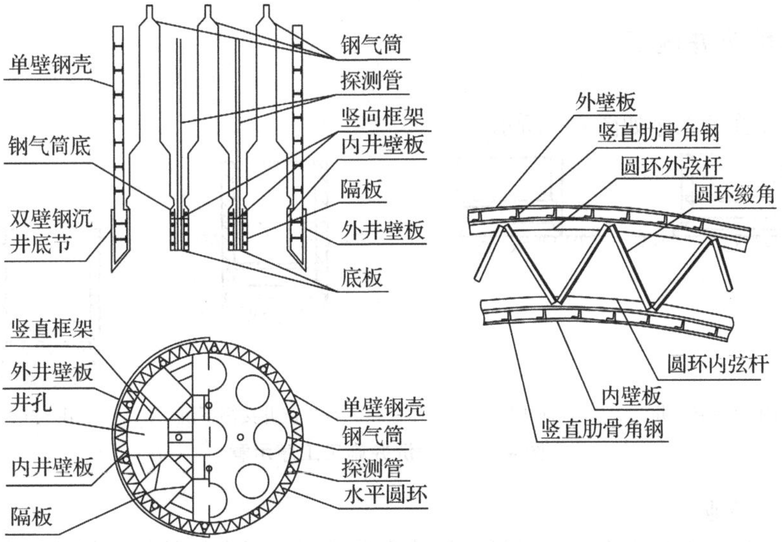

图 4-6　带钢气筒的浮运沉井

为沉井提供浮力，并可通过充放气调节沉井的上浮、下沉或校正偏斜，沉井达河床后，切除气筒即为取土井孔。

4.2.4 沉井的轮廓尺寸构造要求

沉井的平面形状常取决于结构物底部的形状。为保证下沉的稳定性，沉井的长短边之比宜小于等于 3。若结构物的长宽比较接近，可采用方形或圆形沉井。沉井顶面尺寸为结构物底部尺寸加襟边宽度。襟边宽度宜大于等于 0.2 m，且大于等于 $H/50$（H 为沉井全高），浮运沉井的大于等于0.4 m，如沉井顶面需设置围堰，其襟边宽度根据围堰构造还需加大。上部结构底边缘应尽可能支承于井壁或顶板支承面上，对井孔内不填充混凝土的空心沉井不允许结构物边缘全部置于井孔位置上，确保上部结构底的荷载能直接传给井壁，避免顶板发生剪切破坏。

沉井的入土深度应根据上部结构、水文地质条件及各土层的承载力等确定。若沉井入土深度较大应分节制造和下沉，每节高度宜小于等于 5 m，底节沉井在松软土层中下沉时，还应小于等于 $0.8B$（B 为沉井宽度）；若底节沉井过高，沉井过重，将给制模、筑岛时岛面处理、抽除垫木下沉等带来困难。

4.3 沉井基础的施工方法

沉井基础施工通常有旱地施工、水中筑岛及浮运沉井三种。施工前应详细了解场地的地质、水文和气象资料，做好河流汛期、河床冲刷、通航及漂流物等的调查研究，应充分利用枯水季节，制订出详细的施工计划及必要的措施，确保施工安全。

4.3.1 旱地沉井施工

旱地沉井施工工序如图 4-7 所示：

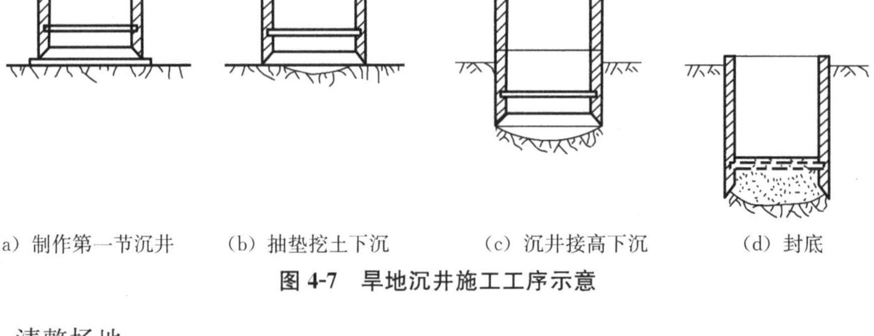

(a) 制作第一节沉井　(b) 抽垫挖土下沉　(c) 沉井接高下沉　(d) 封底

图 4-7 旱地沉井施工工序示意

(1) 清整场地

要求施工场地平整干净。一般只需将地表杂物清理干净并整平，但若天然地面土质较差，还应换土或在基坑处铺填大于等于 0.5 m 厚夯实的砂或砂砾垫层提高地基承载力，以防沉井在混凝土浇筑之初因地面沉降不均而产生裂缝。

（2）制作第一节沉井

在刃脚处应先对称铺满垫木（图 4-8），以支承第一节沉井的重量，垫木一般为枕木或方木（200 mm×200 mm），其数量可按垫木底面压力≤100 kPa 确定，考虑抽垫方便进行设置，并垫一层厚约 0.3 m 的砂，垫木间隙用砂填实（填到半高即可）。然后在刃脚位置处设置刃脚角钢，竖立内模，绑扎钢筋，再立外模浇筑第一节沉井。模板应有较大刚度，以免挠曲变形。

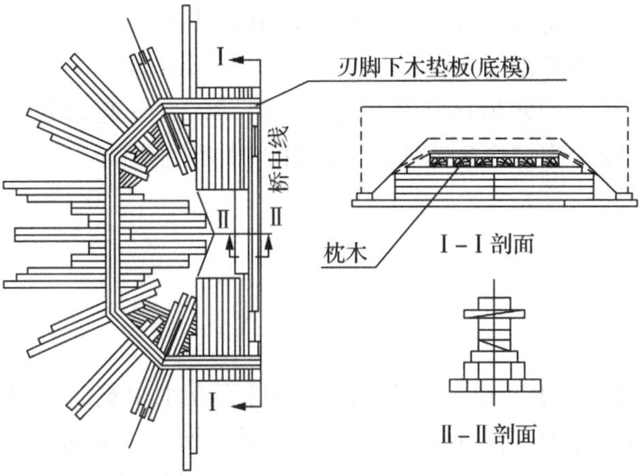

图 4-8　垫木布置示例

（3）拆模及抽垫

当沉井混凝土强度达设计强度 70%时可拆除模板，达设计强度后方可抽撤垫木。抽垫应分区、依次、对称、同步地向沉井外抽出。顺序：先内壁，再短边，最后长边。长边下垫木隔一根抽一根，以固定垫木为中心，由远而近对称地抽，最后抽除固定垫木，并随抽随用砂土回填捣实，以免沉井开裂、移动或偏斜。

（4）除土下沉

沉井下沉有不排水除土下沉和排水除土下沉两种方式。排水下沉常用人工除土，可使沉井均匀下沉和易于清除井内障碍物，但需有安全措施；不排水下沉多用空气吸泥机、抓土斗、水力吸石筒、水力吸泥机等除土。若遇黏土、胶结层，可采用高压射水辅助下沉。此外，正常情况下应自沉井中间向刃脚处均匀对称除土，排水下沉时应严格控制设计支承点土的排除，并随时注意沉井正位，保持竖直下沉，无特殊情况不宜采用爆破施工。

（5）接高沉井

当第一节沉井下沉至一定深度（井顶露出地面 0.5 m 以上或露出水面 1.5 m 以上）时，停止挖土，接筑下节沉井。接筑前刃脚不得掏空，并应尽量纠正上节沉井的倾斜，凿毛顶面，立模，然后对称均匀浇筑混凝土，待强度达设计要求后再拆模继续下沉。

（6）基底检验和处理

沉井达设计标高后，应对基底土质进行检验。若不排水下沉应进行水下检验，必要时可用钻机取样检验。当基底达不到设计要求时，还应对地基进行必要的处理。砂性土或黏性土地基，一般可在井底铺砾石或碎石至刃脚底面以上 200 mm；岩石地基应凿除风化岩层，若岩层倾斜，还应凿成阶梯形。还应将井底浮土、软土清除干净，确保封底混凝土、沉井与地基结合紧密。

（7）沉井封底

基底检验合格后应及时封底。若排水下沉，渗水量上升速度≤6 mm/min，可采用普通混凝土封底；否则宜用水下混凝土封底。若沉井面积大，可采用多导管先外后内、先低后高依次浇筑。封底一般为素混凝土，但必须与地基紧密结合，不得存在有害的夹层、夹缝。

（8）井孔填充和顶板浇筑

封底混凝土达设计强度后，排干井孔中水，填充井内圬工。如井孔中不填料或仅填配重松散材料，则井顶应浇筑钢筋混凝土顶板以支承上部结构。井孔是否填充，应根据受力或稳定要求计算确定。在严寒地区，从冻结线以下 0.25 m 起必须用混凝土或圬工填实，以免其他填充料的孔隙水冻结产生冻胀，对沉井产生不利影响。

4.3.2 水中沉井施工

（1）水中筑岛

若水深<3 m，流速≤1.5 m/s，可采用砂或砾石在水中筑岛［图 4-9（a）］；若水深或流速加大，可采用围堰防护［图 4-9（b）］；当水深再加大（通常小于 15 m）或流速更大时，宜采用钢板桩围堰筑岛［图 4-9（c）］。岛面应高出最高施工水位 0.5 m 以上，围堰距井壁外缘距离 $b \geqslant Htg(45-\varphi/2)$，且大于等于 2 m，（$H$ 为筑岛高度，φ 为水中砂的内摩擦角）。其余施工方法与旱地沉井施工相同。

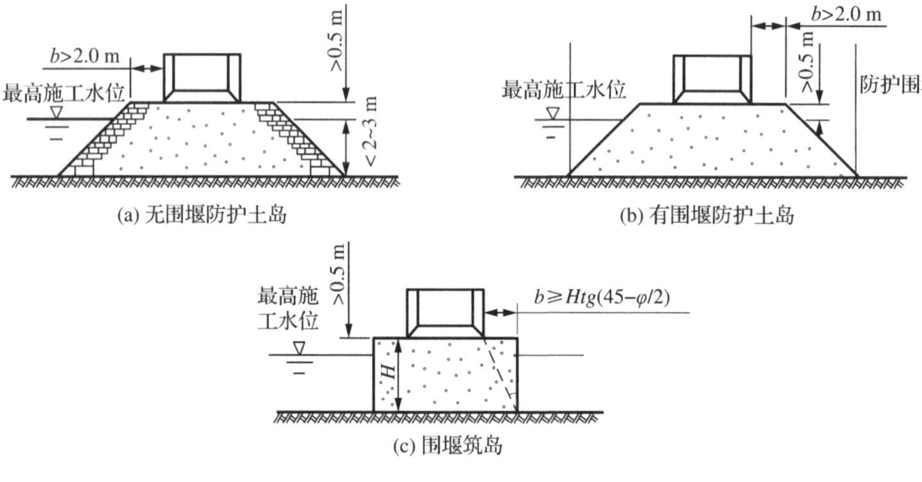

图 4-9 水中筑岛下沉沉井

（2）浮运沉井

若水深（如大于 10 m）人工筑岛困难或不经济，可采用浮运法施工。即先在岸边将沉井作成空体结构，或采用其他措施（如带钢气筒等）使其浮于水上，再利用在岸边铺成的滑道滑入水中（图 4-10），然后用绳索牵引至设计位置。在悬浮状态下，逐步将水或混凝土注入空体中，使沉井徐徐下沉至河底。若沉井较高，则分段制造，在悬浮状态下逐节接长下沉至河底，但整个过程应保证沉井本身稳定。当刃脚切入河床一定深度后，即可按一般沉井下沉方法施工。

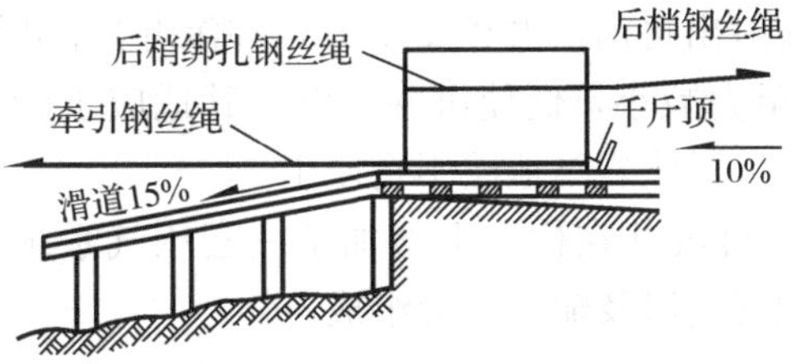

图 4-10 浮运沉井下水示意

4.3.3 助沉施工方法

当沉井深度很大，井侧土质较好时，井壁侧阻很大，可能导致沉井下沉困难，这种情况下，如不能采用增加井壁厚度或压重等办法辅助沉井下沉，还可设置泥浆润滑套和空气幕来减小井壁的侧阻帮助沉井下沉。

(1) 泥浆套（slurry casing）助沉法

该法采用泥浆泵和输送管道将特制的泥浆压入沉井外壁与土层之间，在沉井外围形成一定厚度的泥浆层有润滑作用，从而大大降低沉井下沉中的侧阻力（可降至 3～5 kPa，正常情况黏性土侧阻力约为 25～50 kPa），加速沉井下沉。该方法具有良好的稳定性，但不宜用于卵石、砾石等孔隙率大，泥浆容易漏失的土层。

泥浆通常由膨润土、水和碳酸钠分散剂配制而成，具有良好的固壁性、触变性和胶体稳定性。泥浆润滑套的构造主要包括射口挡板、地表围圈及压浆管。

射口挡板可用角钢或钢板弯制，固定于泥浆射出口处的井壁台阶上［图 4-11（a）］，其作用是防止压浆管射出的泥浆直冲土壁，防止局部坍落堵塞射浆口。地表围圈用木板或钢板制成，埋设于沉井周围，用于防止沉井下沉时土壁坍落，为沉井下沉过程中新造成的空隙补充泥浆及调整各压浆管出浆的不均衡现象。其宽度与沉井台阶相同，高约 1.5～2.0 m，顶面高出地面或岛面 0.5 m，圈顶面宜加盖。

压浆管可分为内管法（厚壁沉井）和外管法（薄壁沉井）两种［图 4-11（b）］，通常用ϕ 38～ϕ 50 的钢管制成，沿井周边每 3～4 m 布置一根。

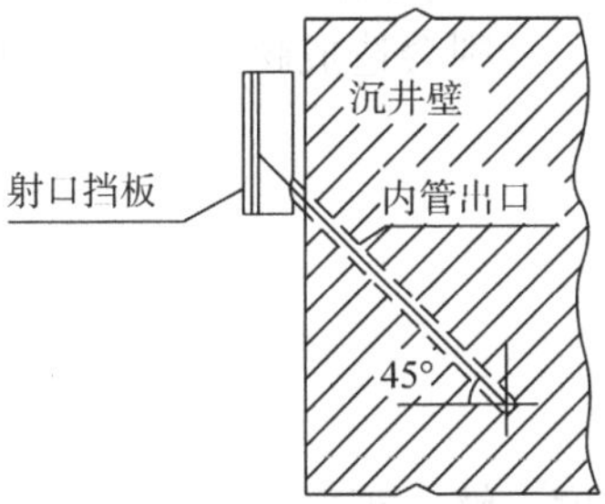

(a) 射口挡板

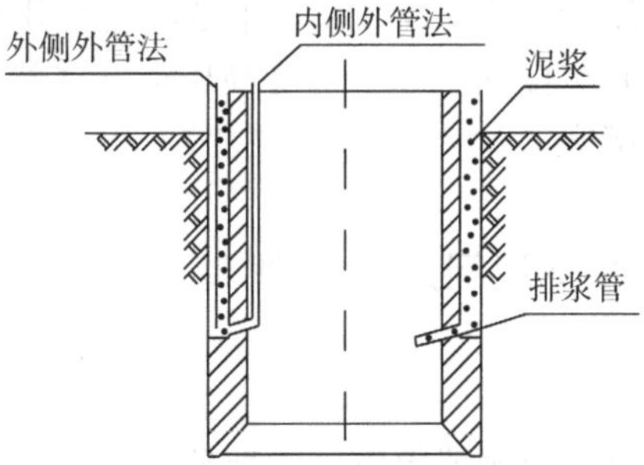

(b) 外管法压浆管构造

图 4-11 射口挡板与压浆管构造

(2) 空气幕（air curtain）助沉法

用空气幕辅助下沉是一种减少井壁侧阻的有效方法。向沿井壁四周预埋的气管中压入高压气流，气流沿喷气孔射出再沿沉井外壁上升，在沉井周围形成一空气“帷幕”（即空气幕），使井壁周围土摩阻力减小，促使沉井下沉。其适应于砂类土、粉质土及黏质土地层，对于卵石土、砾类土及风化岩等地层不宜使用。

如图 4-12 所示，空气幕沉井在构造上增加了一套压气系统，该系统由气斗、井壁中的气管、压缩空气机、贮气筒以及输气管等组成。

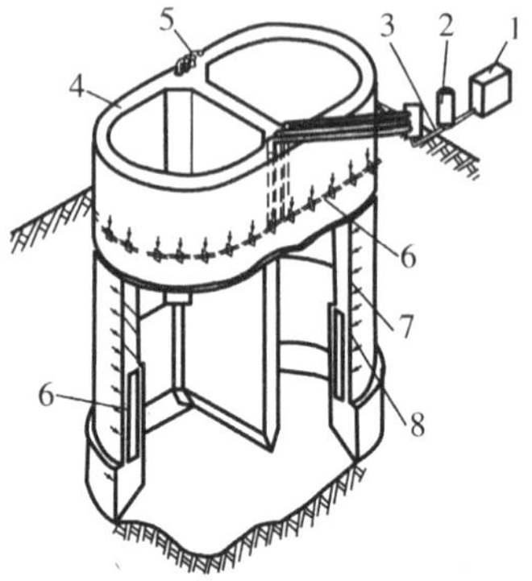

1—压缩空气机；2—贮气筒；3—输气管；4—沉井；5—竖管；6—水平喷气管；7—气斗；8—喷气孔

图 4-12　空气幕沉井压气系统构造

气斗是沉井外壁上凹槽及槽中的喷气孔，凹槽的作用是保护喷气孔，使喷出的高压气流有一扩散空间，然后较均匀地沿井壁上升，形成气幕。气斗应布设简单、不易堵塞、便于喷气，目前多用棱锥形（150 mm×150 mm），其数量根据每个气斗作用的有效面积确定。喷气孔直径 1 mm，可等距离分布，上下交错排列布置。

气管有水平喷气管和竖管两种，可采用内径 25 mm 的硬质聚氯乙烯管。水平管连接各层气斗，每 1/4 或 1/2 周设一根，以便纠偏；每根竖管连接 2 根水平管，并伸出井顶。

压缩空气机输出的压缩空气应先输入贮气筒，再由地面输气管送至沉井。以防止压气时压力骤然降低而影响压气效果。

沉井下沉时，应先在井内除土，消除刃脚下土的抗力后再压气（但不得过分除土而不压气），一般除土面低于刃脚 0.5～1.0 m 时就应压气下沉，压气时间一般不超过 5 min/次。压气顺序应先上后下，以形成沿沉井外壁上喷的气流。气压不应小于喷气孔最深处理论水压的 1.4～1.6 倍，并尽可能使用风压机的最大值。停气时应先停下部气斗，依次向上，并缓慢减压。不得将高压空气突然停止，否则会造成瞬时负压，使喷气孔内吸入泥沙而被堵塞。

4.3.4　沉井下沉问题与处理

(1) 难沉

即沉井下沉过慢或停沉。主要原因：开挖面深度不够，正面阻力大；刃脚下遇障碍物或坚硬岩层和土层；井壁侧阻大于沉井自重；井壁减阻措施失效。

解决难沉的措施主要是增加压重和减少井壁侧阻。

增加压重的方法：提前接筑下节沉井，增加沉井自重；在井顶加压沙袋、钢轨等重物；不排水下沉时，可井内抽水，减少浮力，迫使下沉，但需保证土体不产生流砂现象。

减小井壁侧阻的方法：将沉井设计成阶梯形、钟形，或使外壁光滑；井壁内埋设高压射水管组，射水辅助下沉；利用泥浆套或空气幕辅助下沉；增大开挖范围和深度；必要时还可采用炸药起爆振动助沉。

（2）突沉

突沉是下沉过程中突然下沉的现象，常发生于沉井下沉到地基承载力较低的地层时，突沉是失控的下沉，容易使沉井产生倾斜或超沉。引起突沉的主要原因是当刃脚下土尚未挖除时，底面土体突然产生塑性破坏所致。

防止突沉的措施：设计时需进行下沉稳定性验算，当验算不满足要求工况时，需采用增大刃脚踏面宽度的方法；施工时均匀挖土，控制除土速度，一次性挖土不宜过深。

（3）偏斜

沉井偏斜大多发生在下沉不深时。导致偏斜的主要原因：制作场地或河底地基承载力不足或软硬不均；刃脚制作质量差，井壁与刃脚中线不重合；抽垫方法欠妥，回填砂土不及时或捣实不均匀；除土不均匀对称，下沉时有突沉和停沉现象；刃脚遇障碍物顶住而未及时发现；排土堆放不合理或单侧受水流冲击淘空等导致沉井受力不对称。

解决沉井中心偏移的方法：可先除土，使井底中心向设计中心倾斜，然后在对侧除土，使沉井恢复竖直，如此反复至沉井逐步移近设计中心。如为刃脚遇障碍物时，须先清除障碍物再下沉；如遇树根、大孤石或钢料铁件，可人工排除，必要时用少量炸药炸碎；不排水施工时，可由潜水工进行水下切割或爆破。

解决沉井倾斜的方法：采用除土、压重、顶部施加水平力或刃脚下支垫等方法纠正；对于空气幕下沉，可单侧压气纠偏；可在高侧集中除土，加重物；可用高压射水管冲松高侧土层，低侧回填砂石；在井顶施加水平力扶正。

（4）流砂

在粉、细砂层中排水除土下沉时，易出现流砂现象，若不采取适当措施可造成沉井严重倾斜和突沉。产生流砂的主要原因是井内排水导致土水头梯度大于砂土临界值。

防止流砂的措施：排水下沉发生流砂时可向井内灌水，减小水头梯度，改用不排水除土下沉；在沉井周边采用井点或深井和深井泵降水，降低井外水位，改变水头梯度方向使土层稳定，防止流砂发生。

4.4 沉井施工过程的计算内容

工程中选用沉井作为基础的原因：该类基础在施工中井壁可作为挡土挡水结构，为井孔内开挖除土创造条件，并保证井孔内施工安全。设计时应对沉井下沉施工过程中可能遭遇的各种工况进行计算或验算，确保沉井应能顺利、可控下沉；在下沉过程中，沉井各部分结构不会破坏或者产生过大变形。除一般地基基础设计计算所需资料外，沉井的施工计算还须掌握下列资料：施工期间的水文资料，如旱地施工的地下水位，水中施工的设计水位、施工水位、冲刷线等；施工条件和方法，如筑岛或防水围堰的标高、采用何种下沉方法等。

4.4.1 下沉计算

沉井的下沉计算主要是解决难沉和突沉问题，分别对应沉井下沉系数验算和下沉稳定系数验算。对于下沉过程中可能发生的偏斜和流砂问题，则是通过精细化的施工控制予以避免。

（1）沉井下沉系数验算

为保证沉井施工时能顺利下沉，一般要求沉井下沉系数 k_{st} 满足：

$$k_{st}=\frac{G_k-F_{fw,k}}{R_f}\in[1.15,1.25] \tag{4-1}$$

式中，G_k 为沉井自重标准值，单位为 kN；$F_{fw,k}$ 为验算状态下沉井所受浮力标准值，单位为 kN；R_f 为验算状态下沉井侧面的总侧阻力标准值，单位为 kN。

井壁侧阻从地面或最大（局部）冲刷线起算，沿深度向下可按梯形分布计算，如图4-13所示顶部 5 m 范围内按三角形分布，5 m 以下为常数，故总侧阻力为

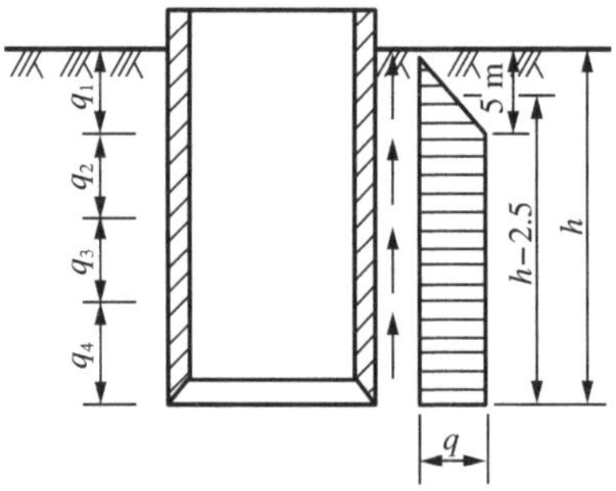

图 4-13 井侧摩阻力分布假定

$$R_f=U(h-2.5)q \tag{4-2}$$

式中，U 为沉井的周长，单位为 m；h 为沉井的入土深度，单位为 m；q 为单位面积侧阻加权平均值，$q=\Sigma q_i h_i/\Sigma h_i$，单位为 kPa；$h_i$ 为各土层厚度，单位为 m；q_i 为 i 土层井壁单位面积侧阻，根据实际资料或工程经验确定，缺乏资料的时候，可查表 4-1 选用。

表 4-1 土与井壁侧阻经验值

土的名称	土与井壁的侧阻力 q/kPa
黏性土	25～50
砂土	12～25
卵石	15～30
砾石	15～20
软土	10～12
泥浆套	3～5

（2）沉井下沉稳定系数验算

为了确保施工过程中不发生因沉井底部土体破坏而导致下沉失控的问题，要进行下沉

稳定系数 $k_{st,s}$ 验算：

$$k_{st,s}=\frac{G_k-F_{fw,k}}{R_f+R_b}\in[0.8,0.9] \tag{4-3}$$

式中，R_b 为验算状态下沉井刃脚、隔墙、底梁下地基极限承载力标准值之和，单位为 kN，计算时单位面积土体地基极限承载力标准值取 $2f_a$ 。

4.4.2 刃脚计算

刃脚是沉井切土下沉的重要构造，其受力复杂，可能产生局部崩坏、向内折断、向外折断等，是沉井施工结构设计的重点。其中局部崩坏通过构造设计解决，折断需要通过足量配筋避免，因此需要计算。

（1）沉井刃脚受力的双向分配

从剖面图上看，刃脚上端连着井壁似悬臂梁；从平面图上看，刃脚围成一周似一个封闭框架，两个方向都可以抵抗水平力作用，因此受力计算较为复杂。为简化起见，可将刃脚所受水平力按竖向和水平两个方向分配，并分别计算。竖向分析时，近似地将刃脚视为固定于刃脚根部井壁处的悬臂梁，根据刃脚内外侧作用力的不同可能向外或向内挠曲；水平方向分析时，将刃脚视为一封闭的框架，在水、土压力作用下在水平面内发生弯曲变形。根据悬臂及水平框架两者的变位关系及其相应的假定分别可导得刃脚悬臂分配系数 α 和水平框架分配系数 β ：

$$\alpha=\frac{0.1L_1^4}{h_k^4+0.05L_1^4}\leqslant 1.0 \tag{4-4}$$

$$\beta=\frac{h_k^4}{h_k^4+0.05L_2^4} \tag{4-5}$$

式中，L_1 、L_2 分别为支承于隔墙间的井壁最大和最小计算跨度，单位为 m；h_k 为刃脚斜面部分的高度，单位为 m。

注意，当计算所得 α 大于 1.0 时，取 $\alpha=1.0$。对于多孔沉井，上述分配系数计算仅适用于内隔墙底面高出刃脚底不超过 0.5 m 而有垂直埂肋的情况，否则也取 $\alpha=1.0$。当 $\alpha=1.0$ 时，计算中不考虑刃脚水平框架作用，但需按构造配置水平钢筋，以承受实际存在的正、负弯矩。外力经上述分配后，即可对刃脚按刃脚向外、向内挠曲和水平框架进行分析。竖向按悬臂计算时取单位宽度井壁进行分析。

（2）刃脚向外挠曲计算

如图 4-14 所示，因沉井自重和压重作用在刃脚斜面土体产生的水平抵抗力 R_H 可使刃脚向外挠曲折断。刃脚向外挠曲的最不利工况为沉井刚接筑完上节或者全部沉井，下沉到刃脚切入土中接近其根部（一般约 1.0 m）时。作用在刃脚的外力：

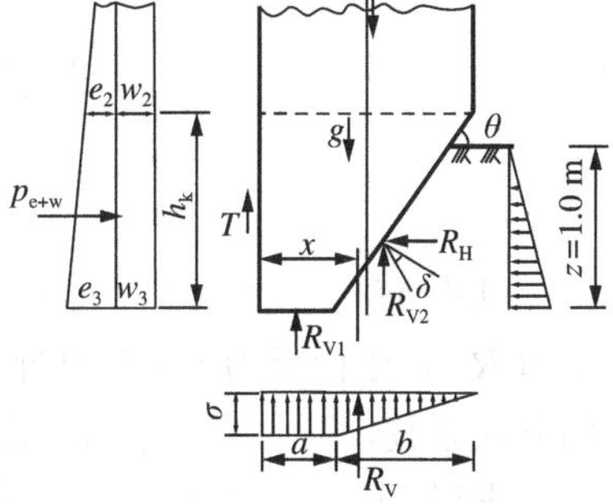

图 4-14　刃脚向外挠曲受力示意

①刃脚外侧的土、水压力合力 p_{e+w} ：

$$p_{e+w}=\frac{p_{e_2+w_2}+p_{e_3+w_3}}{2}h_k \tag{4-6}$$

式中，$p_{e_2+w_2}$ 为作用于刃脚根部处的土、水压力强度之和，$p_{e_2+w_2}=e_2+w_2$；$p_{e_3+w_3}$ 为刃脚底面处土、水压力强度之和，$p_{e_3+w_3}=e_3+w_3$。

p_{e+w} 的作用点位置（离刃脚根部距离 y）为

$$y=\frac{h_{\mathrm{k}}}{3}\times\frac{2p_{e_3+w_3}+p_{e_2+w_2}}{p_{e_3+w_3}+p_{e_2+w_2}} \tag{4-7}$$

地面下深度 h_y 处刃脚承受的土压力 e_y 可按朗金土压力公式计算，水压力应根据施工情况和土质条件计算。刃脚外侧土、水压力合力在向外挠曲验算时对结构的承载有利，为安全起见，一般规定式（4-6）计算所得刃脚外侧土、水压力合力不得大于静水压力的70%，否则按静水压力的70%计算。

②刃脚外侧阻力 T：

$$T=qh_{\mathrm{k}} \tag{4-8}$$

$$T=0.5E \tag{4-9}$$

式中，E 为刃脚外侧主动土压力合力，$E=(e_2+e_3)h_{\mathrm{k}}/2$。

刃脚外侧阻力对结构的承载有利，为偏于安全，刃脚外侧阻应取上两式中较小值。

③土的竖向反力 R_{V}：

$$R_{\mathrm{V}}=G_{\mathrm{k}}-F_{\mathrm{fw,k}}-T \tag{4-10}$$

若将 R_{V} 分解为作用在踏面下土的竖向反力 R_{V1} 和刃脚斜面下土的竖向反力 R_{V2}，且假定 R_{V1} 为均布力的合力，R_{V2} 为三角形分布部分的合力（图 4-14），水平反力 R_{H} 亦呈三角形分布，则根据力的平衡条件可得

$$R_{\mathrm{V1}}=\frac{2a}{2a+b}R_{\mathrm{V}} \tag{4-11}$$

$$R_{\mathrm{V2}}=\frac{b}{2a+b}R_{\mathrm{V}} \tag{4-12}$$

$$R_{\mathrm{H}}=R_{\mathrm{V2}}\tan(\theta-\delta) \tag{4-13}$$

式中，a 为刃脚踏面宽度；b 为切入土中部分刃脚斜面的水平投影长度；θ 为刃脚斜面的倾角；δ 为土与刃脚斜面间的外摩擦角，一般可取 $\delta=\varphi$。

④刃脚单位宽度自重 g：

$$g=\frac{t+a}{2}h_{\mathrm{k}}\gamma_{\mathrm{k}} \tag{4-14}$$

式中，t 为井壁厚度；γ_{k} 为钢筋混凝土刃脚的重度，不排水施工时应扣除浮力。

求出上述各力的数值、方向及作用点后，根据图 4-14 几何关系可求得各力对刃脚根部中心轴的力臂，乘以分配系数 α，从而求得总弯矩 M_0、竖向力 N_0 及剪力 Q，即

$$M_0=M_{e+w}+M_T+M_{R_{\mathrm{V}}}+M_{R_{\mathrm{H}}}+M_g \tag{4-15}$$

$$N_0=R_{\mathrm{V}}+T+g \tag{4-16}$$

$$Q=p_{e+w}-R_{\mathrm{H}} \tag{4-17}$$

其中 M_{e+w}、M_T、$M_{R_{\mathrm{V}}}$、$M_{R_{\mathrm{H}}}$ 及 M_g 分别为土、水压力合力 p_{e+w}、刃脚底部外侧阻 T、反力 R_{V}，横向反力 R_{H} 及刃脚自重 g 对刃脚根部中心轴的弯矩，计算时，需考虑各荷载的分项系数，荷载为水平力时应乘以分配系数 α。

求得 M_0、N_0 及 Q 后就可验算刃脚根部相应承载力，并对刃脚内侧进行配筋。一般刃脚竖向钢筋截面积不宜少于刃脚根部截面积的0.1%，且应伸入根部以上 $0.5L_1$。

(3) 刃脚向内挠曲

如图 4-15 所示，刃脚下土体挖空时，刃脚在外侧土、水压力作用下，可能发生向内挠曲折断，最不利情况是沉井已下沉至设计标高，而尚未浇筑封底混凝土时。此时刃脚可按根部固定在井壁上的悬臂梁计算。作用在刃脚上的力：刃脚外侧土压力、水压力、侧阻力以及刃脚本身的重力，其计算方法同前。

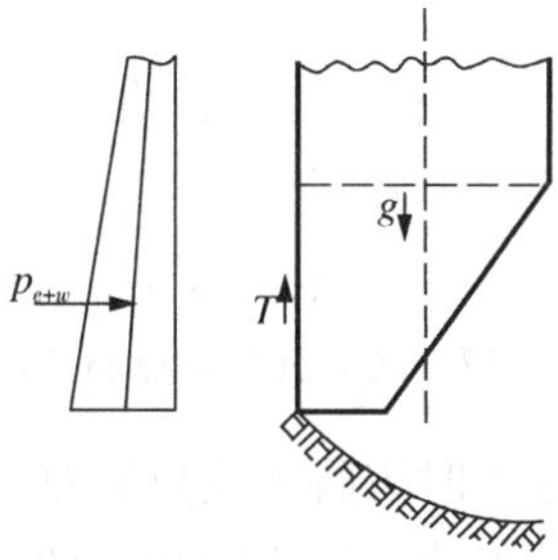

图 4-15　刃脚内挠受力分析

因井壁外侧水压力对结构的承载不利，井内水压力对结构的承载有利，安全起见：当不排水下沉时，井壁外侧水压力以 100%计算，井内取 50%，也可按施工中可能出现的水头差计算；若排水下沉，不透水土取静水压力的 70%，透水土按 100%计算。

同样地，计算时需考虑各荷载的分项系数，水平外力应考虑分配系数 α 。由计算得到对刃脚根部中心轴的弯矩、竖向力及剪力后，对刃脚外壁进行配筋，其配筋构造要求与向外挠曲相同。

(4) 刃脚水平配筋计算

刃脚向外和向内挠曲对应的最不利状况都应进行相应的框架计算（图 4-16），所有水平力应乘以分配系数 β 。将刃脚视为水平框架，求得水平框架的控制内力，再配置框架所需水平钢筋。框架的内力可按结构力学方法计算。

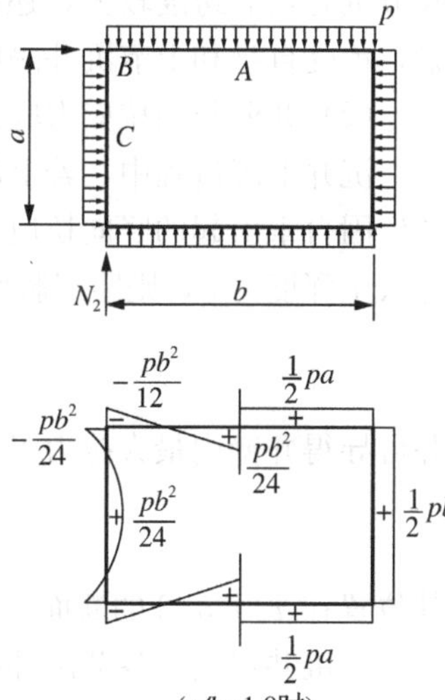

图 4-16　单孔矩形框架受力

4.4.3　井壁计算

(1) 底节沉井井壁竖向挠曲计算

沉井在抽垫及除土下沉过程中，底节沉井相当于支撑在垫木或地基上的横梁，承受其自身和上节沉井自重作用，荷载应力过大时，可导致井壁产生竖向挠曲和开裂。其最不利受力情况是底节沉井刃脚底部土接近挖空，但上节沉井刚浇筑没有强度的时候。这时整个底节沉井可简化为支承在刃脚下最后挖除的几处土体上的梁验算井壁上缘和下缘抗拉强度。

由于施工方法不同，底节沉井刃脚下支承亦不同，应按施工方法，确定最不利的支承情况再进行施工，其支承情况根据施工方法不同可按如下考虑：

①排水除土下沉。排水除土可控制刃脚底部土体开挖过程，尽量使沉井受力合理，这时，可将沉井视为支承于四个固定支点上的梁，支点控制在最有利位置处，即支点和跨中

所产生的弯矩大致相等。对矩形和圆端形沉井，若沉井长宽比大于 1.5，支点可设在长边［图 4-17（a）］；圆形沉井的四个支点可布置在两条相互垂直线的交点处。

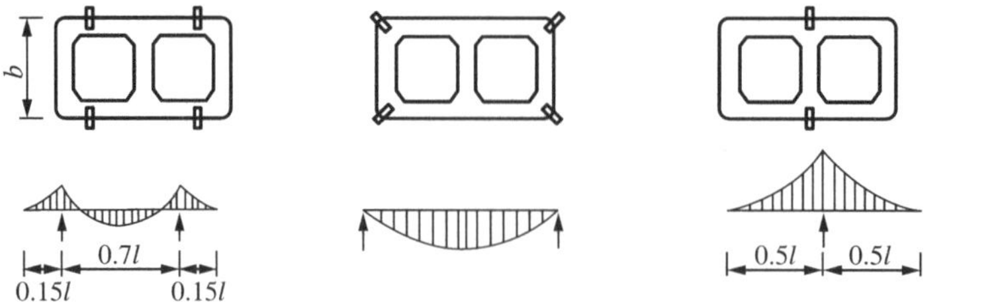

（a）排水除土下沉　（b）不排水除土下沉（一）　（c）不排水除土下沉（二）

图 4-17　底节沉井支点布置示意

②不排水除土下沉。不排水挖土时刃脚下支点很难控制，沉井下沉过程中可能出现最不利支承情况：矩形和圆端形沉井可能支承于四角［图 4-17（b）］成为一简支梁，这时跨中弯矩最大，沉井下部可能产生竖向开裂；也可能因除土或孤石等障碍物而导致支承于壁中［图 4-17（c）］形成悬臂梁，沉井底部支点处对应的顶部产生竖向开裂；圆形沉井的支承情况则可能是支承于直径上的两个支点。

如发现井壁水平抗拉验算不能通过，则需对相应位置配筋，或调整沉井分节方案。若底节沉井隔墙跨度较大，还需验算隔墙的抗拉强度，隔墙可简化为两端支承于井壁上的梁，承受自身和上节沉井隔墙和模板等的重量。

（2）井壁竖向拉应力验算

沉井下沉过程中，若上部井壁侧阻较大，当刃脚下土挖空时可能将沉井箍住，使井壁产生因自重引起的竖向拉应力。若假定作用于井壁的侧阻呈倒三角形分布（图 4-18），沉井入土深度为 h，则距刃脚底面 x 深处断面上的拉力 S_x 为

$$S_x = \frac{G_k x}{h} - \frac{G_k x^2}{h^2} \tag{4-18}$$

并可导得井壁内最大拉力 S_{max} 为

$$S_{max} = \frac{G_k}{4} \tag{4-19}$$

其位置在 $x = h/2$ 的断面上。

若沉井很高，各节沉井接缝处混凝土的拉应力可由接缝钢筋承受，并按接缝钢筋所在位置发生的拉应力设置。钢筋的应力应小于钢筋强度标准值的 0.75，并须验算钢筋的锚固长度。

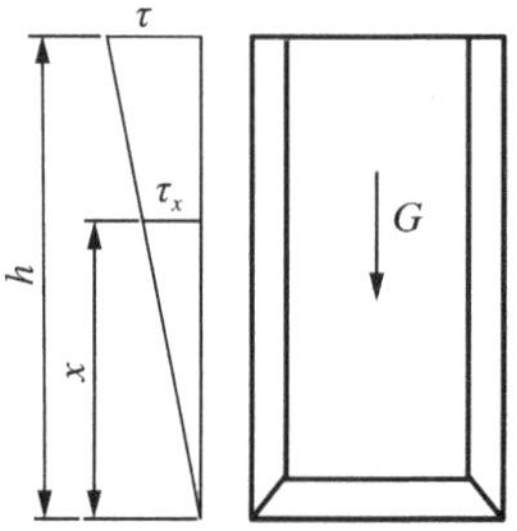

图 4-18　井壁框架受力示意

（3）井壁横向受力计算

当沉井达设计标高，刃脚下土已挖空而未封底时，井壁承受的水、土压力最大，此时应按水平框架分析内力，验算井壁材料强度，其计算方法与刃脚框架计算相同。

刃脚根部以上约井壁厚度高的一段井壁（图 4-19），除承受作用于该段的土、水压力外，还承受由刃脚悬臂作用传来的水平剪力（即刃脚内挠时受到的水平外力乘以分配系数 α）。

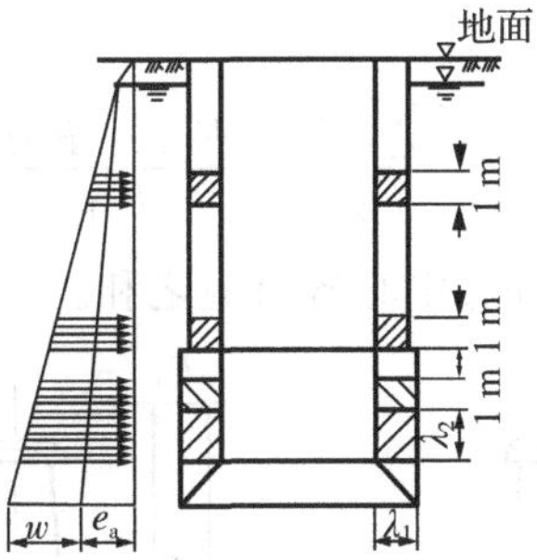

图 4-19　井壁摩阻力分布

此外，对于分节浇筑各节井壁厚度不同的沉井，还应验算每节沉井最下端处单位高度井壁作为水平框架的强度，并以此控制该节沉井的设计，但作用于井壁框架上的水平外力，仅为土压力和水压力，且不需乘以分配系数 β。采用泥浆套下沉的沉井，若泥浆压力大于上述土、水压力之和，则井壁压力应按泥浆压力计算。

4.5　沉井作为基础的计算内容

沉井作为整体深基础设计，就是根据上部结构特点、荷载大小及水文和地质情况，结合沉井的构造要求及施工方法，确定沉井埋深、各部分尺寸以及井壁、隔墙、封底、封顶等的材料构成。因此，沉井作为基础的设计计算除了需掌握水文和地质资料外，还需掌握上部或下部结构尺寸的设计荷载。

沉井设计中的地基基础设计基本原则与浅基础、桩基础基本相同。当沉井埋深较浅，不考虑井侧土体抗力影响时，按浅基础计算；当埋深较大，考虑井侧土体的竖向和水平向约束作用时，则按桩基础计算。当沉井按单桩计算时，若无量纲入土深度 $\alpha h>2.5$，则按柔性桩计算，计算方法参见第 3.4 节；反之按刚性桩计算，计算方法在下面介绍。工程中单桩大多数是柔性桩，以至于下面介绍的计算方法常被误认为是沉井专用计算方法。

本章介绍的刚性桩计算方法仍为 m 法，即考虑井侧土体弹性抗力时作如下基本假定：

①地基土为弹性变形介质，水平向地基系数随深度成正比例增加（m 法）。

②不考虑基础与土之间的黏着力和摩阻力。

③视沉井为刚体，荷载作用下只发生刚体运动（平动和转动）而无挠曲变形。

根据基础底面地基的情况，沉井计算又可分为两种情况：基底位于非岩石地基中，沉井刚体运动旋转中心在基础底面以上；沉井基底嵌固在岩石地基中，沉井旋转中心为基底中心。

4.5.1　非岩石地基中的沉井基础计算

当沉井基础受到水平力 F_H 和偏心竖向力 $F_V(=F+G)$ 共同作用［图 4-20（a)］时，F_H 和 F_V 的偏心作用可等效为水平力 F_H 作用于距基底高度 λ 位置处的偏心作用［图 4-20（b)］，F_H 不为 0 时，有

$$\lambda=\frac{\sum M}{F_H}=\frac{F_Ve+F_Hl}{F_H} \tag{4-20}$$

式中，$\sum M$ 为 F_H 和 F_V 对井底中心各力矩之和。

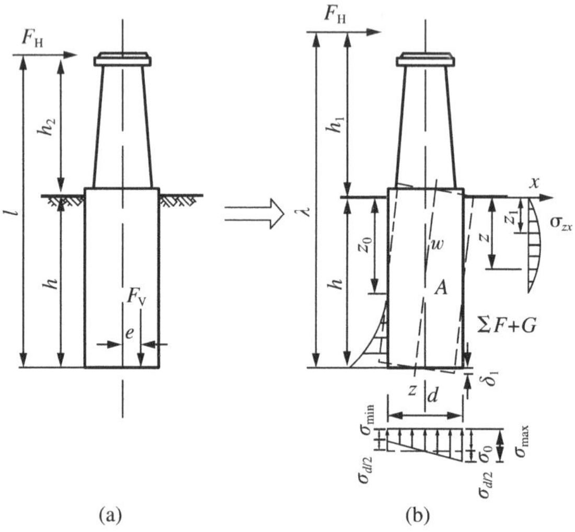

图 4-20　非岩石地基中的沉井基础计算示意

在力矩作用下，沉井将围绕位于地面下深度 z_0 处点 A 转动一 ω 角［图 4-20（b)］，地面下深度 z 处沉井基础产生的水平位移 Δx 和土的横向抗力 σ_{zx} 分别为

$$\Delta x=(z_0-z)\tan\omega \tag{4-21}$$

$$\sigma_{zx}=\Delta xC_z=C_z(z_0-z)\tan\omega \tag{4-22}$$

式中，z_0 为转动中心 A 离地面的距离；C_z 为深度 z 处水平向的地基系数，$C_z=mz$，单位为kN/m³，m 为地基土的比例系数，单位为 kN/m⁴。

将 C_z 值代入式（4-22）得

$$\sigma_{zx}=mz(z_0-z)\tan\omega \tag{4-23}$$

即井侧水平压应力沿深度呈二次抛物线变化。若考虑到基础底面处竖向地基系数 C_0 不变，则基底压应力图形与基础竖向位移图相似。故

$$\sigma_{d/2}=C_0\delta_1=C_0\frac{d}{2}\tan\omega \tag{4-24}$$

式中，$C_0=m_0h$，且大于等于 $10m_0$；d 为基底宽度或直径；m_0 为基底处竖向地基比例系数，单位为 kN/m⁴。

上述各式中 z_0 和 ω 为两个未知数，根据图 4-20 可建立两个平衡方程式，即

$$\sum X = 0 \quad F_H - \int_0^h \sigma_{zx} b_1 \mathrm{d}z = F_H - b_1 m \tan\omega \int_0^h z(z_0 - z)\mathrm{d}z = 0 \tag{4-25}$$

$$\sum M_O = 0 \quad F_H h_1 + \int_0^h \sigma_{zx} b_1 z \cdot \mathrm{d}z - \sigma_{\frac{d}{2}} W_0 = 0 \tag{4-26}$$

式中，b_1 为沉井的计算宽度（见 3.4 节），W_0 为基底的截面模量。联立求解可得

$$z_0 = \frac{\beta b_1 h^2(4\lambda - h) + 6dW_0}{2\beta b_1 h(3\lambda - h)} \tag{4-27}$$

$$\tan\omega = \frac{6F_H}{Amh} \tag{4-28}$$

式中，$A = \dfrac{\beta b_1 h^3 + 18W_0 d}{2\beta(3\lambda - h)}$；$\beta = \dfrac{C_h}{C_0} = \dfrac{mh}{m_0 h}$，$\beta$ 为深度 h 处井侧水平地基系数与井底竖向地基系数的比值。

将此代入上述各式可得

井侧水平应力：

$$\sigma_{zx} = \frac{6F_H}{Ah} z(z_0 - z) \tag{4-29}$$

基底边缘处压应力：

$$\sigma = \frac{F_V}{A_0} \pm \frac{3F_H d}{A\beta} \tag{4-30}$$

式中，A_0 为基底面积。

离地面或最大冲刷线以下 z 深度处基础截面上的弯矩为

$$\begin{aligned} M_z &= F_H(\lambda - h + z) - \int_0^z \sigma_{zx} b_1 (z - z_1)\mathrm{d}z_1 \\ &= F_H(\lambda - h + z) - \frac{F_H b_1 z^3}{2hA}(2z_0 - z) \end{aligned} \tag{4-31}$$

4.5.2 岩石地基中的沉井基础计算

若基底嵌入基岩内，则只能绕基底中心转动，即 $z_0 = h$（图 4-21），忽略基底嵌入岩石部分的水平抗力 P 对转动中心 A 点的力矩，按力矩平衡条件可导得转角 $\tan\omega$ 为

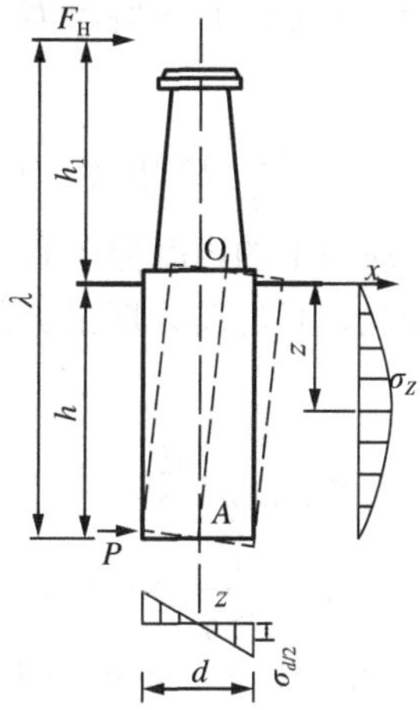

图 4-21　基底嵌入基岩内的沉井基础计算

$$\tan\omega = \frac{F_H}{mhD} \tag{4-32}$$

式中，$D = \dfrac{b_1\beta h^3 + 6Wd}{12\lambda\beta}$。

横向抗力：

$$\sigma_{zx} = (h - z)z\frac{F_H}{Dh} \tag{4-33}$$

基底边缘处压应力：

$$\sigma = \frac{F_V}{A} \pm \frac{F_H d}{2\beta D} \tag{4-34}$$

由 $\sum x = 0$ 可得嵌入处未知水平阻力 F_R 为

$$F_R = \int_0^h b_1\sigma_{zx}\,dz - F_H = F_H\left(\frac{b_1 h^2}{6D} - 1\right) \tag{4-35}$$

地面以下 z 深度处基础截面上的弯矩为

$$M_z = F_H(\lambda - h + z) - \frac{b_1 F_H z^3}{12Dh}(2h - z) \tag{4-36}$$

还需注意，当基础仅受偏心竖向力 F_V 作用时，$\lambda \to +\infty$，上述公式均不能应用。此时，应以 $M = F_V e$ 代替式（4-26）等式中的 $F_H h_1$ 重新推导。

4.5.3 地基验算

计算得到沉井侧面和基底土体应力以及沉井各截面的荷载效应后，就可以进行地基承载力和沉井各部分结构的计算。

对于沉井底面，需按浅基础要求进行地基承载力验算，基底平均压应力和最大压应力满足设计要求。

对于沉井侧面，要求井侧水平压应力 σ_{zx} 小于沉井周围土的极限抗力 $[\sigma_{zx}]$。计算时可认为沉井在外力作用下产生位移时，深度 z 处沉井一侧产生主动土压力 E_a，而另一侧受到被动土压力 E_p 作用，故井侧水平压应力应满足：

$$\sigma_{zx} \leqslant [\sigma_{zx}] = E_p - E_a \tag{4-37}$$

由朗肯土压力理论可导得

$$\sigma_{zx} \leqslant \frac{4}{\cos\varphi}(\gamma z\tan\varphi + c) \tag{4-38}$$

式中：γ 为土的重度，φ 和 c 分别为土的内摩擦角和黏聚力。

考虑到桥梁结构性质和荷载情况，且经验表明最大的横向抗力大致在 $z = h/3$ 和 $z = h$ 处，以此代入式（4-37）可得

$$\sigma_{\frac{h}{3}x} \leqslant \eta_1\eta_2\frac{4}{\cos\varphi}\left(\frac{\gamma h}{3} + \tan\varphi + c\right) \tag{4-39}$$

$$\sigma_{hx} \leqslant \eta_1\eta_2\frac{4}{\cos\varphi}(\gamma h\tan\varphi + c) \tag{4-40}$$

式中，$\sigma_{\frac{h}{3}x}$、σ_{hx} 为相应于 $z = h/3$ 和 $z = h$ 深度处土的水平压应力；η_1 为取决于上部结构形式的系数，一般取 1，对于超静定推力拱桥可取 0.7；η_2 为恒载产生的弯矩 M_g 对总弯

矩 M 的影响系数，$\eta_2 = 1 - 0.8\dfrac{M_g}{M}$ 。

此外，还须验算结构顶部的容许水平位移及施工容许偏差的影响，当结构顶部水平位移控制严格时，需考虑被动土压力 E_p 和主动土压力 E_a 发挥作用所需的位移条件不同，二者并不同时发生。

基础是传递上部结构荷载的结构，工程中不应拘泥于既定的形式，而应根据上部结构和地质条件的特点，因地制宜利用地基的抗力来设计和建造各种基础。随着土木工程实践的深入，在工程中还会有其他形式的基础被提出来。无论哪种形式，只要是能利用基础侧面岩土抗力，就可以归类到深基础范围，并按深基础计算。

4.5.4 沉井的混凝土封底和封顶计算

（1）封底混凝土计算

对基底标高位于地下水位以下的沉井，当抽干井内水进行封底混凝土施工时，封底混凝土的厚度应保证其自重能抵抗施工时地下水位的浮力。作为基础计算时，封底混凝土厚度取决于基底承受的反力，该竖向反力由封底后封底混凝土需承受的基底水和地基土的向上反力组成。封底混凝土厚度一般比较大，可按受弯和受剪计算确定。

按受弯计算时，将封底混凝土视为支承在凹槽或隔墙底面和刃脚上的底板，按周边支承的双向板（矩形或圆端形沉井）或圆板（圆形沉井）计算，底板与井壁的连接一般按简支连接考虑，当连接可靠（由井壁内预留钢筋连接等）时，也可按弹性固定连接考虑。要求计算所得的弯曲拉应力应小于混凝土的弯曲抗拉设计强度，具体计算可参考有关设计手册。

按受剪计算时，需考虑封底混凝土承受基底反力后是否存在沿井孔周边剪断的可能性，若剪应力超过其抗剪强度则应加大封底混凝土的抗剪面积。

（2）钢筋混凝土顶板计算

空心或井孔内填以散体材料（砾、砂、石、土等）的沉井，井顶必须浇筑钢筋混凝土顶板，用以支承上部结构荷载。顶板厚度一般预先拟定再进行配筋计算，计算时按承受最不利均布荷载的双向板考虑。

当上部结构平面全部位于井孔内时，还应验算顶板的剪应力和井壁支承压力；若部分支承于井壁上则不需进行顶板的剪力验算，但需进行井壁的压应力验算。

思考题

4-1　何谓沉井基础？其适用于哪些场合？

4-2　沉井基础的主要构造有哪些？各部分分别承担什么样的功能？

4-3　沉井在施工中会遇到哪些问题？应如何处理？

4-4　沉井在施工过程中应进行哪些验算？

4-5　沉井作为整体深基础的验算内容有哪些？

习 题

4-1 某水下圆形沉井基础直径 7 m，作用于基础上的竖向荷载 18 503 kN（已扣除浮力 3 848 kN），水平力 503 kN，弯矩 7 360 kN·m（均为考虑了附加组合荷载的情况），$h_1=h_2=1.0$ m。沉井埋深 10 m，土质为中等密实的砂砾层，重度 21.0 kN/m³，内摩擦角 35°，内聚力 c 为零，试验算该沉井基础的地基承载力及横向土抗力。

4-2 某旱桥桥墩基础为钢筋混凝土圆形沉井基础，各地基土层物理力学性质资料及沉井初拟尺寸如图 4-22 所示。底节沉井及盖板混凝土等级为 C20，顶节为 C15，井孔中空。作用于井顶中心处竖向荷载 7 075 kN，水平力 350 kN，弯矩 2 455 kN·m，试验算该沉井基础的基底应力是否满足要求。

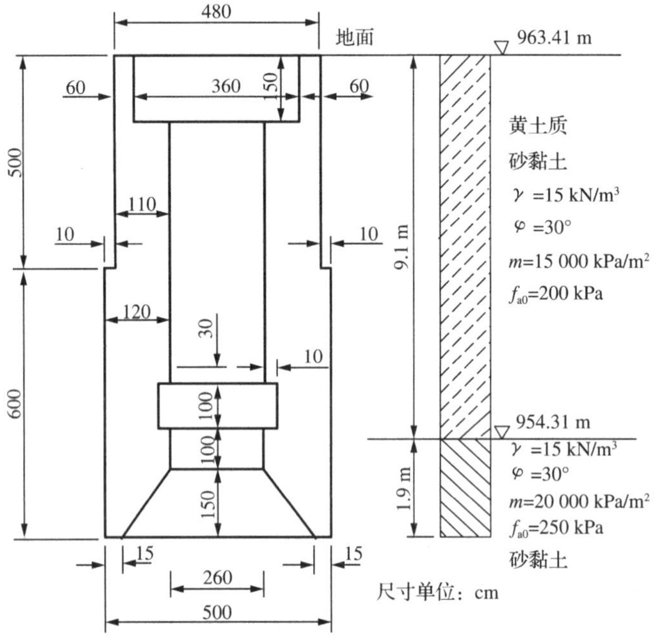

图 4-22 习题 4-2 附图

第5章　基坑工程
Foundation Pit Engineering

本章学习目标

熟悉基坑工程特点、常用支护结构形式及其适用条件；
掌握作用于支护结构上的土压力计算方法；
掌握悬臂式、单支撑桩墙结构的基本计算方法；
掌握基坑稳定性分析方法；
了解基坑常用的控制地下水方法。

5.1　概　述

基坑（foundation pit）是指为进行建筑物的基础与地下室施工所开挖的地面以下空间。为保护坑内基础和地下室施工以及基坑周围环境的安全，对基坑采取的临时性支挡、加固以及地下水保护与控制等措施称为基坑支护。其中，周边环境是与基坑开挖有相互影响的周边建（构）筑物、地下管线、道路、岩土体和地下水体等的总称。为保证基坑支护施工以及施工过程中周边环境不受损害而对场地及基坑支护进行的一系列勘察、设计、施工、检测和项目管理等工作的总和称为基坑工程。

基坑工程是一项综合性很强的岩土工程，既涉及土力学中典型的强度、稳定与变形问题，又涉及土与支护结构相互作用以及场地的工程、水文地质等问题，同时还与监测、施工技术以及项目管理等密切相关，它具有以下特点：

①基坑支护风险大。基坑在基础与地下室施工完成后均会回填，因此基坑支护是临时性的，一般情况下临时工程安全储备相对较小，而且临时工程在项目中受重视程度也相对不足，所以风险性大。

②基坑工程具有很强的地域性。由于不同场地的工程水文地质条件、岩土的工程性质以及周边环境条件都有差异，基坑工程往往具有很强的地域性特征，因此，它的设计和施工必须因地制宜，切忌生搬硬套。

③基坑具有较强的时空效应。支护结构所受荷载（如土压力）及其产生的应力和变形在时间上和空间上具有较强的变异性，在软黏土和复杂形状基坑工程中尤为突出。

④基坑施工对周边环境会产生较大影响。基坑开挖、降水势必引起周边场地土的应力

和地下水位发生改变，使土体产生变形，对相邻建（构）筑物和地下管线等产生影响，严重者将危及到它们的安全和正常使用。大量土方运输也将对交通和环境卫生产生影响。

⑤基坑工程是一项综合性很强的系统工程。它不仅涉及结构、岩土、工程地质及环境等多门学科，而且与勘察、设计、施工、检测、监测以及项目管理等工作环环相扣紧密相连。

我国建筑工程领域对基坑支护设计的主要依据是《建筑基坑支护技术规程》（JGJ 120—2012）（简称《建筑基坑规范》）。虽然基坑支护结构是临时结构，《建筑基坑规范》规定支护结构的设计使用期限不应小于一年。基坑和开挖形成的边坡在设计计算中有类似之处，但基坑是临时的，这是它与挖方边坡的根本区别之一。

基坑支护结构的安全等级按破坏后果分为三级，如表 5-1 所示。基坑支护结构的设计极限状态与基础相同：对承载力和稳定性问题，按承载力极限状态设计；对变形、位移、渗流等影响基坑和基础、主体结构施工的指标，按正常使用极限状态设计。

表 5-1　基坑支护结构的安全等级

安全等级	破坏后果	结构重要性系数 γ_0
一级	支护结构失效、土体过大变形对基坑周边环境或主体结构施工安全的影响很严重	1.1
二级	支护结构失效、土体过大变形对基坑周边环境或主体结构施工安全的影响严重	1.0
三级	支护结构失效、土体过大变形对基坑周边环境或主体结构施工安全的影响不严重	0.9

5.2　常见基坑支护结构类型及其适用条件

5.2.1　常见的基坑支护结构类型

基坑支护结构是指支挡或加固基坑侧壁岩土体的结构。其中支挡结构可由挡土构件（桩、地下连续墙等）和水平支撑构件（锚杆、内支撑等）组合而成，也可仅由竖向挡土构件构成；而加固结构则为通过对基坑侧壁岩土加筋、加固和处理形成的结构，如土钉墙和水泥土墙等。基坑工程具有很强的地域性，因此各地根据建筑、场地、地层和施工特点发展出了多种多样的基坑支护结构，几种常见的支护结构及其适用条件如下：

（1）放坡及简易支护

放坡是指选择合适的坡比进行基坑侧壁开挖。适用于地基土质较好、开挖深度不大的工程。放坡开挖施工简便、费用低，但挖方及回填量大，支护占地范围也大。为减少开挖填量和支护占地面积，可在坑底采用简易的支护（图 5-1）。

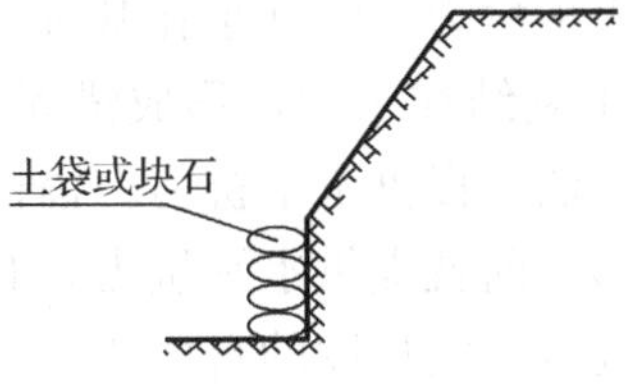

(a) 土袋或块石堆砌支护

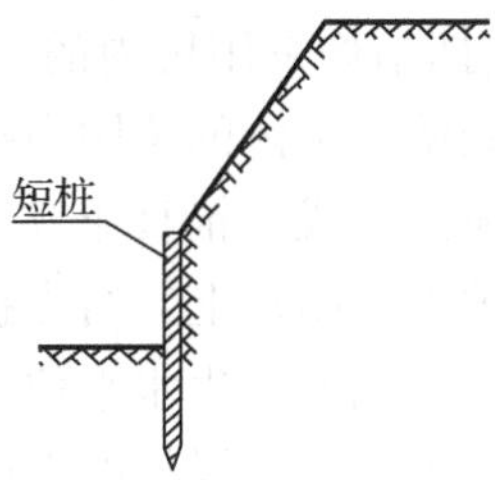

(b) 短桩支护

图 5-1　基坑简易支护

(2) 悬臂式支挡结构

仅由挡土结构支挡基坑侧壁土体，并将荷载向下传递，依靠基坑底部岩土最终承受基坑侧壁土压力的支挡结构称为悬臂式支挡结构（cantilever retaining structure）。图 5-2 所示支护剖面的挡土结构可以是支护桩或支护墙。支护桩常采用钢筋混凝土桩或钢板桩，支护墙通常采用地下连续墙（diaphragm wall）。

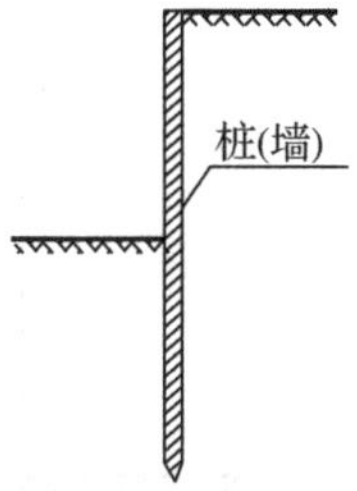

图 5-2　悬臂式支挡结构

悬臂式支挡结构依靠挡土结构的抗弯、抗剪能力和足够的入土深度来维持基坑壁的稳定和安全，其施工较为便利，但悬臂式支护结构在水平力作用下易产生较大水平位移，且随开挖深度加大，增大明显，因此悬臂式支挡结构只适用于土质较好、开挖深度不大（一般不大于 6 m）的基坑工程，不适用于开挖深度大，基坑周边存在对水平位移敏感的建筑和管线的场地。

(3) 支撑式支挡结构

支撑式支挡结构（support retaining structure）由挡土结构和设置在基坑内的支撑组成（图 5-3），可视为对悬臂式支挡结构的加强。增加了支撑后，基坑侧壁土压力由水平支撑直接承担，不需全部传递到基坑底部，因此可显著降低挡土结构的内力，减小挡土结构的水平位移。支撑式支挡结构的挡土结构与悬臂桩相同，支撑常采用木方、钢筋混凝土或钢管（或型钢）做成，支撑可以水平设置，也可设置斜撑。支撑式支挡结构适合于深基坑和各种地基土层，缺点是设置在基坑内的支撑对基坑中土体挖除、基础和地下室施工有不利影响。

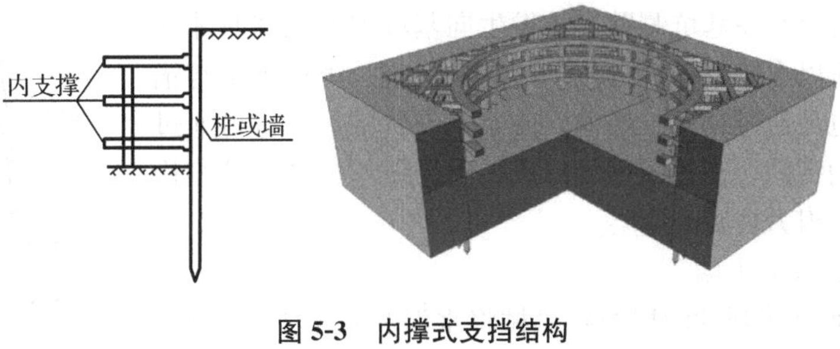

图 5-3　内撑式支挡结构

(4) 锚拉式支挡结构

锚拉式支挡结构（anchored retaining structure）由挡土结构和拉锚或锚杆组成

（图 5-4）。支撑式支挡结构采用坑内的支撑为悬臂式支挡结构提供水平抗力，锚拉式支挡结构则是通过基坑侧壁岩土体的锚固力提供水平抗力。锚杆是在基坑侧壁岩土中钻孔、置入锚杆杆体并注水泥浆形成，锚杆下端与岩土黏结在一起，形成锚固段提供抗拔锚固力。锚杆上端锁定在支护桩（墙）上，给支护桩（墙）提供水平抗力。锚杆上端一般会施加预应力，使锚杆能在基坑侧壁发生水平位移变形之前就提供水平抗力，有利于控制基坑侧壁变形。为了减少预应力损失，锚杆的上端需设置一定长度的自由段，设置方法为采用套管或涂抹油脂将锚杆杆体与周边水泥浆体隔离，这样锚杆承受拉力时该段杆体可自由伸长，因此称为自由段。锚杆支挡结构需要基坑侧壁地层提供足够的锚固力，因此适用于摩阻力较高的黏性土、砂土、碎石土、岩石等地层，不宜用于淤泥或淤泥质土等软土地层。

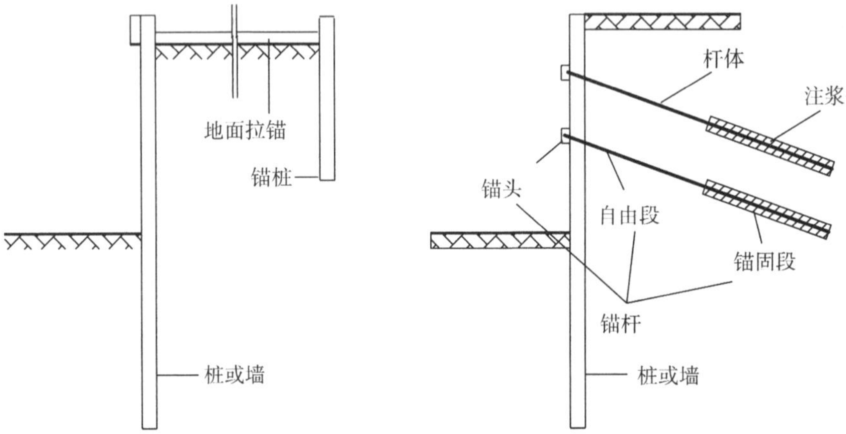

（a）地面拉锚式　　（b）土层锚杆式

图 5-4　拉锚式支挡结构示意图

与支撑式支挡结构相比，锚拉式支挡结构的优点是不占用基坑内空间也能提供水平抗力，不影响基坑内挖土和基础施工，缺点是设置拉锚或锚杆需要占用基坑外侧的地表或地下空间，当基坑外侧空间不足或有重要的地下结构时就不宜使用。

（5）土钉墙

土钉墙（soil nail wall）是由基坑侧壁土体、布置较密的土钉和喷射于坡面上的混凝土面板组成（图 5-5）。土钉也依靠基坑侧壁土体提供的锚固力抵抗土压力，因此构造与锚杆相似，但是土钉不施加预应力，所以土钉不设置自由段。因为不施加预应力，土钉只有在基坑侧壁岩土发生向基坑内的位移时才开始发挥作用，所以土钉墙是一种被动的支护措施。土钉施工与锚杆大致相同，也是通过钻孔、插筋、注浆来设置的，但也可通过直接打入较粗的钢筋、钢管或型钢形成。土钉墙与锚杆支护结构类似，适用于摩阻力较高的地层。

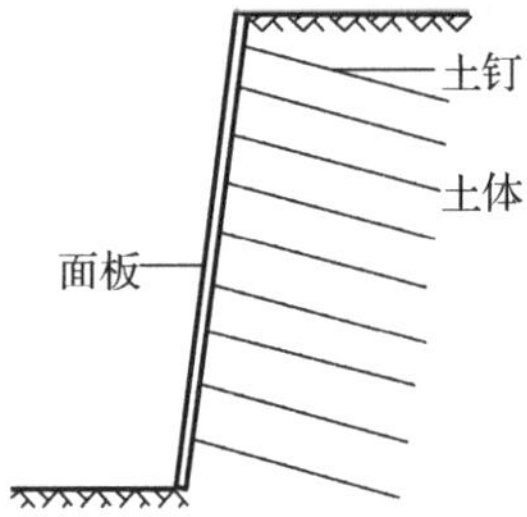

图 5-5　土钉墙示意图

（6）重力式水泥土墙

在土体中通过特制的深层搅拌机械将水泥和软土强制拌和，水泥和土体硬结成具有一定强度的水泥土桩。重力式水泥土墙是水泥土桩与桩之间搭接成的实体，与重力式挡土墙（gravity retaining wall）一样支挡基坑侧壁土的土压力。水泥土墙中的桩与桩或排与排之间可相互咬合紧密排列，也可按格栅式排列（图 5-6）。水泥土墙适合作为淤泥、淤泥质土等软土地区的基坑支挡。

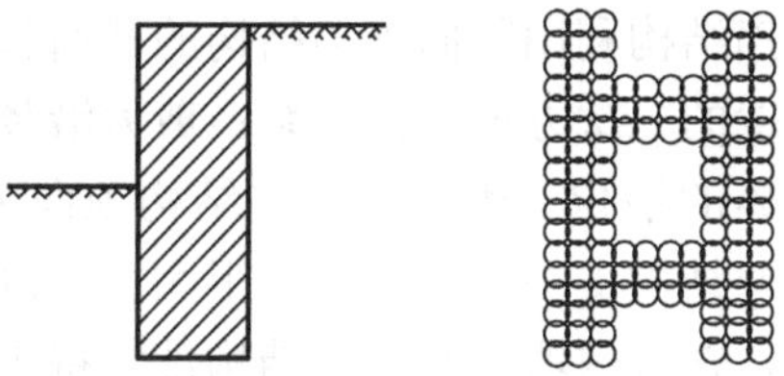

（a）水泥土桩墙剖面　　（b）水泥土桩墙平面布置

图 5-6　格栅式水泥土桩墙

（7）双排桩支挡结构

双排桩支挡结构（double-row pile wall）通常由钢筋混凝土前排桩和后排桩以及盖梁或盖板组成（图 5-7），其支挡深度比单排悬臂式结构要大，且变形相对较小。双排桩不仅比单排桩悬臂支挡结构多了一排桩，而且还要利用其框架作用抵抗土压力，减小支挡结构变形，因此双排桩的排距取值不宜太小，一般取（2～5）d（d 为桩径）。

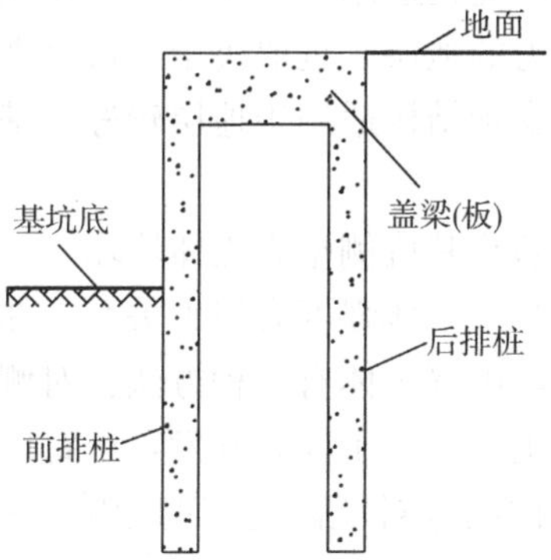

图 5-7　双排桩支挡结构

5.2.2　基坑支护结构支护原理及其适用环境

基坑支护结构的作用是维持基坑侧壁岩土体的稳定性，避免基坑侧壁岩土体垮塌，侵入坑内地下结构范围，影响地下结构施工，或者垮塌后令基坑周边建筑失去支撑，产生倾斜、沉降甚至倒塌。根据对基坑侧壁的作用方式，可将各种基坑支护结构支护的原理归纳如下：

（1）将基坑侧壁可能垮塌的岩土体挖除

将可能垮塌的侧壁岩土体挖除，就从根本上解决了侧壁土体垮塌侵入坑内地下结构范围的问题。放坡开挖就是对该原理的应用。放坡的坡度取决于基坑侧壁岩土体的强度特性，根据土力学原理，土体破裂角度为 $45°+\varphi/2$，基坑侧壁岩土体强度越高，放坡坡度可以越陡，放坡工程量越小，基坑深度越深，放坡开挖工作量越大，开挖面积与深度的二次方成正比。因此放坡法适用于开挖深度不大、侧壁土体强度高的地层。

（2）在基坑内设置支撑，抵挡基坑侧壁岩土体垮塌

为防止基坑侧壁岩土体向坑内垮塌，要在坑内进行力学支撑。悬臂式支挡结构是该原理最朴素的应用。悬臂式支挡结构利用竖向支挡结构的截面剪力抵抗基坑侧壁岩土体施加的土压力。土压力与支护高度的二次方成正比关系；剪力沿竖向支挡结构向下传递形成弯矩，弯矩是剪力与其传递距离的乘积。因此沿支挡结构顶向下，支挡结构弯矩增加很快。因此，对于深基坑，依靠悬臂结构支挡土压力代价很大。所以悬臂式支护适用于深度不大的基坑。当基坑深度很大时，在坑内增加水平支挡构件，将土压力传递到基坑对面，形成对撑，能显著降低支护成本。对撑构件分布在基坑内，对坑内挖土影响很大。当大型基坑中需要建造塔楼时，将基坑内支撑设计成环状，可不影响塔楼施工。

（3）将水平抗力点设置在基坑侧壁岩土体内，抵挡基坑侧壁岩土体垮塌

在基坑内设置支撑会影响基坑内土体开挖和出土。基坑侧壁潜在滑动面以内的岩土体可能向坑内垮塌，但潜在滑动面以外的岩土体是稳定的。因此将锚杆、拉杆的锚固段设置在滑动面以外，就可以将竖向支挡结构承受的土压力传递到基坑侧壁稳定地层中去，避免内支撑影响施工。锚拉式支挡结构即采用这种原理开发。利用锚杆取代内支撑，同样能显著降低竖向支护结构的内力，因此也适用于深基坑。锚拉式支挡能否使用，还取决于基坑侧壁是否存在可提供较高锚固力的地层，也取决于城市管理和周边场地业主是否允许在基坑外打设锚杆。因此，该类型支护结构适用于地层较好的基坑，以及锚杆施工不受周边环境限制的情况。

（4）加固基坑侧壁土体，防止基坑侧壁岩土体垮塌

基坑侧壁土体是否垮塌与侧壁土体强度有很大关系，加固基坑侧壁土体，也可能避免基坑侧壁岩土体垮塌。加固基坑侧壁土体有两种方法：对侧壁土体进行改良，在侧壁土体中打入高强拉杆。重力式水泥土墙法基于前者开发，土钉墙基于后者开发。这类方法也能避免放坡开挖工作量大和内支撑结构对坑内施工的影响。一般软土地层适用搅拌法施工，可以设计成水泥土墙；侧壁土体强度虽高但不足以令基坑侧壁稳定的，则可尝试土钉墙。

基坑的支护体系设计，往往需因地制宜，根据基坑深度、周边环境要求特点，充分利用各种基坑支护结构的优势，选择适用的支护结构。很多情况下，需综合利用各种支护原理，采用组合式的支护结构，以取得技术经济上的最优结果。

5.2.3 常见基坑支护结构选型

基坑支护结构的选型应综合考虑基坑周边环境、主体建筑物和地下结构的条件、开挖深度、工程地质和水文地质条件、施工技术和设备、施工季节等因素，按照因地制宜的原则比选出最佳支护方案。《建筑基坑规范》给出的各类支护结构的适用条件及选型如表 5-2 所示，这是我国基坑支护设计的重要参考资料，是对我国工程界宝贵经验的总结，读者可基于前述基坑支护结构对支护原理进行深入理解。

表 5-2　各类支护结构的适用条件及选型

<table>
<tr><th colspan="2" rowspan="2">支护结构类型</th><th colspan="3">适用条件</th></tr>
<tr><th>安全等级</th><th colspan="2">基坑深度、环境条件、土类和地下水条件</th></tr>
<tr><td rowspan="5">支挡式结构</td><td>锚拉式结构</td><td rowspan="5">一级
二级
三级</td><td>适用于较深的基坑</td><td rowspan="5">①排桩适用于可采用降水或截水帷幕的基坑
②地下连续墙宜同时用作主体地下结构外墙，可同时用于截水
③锚杆不宜用在软土层和高水位的碎石土、砂土层中
④当临近基坑有建筑物地下室、地下构筑物等，锚杆的有效锚固长度不足时，不应采用锚杆
⑤当锚杆施工会造成基坑周边建（构）筑物的损害或违反城市地下空间规划等规定时，不应采用锚杆</td></tr>
<tr><td>支撑式结构</td><td>适用于较深的基坑</td></tr>
<tr><td>悬臂式结构</td><td>适用于较浅的基坑</td></tr>
<tr><td>双排桩</td><td>当锚拉式、支撑式和悬臂式结构不适用时，可考虑采用双排桩</td></tr>
<tr><td>支护结构与主体结构结合的逆作法</td><td>适用于基坑周边环境很复杂的深基坑</td></tr>
<tr><td rowspan="4">土钉墙</td><td>单一土钉墙</td><td rowspan="4">二级
三级</td><td>适用于地下水位以上或经过降水的非软土基坑，且基坑深度不宜大于 12 m</td><td rowspan="4">当基坑潜在滑动面内有建筑物、重要地下管线时，不宜采用土钉墙</td></tr>
<tr><td>预应力锚杆复合土钉墙</td><td>适用于地下水位以上或经过降水的非软土基坑，且基坑深度不宜大于 15 m</td></tr>
<tr><td>水泥土桩复合土钉墙</td><td>用于非软土基坑时，基坑深度不宜大于 12 m；用于淤泥质土基坑时，基坑深度不宜大于 6 m；不宜用在高水位的碎石土、砂土层中</td></tr>
<tr><td>微型桩复合土钉墙</td><td>适用于地下水位以上或经过降水的基坑，用于非软土基坑时，基坑深度不宜大于 12 m；用于淤泥质土基坑时，基坑深度不宜大于 6 m</td></tr>
<tr><td colspan="2">重力式水泥土墙</td><td>二级
三级</td><td colspan="2">适用于淤泥质土、淤泥基坑，且基坑深度不宜大于 7 m</td></tr>
<tr><td colspan="2">放坡</td><td>三级</td><td colspan="2">① 施工场地应满足放坡条件
② 可与上述支护结构形式结合</td></tr>
</table>

注：① 当基坑不同部位的周边环境、土层性状、基坑深度等不同时，可在不同部位分别采用不同的支护形式。

② 支护结构可采用上、下部以不同结构类型组合的形式。

5.3 基坑支护设计内容与土压力计算方法

5.3.1 基坑支护设计内容

基坑支护是为进行建（构）筑物基础与地下室施工服务，因此基坑支护不应占据坑内结构物的空间，保证基坑内的基础和地下结构具有足够的施工空间，基坑支护还应确保施工工期内基坑内具备干燥的施工环境。不能因基坑支护存在及其施工而对周边环境产生较大不利影响，要保证基坑周边建（构）筑物、地下管线、道路的安全和正常使用。

基坑支护设计应有足够的依据，应收集到包括建（构）筑物基础与地下室的设计图纸、施工要求以及基坑内建筑场地和基坑周边环境勘察报告。用于基坑设计的勘察报告应重点查明基坑外的地质、水文地质和周边环境情况。对周边环境须查明：基坑周边地面建（构）筑物的结构类型、层数、基础类型、埋深、基础荷载大小及上部结构现状；基坑周边地下建（构）筑物及各种管线等设施的分布和状况；场地周围和邻近地区地表及地下水分布情况及对基坑开挖的影响程度。

基坑支护设计包括如下内容：

①提出适用的支护结构方案。基坑支护工程应根据工程和环境条件结合当地特点，提出几种可行的支护方案，通过比较选出对周边环境影响小、技术经济指标可接受的方案，确定支护构件几何参数进行验算。

②计算基坑支护所需承受的土、水压力，验算支护结构的强度、稳定和变形，验算基坑内外土体的稳定性。对于重要基坑工程还应验算基坑开挖引起的支护结构和周围土体变形。

③进行基坑降水和止水帷幕以及支护墙的抗渗设计，验算抗渗稳定性和坑底突涌稳定性。必要情况下，还需验算地下水变化引起的基坑内外土体的变形。

④提出基坑支护施工和监测技术要求和要点。对于复杂的基坑工程，需指定支护结构、止水帷幕的施工方法，确定支护各构件与基坑开挖施工的先后顺序，阐明施工过程中的主要风险，提出基坑周边施工荷载限值，提出基坑周边环境变形监测内容和预警的标准，提出基坑抢险应急预案要点。

5.3.2 支护结构上土压力的特点与计算规定

作用于基坑支护结构上的土压力主要来自两方面：一是由土体（包括地下水）自重产生的土压力，二是周边建（构）筑物荷载、施工荷载、地震荷载以及其他附加荷载通过土体的传递而产生的土压力。

相比一般重力式挡土墙而言，基坑支护结构上土压力的影响因素更多更复杂。其中土压力主要的影响因素包括土的类型及应力历史、地下水贮存形式和降排水方式、施工方法和次序、挡土构件的刚度、支点布置及预加力等，而且作用于支护结构上的土压力具有很强的时空效应，即土压力大小和分布是随时间发展变化的。另外，作用在支护结构上的土压力是随着开挖的进程逐步形成的，其分布形式除与上述因素有关外，更重要的是它还与支护结构的位移形态（位移的大小、方向和位移方式）有关，而位移形态会因支撑和锚杆的设置及每步开挖施工方式的不同而不同。因此，作用于支护结构上的土压力并不完全处于静止和主动状态。有关实测资料证明：当支护桩或墙上设有支点时，土压力分布一般呈上下小、中间大的抛物线形或更复杂的形状；只有当支护桩或墙处于悬臂状态时，桩或墙的上端绕下端外倾，才有可能产生呈直线分布的主动土压力（active earth pressure）。

影响基坑支护结构上土压力的因素很多，但为了便于工程应用，《建筑基坑规范》并没有过多考虑这些因素的影响，而是规定基坑支护结构采用朗肯土压力理论计算土压力。对于地下水产生的水平作用力，《建筑基坑规范》规定：地下水位以下的黏性土、黏质粉土可采用土压力、水压力合算方法（简称水土合算），即采用饱和重度进行土压力计算，不再另行计算水压力；对地下水位以下的砂质粉土、砂土和碎石土应采用土压力、水压力分算法（简称水土分算），即采用有效重度计算土压力，再另行计算水压力，最后合并作用在支护结构上。上述规定中，用词“可”与“应”是有差别的，水压力的水平作用系数为 1.0，当计算主动土压力时，采用水土合算得到的支护结构水平作用力一般小于水土分算，因此出于安全考虑，“应”采用水土分算，对黏性土、黏质粉土这些渗透性较弱的土，水压力不能直接作用到支挡结构上，才“可”采用水土合算计算。

因基坑服务于基础施工，《建筑地基规范》也对基坑支护设计作了规定：作用于支护结构的主动和被动土压力（passive earth pressure）可采用库仑或朗肯土压力理论计算；当对支护结构水平位移有严格限制时，应采用静止土压力计算；当按变形控制原则设计支护结构时，作用在支护结构的计算土压力可按支护结构与土体的相互作用原理确定，也可按地区经验确定。

5.3.3 地下水位以上土压力计算方法

当土层位于地下水位以上时，根据朗肯土压力理论，支护结构外侧地面以下深度 z_{ai} 处主动土压力强度 p_{ai}［图 5-8（a）］可按下式计算：

$$p_{ai}=\sigma_{vi}K_{ai}-2c_i\sqrt{K_{ai}} \tag{5-1}$$

$$K_{ai}=\tan^2\left(45^\circ-\frac{\varphi_i}{2}\right) \tag{5-2}$$

式中，σ_{vi} 为地面以下深度 z_{ai} 处竖向应力；K_{ai} 为地面以下深度 z_{ai} 处土的主动土压力系数；c_i 、φ_i 分别为地面以下深度 z_{ai} 处土的黏聚力、内摩擦角。

对黏性土、黏质粉土采用三轴固结不排水剪强度指标 c_{cu} 、φ_{cu} 或直剪固结快剪强度指标 c_{cq} 、φ_{cq} ；对砂土、碎石土和砂质粉土应采用有效应力强度指标 c' 、φ' 。

支护结构内侧，基坑底面以下深度 z_{pj} 处被动土压力强度 p_{pj}［图 5-8（a）］可按下式计算：

$$p_{pj}=\sigma_{vj}K_{pj}+2c_j\sqrt{K_{pj}} \tag{5-3}$$

$$K_{pj} = \tan^2\left(45° + \frac{\varphi_j}{2}\right) \tag{5-4}$$

式中，σ_{vj} 为基坑底面以下深度 z_{pj} 处竖向应力；K_{pj} 为基坑底面以下深度 z_{pj} 处土的被动土压力系数；c_j 、φ_j 分别为基坑底面以下深度 z_{pj} 处土的黏聚力、内摩擦角，其取值方法同上。

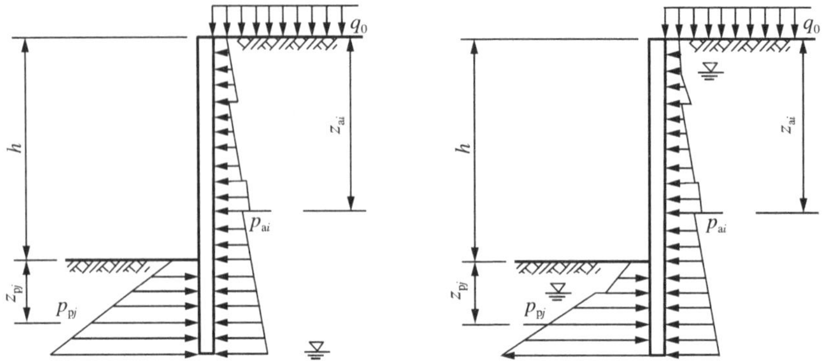

（a）地下水位以上土层　　（b）地下水位以下土层

图 5-8　土压力计算示意图

5.3.4　地下水位以下水、土压力计算方法

当土层位于地下水位以下时［图 5-8（b）］，对于黏性土、黏质粉土采用土、水压力合算方法计算主动和被动土压力，其计算方法同式（5-1）～式（5-4）。

对于砂土、碎石土和砂质粉土，应采用土、水压力分算法计算支护结构外侧主动土压力：

$$p_a = \sigma'_{vi}K_{ai} - 2c_i\sqrt{K_{ai}} + u_{ai} = (\sigma_{vi} - u_{ai})K_{ai} - 2c'_i\sqrt{K_{ai}} + u_{ai} \tag{5-5}$$

$$K_{ai} = \tan^2\left(45° - \frac{\varphi'_i}{2}\right) \tag{5-6}$$

式中，u_{ai} 为支护结构外侧地面以下计算点的水压力；c'_i 、φ' 分别为地面以下深度 z_{ai} 处土的有效黏聚力、有效内摩擦角。

而支护结构内侧被动土压力按下式计算：

$$p_{pj} = \sigma'_{vj}K_{pj} + 2c_j\sqrt{K_{pj}} + u_{pj} = (\sigma_{vj} - u_{pj})K_{pj} + 2c'_j\sqrt{K_{pj}} + u_{pj} \tag{5-7}$$

$$K_{pj} = \tan^2\left(45° + \frac{\varphi'_j}{2}\right) \tag{5-8}$$

式中，u_{pj} 为基坑底面以下计算点的水压力；c'_j 、φ'_j 分别为基坑底面以下深度 z_{aj} 处土的有效黏聚力、有效内摩擦角。

5.4 桩（墙）式支挡结构的计算

桩（墙）式支挡结构是指采用桩（混凝土桩、钢板桩等）或墙（水泥土墙、地下连续墙）作为挡土结构的各种悬臂式、支撑式、锚拉式支挡结构。由于桩（墙）结构强度高，且一般为垂直设置，占地面积小，因此多用在基础或地下室边线与用地红线间距狭窄、地质条件较差的基坑工程中。悬臂式、内支撑式、锚拉式以及双排桩等桩、墙式支挡结构各自具有不同的支挡能力，适用范围较广，因此，桩、墙式支挡结构在城市中心深基坑中应用十分广泛。

桩式支挡结构中，桩的排列方式通常有柱列式［图 5-9（a）］、连续式［图 5-9（b）（c）（d）］和组合式［图 5-9（e）（f）］。桩（墙）式支挡结构除受力桩、墙外，有时还包括冠梁、腰梁以及桩墙间的止水、咬合构造等，必要时设置了一道或多道支撑或锚杆。

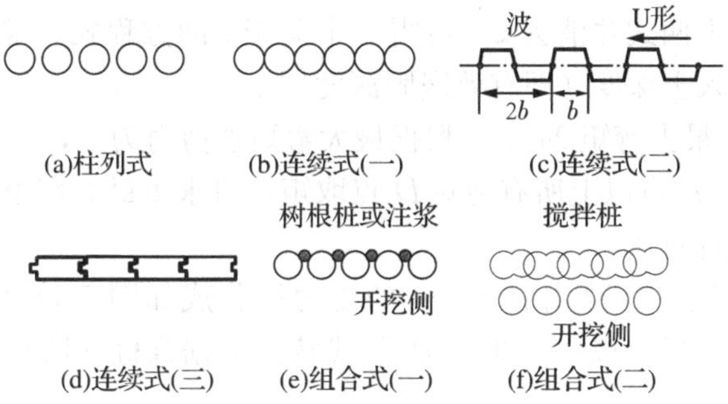

图 5-9　排桩支护结构桩的排列形式

5.4.1 悬臂式桩（墙）支挡结构计算

悬臂式排桩（墙）支挡结构受力简单，其计算可采用极限平衡法（limit equilibrium method）和布鲁姆（H. Blum）简化计算法。

（1）极限平衡法

对于悬臂式支护结构，计算简图如图 5-10 所示。当单位计算宽度桩（墙）两侧所受的净土压力相平衡时，桩（墙）则处于稳定状态，相应的桩（墙）入土深度即为其保证稳定所需的最小入土深度，可根据静力平衡条件求出。具体计算步骤如下：

① 分别在桩（墙）底端 C 处和坑底 B 处，计算支护结构外侧的主动土压力强度 p_{a2} 、p_{a1} 和内侧的被动土压力强度 p_{p2} 、p_{p1} ，然后叠加得第一净土压力线 b_1b_2d ，并求出第一个土压力零点 O 的位置，它距基坑底面的距离为 u ，距桩（墙）

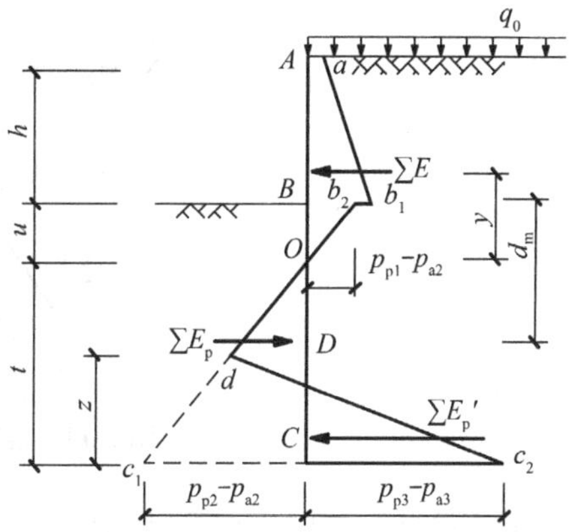

图 5-10　悬臂式支挡结构计算静力平衡法

底端 C 的距离为 t；

② 计算 O 点以上土压力合力 $\sum E$，求出 $\sum E$ 作用点至 O 点的距离 y；

③ 计算桩（墙）底端 C 处内侧的主动土压力强度 p_{a3} 和外侧的被动土压力强度 p_{p3}，然后叠加得 C 处的净土压力点 c_2，由此引第二净土压力线 c_2d，它与第一净土压力线 b_1d 交于 d 点，假定 d 点距桩（墙）底端 C 的距离为 z；

④ 根据作用在桩（墙）上的全部水平作用力平衡条件（$\sum F_x = 0$）和绕桩（墙）底端力矩平衡条件（$\sum M_c = 0$）可得

$$\sum E + [(p_{p3} - p_{a3}) + (p_{p2} - p_{a2})] \frac{z}{2} - (p_{p3} - p_{a3}) \frac{t}{2} = 0 \tag{5-9}$$

$$\sum E(t + y) + [(p_{p3} - p_{a3}) + (p_{p2} - p_{a2})] \frac{z}{2} \frac{z}{3} - (p_{p3} - p_{a3}) \frac{t}{2} \frac{t}{3} = 0 \tag{5-10}$$

上两式中包含未知数 z 和 t，而且 p_{a2}、p_{p2}、p_{a3}、p_{p3} 计算式中也包含这两个未知数，将它们的计算式代入上两式并消去 z，可得一个关于 t 的方程式，求解该方程，即可求出 O 点以下桩（墙）的入土深度（即有效嵌固深度）t。

⑤ 计算桩（墙）最大弯矩 M_{max}。根据最大弯矩点剪力为零，求出最大弯矩点 D 离基坑底的距离 d_m，再将 D 点以上所有力对 D 点取矩，可求得最大弯矩 M_{max}。

（2）布鲁姆简化计算法

布鲁姆简化计算法将悬臂式桩（墙）的受力简化成如图 5-11 所示的形式。桩（墙）底部外侧出现的被动土压力以一个集中力 E'_p 代替。根据绕桩（墙）底部 C 点的力矩平衡条件 $\sum M = 0$，有

$$(h + u + t - h_a) \sum E - \frac{t}{3} \sum E_p = 0 \tag{5-11}$$

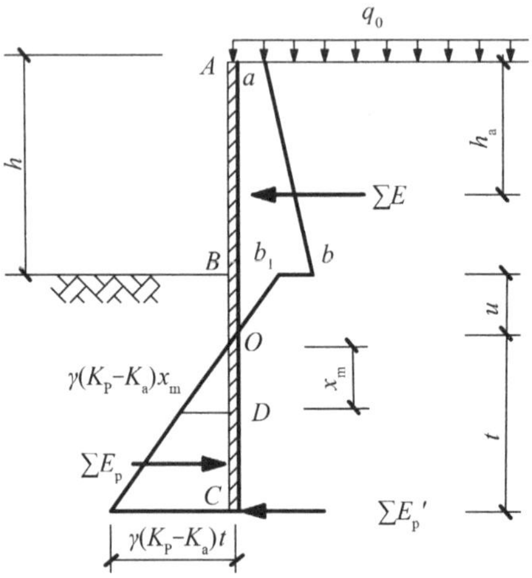

图 5-11　悬臂式桩（墙）的受力简化图

因 $\sum E_p = \dfrac{1}{2}\gamma(K_p - K_a)t^2$，代入上式可得

$$t^3-\frac{6\sum E}{\gamma(K_p-K_a)}t-\frac{6(h+u-h_a)\sum E}{\gamma(K_p-K_a)}=0 \tag{5-12}$$

式中，t 为桩（墙）的有效嵌固深度；$\sum E$ 为桩（墙）外侧 AB 段主动土压力与 BO 段净土压力之和；K_a 为主动土压力系数；K_p 为被动土压力系数；γ 为土体重度；h 为基坑开挖深度；h_a 为 $\sum E$ 作用点距地面距离；u 为土压力零点 O 距基坑底面的距离。

由式（5-12），经试算可求出桩（墙）的有效嵌固深度 t。

最大弯矩应在剪力为零处，于是有

$$\sum E-\frac{1}{2}\gamma(K_p-K_a)x_m^2=0 \tag{5-13}$$

由此可求得最大弯矩点 D 距土压力零点 O 的距离 x_m 为

$$x_m=\sqrt{\frac{2\sum E}{\gamma(K_p-K_a)}} \tag{5-14}$$

而此处的最大弯矩为

$$M_{max}=(h+u+x_m-h_a)\sum E-\frac{\gamma(K_p-K_a)x_m^3}{6} \tag{5-15}$$

值得注意的是，实际工程中设计嵌固深度，应将计算得到的有效嵌固深度 t 乘以放大系数，并应通过基坑稳定性的验算（详见 5.5 节）。

【例 5-1】 某基坑开挖深度 $h=6.0\text{ m}$。土层重度 $\gamma=19.0\text{ kN/m}^3$，内摩擦角 $\varphi=24°$，黏聚力 $c=10\text{ kPa}$，地面超载 $q_0=15\text{ kPa}$。现拟采用悬臂式地下连续墙支护，试确定墙的有效嵌固深度和最大弯矩。

【解】 沿支护墙长度方向取 1 延米进行计算。

（1）土压力系数计算

主动土压力系数：

$$K_a=\tan^2\left(45°-\frac{\varphi}{2}\right)=\tan^2\left(45°-\frac{24°}{2}\right)\approx 0.42$$

被动土压力系数：

$$K_p=\tan^2\left(45°+\frac{\varphi}{2}\right)=\tan^2\left(45°+\frac{24°}{2}\right)\approx 2.37$$

（2）基坑底面 B 处净土压力强度 p_{b1} 计算

B 处坑外主动土压力强度：

$$p_{a,B}=K_a(q_0+\gamma h)-2c\sqrt{K_a}=0.42\times(15+19\times 6)-2\times 10\times\sqrt{0.42}\approx 41.22(\text{kPa})$$

B 处坑内被动土压力强度：

$$p_{p,B}=0+2c\sqrt{K_p}=0+2\times 10\times\sqrt{2.37}\approx 30.79(\text{kPa})$$

于是，有

$$p_{b1}=p_{a,B}-p_{p,B}=41.22-30.79=10.43(\text{kPa})$$

（3）土压力零点 O 距基坑底面距离 u

O 点处基坑内侧被动土压力强度、外侧主动土压力强度分别为

$$p_{p,O}=K_p\gamma u+2c\sqrt{K_p}\text{，}p_{a,O}=K_a(q_0+\gamma h+\gamma u)-2c\sqrt{K_a}$$

所以，根据 $p_{p,O}-p_{a,O}=0$ ，有

$$u=\frac{K_a(q_0+\gamma h)-2c(\sqrt{K_p}+\sqrt{K_a})}{\gamma(K_p-K_a)}$$

$$=\frac{0.42\times(15+19\times6)-2\times10\times(\sqrt{2.37}+\sqrt{0.42})}{19\times(2.37-0.42)}\approx0.28(\text{m})$$

(4) $\sum E$ 计算

临界深度

$$z_0=\frac{2c}{\gamma\sqrt{K_a}}-\frac{q_0}{\gamma}=\frac{2\times10}{19\times\sqrt{0.42}}-\frac{15}{19}\approx0.83(\text{m})$$

支护墙外侧基坑底面以上主动土压力 E_{a1} 为

$$E_{a1}=\frac{1}{2}p_{a,B}(h-z_0)=\frac{1}{2}\times41.22\times(6-0.83)\approx106.55(\text{kN/m})$$

其作用点距地面的距离 h_{a1} 为

$$h_{a1}=z_0+\frac{2}{3}(h-z_0)=0.83+\frac{2}{3}\times(6-0.83)\approx4.28(\text{m})$$

土压力零点 O 至坑底面范围内作用于支护墙外侧的净土压力 E_{a2} 为

$$E_{a2}=\frac{1}{2}p_{b1}u=\frac{1}{2}\times10.43\times0.28\approx1.46(\text{kN/m})$$

其作用点距地面的距离 h_{a2} 为

$$h_{a2}=h+\frac{1}{3}u=6+\frac{1}{3}\times0.28\approx6.09(\text{m})$$

所以，作用于支护墙外侧的土压力合力 $\sum E$ 为

$$\sum E=E_{a1}+E_{a2}=106.55+1.46=108.01(\text{kN/m})$$

$\sum E$ 的作用点距地面的距离

$$h_a=\frac{E_{a1}h_{a1}+E_{a2}h_{a2}}{\sum E}=\frac{106.55\times4.28+1.46\times6.09}{108.01}=4.30(\text{m})$$

将上述计算得到的 K_a、K_p、u、$\sum E$ 、h_a值代入式（5-12）得

$$t^3-\frac{6\times108.01}{19\times(2.37-0.42)}t-\frac{6\times108.01\times(6+0.28-4.30)}{19\times(2.37-0.42)}=0$$

即

$$t^3-17.49t-34.63=0$$

由此可解得地下连续墙的有效嵌固深度 t=4.95 m。

最大弯矩点距土压力零点的距离 x_m 为

$$x_m=\sqrt{\frac{2\sum E}{(K_p-K_a)\gamma}}=\sqrt{\frac{2\times108.01}{(2.37-0.42)\times19}}\approx2.41(\text{m})$$

于是，最大弯矩 M_{max} 为

$$M_{max} = (h + u + x_m - h_a)\sum E - \frac{\gamma(K_p - K_a)x_m^3}{6}$$
$$= (6 + 0.28 + 2.41 - 4.30) \times 108.01 - \frac{19 \times (2.37 - 0.42) \times 2.41^3}{6}$$
$$\approx 387.73(\text{kN} \cdot \text{m/m})$$

5.4.2 支撑式、锚拉式桩（墙）支挡结构计算

当悬臂式桩（墙）支挡结构不能满足基坑支护的受力和变形要求时，就需要采用支撑式或者锚拉式支挡结构，锚拉或支撑点（简称支点）的层数及位置应根据土层分布及性质、基坑深度、支挡结构刚度和材料强度以及施工要求等因素计算确定。用于单层或多层支点支护结构的计算方法有等值梁法、连续梁法、支撑荷载 1/2 分担法、弹性支点法以及有限单元法等。以下仅对弹性支点法作简单介绍。

弹性支点法（elastic fulcrum method），又称为弹性抗力法、地基反力法，其计算图示如图 5-12 所示。它假定基坑开挖面以下土体作用于挡土构件上的分布土反力不是被动土压力，而是作用于挡土结构上的分布土反力 p_s。

$$p_s = k_s y + p_{s0} \tag{5-16}$$

式中，p_{s0} 为开挖前挡土构件上的（初始）分布土反力，可按主动土压力计算；y 为挡土构件的水平位移；k_s 为地基土的水平反力系数，按下式确定：

$$k_s = m(z - h) \tag{5-17}$$

式中，h 为计算工况下的基坑开挖深度；z 为计算点距地面的深度；m 为地基土的水平反力系数的比例系数（参见本书 3.4 节）。

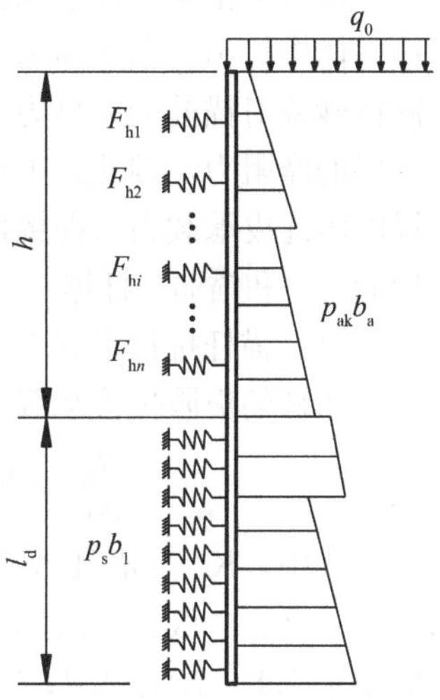

图 5-12　弹性支点法计算简图

参照受水平荷载桩的分析，挡土构件的基本挠曲微分方程为

$$EI\frac{d^4y}{dz^4} + p_s b_1 - p_{ak} b_a = 0 \tag{5-18}$$

式中，EI 为挡土构件的抗弯刚度；y 为挡土构件的水平挠曲变形；b_a 为挡土构件的计算宽度（如图 5-13 所示，即桩的水平间距）；p_{ak} 为挡土结构外侧的主动土压力强度标准值；b_1 为挡土结构内侧的土反力计算宽度（参见本书 3.4 节，当 b_1 大于 b_a 时，取 $b_1 = b_a$）。

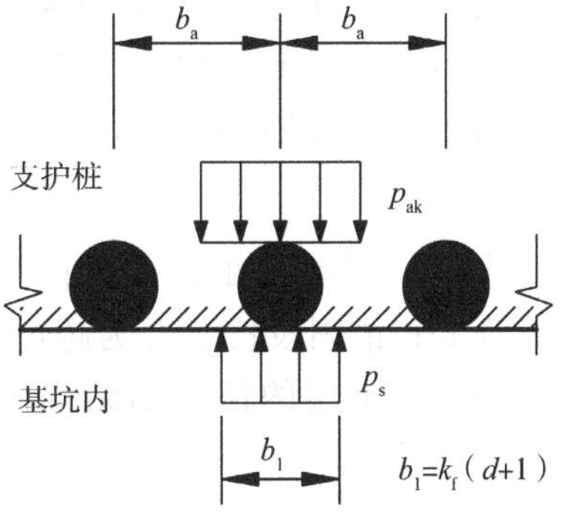

图 5-13　排桩计算宽度

将每个支点视为一弹性支座，在图 5-12 计算模型上，附加上各个支点的作用力 F_h，再利用杆系有限元法可求解出支挡结构的内力和变形。支点力 F_h 的计算式如下：

$$F_h = k_R(y_R - y_R^0) + P_h \tag{5-19}$$

式中，F_h 为支点水平反力；P_h 为支点预加力的水平分量；y_R^0 为设置锚杆或支撑时，支点的初始水平位移量；y_R 为支点的水平位移量；k_R 为支点的刚度系数，即支点发生单位水平位移产生的抗力大小。锚杆的支点刚度系数宜通过试验确定，而支撑的支点刚度系数宜通过对支撑结构整体进行线弹性结构分析得到。

弹性支点法实质是将基坑侧壁产生的土压力作为荷载施加到挡土结构上，将支点和基坑开挖面以下土体视为弹性支座，将挡土结构划分为有限个杆单元，求解得到挡土结构的内力和变形。弹性支点法计算中，挡土结构变形会改变抗力大小但是不会引起荷载变化，因此属于荷载结构法。

5.4.3 锚杆的计算

锚杆由锚头、锚筋和锚固体组成（图 5-14），可能的破坏形式有锚筋被拉断、锚筋从锚固体中拉出、锚固体从土层中拔出。由于锚固体砂浆对锚筋的握裹力一般远大于锚固体与土层的摩阻力，因此，工程中通常仅对锚杆的锚固体抗拔承载力（即锚固体与土层界面抗剪切能力）和锚筋（杆体）抗拉承载力进行验算。

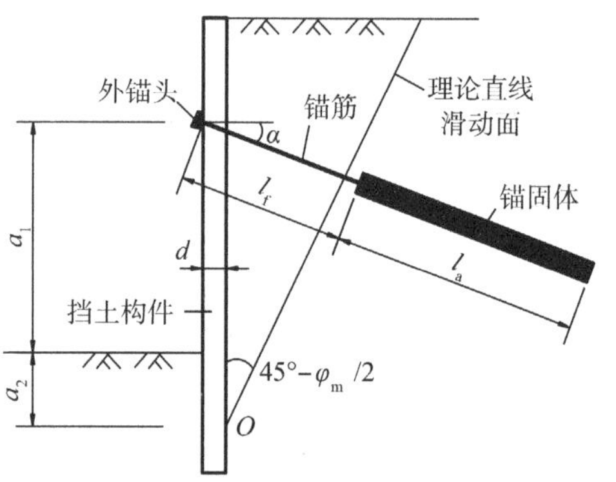

图 5-14 锚拉式桩（墙）支挡结构示意图

（1）锚杆抗拔承载力验算

锚杆的极限抗拔承载力标准值应满足：

$$\frac{R_k}{N_k} \geqslant K_t \tag{5-20}$$

式中，K_t 为锚杆抗拔安全系数，安全等级为一级、二级、三级的支护结构，K_t分别不应小于 1.8、1.6、1.4；N_k 为锚杆轴向拉力标准值 kN，按式（5-21）计算；R_k 为锚杆极限抗拔承载力标准值 kN，按式（5-22）确定。

锚杆轴向拉力标准值 N_k 计算式为

$$N_k = \frac{F_h s}{b_a \cos \alpha} \tag{5-21}$$

式中，F_h 为挡土构件计算宽度内的支点水平反力，单位为 kN；s 为锚杆的水平间距，单位为 m；α 为锚杆的倾角，单位为（°）。

锚杆极限抗拔承载力标准值 R_k计算式为

$$R_k = \pi d \sum q_{sk,j} l_j \tag{5-22}$$

式中，d 为锚杆的锚固体直径，单位为 m；l_j 为锚杆的锚固段在第 j 土层中的长度，单位为 m；锚固段长度 l_a 为超过理论直线滑动面（图 5-14）1.5 m 外的长度；$q_{sk,j}$ 为锚固体与第 j 土层的极限黏结强度标准值，单位为 kPa。应根据工程经验并结合表5-3取值。

表 5-3　锚杆的极限黏结强度标准值

土的名称	土的状态或密实度	q_{sk}/kPa	
		一次常压注浆	二次压力注浆
填土		16～30	30～45
淤泥质土		16～20	20～30
黏性土	$I_L>1$	18～30	25～45
	$0.75<I_L\leqslant1$	30～40	45～60
	$0.50<I_L\leqslant0.75$	40～53	60～70
	$0.25<I_L\leqslant0.50$	53～65	70～85
	$0<I_L\leqslant0.25$	65～73	85～100
	$I_L\leqslant0$	73～90	100～130
粉土	$e>0.90$	22～44	40～60
	$0.75<e\leqslant0.90$	44～64	60～90
	$e\leqslant0.75$	64～100	80～130
粉细砂	稍密	22～42	40～70
	中密	42～63	75～110
	密实	63～85	90～130
中砂	稍密	54～74	70～100
	中密	74～90	100～130
	密实	90～120	130～170
粗砂	稍密	80～130	100～140
	中密	130～170	170～220
	密实	170～220	220～250
砾砂	中密、密实	190～260	240～290
风化岩	全风化	80～100	120～150
	强风化	150～200	200～260

注：① 采用泥浆护壁成孔工艺时，应按表取低值后再根据具体情况适当折减。

② 采用套管护壁成孔工艺时，可取表中的高值。

③ 采用扩孔工艺时，可在表中数值基础上适当提高。

④ 采用二次压力分段劈裂注浆工艺时，可在表中二次压力注浆数值基础上适当提高。

⑤ 当砂土中的细粒含量超过总质量的 30%时，表中数值应乘以 0.75。

⑥ 对有机质含量为 5%～10%的有机质土，应按表取值后适当折减。

⑦当锚杆锚固段长度大于 16 m 时，应对表中数值适当折减。

锚杆的长度 l 包括锚固段长度 l_a 和自由段长度 l_f（图 5-14），l_f 按下式确定，且不应小于 5.0 m：

$$l_f \geqslant \frac{(a_1 + a_2 - d\tan\alpha)\sin\left(45^\circ - \frac{\varphi_m}{2}\right)}{\sin\left(45^\circ + \frac{\varphi_m}{2} + \alpha\right)} + \frac{d}{\cos\alpha} + 1.5 \tag{5-23}$$

式中，l_f 为锚杆非锚固段长度，单位为 m；α 为锚杆倾角，单位为（°）；a_1 为锚杆的锚头中点至基坑底面的距离，单位为 m；a_2 为基坑底面至基坑外侧主动土压力强度与基坑内侧被动土压力强度等值点 O 的距离，单位为 m；对成层土，当存在多个等值点时应按其中最深的等值点计算；d 为挡土构件的水平尺寸，单位为 m；φ_m 为 O 点以上各土层按厚度加权的等效内摩擦角，单位为（°）。

（2）锚筋抗拉强度验算

锚杆杆体的受拉承载力应满足：

$$N \leqslant f_{py} A_p \tag{5-24}$$

式中，N 为锚杆轴向拉力设计值，单位为 kN，$N = \gamma_0 \gamma_F N_k$，其中 γ_0 为支护结构重要性系数（按表 5-1 取值），γ_F 为作用基本组合的综合分项系数（不应小于 1.25）；f_{py} 为锚筋抗拉强度设计值，单位为 kPa；A_p 为锚筋的截面面积，单位为 m^2。

5.4.4 内支撑计算

如图 5-15 所示，内支撑结构体系是由腰梁、内支撑和立柱构成的。内支撑平面布置应做到为基坑开挖和下部主体结构施工提供尽量大的空间和便利。在平面结构上可采用平行对撑形式、正交或斜交的平面杆系形式、环形杆系形式，或者各种组合形式。多数高层、超高层建筑基坑的内支撑结构都采用环形杆系形式，环形杆系不仅可为塔楼施工留出尽量大的空间，而且能利用圆环结构的抗压能力传递荷载。

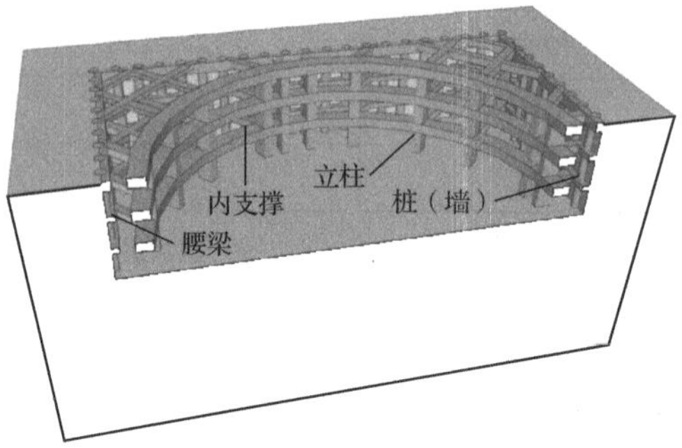

图 5-15　内支撑结构体系示意图

内支撑可以是钢支撑、混凝土支撑和混合支撑。钢支撑可以采用钢管、工字钢、槽钢及各种型钢组合的桁架，通常采用装配式。如果基坑形状比较复杂，应优先选用钢筋混凝土支撑，因为新搅拌混凝土可任意塑形，可根据设计的需要塑造成不同的几何形状。混凝土支撑的缺点是混凝土浇筑和养护时间长，施工工期长，拆除较难，对环境有影响。即便如此，安全等级高的基坑的第一道支撑仍应尽量设计成混凝土支撑，因为混凝土支撑可与冠梁通过浇筑形成整体，具有抗变形能力强、不出现完全失效的特点，如果出现倒塌事故，可大大降低事故的严重程度。

一般内支撑结构体系可按结构力学方法进行受力计算。对于平面杆系支撑、环形杆系支撑，可按平面杆系有限元法进行计算，计算时应考虑基坑不同方向上的荷载不均匀性，约束支座的设置应与支护结构实际位移状态相符。同时，应对内支撑结构进行竖向荷载作用下的受力分析，设有立柱时宜按空间框架计算。

5.5 桩（墙）式支挡结构的稳定性验算

支挡结构承受基坑侧壁的土、水压力最终由地层承受，如果那部分地层承受不了，即便支挡结构完好，基坑仍然会发生支挡结构与地层同时破坏的倒塌，这就是基坑失稳。因此，除了对支挡结构的各部分和各种承载力进行验算，还需要对基坑其他可能的整体性破坏模式进行稳定性验算。

稳定性验算的内容包括：支挡结构抗倾覆稳定性、整体稳定性、踢脚稳定性、坑底抗隆起稳定性和抗渗流稳定性验算等。在稳定性验算中，需要指出两点：第一，在稳定性验算中，认为桩、墙结构的各种承载力满足要求，即破坏面不会穿过桩、墙结构；第二，若某稳定性地表不满足要求，增大桩、墙嵌入坑底地层的深度，往往能起到改善作用，因此基坑稳定性验算也可视为对桩（墙）嵌固深度的验算。

5.5.1 抗倾覆稳定性验算

对悬臂式支挡结构，其嵌固深度 l_d 应满足绕桩（墙）底端 O 点［图 5-16（a）］的抗倾覆稳定要求；对设置有锚杆或内支撑的支挡结构，则应满足绕最下一道支点 O［图 5-16（b）］的抗倾覆（抗踢脚）稳定要求，亦即

$$\frac{E_{pk}a_p}{E_{ak}a_a} \geqslant K_e \tag{5-25}$$

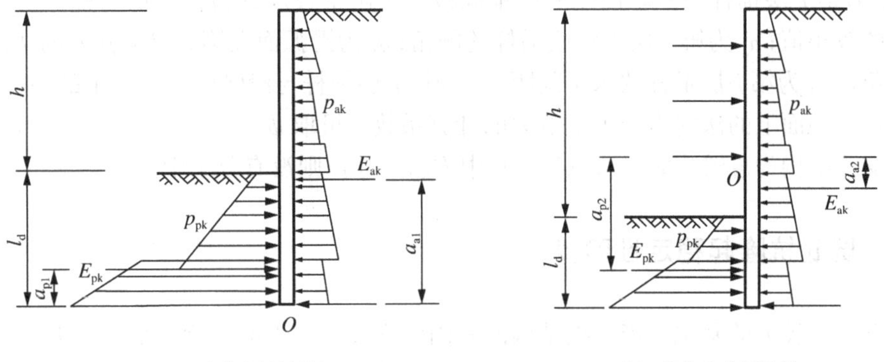

(a) 悬臂式支挡结构　　(b) 多支点支挡结构

图 5-16　抗倾覆稳定性验算

式中，E_{pk}、E_{ak} 分别为基坑的外侧主动土压力、内侧被动土压力标准值；a_p、a_a 分别为基坑的外侧主动土压力、内侧被动土压力的合力点至转动点的距离［如图 5-16 所示，悬

臂式支挡结构为桩（墙）底端，有支点的支挡结构为最下一道支点]；K_e 为抗倾覆稳定安全系数；对应于支护结构安全等级的一级、二级和三级，K_e 分别不应小于 1.25、1.20 和 1.15。

5.5.2 整体滑动稳定性验算

支挡结构的整体滑动稳定性可采用圆弧滑动条分法进行验算（如图 5-17），其最小稳定性安全系数应满足：

$$K_{s,\min}=\frac{\sum\{c_il_i+[(q_ib_i+\Delta G_i)\cos\theta_i-u_il_i]\tan\varphi_i\}+\sum R'_{k,j}[\cos(\theta_j+\alpha_j)+\psi_v]/s_{x,j}}{\sum(q_ib_i+\Delta G_i)\sin\theta_i}\geqslant K_s \tag{5-26}$$

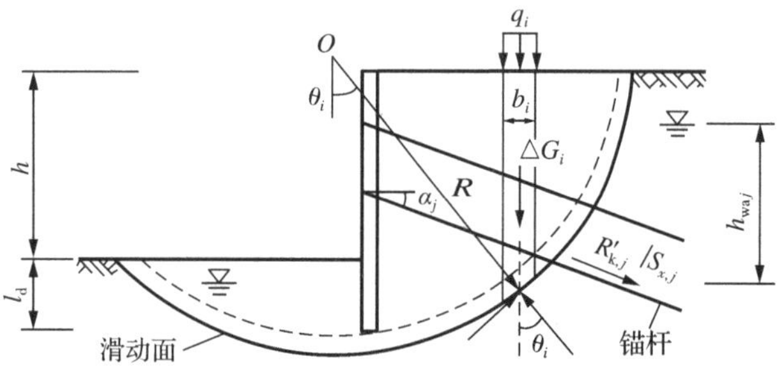

图 5-17 整体稳定性计算

式中，K_s 为圆滑滑动稳定安全系数值（即容许安全系数值），安全等级为一级、二级、三级的支挡式结构，K_s 分别不应小于 1.35、1.30、1.25；$K_{s,\min}$ 为所有可能的圆弧滑动面计算得到的稳定性安全系数中的最小值，应通过搜索不同滑动面计算得到；c_i、φ_i 分别为第 i 土条滑弧面处土的黏聚力、内摩擦角；b_i 为第 i 土条的宽度；θ_i 为第 i 土条滑弧面中点处的法线与垂直面的夹角；l_i 为第 i 土条滑弧长度，$l_i=b_i/\cos\theta_i$；q_i 为第 i 土条上的附加分布荷载标准值；ΔG_i 为第 i 土条的自重，按天然重度计算；u_i 为第 i 土条滑弧面上的水压力；$R'_{k,j}$ 为第 j 层锚杆在滑动面以外的锚固段的极限抗拔承载力标准值与杆体受拉承载力标准值的较小值；α_j 为第 j 层土钉或锚杆的倾角；θ_j 为滑弧面在第 j 层锚杆处的法线与垂直面的夹角；$s_{x,j}$ 为第 j 层锚杆的水平间距；φ_j 为第 j 层锚杆与滑弧面交点处土的内摩擦角；ψ_v 为锚杆在滑动面上的法向力产生抗滑力的计算系数，可取 $\psi_v=0.5\sin(\theta_j+\alpha_j)\tan\varphi_j$。

当支挡结构为悬臂式时，式（5-26）中 $R'_{k,j}=0$，则没有分子中的后一项。

5.5.3 坑底抗隆起稳定性验算

对于深度较大的基坑，当支挡结构的嵌固深度较小、土的强度较低时，基坑将有可能因土体从挡土构件底端以下向基坑内隆起挤出而产生破坏（图 5-18）。因此，坑底抗隆起稳定性应满足：

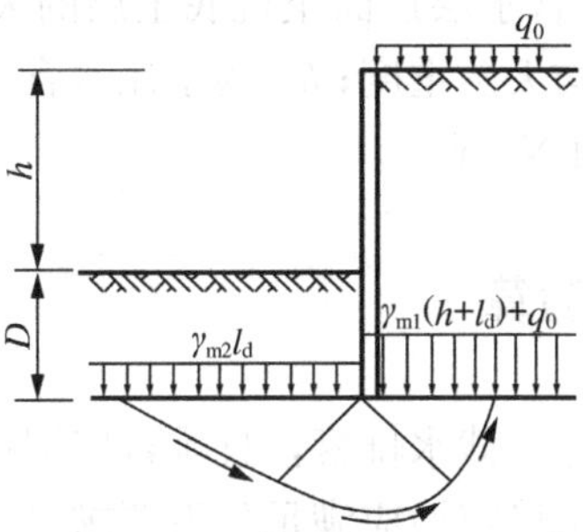

图 5-18　抗隆起稳定性验算

$$\frac{\gamma_{m2}l_dN_q+cN_c}{\gamma_{m1}(h+l_d)+q_0}\geqslant K_b \tag{5-27}$$

$$N_q=\tan^2\left(45°+\frac{\varphi}{2}\right)e^{\pi\tan\varphi} \tag{5-28}$$

$$N_c=(N_q-1)\cot\varphi \tag{5-29}$$

式中，K_b 为挡土构件底部土体隆起稳定安全系数值（即容许安全系数值），安全等级为一级、二级、三级的支挡式结构，K_b 分别不应小于 1.8、1.6、1.4；γ_{m1}、γ_{m2} 分别为基坑的外侧、内侧在挡土构件底面以上的土层平均重度；l_d 为挡土构件的嵌固深度；h 为基坑的深度；q_0 为地面均布荷载；N_q、N_c 为承载力系数；c、φ 分别为挡土构件底面以下土的黏聚力、内摩擦角。

对于悬臂式支挡结构可不进行抗隆起稳定性验算。

5.5.4　坑底抗突涌稳定性验算

当坑底上部为不透水土层，下部存在承压水层时，有可能因承压水水压过大而引起坑底发生突涌破坏（图 5-19）。因此，承压水作用下的坑底抗突涌稳定性应满足如下要求：

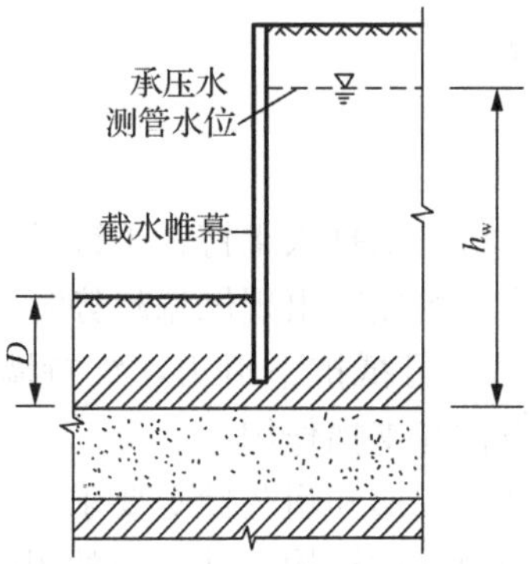

图 5-19　抗突涌稳定性验算

$$\frac{D\gamma}{h_w\gamma_w}\geqslant K_h \tag{5-30}$$

式中，K_h 为突涌稳定安全系数，K_h 不应小于 1.1；D 为承压水含水层顶面至坑底的土层厚度，单位为 m；γ 为承压水含水层顶面至坑底土层的天然重度，单位为 kN/m^3，对多层土，取按土层厚度加权的平均天然重度；h_w 为承压水含水层顶面的压力水头高度，单位为 m；γ_w 为水的重度，单位为 kN/m^3。

5.5.5 坑底抗流土稳定性验算

当地下水位较高，采用悬挂式截水帷幕，且帷幕底端位于碎石土、砂土或粉土含水层时，对均质含水层，坑底抗流土稳定性应满足如下要求（图 5-20）：

$$\frac{(2l_d + 0.8D_1)\gamma'}{\Delta h \cdot \gamma_w} \geqslant K_f \tag{5-31}$$

式中，K_f 为流土稳定安全系数，安全等级为一、二、三级的支护结构，K_f 分别不应小于 1.6、1.5、1.4；l_d 为截水帷幕在坑底以下的插入深度，单位为 m；D_1 为潜水面或承压水含水层顶面至基坑底面的土层厚度，单位为 m；γ' 为土的浮重度，单位为 kN/m^3；Δh 为基坑内外的水头差，单位为 m；γ_w 为水的重度，单位为 kN/m^3。

对渗透系数不同的非均质含水层，宜采用数值方法进行渗流稳定性分析。

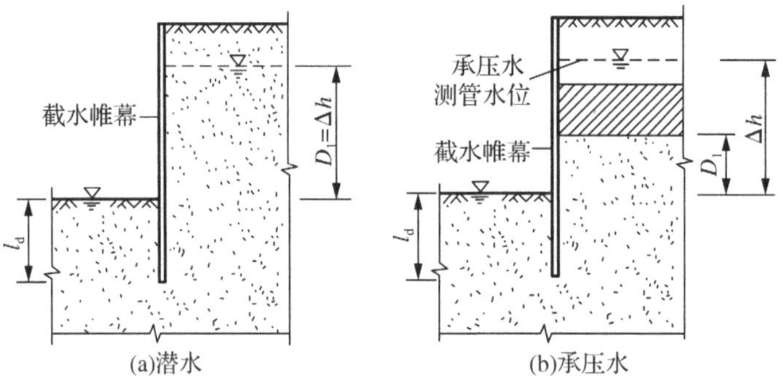

图 5-20 抗流土稳定性验算

5.6 土钉墙的设计计算

土体强度和模量较低，在基坑侧壁打入土钉，土钉通过摩擦作用约束侧壁土体变形形成复合土体，构成的土钉墙。当基坑侧壁出现倒塌趋势时，若滑动面位于土钉墙内部，土钉位于滑动面以下的部分的锚固力可抵抗下滑力，维持墙体完整，若滑动面位于土钉墙后，土钉墙类似重力式挡墙对滑体起支挡作用。

土钉墙应满足强度、稳定性、变形和耐久性等要求。实验研究表明：土钉在使用阶段主要承受拉力，土钉的弯剪作用对支护结构承载能力的提高作用较小；土钉的拉力沿其长度呈中间大两头小的分布形式，并且土钉靠近面层的端部拉力与钉中最大拉力的比值随着往下开挖而降低。因此，土钉墙设计的内容主要是确定土钉墙支护结构参数，验算土钉的抗拔承载力和土钉墙的整体稳定性。

5.6.1 土钉墙支护结构参数的确定

土钉墙支护结构参数包括土钉的长度、直径、间距、倾角以及支护面层厚度等。

（1）土钉长度

沿支护高度不同土钉的内力相差较大，一般为中部较大、上部和底部较小。因此，中部土钉起的作用较大。但顶部土钉对限制土钉墙水平位移非常重要，而底部土钉对抵抗基底滑动、倾覆或失稳有重要作用，另外，当土钉墙临近极限状态时，底部土钉的作用会明显加强。因此，将上、下部的土钉取成等长，或者顶部土钉稍长、底部土钉稍短是合适的。

一般对非饱和土，土钉长度 L 与开挖深度 H 之比取 $L/H=0.5\sim1.2$，密实砂土及干硬性黏土可取小值。为减小变形，顶部土钉长度宜适当增加。对于饱和软土，由于土体抗剪能力很低，设计时应取 L/H 值大于 1 为宜。

（2）土钉间距

土钉间距的大小将影响土钉的整体作用效果，目前尚缺少有足够理论依据的定量指标。土钉的水平间距和垂直间距宜为 1.0～2.0 m。上下插筋交错排列，遇局部软弱土层间距可小于 1.0 m。

（3）土钉筋材尺寸

土钉中采用的筋材有钢筋、角钢、钢管等。当采用钢筋时，一般为ϕ 16 mm～ϕ 32 mm，Ⅱ级以上螺纹钢筋；当采用角钢时，一般为∟ 5×50×50 角钢；当采用钢管时，外径不宜小于ϕ 48 mm。钻孔直径宜为 70～120 mm。

（4）土钉倾角

土钉与水平面的夹角称为土钉倾角，一般为 5°～20°，其值取决于钻孔、注浆工艺与土体分层特点等多种因素。研究表明，倾角越小，支护的变形越小，但注浆质量较难控制；倾角越大，支护的变形越大，但有利于土钉插入下层较好土层，注浆质量也易于保证。

（5）注浆材料

采用水泥砂浆或素水泥浆，其强度等级不宜低于 M10。

（6）支护面层

土钉墙的面层通常采用 80～100 mm 厚的钢筋网喷射混凝土，混凝土强度等级不低于 C20。钢筋网用的钢筋直径为ϕ 6 mm～ϕ 10 mm 的，间距为 150～250 mm，并应配置一定量的通长加强筋，其直径宜为ϕ 14 mm～ϕ 20 mm。

5.6.2 土钉墙的整体稳定性验算

一般整体稳定性验算中认为滑动面不会穿过（截断）支挡结构构件，但研究表明土钉的弯剪作用对支护结构承载能力的提高作用较小，当土钉墙发生整体失稳时，土钉会被拔出，因此在土钉墙整体稳定性验算中，最危险滑动面可穿过土钉杆体，应考虑土钉抗拔作用，但不考虑杆体抗剪作用对整体稳定性的贡献。土钉墙整体稳定性验算方法仍采用圆弧滑动条分法进行分析计算（图 5-21），计算公式如下：

$$K_{s,\min} = \frac{\sum[c_i l_i + (q_i b_i + \Delta G_i)\cos\theta_i \tan\varphi_i] + \sum R'_{k,j}[\cos(\theta_j + \alpha_j) + 0.5\sin(\theta_j + \alpha_j)\tan\varphi_j]/s_{x,j}}{\sum(q_i b_i + \Delta G_i)\sin\theta_i} \geqslant K_s \tag{5-32}$$

式中，K_s 为土钉墙整体滑动稳定安全系数，安全等级为二级、三级的土钉墙，K_s 分别不应小于 1.30、1.25；其他符合意义同前。

土钉墙的整体稳定性验算很重要，在设计阶段，应对基坑开挖的各个施工阶段都搜索最危险滑动面，并计算其整体滑动稳定性，确保基坑安全。

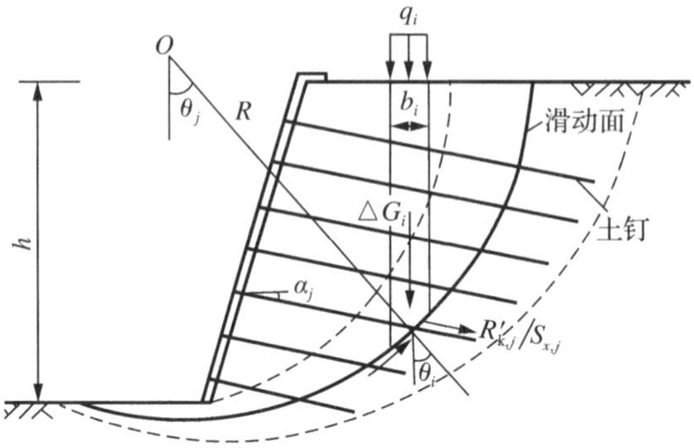

图 5-21　土钉墙整体滑动稳定性验算

5.6.3　土钉的承载力计算

土钉为受拉构件，其抗弯作用可不考虑，只需进行单根土钉的极限抗拔承载力和土钉杆体的受拉承载力验算。

（1）土钉处土压力

$$p_{k,j} = \zeta p_{ak,j} \tag{5-33}$$

式中，$p_{k,j}$ 为墙面倾斜土钉墙第 j 层土钉处实际主动土压力强度标准值，单位为 kPa；$p_{ak,j}$ 为第 j 层土钉处计算主动土压力强度标准值，单位为 kPa；ζ 为墙面倾斜时（图 5-22）主动土压力折减系数，可按下式计算：

$$\zeta = \tan\frac{\beta - \varphi_m}{2}\left(\frac{1}{\tan\frac{\beta + \varphi_m}{2}} - \frac{1}{\tan\beta}\right) \Bigg/ \tan^2\left(45° - \frac{\varphi_m}{2}\right) \tag{5-34}$$

其中，β 为土钉墙坡面与水平面的夹角，单位为（°）；φ_m 为基坑底面以上各土层按厚度加权的等效内摩擦角平均值，单位为（°）。

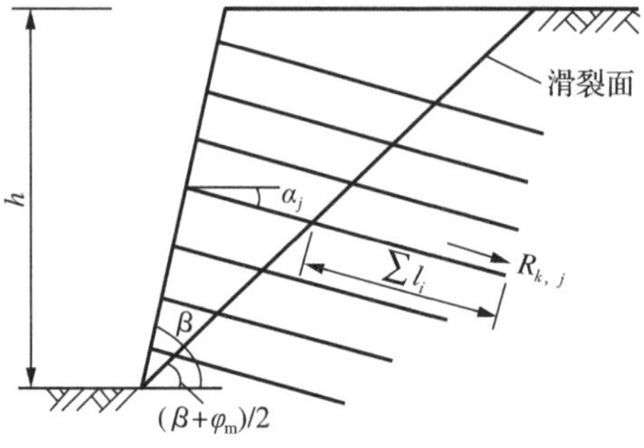

图 5-22　土钉抗拔承载力计算

（2）土钉所受轴向拉力

单根土钉所受轴向拉力标准值可按下式计算：

$$N_{k,j}=\eta_j p_{k,j} s_{x,j} s_{z,j}/\cos\alpha_j \tag{5-35}$$

式中，$N_{k,j}$ 为第 j 层土钉轴向拉力标准值，单位为 kN；$s_{x,j}$ 为土钉的水平间距，单位为 m；$s_{z,j}$ 为土钉的垂直间距，单位为 m；α_j 为第 j 层土钉倾角，单位为（°）；η_j 为第 j 层土钉轴向拉力调整系数，可按下式计算：

$$\eta_j=\eta_a-(\eta_a-\eta_b)\frac{z_j}{h} \tag{5-36}$$

$$\eta_a=\frac{\sum(h-\eta_b z_j)\Delta E_{aj}}{\sum(h-z_j)\Delta E_{aj}} \tag{5-37}$$

式中，z_j 为第 j 层土钉至基坑顶面的垂直距离，单位为 m；h 为基坑深度，单位为 m；ΔE_{aj} 为作用在以 $s_{x,j}$、$s_{z,j}$ 为边长的面积内的主动土压力标准值，单位为 kN；η_a 为计算系数；η_b 为经验系数，可取 0.6～1.0。

（3）土钉抗拔承载力

单根土钉的极限抗拔承载力应通过抗拔试验确定，但对于安全等级为三级的土钉墙或进行初步设计时也可按下式估算：

$$R_{k,j}=\min\left\{\pi d_j\sum q_{sk,i}l_i, f_{yk}A_s\right\} \tag{5-38}$$

式中，d_j 为第 j 层土钉的锚固体直径，单位为 m，对成孔注浆土钉，按成孔直径计算，对打入钢管土钉，按钢管直径计算；$q_{sk,i}$ 为第 j 层土钉在第 i 层土层的极限黏结强度标准值，单位为 kPa，应根据工程经验并结合表 5-4 取值；l_i 为第 j 层土钉滑动面以外部分在第 i 层土层中的长度，单位为 m；直线滑动面与水平面夹角取 $\frac{\beta+\varphi_m}{2}$（图 5-22）；$f_{yk}$ 为土钉杆体抗拉强度标准值，单位为 kPa；A_s 为土钉杆体的截面面积，单位为 m^2。

表 5-4　土钉的极限黏结强度标准值

土的名称	土的状态	q_{sk}/kPa	
		成孔注浆土钉	打入钢管土钉
素填土		15～30	20～35
淤泥质土		10～20	15～25
黏性土	$0.75<I_L\leqslant1$	20～30	20～40
	$0.25<I_L\leqslant0.75$	30～45	40～55
	$0<I_L\leqslant0.25$	45～60	55～70
	$I_L\leqslant0$	60～70	70～80
粉土		40～80	50～90
砂土	松散	35～50	50～65
	稍密	50～65	65～80
	中密	65～80	80～100
	密实	80～100	100～120

(4) 土钉承载力验算

①单根土钉的极限抗拔承载力应满足如下要求：

$$\frac{R_{k,j}}{N_{k,j}} \geqslant K_t \tag{5-39}$$

式中，K_t 为土钉抗拔安全系数，安全等级为二级、三级的土钉墙，K_t分别不应小于1.6、1.4；$N_{k,j}$ 为第 j 层土钉的轴向拉力标准值，单位为 kN，按式（5-35）计算；$R_{k,j}$ 为第 j 层土钉的极限抗拔承载力标准值，单位为 kN，按式（5-38）计算确定。

②土钉杆体的受拉承载力应满足如下要求：

$$N_j \leqslant f_y A_s \tag{5-40}$$

式中，N_j 为第 j 层土钉的轴向拉力设计值，单位为 kN，$N_j = \gamma_0 \gamma_F N_{k,j}$；$f$ 为土钉杆体的抗拉强度设计值，单位为 kPa；A_s 为土钉杆体的截面面积，单位为 m^2。

如前所述，实测沿支护高度土钉墙中不同土钉的内力相差较大，一般为中部较大、上部和底部较小。但由式（5-35）计算所得底部土钉所受轴向力一定大于中上部，这是因为在上述计算理论中不考虑基坑变形，本身并不完善，而实际设计必须始终与现场施工相结合，根据施工中出现的情况以及监测数据及时调整，工程中称这种设计方法为“动态设计方法”。

5.7 地下水控制与基坑监测

5.7.1 地下水控制

基坑所在场地若存在含水层，就需考虑地下水控制设计，否则若基坑开挖遇到含水层，大量地下水快速排出有可能引起基坑被浸泡、周边地下水位下降、地表沉降、房屋开裂等严重事故。合理控制地下水是保证工程和环境安全、加快工程进度的关键。常用的地下水控制方法有很多，按其技术原理可分为集水明排法、截水法、降水法和回灌法。当基坑底下还有承压水层时，还应进行坑底土突涌验算，必要时可采取水平封底隔渗或钻孔减压措施，以保证坑底土层稳定。

(1) 集水明排法

集水明排法又称表面排水法，它的主要功能是收集地表水，在基坑顶部和基坑内周边的地表面开挖集水沟汇集地表、坑壁及坑底渗水，并引向集水井，集中排出场地外。集水明排法可单独使用，亦可与其他方法结合使用。单独使用时，基坑深度、坑壁渗流量不能太大，否则容易引起坑壁冲刷、局部垮塌、地面沉降等问题。与其他方法结合使用时，其主要功能除了收集地表水，还收集其他方法没有控制住、从坑壁渗出的地下水。

集水明排法设备简单，费用低，一般土质条件均可使用。但当地基土为饱和粉细砂土等黏聚力较小的细粒土层时，由于集中抽水会引起流砂现象，造成基坑破坏和坍塌，因此，应避免采用集水明排法。

(2) 降水法

降水法是将带有过滤功能的降水管沉到基坑四周的土中一定深度，利用抽水设备将地下水抽出，避免地下水进入基坑。常用的降水法有轻型井点法、喷射井点法、管井井点法、深井泵井点法等，这里仅介绍轻型井点法说明降水法的原理。

轻型井点系统包括过滤管、集水总管、连接管和抽水设备（图 5-23）。用连接管将井点管与集水总管和水泵连接，形成完整系统。降水时，先打开真空泵抽出管路中的空气，使之形成真空，这时地下水和土中空气在真空吸力作用下通过井点管、集水总管被吸入集水箱，空气经真空泵排出，水经水泵排出。随着井中的水位下降，周围含水层的地下水流向井中，经一段时间后达到稳定，水位形成向井弯曲的“下降漏斗”，基坑开挖范围内的地下水位逐渐降低到坑底设计标高以下，使施工能在无水的环境下进行。当要求降水深度较深时，可采用两级或多级井点降水。

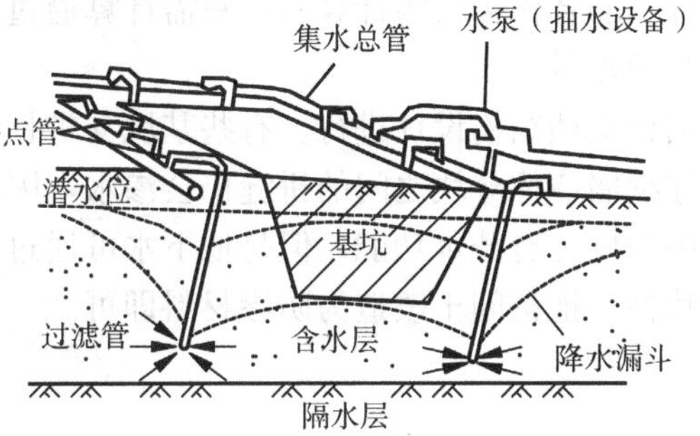

图 5-23　单排轻型井点布置示意图

(3) 回灌法

降水法会导致基坑周边地下水位下降，进而引起周边地层下沉，可能导致周边建筑物倾斜或开裂，为了保护建筑物，可采用回灌技术对建筑物进行保护。回灌方式有回灌井回灌和回灌沟回灌两种。如图 5-24 为回灌井回灌示意图，技术原理：在建筑周边施工若干回灌井，在基坑降水的同时，向回灌井中注水，形成一道阻渗水幕，使基坑降水的影响范围不超过回灌点的范围，保持建筑物所在地原有的地下水位，使土压力仍处于原有平衡状

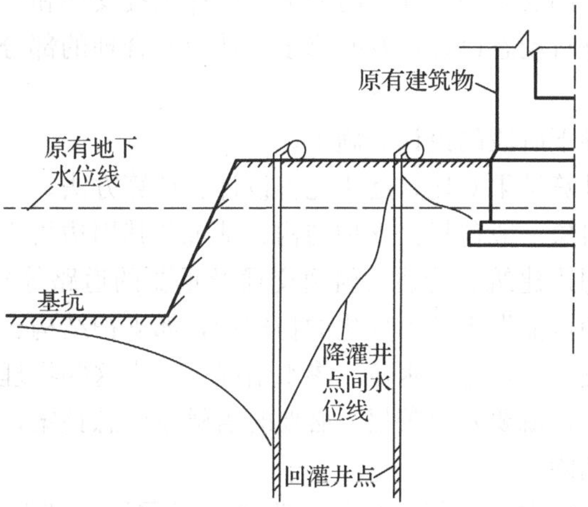

图 5-24　井点降水与井点回灌示意图

态，从而有效地防止降水的影响。回灌沟回灌就是在建筑周边挖沟，在沟中蓄水。回灌沟适用于保护离基坑稍远的建筑物，且透水层较均匀、开挖深度内无隔水层的场地。

（4）截水法

基坑降水是要降低地下水，保证基坑内无水，便于施工；回灌是要维持地下水稳定，确保周边环境安全。如果基坑所在场地的地层和周边环境复杂，应用降水法和回灌法就会有很大的风险，这时就不如在基坑周边地层中设置一圈封闭的止水帷幕，将地下水封堵在基坑外（截水），这样既保证了基坑内无水，又不影响周边地下水位。常用的止水帷幕用水泥搅拌桩或旋喷桩做成，场地原土体经掺水泥搅拌形成水泥土，渗透系数大大降低，可以起到止水防渗的作用。一般基坑要求止水帷幕渗透系数小于 1.0×10^{-6} cm/s。止水帷幕结构形式有两种：一种是当含水层较薄时，桩穿过含水层进入隔水层中一定深度，称为落底式竖向止水帷幕；另一种是当含水层相对较厚时，桩不进入隔水层，悬吊在透水层中，称为悬挂式竖向止水帷幕。前者作为防渗计算时，只需计算通过止水帷幕的水量，后者还需考虑绕过帷幕涌入基坑的水量。

基坑的截水设计应结合支挡结构设计进行。有些基坑支护挡土结构自带截水功能，如地下连续墙。但是地下连续墙墙体分块之间的拼缝仍会渗水，因此需对拼缝接头处进行止水处理。排桩支挡结构中的桩也有截水功能，但是地下水可通过桩间土渗入基坑，因此只需要在桩间增设水泥旋喷桩，把桩间土改造为防渗材料即可。

5.7.2 基坑监测

基坑工程是一项综合性很强的岩土工程，它具有支护风险大、安全储备相对较小、地域性强、时空效应强以及对周边环境影响较大的特点，是一项风险很大、综合性很强的系统工程。基坑工程施工不仅涉及结构、岩土、工程地质及环境等多门学科，而且勘察、设计、施工、检测、监测以及项目管理等工作环环相扣紧密相连，其中可变因素非常多，是土木工程中出现事故最多的环节，因此在基坑施工和使用过程中一般应进行基坑监测，基坑监测的主要目的：

①及时发现施工中的安全隐患并及时处治，确保工程安全和施工顺利。

②根据监测结果进行动态设计，及时修正设计中不合理的部分，确保工程安全、经济及施工简捷。

③积累资料，指导下阶段的设计和施工。

④将监测结果与计算结果对比，逐步完善设计、计算方法。

基坑现场监测的对象一般包括：支护结构、基坑及其周边岩土体、地下水、周边环境中的被保护对象（如周边建筑、管线、轨道交通及重要的道路等）。监测的内容一般为各监测对象在施工过程中可能发生较大变化的物理量，如支护结构、周边建筑以及地层的变形量、裂缝宽度、长度，以及地下水位、渗水情况等。当这些物理量的变化速率或变化量超出设计允许的范围时，就要发出警报，必要时需触发应急预案，停止施工，进行人员疏散和管制，直到警报消除。

基坑监测应按规定的方法和频率进行。监测一般需用仪器测量，对于变化明显的现象，如裂缝发育、排水变化，可通过巡视用肉眼进行判断；监测频率一般以能捕捉到各物理量显著变化为原则确定，如在降雨前后、基坑开挖前后应进行监测；在暴雨后应增加观测频率以确保能发现潜在的危险。基坑监测是确保基坑施工和使用安全的重要环节，我国《建筑基坑工程监测技术标准》（GB 50497—2019）对各类基坑监测做了较为详细的规定，这里不再一一介绍。

思考题

5-1 支护结构有哪些类型？各适用于什么条件？

5-2 支护结构和支挡结构有何异同？常见支挡结构有哪些？

5-3 常见基坑支护结构的支护原理是什么？

5-4 基坑支护结构中土压力的计算方式有哪些？适用条件是什么？

5-5 排桩和地下连续墙支护结构计算中的静力平衡法和弹性支点法在计算原理上有何区别？

5-6 土钉墙支护结构与传统的重力式挡土墙及加筋挡土墙有何异同？

5-7 土钉与锚杆在加固机理、施工方法和设计计算中有何异同？

5-8 桩式支挡结构的稳定验算包括哪些内容？

5-9 常用的地下水控制方法有哪些？各有什么特点？

5-10 基坑工程施工过程中为什么要进行现场监测？

习 题

5-1 在某黏土地层中开挖深 5 m 的基坑，采用悬臂式灌注桩支护，$\gamma = 19.5\ \mathrm{kN/m^3}$，黏聚力 $c = 10\ \mathrm{kPa}$，内摩擦角 $\varphi = 18°$，地面施工荷载 $q_0 = 20\ \mathrm{kPa}$。不计地下水影响，试计算支护桩入土深度 t、桩身最大弯矩 $M_{\max}$ 及最大弯矩点位置 x_{m}。

5-2 有一开挖深度 $h = 5$ m 的基坑，采用水泥土桩墙支护，墙体宽度 3.2 m，墙体入土深度（基坑开挖面以下）5.5 m，墙体重度 $\gamma = 20.0\ \mathrm{kN/m^3}$，墙体与土体摩擦系数 $\mu = 0.3$。基坑周围土层重度 $\gamma = 18.0\ \mathrm{kN/m^3}$，内摩擦角 $\varphi = 12°$，黏聚力 $c = 10\ \mathrm{kPa}$。试计算水泥土墙抗倾覆稳定和抗滑移稳定性安全系数。

5-3 有一开挖深度 $h = 8$ m 的基坑，采用排桩加一水平支撑支护结构，支护桩入土深度 $t = 7.0$ m，土层重度 $\gamma = 19.0\ \mathrm{kN/m^3}$，内摩擦角 $\varphi = 15°$，黏聚力 $c = 10\ \mathrm{kPa}$，地面施工荷载 $q_0 = 20\ \mathrm{kPa}$，地下水深 2 m。试验算该基坑支挡结构的抗隆起和抗流土稳定性。

第6章 地基处理
Ground Improvement

本章学习目标

了解常用地基处理方法及其适用范围；
熟悉常用处理方法的基本原理和施工方法；
掌握换填垫层法、排水固结法的计算方法；
掌握复合地基的基本概念和计算方法。

6.1 概 述

地基是建筑荷载的最终载体，建筑基础对地基的要求主要有三个方面：

①强度要求，即地基承载力和稳定性满足基础的动静力荷载要求。

②变形要求，即基底沉降和不均匀沉降满足基础要求。

③渗透要求，即地基渗流不造成工程问题。

当天然地基不能满足建（构）筑物基础的要求时，就需要修改基础设计，当改变基础形式和尺寸的代价太大时，还可以考虑对地基进行改良和加固，在改善地基的承载或渗透性质后再设计和建造基础，以取得最佳的工程和经济效果。提高地基强度、改善其变形或渗透性质而采取的各种技术措施被称为地基处理。

工程中倾向于先做地基处理再设计为浅基础的土体主要有软弱土和特殊土两类。软弱土一般是指软土、有机质土、冲填土、杂填土等强度低、压缩性高的土。特殊土则指与常见土不同，具有特殊性质的土，如湿陷性黄土、膨胀土、多年冻土、盐渍土等。特殊土多分布在我国西北、东北、西南以及山区等地质条件、气候环境特殊的区域。特殊土种类较多，其特性与处理方法将在第7章阐述，本章仅以软土为对象介绍常用的地基处理方法，这些方法大多也可用于特殊土地基处理。

6.1.1 软土

软土（soft soil）是指天然孔隙比大于或等于1.0，且天然含水量大于液限的细粒土。它的种类有淤泥、淤泥质土、泥炭、泥灰质土等。软土多是在流动缓慢的水流中自然沉积形成的，有滨海相、湖相、河流相沉积多种，分别在海边、湖区、河边分布。

各种沉积相软土普遍具有如下工程特性：

①含水量较高，孔隙比较大。软土的天然含水量多为35%～80%，接近或大于液限，天然孔隙比为1.0～2.0。

②渗透性较差。软土的渗透系数一般为$i\times10^{-9}\sim i\times10^{-5}$ cm/s（$i=1\sim9$）。因此，软土层在自重或荷载作用下达到完全固结所需的时间很长。

③压缩性较高。软土的压缩系数a_{1-2}为0.5～1.5 MPa^{-1}，有些高达4.5 MPa^{-1}，且其压缩性往往随着液限的增大而增加。

④抗剪强度很低。软土的天然不排水抗剪强度一般小于20 kPa，其变化范围约为5～25 kPa。

⑤具有显著的结构性。特别是滨海相的软土，一旦受到扰动（振动、搅拌或搓揉等），其絮状结构就会受到破坏，土的强度显著降低，甚至呈流动状态。软土受到扰动后强度降低的特性可用灵敏度表示。软土的灵敏度一般为3～16。

⑥具有明显的流变性。软土在不变的剪应力的作用下，也会产生缓慢而持续的剪切变形，并可能导致抗剪强度的衰减。软土地基在固结沉降完成之后，还可能继续产生可观的次固结沉降。

6.1.2 人工填土

人工填土是指由人类搬运和堆填起来的土体。根据其组成和成因，可分为素填土、压实填土、杂填土、冲（吹）填土。素填土为由碎石土、砂土、粉土、黏性土等组成的填土，经过压实或夯实的素填土为压实填土，杂填土为含有建筑垃圾、工业废料、生活垃圾等杂物的填土，冲（吹）填土为由水力冲填泥沙形成的填土。

除了压实填土外，其他人工填土因堆填时间短，多处于欠固结状态，无法直接作为持力层使用，需进行地基处理。人工填土在地基处理前，应查明填土堆填时间、颗粒成分、渗透性和含水率。各种填土的含水状态与其成因和堆填环境有关。冲填土和堆积在低洼处的土以及被水长期浸泡的填土一般处于饱和状态；堆填在平地、沟谷中的填土土体松散、渗透性强，水分可自由排出，因此大多处于非饱和状态。查明填土的含水率和饱和度对正确选择地基处理方法尤其重要。

6.2 常用地基处理方法及其适用范围

6.2.1 地基处理方法类型

土是固、液、气组成的三相材料，其中最终承载的物质是固体。因此，土中固体含量越高土体的强度越高，反之则越低，只要能设法排出土中的水和气就可以提高地基承载力、降低变形量。由土力学知识可知土中的水和气排出的机制并不相同。对土施加压力可以让土中气和自由水排出，但瞬时的动力作用只能排出土中气，不能排出水，因为水从土的连通孔隙中排出比较缓慢，若要排出水，则需要持续的压力作用。若要排出土中气提高土体干密度，可以施加动力荷载，也可施加静力荷载；若要排出土中水分，则应施加静力荷载，而且通过力学作用只能排出土中自由水，不能排出土颗粒中的结合水。如果要加快水分排出，缩短地基处理时间，则可通过在地基土中人为设置更多的排水通道实现。如果不能提高土体干密度，设法提高土中固体颗粒之间的黏结力也可以提高地基的承载力。如果提高地基中原软弱土强度难度大、经济性差，还可以考虑用强度高的材料将全部或者部分软弱土置换，得到满足要求的地基。总而言之，地基处理的方法很多。但是从上述分析可知，地基处理措施根据其原理可以分为四类：

①排气：对非饱和土，采用动静力作用，强制固体颗粒靠近，将土中的气体排出，提高土体干密度。所施加的动静力作用，可以作用在地基表面，即碾压或者夯实，也可以施加在地基内部，即挤密或振密。

②排水：对饱和土，采用持续压力作用，令土中孔隙水承压，进而从连通的孔隙或人造的通道中排出，提高土体干密度。所施加的持续压力作用，可以是在地基表面堆载，使土中水因承正压而排出，也可以是在地表抽真空，使土中水承负压排出。不管采用何种施压方法，这个力需持续足够长的时间，以便让水分从容排出。

③胶结：排水、排气是将土中不利组分排出，胶结则是在土中增加有利组分，提高固体颗粒之间的联结强度。方法也很多：可以采用注入胶凝材料，将颗粒黏结起来；还可设法令土中水冻结起来，将水变成胶结物，从而增大固体颗粒之间的胶结，提高土的强度。

④置换：排水、排气、胶结作用均是对原软弱土进行改良，置换则是用强度更高的材料替换原软弱土。置换可以是挖除原软弱土，换填强度、渗透性更高的材料，也可以是用设备将原土体挤开形成孔洞，然后在形成的孔洞中填入更好的材料。

以上是各种地基处理方法所依据的基本原理，实际的处理措施可以基于其中之一开发得到，也可以基于多个原理共同作用开发得到。理解地基处理的基本原理，对于理解既有措施和开发新方法有重要作用。

6.2.2 常用地基处理方法适用范围

常用软弱地基处理方法的名称、处理原理及其适用范围如表 6-1 所示。

表 6-1 常用软弱地基处理方法

序号	处理方法	人工地基名称	处理原理和加固作用	适用范围
1	换填垫层法	砂石垫层、素土垫层、灰土垫层、矿渣垫层	置换：以比原土强度高的材料（砂石、素土、灰土和矿渣等）置换地基浅层软弱土，作为持力层	浅层软弱土层或不均匀岩土层
2	预压法	堆载预压、砂井预压、塑料排水板预压、真空预压、降水预压地基	排水：通过改善地基排水条件和施加预压荷载，加速地基的固结和强度增长，并使基础沉降提前完成	软土
3	压实法、夯实法	机械碾压、振动压实、重锤夯实、强夯、强夯置换地基	排气：对低饱和土，通过机械碾压、重锤夯击，施加竖向作用力把地基土压实 排水：强夯利用强大的夯击能迫使非饱和土饱和，饱和后动力排水固结 置换：部分土体被置换（强夯置换法）	碎石、砂土、粉土、低饱和度的黏性土，杂填土等；对饱和度高的黏性土采用强夯置换法
4	挤密法	沉管、冲击、夯扩、振冲、振动沉管挤密地基	排气：利用横向挤压设备成孔，施加水平作用力使松散土层变得密实，孔中可填素土、灰土或其他材料 置换：孔中回填料为强度高的材料时，具有置换作用 排水：若孔中回填料为透水材料，原土体受到挤压排水	松砂、粉土、杂填土及湿陷性黄土
5	复合地基法	挤密法成桩，CFG 桩、水泥搅拌桩、旋喷桩等复合地基	挤密法成桩的加固原理同挤密法； 非挤密法成桩的加固原理有置换和排水两种	软土及欠固结土、膨胀土、湿陷性黄土、可液化土等特殊土
6	注浆加固法	水泥浆、硅化浆液、碱液单液注浆、双液注浆加固地基	胶结：将水泥浆或其他化学浆液注入地基土层中，增强土颗粒间的联结，使土体强度提高、变形减少、渗透性降低	砂土、粉土、黏性土和人工填土

由上表可知，多数地基处理方法运用了多种原理。例如，振冲法不仅具有置换作用，有的还有挤密作用；又如各种挤密法，也有置换作用，当采用透水性材料置换时，还有排水固结作用。另外，地基处理方法很多，各种处理方法都有它的适用范围、局限性和优缺点，没有一种方法是万能的。具体工程情况很复杂，工程地质条件千变万化，各个工程间

地基条件差别很大，具体工程对地基的要求也不同。对具体工程应进行具体细致的分析，从地基条件、处理要求（包括处理后地基应达到的各项指标、处理范围、工程进度等）、工程费用以及材料、机具来源等各方面进行综合考虑，以确定合适的地基处理方法。选用地基处理方法要力求做到安全适用、技术先进、经济合理、确保质量、保护环境。

本章主要介绍几种常用地基处理方法的特点及适用范围、作用原理、设计施工要点。由于篇幅所限，并未全面深入，如需对其深入了解，可参阅有关专著。地基处理是基础工程中的活跃分支之一，近年来随着基础设施建设的迅猛发展，地基处理技术日益更新，地基处理的途径愈来愈多，老的方法不断改进完善，新的方法不断涌现。这些还需我们在今后的理论研究和工程实践中不断总结和发展，以使地基处理技术更好地为国民经济建设服务。

6.3 换填垫层法

换填垫层法又称垫层法、换土法或换填法等，是将基础下一定深度内的软弱土层部分或全部挖除，回填强度较高的砂、碎石、灰土、素土、矿渣、粉煤灰或其他性能稳定、无腐蚀性的材料，并夯至密实的一种地基处理方法。当软弱地基的承载力和沉降变形不能满足建筑基础的要求，而软弱土层的厚度又不大时（小于 3 m），采用换填垫层法可取得较好的效果。

垫层通常按所换填的材料命名，例如砂垫层、碎石垫层、粉煤灰垫层等。随着地基处理技术的发展，一些新的换填垫层技术和方法得到了发展和应用。如：在垫层中铺设土工合成材料可提高垫层的强度和稳定性，称为土工合成材料加筋垫层；在填筑工程中，为减小填筑材料自重，可采用轻质土工合成材料，如聚苯乙烯板块（expandable polystyrene sheet，简称 EPS），称为聚苯乙烯板块垫层。

6.3.1 换填垫层的作用

换填垫层法的加固原理是根据土中附加应力分布规律，将承受较大应力的上部换为垫层，使上部结构对地基的要求得以满足。对于软弱土，换填垫层的作用主要体现在以下三个方面：

①提高地基承载力。一方面以抗剪强度较高的砂或其他填料代替较弱土层，可提高地基承载力；另一方面垫层材料摩擦角大，可通过扩散作用使传至垫层下软弱土层的附加应力更小，相应也会提高地基承载力。

②减少沉降量。地基浅层部分沉降量占总沉降量的比例较大，因此，以压缩模量更高的材料代替上层软弱土层，可减少浅层地基的压缩量。此外，垫层的应力扩散作用使作用在下卧土层上的附加应力减小，相应也会减少下卧土层的压缩量。

③加速软土排水固结。当采用透水性材料换填时，垫层材料透水性大，软弱土层受压后，垫层可作为良好的排水面，使基础下面的孔隙水压力迅速消散，加速垫层下软土的固结并提高其强度，避免地基发生塑性破坏。

6.3.2 换填垫层的适用范围

换填垫层法适用于淤泥、淤泥质土、湿陷性黄土、素填土、杂填土地基及暗沟、暗塘等不良地基的浅层处理。各种不同材料垫层的适用范围如表 6-2 所示。

表 6-2 不同材料垫层的适用范围

垫层种类		适用范围
砂（砂石、碎石）垫层		适用于一般饱和、非饱和的软弱土地基处理，多用于中小型建筑工程的浜、塘、沟等的局部处理
土垫层	素土垫层	适用于中小型工程及大面积回填、湿陷性黄土地基的处理
	灰土或二灰垫层	适用于中小型工程，尤其适用于湿陷性黄土地基的处理
粉煤灰垫层		适用于厂房、机场、港区陆域和堆场等大、中、小型工程的大面积填筑，粉煤灰垫层在地下水位以下时，其强度降低幅度为 30%左右
干渣垫层		适用于中小型建筑工程，尤其适用于地坪、堆场等工程大面积的地基处理和场地平整、铁路、道路地基等，但对于受酸性或碱性废水影响的地基不得用干渣做垫层
土工合成材料加筋垫层		适用于护坡、堤坝、道路、堆场、高填方及建（构）筑物垫层等
土工合成材料轻质垫层（聚苯乙烯板块垫层）		适用于道路工程路基不均匀沉降处理、深软基低填方且工期紧迫的路堤修筑工程、高填方工程置换等

6.3.3 垫层的设计

试验结果表明，不同材料的垫层虽然应力分布稍有差异，但极限承载力比较接近；沉降观测资料显示，不同材料垫层（如砂垫层、粉煤灰垫层和矿渣垫层等）的特性基本相似。因此，不同材料的垫层都可近似地按照砂垫层的计算方法进行设计。

垫层的设计不但要满足建筑物对地基变形及稳定的要求，而且也应符合经济合理的原则。设计的主要内容是确定断面的合理厚度和宽度。对于垫层，既要求有足够的厚度来置换可能被剪切破坏的软弱土层，又要有足够的宽度以防止垫层向两侧挤出。对于有排水要求的垫层来说，除要求有一定的厚度和宽度满足上述要求外，还需形成一个连续排水体，促进软土的固结，提高其强度，以满足上部结构的要求。

（1）确定垫层厚度

垫层厚度一般是根据垫层底部下卧土层的承载力确定，即作用在垫层底面处土的自重应力与附加应力之和不大于垫层底面下土层的承载力（图 6-1）：

$$p_z + p_{cz} \leqslant f_{az} \tag{6-1}$$

式中，p_z 为垫层底面处土的附加应力，单位为 kPa；p_{cz} 为垫层底面处土的自重压力，单位为 kPa；f_{az} 为垫层底面处经深度修正后的地基承载力特征值，单位为 kPa。

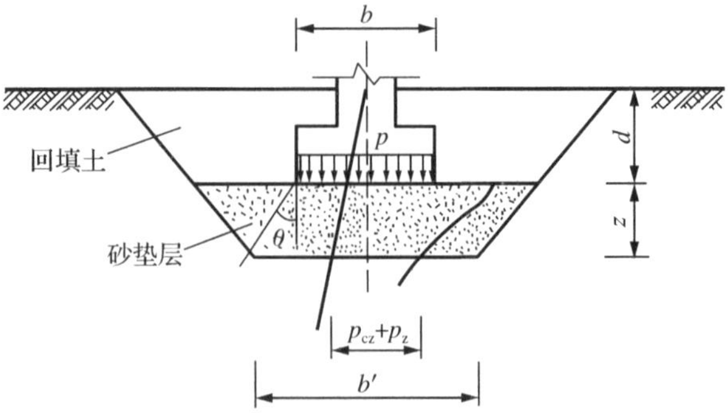

图 6-1　垫层内应力分布图

垫层底面处的附加应力值 p_z，除了可用弹性理论土中应力的计算公式求得外，也可按应力扩散角 θ 进行简化计算：

条形基础：

$$p_z=\frac{b(p-p_c)}{b+2z\tan\theta} \tag{6-2}$$

矩形基础：

$$p_z=\frac{bl(p-p_c)}{(b+2z\tan\theta)(l+2z\tan\theta)} \tag{6-3}$$

式中，b 为矩形基础或条形基础底面的宽度，单位为 m；l 为矩形基础底面的长度，单位为 m；p 为基础底面平均压力，单位为 kPa；p_c 为基础底面处原地层的自重压力，单位为 kPa；z 为基础底面下垫层的厚度，单位为 m；θ 为垫层的压力扩散角，单位为（°），见表 6-3。

表 6-3　垫层压力扩散角 θ

单位：°

z/b	换填材料		
	中砂、粗砂、砾砂、圆砾、角砾、卵石、碎石、矿渣	粉质黏土、粉煤灰	灰土
0.25	20	6	28
≥0.50	30	23	30

注：①当 $z/b<0.25$ 时，除灰土仍取 $\theta=30°$ 外，其余材料均取 $\theta=0°$，必要时由试验确定。

②当 $0.25\leqslant z/b<0.5$ 时，θ 值可用内插法求得。

计算时，一般先初步拟定一垫层厚度，用式（6-1）验算。若不符合要求，则改变厚度，重新验算，直至满足为止。垫层厚度一般宜为 0.5～3 m，太厚不经济合算，太薄则垫层效果不明显。

（2）确定垫层宽度

垫层的宽度除要满足应力扩散的要求外，还要根据垫层侧面土的承载力来确定，防止垫层向两边挤出。以条形基础为例，垫层底宽可按下式或根据当地经验确定：

$$b'\geqslant b+2z\tan\theta \tag{6-4}$$

式中，b' 为垫层底面宽度；扩散角 θ 仍可按表 6-3 取值，当 $z/b<0.25$ 时，按表 6-3 中 $z/b=0.25$ 取值。

整片垫层的宽度可根据施工的要求适当加宽。垫层顶面每边宜超出基础底边不小于 300 mm，或从垫层底面两侧向上按当地开挖基坑的经验要求放坡。

（3）确定垫层承载力

垫层承载力一般应通过现场试验确定，对一般工程，当无试验资料时，可按表 6-4 选用，并应验算下卧层的承载力。

表 6-4　各种垫层的承载力

施工方法	换填材料类别	压实系数 λ_c	承载力特征值 f_k/kPa
碾压或振密	碎石、卵石	0.94～0.97	200～300
	砂夹石（其中碎石、卵石占全重的 30%～50%）		200～250
	土夹石（其中碎石、卵石占全重的 30%～50%）		150～200
	中砂、粗砂、砾砂		150～200
	黏性土和粉土（$8<I_p<14$）		130～180
	灰土	0.93～0.95	200～250
重锤夯实	土或灰土	0.93～0.95	150～200

注：① 压实系数小的垫层，承载力特征值取低值，反之取高值。

② 重锤夯实土的承载力标准值取低值，灰土取高值。

③ 压实系数 λ_c 为土的控制干密度 ρ_d 与最大干密度 ρ_{dmax} 的比值；土的最大干密度采用击实试验确定，碎石或卵石的最大干密度可取（2.0～2.2）$\times10^3$ kg/m^3。

（4）沉降计算

对于重要的建筑或垫层下存在软弱下卧层的建筑，还要求按分层总和法计算基础的沉降量，以使建筑物基础的最终沉降量小于相应的允许值。建筑物沉降量由两部分组成，一部分是垫层的变形值，另一部分是垫层下压缩层范围内的软弱土层的沉降量。

对于碎石、卵石、砂夹石、砂和矿渣等粗颗粒材料垫层，回填材料自身的压缩变形在建造期间几乎全部完成，故在计算建筑物基础沉降量时，可忽略垫层自身的变形值；对于细粒材料垫层，尤其是厚度较大的换土垫层，则应计入垫层自身的压缩量。

【例 6-1】 某 5 层砖混合结构住宅楼，采用钢筋混凝土条形基础，基础宽度 $b=2.0$ m，埋深 $d=1.0$ m，上部结构传至基础的荷载 $F_k=250$ kN/m，地表为 2 m 厚的暗滨填土，$\gamma=18.5$ kN/m^3，下面为 $e=0.85$ 的粉质黏土，地基承载力特征值为 95 kPa，地下水距地表 1.0 m。试进行换土垫层设计。

【解】 ①垫层材料选碎石土，$\gamma=20$ kN/m^3，则垫层的应力扩散角 $\theta=30°$，并先设垫层厚度 $z=1.0$ m。

②垫层厚度的验算，据题意，基础底面平均压力标准值为

$$p=\frac{F_k+G_k}{b}=\frac{250+2\times1.0\times20}{2}=145(\text{kPa})$$

基底处土的自重应力：

$$\sigma_c = 18.5 \times 1.0 = 18.5(\text{kPa})$$

则垫层底面处的附加应力：

$$\sigma_z = \frac{(p-\sigma_c)b}{b+2z\tan\theta} = \frac{(145-18.5)\times 2}{2+2\times 1\times \tan 30^\circ} \approx 80.19(\text{kPa})$$

垫层底面处土的自重应力：

$$\sigma_{cz} = 18.5 \times 1 + (20-10) \times 1.0 = 28.5(\text{kPa})$$

查表 2-11 得 $\eta_b=0$，$\eta_d=1.0$，则经深度修正后的粉质黏土地基承载力特征值为

$$f_{az} = f_{ak} + \eta_b \gamma (b-3) + \eta_d \gamma_{mz}(d-0.5) = 95 + 1 \times \frac{28.5}{1+1} \times (1+1-0.5) \approx 116.38(\text{kPa})$$

则

$$\sigma_z + \sigma_{cz} = 80.19 + 28.5 = 108.69(\text{kPa}) < f_{az} = 116.38(\text{kPa})$$

因此，垫层厚度选定为 1 m 合适。

③确定垫层底宽 b' 为

$$b' = b + 2z\tan\theta = 3.15(\text{m})$$

取 $b'=3.2$ m，按 1∶1.5 边坡开挖。

6.3.4 施工技术要点

换填垫层法的施工技术要点如下：

①垫层施工的关键是将垫层压实到设计要求的密实度。常用的压实方法有振动法、水撼法、碾压法等。这些方法要求在基坑内分层铺砂，然后逐层振密或压实，分层的厚度视振动力的大小而定，一般为 150～200 mm。施工时，应在下层的密实度经检验合格后，再进行上层施工。

②铺筑前，应先行验槽。浮土应清除，基坑（槽）侧壁必须稳定，防止塌土。基坑（槽）两侧附近如有低于地基的孔洞、沟、井和墓穴等，应在未做垫层前加以填实。

③开挖基坑铺设垫层时，必须避免对软弱土层的扰动，否则坑底土的结构在施工时遭到破坏后，其强度就会显著降低，以致在建筑物荷重的作用下，将产生很大的附加沉降。因此，基坑开挖后应及时回填，不应暴露过久或浸水，并防止践踏坑底。

④砂、砂石垫层底面宜铺设在同一标高上，如深度不同时，基坑地基土面应挖成踏步或斜坡搭接，各分层搭接位置应错开 0.5～1.0 m 距离，搭接处应注意捣实，施工应按先深后浅的顺序进行。

⑤人工级配的砂石垫层，应将砂石拌和均匀后，再行铺填捣实。砂料的不均匀系数不能小于 5，以中粗砂为好，容许在砂中掺入一定数量的碎石，但要分布均匀。

⑥施工完成的换土垫层应进行压实系数和地基承载力检测。压实系数根据颗粒大小，选用环刀法、灌砂法、灌水法检验；地基承载力可视垫层材料和厚度选用轻型动力触探、重型动力触探、标准贯入试验或静载荷试验检测。

6.4 排水固结法

排水固结法是先在天然地基中设置排水通道，然后施加压力迫使地基中水分排出，使土颗粒靠近、地基承载力提高的地基处理方法。排水固结法不但可提高地基承载力，还可使建（构）筑物的工后沉降大大降低。排水固结法有时也称为预压法，即所施加荷载为预压荷载为在正式建（构）筑物施工前施加临时荷载，待地基固结沉降完成后，撤去临时荷载再施工。当预压荷载大于正式建（构）筑物荷载时，称为超载预压。

6.4.1 排水固结系统组成

图 6-2（a）所示为排水固结法处理地基的原理图。排水固结系统由加压系统与排水系统组成。加压系统在地基表面施加荷载 p，并在地基内部产生附加应力，使地基土中孔隙水受压产生超孔隙水压力，形成孔隙水排出的动力。排水系统为地基表面的透水层，为水分提供快速排出通道，确保地基在规定的时间内固结。

如图 6-2（a）所示的排水条件，土层越厚，水分到达地基表面透水层所需时间越长。根据固结理论，黏性土固结所需的时间和排水距离的平方成正比。如在地基中设置竖向排水体（砂井、塑料排水板等），如图 6-2（b）所示，则可大大缩短土中水到达地表的时间，因而可大大加速地基的固结速率（或沉降速率）。因为软土的渗透性很低，所以，一般情况下，排水固结法都在地基中设置竖向排水体加快排水速度，因此排水固结系统一般由竖向排水体和水平排水体组成。

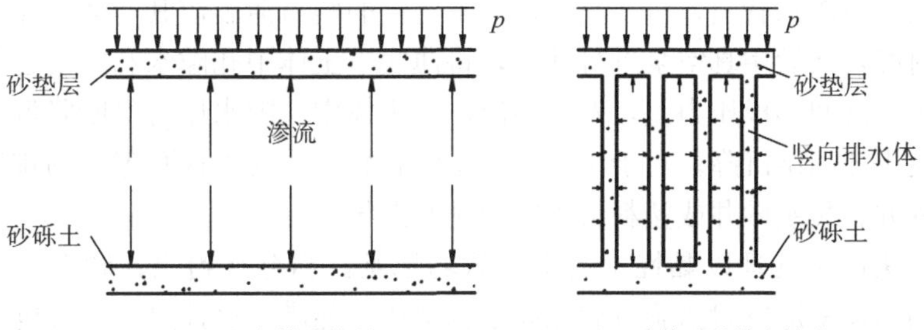

（a）竖向排水情况　　（b）砂井地基排水情况

图 6-2　排水固结法的原理

6.4.2 排水系统

常用排水固结法的排水系统由水平排水体和竖向排水体组成。排水体一般为砂垫层，也有土工合成材料加筋砂垫层。竖向排水体常采用就地灌注砂井、袋装砂井、塑料排水板等形式。灌注砂井一般是在软土地基中沉入钢管，在管内灌入砂，然后把钢管拔出，砂留在地基中就得到一个可渗水的砂井。由于砂井无保护，容易被软土挤断，因此把砂用网袋装上放入钢管内，形成袋装砂井。塑料排水板则是可取代袋装砂井功能的石化产品。

当软土层厚度较小或软土层中含较多薄粉砂夹层，且固结速率能满足工程要求时，可不设竖向排水体，仅在地表铺设一定厚度的砂垫层。对深厚软黏土地基，需同时设置水平排水体和竖向排水体构成排水系统，使土层孔隙水由竖向排水体流入水平排水垫层，再排到工程场地外。

6.4.3 加压系统

加压方法有堆载预压法、真空预压法、降低地下水位预压法和联合法等。

(1) 堆载预压法

堆载预压法是用填土等加载对地基进行预压，通过增加总应力，在地基中形成超静水压力的条件下排水固结（称为正压固结），进而增加有效应力的方法。堆载材料一般以散料为主，如采用施工场地附近的土、砂、石子、砖、石块等。堤坝、路基的预压可以堤坝、路基填土本身作为堆载；大型油罐、水池地基，常以充水对地基进行预压。堆载预压法又可分为两类：当预压荷载小于或等于使用荷载时，称为一般堆载预压法，简称为堆载预压法；当预压荷载大于使用荷载时，称为超载预压法。

堆载预压法适用于各类软弱地基，包括天然沉积土层或人工冲填土层，如沼泽土、淤泥、淤泥质土以及水力冲填土，较广泛用于冷藏库、油罐、机场跑道、集装箱码头、桥台等沉降要求比较高的地基。但堆载预压需要一定时间，对厚度大的饱和软黏土，排水固结所需的时间很长，同时需要大量堆载材料，因此在使用上受到一定限制。

(2) 真空预压法

真空预压法以大气压力作为预压荷载。它是先在需加固的软土地基表面铺设砂垫层，并在砂垫层内埋设渗水管道，再在其上覆盖不透气的塑料薄膜使其与大气隔绝，薄膜四周埋入土中密封好，然后用真空泵进行抽气，将薄膜下土体中孔隙水和空气逐渐吸出，从而在土体与砂垫层之间形成压力差，发生渗流，使土体中孔隙水压力不断降低，有效应力不断增加，促使土体固结沉降。对于渗透系数小的软黏土，为加速孔隙水的排出，也可在加固部位设置砂井、袋装砂井或塑料板等竖向排水系统。

真空预压法适于处理以黏性土为主的软弱地基。当存在粉土、砂土等透水、透气层时，加固区周边需采取密封措施以确保膜下真空压力能满足设计要求。对塑性指数大于25且含水量大于85%的淤泥，应通过现场试验确定其适用性。不适于加固土层上覆盖有厚度大于5 m回填土或承载力较高的黏性土层。

(3) 降低地下水位预压法

降低地下水位预压法是通过降低地基土中的地下水位，使土的自重有效应力增加，促使地基土体固结，土性改善。降低地下水位的方法包括集水坑降水法（明沟排水法）和井点降水法，井点类别包括轻型井点、喷射井点、电渗井点、管井井点、深井井点等。

降低地下水位预压法最适宜于砂或砂性土地基，也适用于软黏土层上存在砂或砂性土的情况。对于深厚的软黏土层，为加速其固结，可设置砂井，并采用井点降低地下水位。但降低地下水位，可能引起邻近建筑物基础的附加沉降，对此必须引起足够的重视。

（4）联合法

实际工程中，上述几种预压方法可联合使用，如真空预压法可与堆载预压法联合使用，降低地下水位预压法可与真空法或堆载预压法联合使用，等等。其中，真空联合堆载预压法是在真空预压的基础上，在密封膜下真空度值达到设计要求且能保持稳定时，在密封膜上覆盖无纺土工布以及黏土（粉煤灰）等保护层进行保护，然后在上面进行堆载预压施工，利用堆载产生的水头差将土体中孔隙水排出，从而达到联合加固的目的。

6.4.4 堆载预压法设计计算

堆载预压法设计计算的实质是合理安排排水系统与加压荷载，使地基在逐级加载过程中排水固结，强度增长，以满足每级加载条件下地基的稳定性要求，并加速地基固结沉降，在尽可能短的时间内，使地基承载力达到设计要求。本节以砂井堆载预压法为例介绍堆载预压的设计步骤和计算内容。

砂井堆载预压法的设计包括加压系统的设计和砂井的设计。加压系统的设计主要指堆载预压计划及堆载材料的选用；砂井的设计包括砂井直径、间距、深度的选择，砂井平面布置的确定以及排水砂垫层材料和厚度的确定等。通常砂井直径、间距和深度的选择应满足在预压过程中，在规定的时间内，地基固结度能达到70%～80%及以上。

砂井堆载预压法设计步骤：

①初步确定砂井、砂垫层和砂沟布置方案。

②初步拟定加荷计划，即每级加载增量、范围及加载延续时间。

③计算每级荷载作用下，地基的固结度、强度增长量。

④验算每一级荷载下地基土的抗滑稳定性。

⑤验算地基沉降量是否满足要求。

上述工作中，若验算不满足要求，则需调整砂井布置和加荷计划。

1）砂井、砂垫层和砂沟布置

（1）砂井的直径和间距

砂井的直径和间距由黏性土层的固结特性和施工期限确定。砂井的直径不宜过大或过小，过大不经济，过小施工易造成灌砂率不足、缩颈或砂井不连续等质量问题，砂井直径宜为300～500 mm，砂井的间距常为砂井直径的6～8倍，一般不应小于1.5 m。

（2）砂井深度

砂井深度一般为10～20 m，与土层分布、地基中附加应力的大小，建（构）筑物对地基变形和稳定性的要求以及工期等因素有关。当软黏土层不厚、底部有透水层时，砂井应尽可能穿透软黏土层；若软黏土层较厚，但间有砂层或砂透镜体，砂井应尽可能打至砂层或透镜体。当软黏土层很厚，其中又无透水层时，可按地基的稳定性及建筑物变形要求处理的深度来决定。按稳定性控制的工程，如路堤、土坝、岸坡、堆料场等，砂井深度应通过稳定分析确定，砂井深度应超过最危险滑弧面的深度。从沉降考虑，砂井深度应穿过主要的压缩层。

（3）砂井的平面布置

砂井常按等边三角形和正方形布置（图 6-3）。当砂井为等边三角形布置时，砂井的有效排水范围为正六边形，而正方形排列时则为正方形，如图 6-3 中虚线所示。假设每个砂井的有效影响面积为圆面积，若砂井间距为 l，则等效圆（有效影响范围）的直径 d_e 与 l 的关系：等边三角形布置时，$d_e=1.05l$；正方形布置时，$d_e=1.13l$。

由于等边三角形布置较正方形紧凑和有效，应用较多。砂井的布置范围，宜比建筑物基础范围稍大，因为建筑物荷载在基础以外一定范围内的地基中引起压应力和剪应力，加速基础外地基土的固结，有利于提高地基的稳定性和减小侧向变形以及由此引起的沉降。扩大的范围可由基础轮廓线向外增大约 2～4 m。

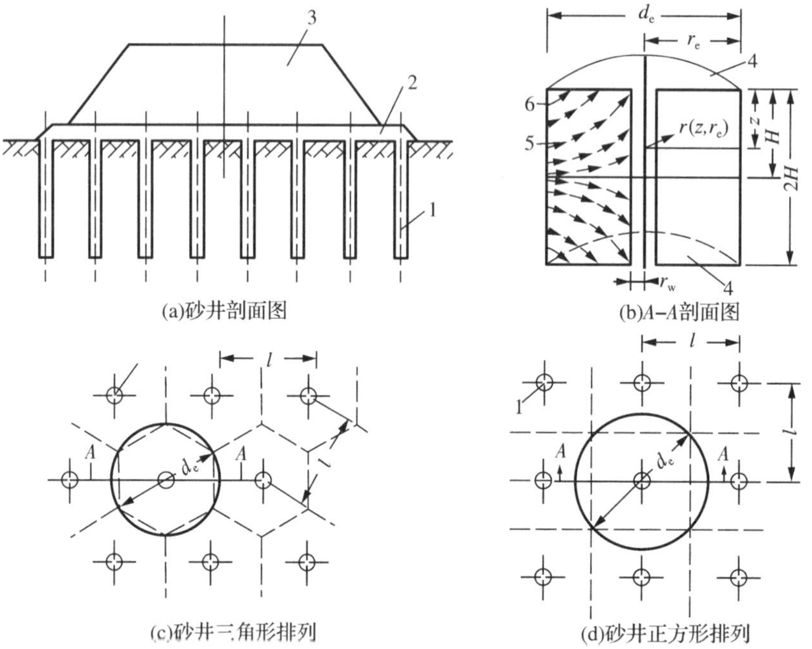

1—砂井；2—砂垫层；3—堆载预压；4—排水面；5—水流途径；6—无水流经过此界线

图 6-3　砂井平面布置及影响范围土柱体剖面

（4）砂垫层和砂沟

在砂井顶面应铺设排水砂垫层，以连通各个砂井形成通畅的水平排水面，将水排到场地以外。砂垫层应保证有足够的渗透能力，宜用中粗砂，黏粒含量应小于 3%，可含有少量粒径不大于 50 mm 的砾石。砂垫层厚度一般为 0.3～0.5 m；水下施工时，砂垫层厚度一般为 1 m 左右。为节省砂，也可采用连通砂井的纵横砂沟代替整片砂垫层，砂沟的高度一般为 0.5～1.0 m，砂沟宽度取砂井直径的 2 倍。

2）制定预加荷载计划

在加载预压中，任何情况下所加的荷载均不得超过当时软土层的承载力。为此，要拟定加载计划，设计时可按以下步骤初步拟定加载计划：

①利用地基的天然抗剪强度计算第一级容许施加的荷载。

②计算第一级荷载下地基强度增长值并借此增长值确定第二级所能施加的荷载。

③计算第一级荷载下达到指定固结度所需的时间，此时间亦为第二级荷载开始施加的时间。

④以此类推完成整个加载过程。

3）砂井地基平均固结度计算

（1）根据太沙基固结理论计算竖向平均固结度U_z

$$U_z = 1 - \frac{8}{\pi^2}\exp\left(-\frac{\pi^2}{4}T_v\right) \tag{6-5}$$

$$T_v = \frac{C_v t}{H^2} \tag{6-6}$$

$$C_v = \frac{k_v(1+e)}{a\gamma_w} \tag{6-7}$$

式中，T_v为竖向固结时间因数；H为竖向最大排水距离；C_v为竖向固结系数；T为固结时间；a、e、k_v分别为土的压缩系数、孔隙比和竖向渗透系数；γ_w为水的重度。

若考虑逐级加荷，则时间t从加荷历时的一半起算；若为双面排水，则H取土层厚度的一半。

（2）根据巴朗（Barron）的解法计算径向平均固结度U_r

$$U_r = 1 - \exp\left(-\frac{8}{F}T_h\right) \tag{6-8}$$

式中，T_h为水平向固结时间因素，$T_h = \frac{C_h t}{d_e^2}$；$C_h$为水平固结系数，$C_h = \frac{K_h(1+e)}{\gamma_w a}$，单位为$cm^2/s$；$K_h$为水平渗透系数，单位为cm/s；$F$为与$n$有关的系数，$F = \frac{n^2}{n^2-1}\ln n - \frac{3n^2-1}{4n^2}$；$n$为井径比，$n = d_e/d_w$，普通砂井，$n$=6～8，塑料排水板和袋装砂井，$n$=15～22。

（3）砂井的平均固结度U_{rz}

$$U_{rz} = 1-(1-U_r)(1-U_z) \tag{6-9}$$

【例 6-2】某厚度 12 m 的饱和软黏土地基，土的初始孔隙比$e_0 = 1.1$，压缩系数$a = 0.4\ MPa^{-1}$，渗透系数$k = 1\times10^{-7}$m/s，饱和软黏土层下是致密黏土层（不透水层）。如果采用堆载预压法进行地基加固，试估计固结度达到 95%所需时间。

【解】（1）竖向固结系数C_v

$$C_v = \frac{k(1+e_0)}{a\gamma_w} = \frac{1\times10^{-7}\times(1+1.1)}{4\times10^{-4}\times10} = 5.25\times10^{-5}(m^2/s) = 4.536(m^2/d)$$

（2）固结度为 95%时的时间因数T_v

$$1-\frac{8}{\pi^2}\exp\left(-\frac{\pi^2}{4}T_v\right) = 95\%$$

解得$T_v \approx 1.13$。

（3）固结度达到 95%所需时间t

$$t = \frac{T_v H^2}{C_v} = \frac{1.13\times12^2}{4.536} \approx 36(天)$$

【例 6-3】例 6-2 中，若采用砂井排水，砂井直径d_w=25 cm，间距l=3.0 m，正三角形布置，求一次加荷 15 天时砂井地基的平均固结度。

【解】（1）竖向平均固结度

$$T_v = \frac{C_v t}{H^2} = \frac{0.4536 \times 15}{12^2} \approx 0.047$$

$$U_z = 1 - \frac{8}{\pi^2}\exp\left(-\frac{\pi^2}{4}T_v\right) = 1 - \frac{8}{\pi^2}\exp\left(-\frac{\pi^2}{4} \times 0.047\right) \approx 27.8\%$$

（2）水平向平均固结度

计算时假定地基土为均匀等向，即 $C_h = C_v$，则

$$d_e = 1.05l = 1.05 \times 3.0 = 3.15(\mathrm{m})$$

$$n = \frac{d_e}{d_w} = \frac{3.15}{0.25} = 12.6$$

$$F = \frac{n^2}{n^2-1}\ln n - \frac{3n^2-1}{4n^2} = \frac{12.6^2}{12.6^2-1}\ln 12.6 - \frac{3 \times 12.6^2 - 1}{4 \times 12.6^2} \approx 1.8$$

$$T_H = \frac{C_h t}{d_e^2} = \frac{0.4536 \times 15}{3.15^2} \approx 0.686$$

$$U_r = 1 - \exp\left(-\frac{8}{F}T_H\right) = 1 - \exp\left(-\frac{8}{1.8} \times 0.686\right) \approx 95.3\%$$

（3）地基的平均固结度

$$U_{rz} = 1 - (1-U_r)(1-U_z) = 1 - (1-0.953) \times (1-0.278) = 96.6\%$$

4）排水过程中地基强度增长值的推算

在预压荷载作用下，地基土在某一时刻 t 的抗剪强度 τ_{ft} 为

$$\tau_{ft} = \eta(\tau_{f0} + \Delta\tau_{fc}) \tag{6-10}$$

式中，τ_{f0} 为地基中某点在加荷前的天然土抗剪强度，单位为 kPa，其值可由十字板剪切试验测定；$\Delta\tau_{fc}$ 为在加荷后 t 时刻地基土由固结引起的强度增长量，单位 kPa；η 为考虑土体由于剪切蠕变及其他因素对强度影响的一个综合性折减系数。根据工程经验，η 可取 0.75～0.90，剪应力大取低值，反之取高值。

抗剪强度增长量 $\Delta\tau_{fc}$ 的计算方法较多，常用有效固结压力法计算：

$$\Delta\tau_{fc} = \Delta\sigma_z U_t \tan\varphi_{cu} \tag{6-11}$$

式中，$\Delta\sigma_z$ 为预压荷载引起的该点附加竖向压力，U_t 为该点土的固结度。

该法试验和计算都较方便，工程上已得到广泛的应用。

5）沉降计算

预压荷载下地基最终竖向变形量的计算可取附加应力与土自重应力的比值为 0.1 的深度作为压缩层的计算深度，可按下式计算：

$$s_i = \xi \sum_{i=1}^{n} \frac{e_{0i} - e_{1i}}{1 + e_{0i}} h_i \tag{6-12}$$

式中，s_i 为最终竖向变形量，单位 m；e_{0i} 为第 i 层中点土自重应力所对应的孔隙比，由室内固结试验 e-p 曲线查得；e_{1i} 为第 i 层中点土自重应力与附加应力之和所对应的孔隙比，由室内固结试验 e-p 曲线查得；h_i 为第 i 层土层厚度，单位 m；ξ 为经验系数，可按地区经验确定，无经验时对正常固结饱和黏性土地基可取 ξ=1.1～1.4，荷载较大或地基软弱土层厚度大时应取较大值。

6）稳定性分析

由于地基土在预压荷载作用下可能失稳破坏，因此，预压加载过程中必须验算每级荷

载下地基的稳定性。稳定性分析一般可采用圆弧法（条分法）进行。若在加载阶段地基稳定性不能满足，则需修改预压计划或排水系统设计。通过减慢加载速率、减小一次加载量或减小井径比，进一步提高土体的强度，以满足地基稳性定要求。若在加载过程中地基稳定性分析的安全度偏大，可修改预压计划（提高加载速率或增加一次加载量），或修改排水系统设计（如增大井径比），以节省造价。

6.4.5 排水固结法施工步骤

预压法加固软黏土地基的施工步骤：铺设水平排水垫层，打设竖向排水体，埋设变形观测设备，实施预压，观测并检查预压效果。预压效果若不满足设计要求，则更改设计至满足设计要求为止。现场变形观测的指标通常应包括：堆载高度、地基孔隙水压力、沉降和侧向位移等指标。

6.5 碾压法与夯实法

碾压法与夯实法采用机械设备在地基表面对地基施加竖向作用力，对地基土进行压实或夯实，从而提高地基土密度和承载力，减小沉降量。一般碾压法与夯实法主要适用饱和度低的软弱土和特殊土，强夯法可用于加固饱和土，但单独使用效果不佳，一般需同时夯入透水性材料，相当于采用强夯置换法。根据所用机械设备的不同，该类方法分为机械碾压法、振动压实法、冲击压实法、重锤夯实法和强夯法等，不同方法所能处理地基的深度不同，工程中应根据地基处理深度要求选择合适的方法。

6.5.1 机械碾压法

机械碾压法是利用平碾、羊角碾、压路机、推土机或其他碾压机械压实加固地基的方法。该法常用于地下水位以上大面积填土的压实及一般非饱和黏性土和杂填土地基的浅层处理。碾压法只能加固表层地基，其处理深度随机械吨位不同而不同，多数静力压实设备有效压实深度不超过 0.5 m。为克服处理深度不足的问题，对于大面积填土，往往要求分层碾压并逐步升高填土面标高。

碾压地基的质量常以压实系数 λ_c（施工时所控制的土的干密度 ρ_d 与最大干密度 γ_{dmax} 之比）和现场含水量控制：压实系数 λ_c 一般不应小于 0.94，现场控制含水量宜为 $w_p \pm 2\%$（w_p 为塑限）。当土体含水量接近饱和时，压实过程会出现“橡皮土”现象，压实效果不理想。

6.5.2 振动压实法

振动压实法是用振动压实机械在地基表面施加振动力将浅层松散土振实的地基处理方

法。该法处理砂土和由炉灰、炉渣、碎砖等组成的杂填土效果较好，且振密后的地基抗振（震）能力强。

振动压实法一般是由振动机械的电动机带动偏心块产生竖向振动力以振实土体。振实的效果与振动力的大小、填土的成分和振动时间等因素有关。振动机械功率太小则振动压实效果差；杂填土的颗粒或碎裂块较大时，应选用振动力较大的机械。一般地，振动时间越长，效果越好。但振动超过一定时间后，振实效果就趋于稳定，土体密度不再提高。因此，在施工前应进行试振，确定振沉稳定所需时间。对于由炉渣、碎砖瓦等组成的建筑垃圾，振动时间需在 1 min 以上；含炉灰等细颗粒填土，振动时间约为 3～5 min。振动压实设备的有效压实深度大于静力压实设备，但普遍不超过 1.0 m 。

6.5.3 重锤夯实法

重锤夯实法利用起重机械将夯锤（锤重一般不小于 15 kN）提升到一定高度（2.5～4.5 m），然后自由落下并重复夯击以加固地基。重锤夯实法的主要设备为起重机械、夯锤、钢丝绳和吊钩等。该法一般适用于处理地下水位以上低饱和度黏性土、砂土、杂填土和分层填土等地基，但在有效夯实深度内存在软黏土层时不宜采用。一般砂性土、黏性土经重锤夯击后，地基表层土体的相对密实度或干密度将增加，形成一层比较密实的土层（硬壳），从而提高表层地基的承载力。

重锤夯实影响深度与锤重、锤底直径、落距、夯实的遍数、土的含水量以及土质条件等因素有关。只有合理地选定上述参数和控制夯实土的含水量，才能达到预期的夯实效果。根据现场实际经验，一般认为：夯实的影响深度约为锤底直径的 1 倍左右；对于湿和稍湿，密实度为稍密、中密的建筑垃圾杂填土，如采用重锤 15 kN，底面直径为 1.15 m，落距 3～4 m，夯打 6～8 遍，其有效夯实影响深度为 1.1～1.2 m。

重锤夯实法

一般加大锤击功可使土的干密度增大，但当土的密度增大到接近饱和时，即使锤击功再增大，土的密实度也不会增加；同时，随着夯击遍数的增加，每遍土的夯沉量逐渐减少，当夯击到某一程度后，继续夯击将意味着能量的损失。因此，施工时应尽量采用保证夯实的最小夯击遍数，一般需通过试夯确定。通过试夯还可确定出停夯标准，即最后夯沉量。对于黏性土最后夯沉量不应大于 10～20 mm，砂性土则不应大于 5～10 mm。

6.5.4 强夯法

采用机械碾压、振动压实和重锤夯实等方法对地基土进行碾压与夯实，因所使用的机械或设备的能量较小，故压、夯的处理深度较小。19 世纪 60 年代末出现的强夯法大大提高了夯实法的地基处理深度。

强夯法，又称动力压实法（dynamic compaction method）或动力固结法（dynamic consolidation method），是法国梅那（Menard）技术公司于 1969 年首创的一种地基加固方法。它是利用起重设备（起重机或起重机配三角架、龙门架）反复将大吨位（一般为 10～40 t）夯锤起吊到 6～30 m 高度后，让锤自由落下，产生强大的冲击和振动能量，对地基进行强力夯实，从而提高地基承载力，降低其压缩性，减少工后差异沉降，改善砂土的抗振（震）动液化能力等。

利用强夯法形成夯坑，然后在夯坑内填入块石、碎石、砂、钢渣、矿渣、建筑垃圾等硬质粗颗粒材料，并夯实成墩体，墩体与周围夯间土形成复合地基，从而提高地基承载力，减小地基沉降量，改善地基土排水条件等的地基处理方法，则称为强夯置换法，它是强夯法的发展。

强夯法

强夯法适用于处理碎石土、砂土、非饱和细粒土、素填土和杂填土等地基，对含有良好透水性夹层的饱和细粒土地基应通过试验后采用。强夯置换法适用于处理高饱和度的粉土与软塑状的淤泥、淤泥质土、黏性土等地基。

关于强夯加固机理，虽然国内外学者从不同的角度进行了大量的研究，但至今尚无成熟和完善的理论。一般认为土的类型不同，强夯加固的机理亦不相同：

①对于非饱和土，强夯加固的机理为“动力密实”：夯击能量产生的波和动应力的反复作用，迫使土骨架产生塑性变形，由夯击能转化为土骨架的变形能，使土密实，提高土的抗剪强度，降低土的压缩性。

②对于饱和土，强夯加固的机理可概括为“动力固结”：巨大的冲击能量在土中产生很大的应力波，破坏土体原有的结构，使土体局部发生液化，产生很多裂隙，增加排水通道，使孔隙水顺利排出，待超孔隙水压力消散后，土体产生固结，强度得以提高。

③强夯置换法则是既改变了地基的组成，又改变了原软土层的特性：利用夯击强行将砂、碎石等挤填到软弱土层中，置换原土，形成“桩柱”或密实层；周围未被置换的饱和土在动力作用下排水固结，变得更加密实。两种作用，使地基承载力提高，沉降减小。

强夯法使用工地常备简单设备，施工工艺操作简单，适用土质范围广，加固效果显著，可得到较高的承载力。一般地基强度可提高 2～5 倍，压缩性可降低到原来的 1/10～1/2，加固影响深度可达 6～10 m；强夯处治后土粒结合紧密，有较高的结构强度；工效高，施工速度快（一套设备每月可加固 5 000～10 000 m^2 地基），较换土回填和桩基缩短一半工期；节省加固原材料；施工费用低，节省投资，同时耗用劳力少等。

强夯法适于加固碎石土、砂土、低饱和度粉土、黏性土、湿陷性黄土、高填土、杂填土以及“围海造地”地基、工业废渣和垃圾地基等的处理，也可用于防止粉土及粉砂的液化。对于高饱和度淤泥、软黏土、泥炭、沼泽土，如采取一定技术措施也可采用强夯法，强夯法还可用于水下夯实。但是强夯法产生的振动对周围建筑物和设备有一定的不利影响，必要时应采取防振、隔振措施。

强夯法用于处理地基前必须确定的施工参数：单击夯击能、夯击点布置、夯击次数、夯击遍数、间隔时间等。其中单击夯击能是指夯锤锤重 M 与落距 h 的乘积，常用的夯击能多为 1 000～18 000 kN·m。这些施工参数至今仍无成熟的计算确定方法，一般先根据地基土种类和处理深度要求初步估算所需的夯击能，然后考虑当地施工设备、场地大小、进出道路等情况，按经验初定其他参数，最后通过现场试夯验证、调整、确定所有施工参数。

对于加固深度和单击夯击能的关系，强夯法的创始人梅那（Menard）建议估算公式如下：

$$H \approx \alpha \sqrt{Mh} \tag{6-13}$$

式中，α 为经验系数；H 为有效加固深度，单位 m；M 为夯锤重，单位 kN；h 为落距，单位 m。

结合梅那的建议公式，我国基于大量工程实测资料归纳得到了不同土类、不同夯击能对应的有效加固深度预估值，如表 6-5 所示，供工程人员参考。

表 6-5　强夯法的有效加固深度

单位：m

单击夯击能/（kN·m）	碎石土、砂土等粗颗粒土	粉土、黏性土等细颗粒土
1 000	4.0～5.0	3.0～4.0
2 000	5.0～6.0	4.0～5.0
3 000	6.0～7.0	5.0～6.0
4 000	7.0～8.0	6.0～7.0
5 000	8.0～8.5	7.0～7.5
6 000	8.5～9.0	7.5～8.0
10 000	10～11.0	9.5～10.5
15 000	13.5～14.0	13.0～13.5
18 000	14.5～15.5	

现场试夯工作是确保强夯法成败的关键，在强夯法实施之前，必须在施工现场有代表性的场地上选取一个或几个试验区进行试夯，并通过测试、检验强夯效果，确定工程采用的各项参数。当强夯施工所产生的振动对邻近建筑物或设备产生有害的影响时，应设置振动监测点，并采取挖隔振沟等隔振或防振措施，避免对周边环境产生不利影响。试夯的施工步骤：

① 清理并平整施工场地，标出第一遍夯点位置，测量试验区域场地高程。

②对地基土进行检测，包括室内土工试验、野外标准贯入、静力（轻便）触探、旁压试验（或荷载试验）等，一般应测试两项以上指标，以便测试指标印证比较。

③起重机就位，夯锤置于夯点位置，测量夯前锤顶高程，将夯锤起吊到预定高度，开启脱钩装置，待夯锤自由下落后，放下吊钩，测量锤顶高程，若发现因坑底倾斜而造成夯锤歪斜时，应及时将夯坑整平。

④重复夯击，记录夯击次数、锤顶高程，完成一个夯点的夯击。

⑤换夯点，重复步骤③至⑤，完成所有试夯点的夯击。

⑥用推土机将夯坑填平，最后用低能量满夯将场地表层松土夯实，并测量夯后场地高程。

⑦对地基土进行检测，测试项目与夯前相同，确定地基的实际影响深度和强夯效果。

试夯结束后方可根据试夯确定强夯参数进行施工，施工结束后还应对地基进行质量检验。因强夯后的土体强度随夯击后间歇时间的增加而增加，故检验强夯效果的测试工作宜在强夯之后 1～4 周进行，而不宜在强夯结束后立即进行，否则测得的强度会偏低。强夯地基承载力特征值应通过现场载荷试验确定。

6.6 挤密法

挤密法是指利用沉管、冲击、夯击、振动、振冲等方式在土中挤压、振动，使孔周围土体得到挤密，然后向桩孔内分层填料形成地基。与碾压法和夯实法一样，挤密法也是通过提高地基土密度对地基进行处理，不同的是碾压法和夯实法在地基表面对地基施加竖向作用力，且加固深度受压实能量限制，而挤密法通过成孔挤压对地基土施加水平方向的作用力使地基密实，且可深入地基深部，加固深度可调可控。

6.6.1 常用地基土挤密方法

常用的地基土挤密方法有沉管法、振冲法两类。如图 6-4 所示，沉管法的施工过程与沉管灌注桩相同，即通过锤击打入或振动将钢管沉入地层，在这个过程中，钢管周边一定范围内的地基土被挤密得到加固。当钢管端部到达设计深度后，向钢管中投入填料同时上拔钢管，钢管完全拔出后，填料留在孔中形成桩体。孔内填料可以防止挤密的原地基土向孔内回弹，可确保土体密实效果。

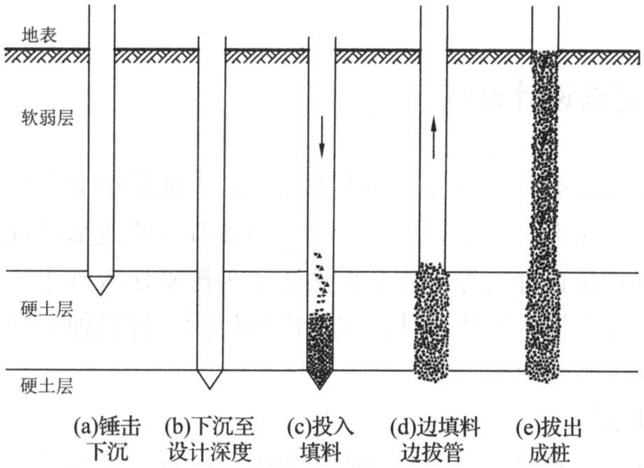

振冲挤密

图 6-4 沉管法施工工艺流程

振冲法的核心装备是潜水电机、水泵和振冲器，振冲器中有可在水平面旋转的偏心块。如图 6-5 所示，振冲法加固地基的过程是：吊起振冲器，启动潜水电机、水泵和偏心块，使振冲器前端高压射水、高频振动。徐徐下放启动的振冲器到土中，通过高压水冲切、振动器挤压土体在地层中成孔。当振冲器下放到设计深度后，关闭水泵但保持高频振动，向孔中投入填料，振动器的水平振动力可将填料挤入孔壁挤密原地基土。如果被处理的地基为中粗砂，则可不投入填料，振动器会把上方孔壁不断垮塌下来的土体挤压到周边，由此得到挤密的地基，但是不投填料处理后的场地地表标高会下降。事实上，振冲法最早发明出来就是用来处理松散砂土地基，并且也最适合用来处理砂类土地基。如果土中黏粒含量大于 30%，则振冲挤密的效果会大大降低。因此对于挤密非砂类土地基，最好选用沉管法。

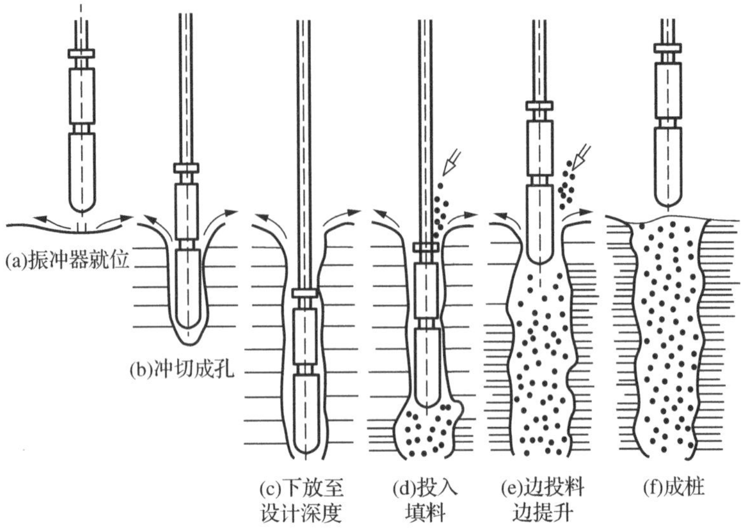

图 6-5　振冲法施工工艺流程

挤密法中用于回填桩孔的材料有灰土、水泥土、砂石等，所得挤密法分别称为灰土桩法、水泥土桩法和砂石桩法等。下面以砂石桩法为例，介绍挤密法处理地基的设计计算方法。

6.6.2　砂石桩挤密法设计计算

砂石桩法是指采用振动、冲击或水冲等方法在软土地基中成孔后，再将砂、砾石、卵石、碎石等材料挤压入孔中，形成较大直径的密实砂石桩的地基处理方法。主要包括砂桩法、挤密砂桩法和沉管碎石桩法等。砂石桩法适用于挤密松散砂土、粉土、黏性土、素填土和杂填土等地基。砂石桩挤密法设计的主要内容包括：材料种类和处理范围、砂石桩直径、长度、布置形式、桩间距等。

(1) 材料和处理范围

砂石料可使用砾砂、粗砂、中砂、圆砾、角砾、卵石、碎石等，这些材料可单独使用一种，也可据颗粒粗细按一定的比例配合使用，在对砂石桩侧限作用较小的软弱黏性土中，可使用含有棱角状碎石的混合料。砂石填料中含泥量不大于 5%，并且不含有粒径大于50 mm的颗粒。砂石桩的处理范围应根据建筑物的重要性和场地条件确定，应大于荷载作用面范围，扩大的范围宜为基础外缘 1～3 排桩距。对可液化地基，在基础外缘扩大的宽度不应小于可液化土层厚度的 1/2。

(2) 直径

根据地基土质情况、置换率要求、成桩方式和成桩设备等因素综合考虑确定砂石桩的直径。目前，国内采用的直径通常为 300～1 200 mm，国外采用的直径通常为 600～800 mm。

(3) 桩长

根据软土层厚度或根据工程要求通过计算确定砂石桩桩长：

①软土层厚度不大时，砂石桩宜穿过软土层。

②软土层厚度较大时：对按稳定性控制的工程，砂石桩桩长应不小于最危险滑动面以下 2 m 的深度；对按沉降控制的工程，桩长应满足砂石桩地基沉降量不超过建（构）筑物地基变形容许值并满足软弱下卧层承载力的要求。

③当使用砂石桩处理易振动液化的饱和松散砂土时，桩长应达到可能发生液化的砂层底部。

④砂石桩桩长一般不宜小于 4 m。

（4）桩的平面布置形式

对大面积满堂处理，桩位宜用等边三角形布置；对独立或条形基础，桩位宜用正方形、长方形或等腰三角形布置；对圆形或环形基础（如油罐基础）宜用放射形布置，如图 6-6 所示。

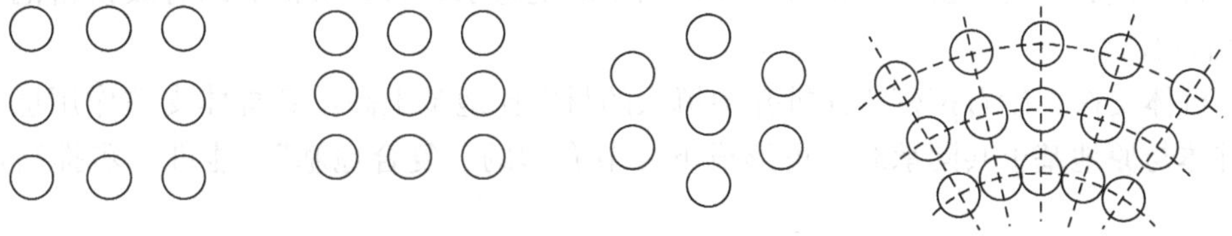

(a)正方形　(b)长方形　(c)等腰三角形　(d)放射形

图 6-6　桩位布置

（5）桩间距计算

确定桩的布置形式后，桩间距的大小决定了地基的挤密效果。因此桩间距是按设计要求的密实度计算确定的。对于砂土地基，一般用孔隙比表征设计要求。不同平面布置的砂石桩桩间距计算公式如下：

按等边三角形布置时：

$$l = 0.95\xi d\sqrt{\frac{1+e_0}{e_0-e_1}} \tag{6-14}$$

按正方形布置时：

$$l = 0.89\xi d\sqrt{\frac{1+e_0}{e_0-e_1}} \tag{6-15}$$

式中，l 为砂石桩桩间距；d 为砂石桩直径；ξ 为修正系数，考虑振动下沉密实作用时，可取 1.1～1.2，不考虑振动下沉密实作用时，可取 1.0；e_0 为天然孔隙比；e_1 为设计要求的孔隙比。

设计要求孔隙比 e_1 可按下式计算：

$$e_1 = e_{max} - D_{r1}(e_{max} - e_{min}) \tag{6-16}$$

式中，e_{max} 为最松散状态下的孔隙比；e_{min} 为最密实状态下的孔隙比；D_{r1} 为设计要求砂土达到的相对密实度，一般取 0.70～0.85。

【例 6-4】 建筑物建在杂填土地基上，采用砂桩加固，砂桩直径 0.5 m，正三角形布置，地基最大孔隙比为 0.9，最小孔隙比为 0.6，未加固时的孔隙比为 0.85，要求加固后地基土的相对密实度为 0.7，求砂桩的中心距。

【解】(1) 确定要达到的孔隙比 e_1

$$e_1 = e_{\max} - D_{r1}(e_{\max} - e_{\min}) = 0.9 - 0.7 \times (0.9 - 0.6) = 0.69$$

(2) 确定桩中心距

不考虑振动下沉密实作用影响，$\xi=1.0$。因此正三角形布置时砂桩的中心距为：

$$l_1 = 0.95d\sqrt{\frac{1+e_0}{e_0-e_1}} = 0.95 \times 0.5 \times \sqrt{\frac{1+0.85}{0.85-0.69}} \approx 1.6(\text{m})$$

6.6.3 砂石桩挤密法的加固机理

砂石桩挤密法在地基处理中提升加固效果的机理如下：

①挤密地基土：挤密法往地层中下沉桩管，桩管挤向周围地层可产生很大的横向挤压力，可将非饱和土挤压密实，显著提高桩间土的地基承载力。挤密法的有效挤密范围可达3～4 倍桩径。

②桩体支撑：砂石挤密法往桩孔中填入的材料比地基土高，其桩体支撑作用也不可忽视，桩体与原地基土共同承载，可形成下一节介绍的“复合地基”，能进一步提高地基承载力。

③排水固结：砂石桩填入孔内的材料是透水性材料，桩体还具有排水功能，可起到砂井的作用。当非饱和的地基土被挤密到饱和状态后，具有排水功能的桩体可以将饱和土中水分排出，从而起到加固地基土的作用。

因此砂石桩挤密法加固地基，并不仅限于字面的“挤密”作用，还可形成桩体支撑，排出桩间地基土水分，进一步加固地基，是一种能利用排气、排水、置换等多种加固作用的地基处理方法，其加固效果远超过单纯挤密作用，当其用于处理饱和度较高的地层时，挤密作用反而成了次要的。

需要注意的是，若是设计中考虑桩体支撑作用和排水固结作用，则应在地基表面设置一层厚 300～500 mm 砂垫层或砂和碎石混合料垫层，并将桩顶伸入砂垫层，这样做，一方面可让砂石桩与砂垫层分别作为竖向排水体和水平排水体组成完善的排水系统，另一方面砂石桩顶需要设垫层以协调刚度高的桩体与刚度低的土体共同承担外荷载。

6.7 复合地基法

复合地基（composite ground）是指部分土体被增强或被置换，形成的由地基土和增强体共同承担荷载的人工地基。复合地基有两个基本特点：一是地基由增强体和其周围地基土两部分组成，是非均质和各向异性的；二是荷载由增强体和地基土体共同承担，而且两者协调变形。前一特征使它区别于均质地基（包括天然的和人工均质地基），后一特征使它区别于桩基础。根据增强体的设置方向，复合地基可分为水平向增强体复合地基和竖向增强体复合地基。根据复合地基的概念可知，对于前述挤密法，若在桩孔中投入的材料与地基不同，则挤密地基也是复合地基的一种，而且属于竖向增强体复合地基。

竖向增强体复合地基习惯上也可称为桩体复合地基。目前常用的竖向桩体有碎石桩、水泥土桩、水泥粉煤灰桩、素混凝土桩、钢筋混凝土桩、预应力管桩等。各种桩根据桩体强度特性可分为散体材料桩、柔性桩和刚性桩。桩体材料为碎石、砂等无黏结性材料的为散体材料桩；桩体材料强度高的为刚性桩，如混凝土桩、钢筋混凝土桩、钢桩、水泥粉煤灰碎石桩（cement fly-ash gravel pile，CFG 桩）等，也可称为黏结材料桩。刚性桩的桩身材料往往是强度和刚度接近混凝土或高于混凝土；柔性桩则是指桩身强度和刚度介于散体材料桩与混凝土之间的桩，如水泥土桩、灰土桩、各种深层搅拌桩、旋喷桩等。

水平向增强体复合地基主要指加筋土复合地基，是指在软弱土层中水平铺设增强体，水平增强体可改善地基土抗拉、抗剪性能，其与地基土共同承担荷载并协调变形，使地基土地基承载力提高，变形减小。水平增强体可以是钢带、钢条、钢筋混凝土杆件、土工合成材料等，其中又以土工合成材料加筋用得较多。加筋材料可单向铺设，也可双向铺设，可铺设一层，也可与填土间隔多层铺设。

相对于水平向增强体复合地基，竖向增强体复合地基应用更为普遍，本章仅介绍竖向增强体复合地基。在竖向增强体复合地基中，散体材料桩、水泥土桩、灰土桩的施工与挤密桩基本相同且大部分是挤密桩，不再赘述。本节主要简要介绍三种常用桩体（CFG 桩、深层搅拌桩、高压喷射桩）的工程特性和竖向增强体复合地基基本理论。

6.7.1 常用复合地基桩体类型

（1）CFG 桩

采用散体材料桩加固地基时，桩体没有黏结强度，依靠天然地基土提供侧向围压形成强度，当地基土强度较低，所能提供的约束力较低时，散体材料桩的上部容易被荷载压溃形成鼓胀，桩体难以承担将荷载传递到较深土层的作用。这种情况下，可以在散体材料桩中添加胶凝材料，提高桩体强度，提高桩体传递荷载的能力。

CFG 桩法是指由水泥、粉煤灰、碎石、石屑或砂等混合料加水拌和制成的具有一定黏结强度的桩，并与桩间土、褥垫层一起组成复合地基的地基处理方法。桩体材料中的水泥为主要胶凝材料，粉煤灰用来增加混合料的和易性，降低水泥用量，适量的石屑用来改善级配。CFG 桩由于桩身具有黏结强度，承载时不会像散体材料桩那样出现鼓胀破坏现象，桩身承载力大大提高。CFG 桩桩身材料压缩性明显小于桩周软土，可将荷载传递到地层深处，其与地基土共同承担荷载并协调变形，使复合地基的承载力大大提高。CFG 桩可采用振动沉管灌注桩施工工艺，也可以采用长螺旋钻孔灌注或长螺旋钻孔中心压灌施工［如图 6-7（a）所示］。CFG 桩法主要通过桩体作用提高地基承载力和减少地基变形。当采用振动沉管法施工时，对地基还有挤密作用，更适用于饱和度低的松散砂土、杂填土地基；但若以挤密为其主要目的，采用 CFG 材料回填桩孔就不经济了。

CFG 桩复合地基的地基承载力取决于桩径、桩长、桩距、桩身材料强度、地层物理力学性质等因素。其常用桩径一般为 350～400 mm；桩需穿透软土层到达较硬的持力层，当地基可能存在稳定性问题时，桩还应穿过潜在最危险滑动面不小于 2.0 m。CFG 桩的桩身材料的配合比和强度设计值应根据复合地基承载力要求和工程经验确定，然后，基于复合地基理论通过计算初步确定桩距。CFG 桩的桩距通常取（3～6）d，桩距若超出此范围，一般经济性较差。对挤密性好的土，如砂土、粉土和松散填土，桩距可取较小值；对单排或双排布桩的条形基础、面积不大的独立基础等，桩距可取较小值，反之，对于满堂布桩的筏形基础、箱形基础以及多排布桩的条形基础等，桩距可适当放大；对地下水位高、地下水丰富的建筑物场地，桩距也可适当放大。CFG 桩复合地基承载力的计算值只是估算值，实际承载力特征值应通过现场单桩或多桩复合地基载荷试验确定。

（2）深层搅拌桩

深层搅拌桩法是通过深层搅拌机在地基深部用搅拌头将固化剂就地与软土强制拌和，利用固化剂和软土发生的一系列物理、化学反应，使其凝结成具有整体性、水稳性好和强度高的水泥加固体，并与天然地基形成复合地基的一种地基处理技术。深层搅拌桩的施工过程如图 6-7（b）所示。深层搅拌桩的固化剂多采用水泥（水泥浆或水泥粉），也有采用石灰或其他材料的，本章仅介绍以水泥作为固化剂的情形。因其桩体材料水泥土的强度和刚度介于散体材料桩与混凝土桩之间，故属于柔性桩。与 CFG 桩相比，深层搅拌桩有如下的优点：

①由于将固化剂和原地基软土就地搅拌混合，因此最大限度地利用了原地基土，不产生废渣，适用于无废工地；采用长螺旋钻孔中心压灌施工的 CFG 桩钻孔会排出地基土产生废渣，需找地方丢弃。

②固化施工对土壤无侧向挤压，对邻近建筑物影响很小；采用沉管灌注施工的 CFG 桩成孔对周围地基有挤压作用，可能会影响周边建筑。

③施工过程中无振动、噪声小，可在市区内对噪声有要求的区域施工。

④土体加固后重度基本不变，对软弱下卧层不致产生附加沉降。

⑤施工速度较快。

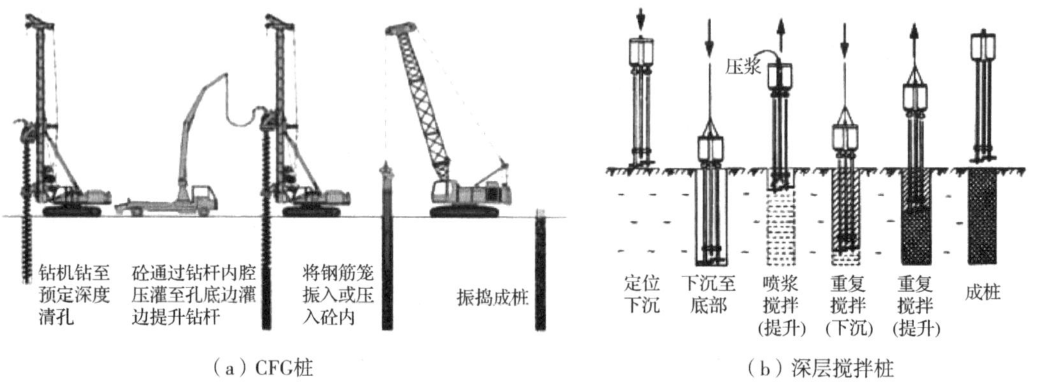

图 6-7　CFG 桩与深层搅拌桩施工顺序

与 CFG 桩相比，深层搅拌桩的主要缺点是强度增长慢。以采用水泥作为固化剂的深层搅拌桩为例，水泥在土中的固化机理与其在混凝土中差别很大。水泥在混凝土中主要是水泥水化、硬化起到胶结作用，水泥并不与骨料发生化学反应，强度很快增长到接近最终强度；而深层搅拌桩水泥分散在土中，其硬化不仅包括水泥吸水水化、硬化，还包括水泥水化产物与土中活性矿物相互作用，因此水泥土的固化机理更为复杂，用时也更长。水泥土的硬化机理和过程如下：

①水泥的水解和水化。当水泥掺入土中，水泥很快开始与土中水发生水解和水化反

应，生成氢氧化钙、含水硅酸钙、含水铝酸钙及含水铁酸钙等水化物。

②土的团粒化。水泥水化生成的钙离子可与土表面带有的低价阳离子进行交换，使土颗粒产生聚结形成较大的团粒；水泥水化后生成的凝胶粒子比表面积大，具有很大的表面能和吸附力，能使团粒进一步结合起来形成团粒结构，可提高水泥土的强度。

③硬凝反应。随着水泥水化继续，当钙离子的数量超过离子交换的需要后，开始与组成黏粒矿物的三氧化铝、二氧化硅反应生成不溶于水的铝酸钙、硅酸钙及钙黄长石等，进一步提高水泥强度，且使水、泥土结构变得更致密，水分不易侵入，从而提高水泥土的水稳定性。

④碳酸化作用。水泥水化物中游离的氢氧化钙能吸收水中和空气中的二氧化碳，生成不溶于水的碳酸钙，这种反应也能增加水泥土的强度，不过增长慢，幅度也较小。

水泥深层搅拌桩的水泥土硬化速度远低于混凝土，因此需要较长的时间才能形成最终强度，导致深层搅拌桩复合地基的早期承载力较低。为了提高深层搅拌桩的早期承载力，有些工程中在深层搅拌桩中心插入小混凝土桩或其他桩芯，由此开发出了劲芯水泥土复合桩技术，此技术目前也有较多应用。

深层搅拌桩适于加固较深较厚的淤泥、淤泥质土、粉土和含水量较高且地基承载力要求不高的工程（如地基承载力不大于 120 kPa），对超软土效果更为显著。当地基土含水量高时，采用水泥粉搅拌（称为干法）；当地基土含水量低时，采用水泥浆搅拌（称为湿法）。工程中深层搅拌桩多用于软土区的大面积堆料厂房地基、墙下条形基础以及深度不大的深基支护。由于软土地层经水泥土搅拌改良后，渗透性大大降低，因此深层水泥搅拌桩还多用作基坑的止水帷幕。

与 CFG 桩复合地基基本相同，深层搅拌桩复合地基的承载力同样取决于桩径、桩长、桩距、桩身材料强度、地层物理力学指标等因素。其长度应根据上部结构对承载力和变形的要求确定，桩宜穿透软土层到达承载力相对较高的土层，当软土深度较大时，也可不穿过软土层。当存在整体稳定性问题时，其桩长应超过危险滑弧以下 2 m。水泥土搅拌桩的桩径取决于施工设备，一般不应小于 500 mm。深层搅拌桩的桩距也按地基承载力要求通过计算初步确定，然后通过现场单桩或多桩复合地基载荷试验最后确定。深层搅拌桩强度低，因此桩数多，需要按一定方式对桩进行平面布置。复合地基的布桩形式可根据上部结构特点以及对地基承载力和变形的要求，采用柱状、壁状、格栅状或放射状等不同形式，桩可只在基础平面范围内布置，独立基础下的桩数不宜少于 3 根。柱状加固可采用正方形、等边三角形等布桩形式。

(3) 高压喷射桩

高压喷射桩法又称高压旋喷桩法，它将带有特殊喷嘴的注浆管沉入地基中（如果下沉困难则需用钻机引孔）至预定位置后，用高压脉冲泵（工作压力在 20 MPa 以上）将水泥浆液通过注浆管下端的喷射口高速水平喷向注浆管周边土体，借助高压液体切削土层，与此同时注浆管以一定的速度（20 r/min ）旋转、一定的速度（15～30 cm/min）提升，使管周围土体自下而上与水泥浆充分搅拌混合形成水泥土，水泥土硬化后即在地基中形成一定直径、一定强度的圆柱形桩体（称为旋喷桩），从而使地基得到加固，图 6-8 所示为高压旋喷桩的施工过程。深层搅拌桩用搅拌头强制拌和水泥土，其搅拌头容易被地层中的硬质材料磕坏，因此不能用于含碎石、砾石、块石、碎砖、孤石、树根等可能损坏搅拌头的地层。与深层搅拌桩相比，高压旋喷桩采用高压水射流切割土体，利用固液气混合物翻滚自动拌和，不存在损坏搅拌头的问题，因此高压旋喷桩适用性更广。

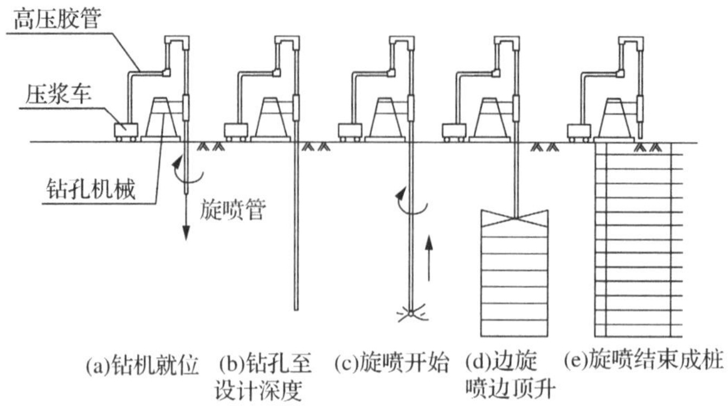

图 6-8　高压旋喷桩施工顺序

高压喷射桩法根据使用机具设备的不同又分为三种方法（图 6-9）：

①单管法：注浆管为一空心管，通过空心管直接高压喷射水泥浆液，水泥浆液既切割土体，也拌和水流，又具有胶结作用。这种设备的水泥浆射流切削土体需穿过已经形成的固液混合物，压力衰减很快，因此射程短，成桩直径较小，一般为 0.3～0.6 m。

②二重管法：作为单管法的改进，二重管设备的注浆管中设有同轴双通道，其内管仍输送高压水泥浆，作用机制与单管法相同，其外管中输送高压空气并在中心管喷口周边喷出，空气在水泥浆射流与周围固液混合物间形成气幕，可减小水泥浆压力衰减速度，提高水泥浆射程，因此可增大成桩直径，其成桩直径为 0.6～1.5 m。

③三重管法：在二重管的基础上再增加一个同轴通道形成三重注浆管，内管、中管、外管分别输送清水、空气和水泥浆液。三重管的水泥浆从注浆管底端注入，从侧面喷射出清水作为切削水流，空气从高压水喷口周边喷出形成气幕（气室）保护清水流。因采用清水，压力可以更高，因此射流射程更长，桩径可更大。因高压水射流和气体托举可使地基中一部分土粒随着水、气顺着引孔排出地面，注浆底端冒出的水泥浆跟进填充空隙，因此，三重管法成桩直径较大，桩体质量更好，成桩直径一般为 0.8～2.0 m，最高强度可接近混凝土。

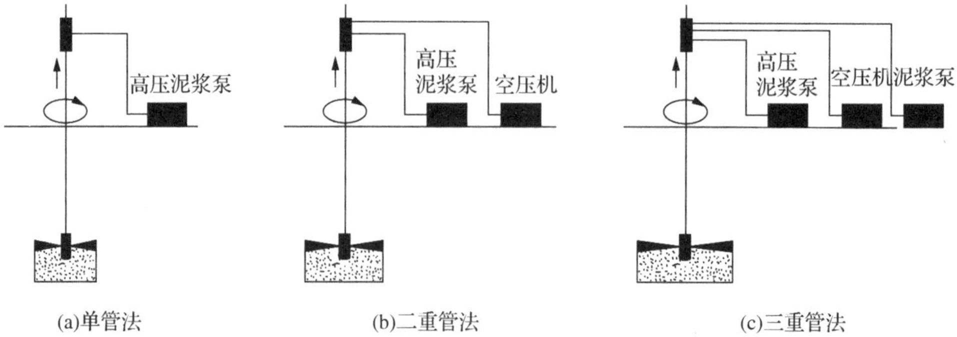

图 6-9　高压喷射桩成桩形式

高压喷射桩按成桩形式分旋喷注浆、定喷注浆和摆喷注浆三种类别。所得水泥土桩形状可分为立柱、壁状和块状三种。高压喷射注浆具有深层搅拌桩前述所有技术优点，而且更多：

①可利用小直径钻孔旋喷成大直径桩体，可穿过岩层进入溶洞中旋喷施工桩体。

②可通过调节旋喷角度喷成多种形状桩体，当用于止水帷幕时，采用板状的桩体搭接，经济性更好。

旋喷注浆

③可通过调节浆液配比获得需要的强度，当旋喷的地层为砂卵石时，旋喷后几乎能得到接近混凝土强度的桩体。

④可适用的地层范围更大，尤其适用于含碎石、砾石、块石、碎砖、孤石、树根等的地层。

高压喷射注浆适于各种地基土，可用于既有建筑和新建筑的地基处理，深基坑侧壁挡土或挡水，基坑底部加固防止管涌与隆起，坝的加固与防水帷幕等工程。但对含有较多大粒块石无法搅动、地下水流过大浆液无法停留的情况不宜采用。

高压旋喷桩与深层搅拌桩差异主要体现在施工方法和适应的地层上，其设计内容和过程与深层搅拌桩基本相同，需确定水泥掺量、桩径、桩长、平面布置形式、桩距等参数。不同的是，由于高压流体射流射程、切削能力以及水泥土组成与地基土的土类、强度有关，因此水泥掺量、桩径需通过现场试验确定，或参照相似条件工程经验估计，而深层搅拌桩的直径可通过搅拌头直径确定，水泥掺量可通过试验室配合比设计确定。

6.7.2 复合地基的加固机理

桩身强度高的挤密桩、CFG 桩、水泥土桩等各种桩体与原地基土体共同承担荷载并协调变形，构成了复合地基，其地基承载力提高、变形降低的作用机理并不完全相同，但基本上是以下几种作用机理的组合：

①桩体作用。桩体复合地基是竖向桩体与桩周土体共同起作用的，由于桩体刚度、强度及模量等均大于桩间土体，桩体可分担大部分上部荷载，而桩间土分担的荷载相应减小，使得复合地基承载力较天然地基提高，沉降量减少。

②加速固结作用。砂（石）桩、碎石桩等散体材料桩具有良好的透水性，可加速地基土固结。另外，水泥土类桩和混凝土类桩也可在不同程度上加速地基土固结。

③挤密、振密作用。如砂桩、土桩、石灰桩、碎石桩等在施工过程中由于振动、挤压、排土等作用，减小了地基土体孔隙比，增加了其密实度，土体强度也相应提高。若采用生石灰桩，由于其材料具有吸水、发热和膨胀等作用，对桩间土同样起到挤密作用。

④ 加筋作用。各种复合地基除了可提高地基的承载力和整体刚度外，还可提高土体的抗剪强度，增加土坡的抗滑能力。

⑤硬壳层作用。桩体未穿透软弱土层的复合地基，可起到硬壳层的作用，增大应力扩散作用，使下卧未处理的软弱层顶面荷载减小。

6.7.3 复合地基设计参数

1）面积置换率

桩体的横截面积与该桩体所承担处治地基的面积之比称为复合地基面积置换率，一般用 m 表示。复合地基桩体的平面布置形式通常有两种，即正方形布置和等边三角形布置。其面积置换率计算式如下：

正方形布桩时：

$$m=\frac{\pi d^2}{4l^2} \tag{6-17}$$

等边三角形布桩时：

$$m=\frac{\pi d^2}{2\sqrt{3}\,l^2} \tag{6-18}$$

式中，d 为桩体直径，l 为桩间距。

2）桩土应力比

荷载作用下桩体和桩间土共同承载，单位面积桩顶受力与单位面积桩间土受力之比为桩土应力比，一般用 n 表示。令 σ_p 表示复合地基中桩体的竖向平均应力，令 σ_s 表示桩间土的竖向平均应力，则桩土应力比 n 为

$$n=\frac{\sigma_p}{\sigma_s} \tag{6-19}$$

桩土应力比是复合地基设计时的一个重要参数，它关系到复合地基承载力和变形的计算。影响桩土应力比的因素很多，如荷载水平、桩土模量比、复合地基面积置换率、原地基土强度、桩长、固结时间和垫层情况等，桩土应力比 n 在设计中一般按地区经验确定，用于估算桩土应力比的计算公式有多种，这里介绍以下两种：

（1）模量比公式

假定刚性基础下，按桩体和桩间土体的竖向应变相等，可得桩土应力比 n 的计算公式：

$$n=\frac{E_p}{E_s} \tag{6-20}$$

式中，E_p、E_s 分别为桩身和桩间土的压缩模量。

（2）伯曼（Baumann）公式

伯曼根据桩体和桩周土的侧向应力及径向鼓胀量之间的关系，并假定桩体总体积保持不变，提出砂石桩复合地基桩土应力比 n 的计算公式：

$$n=\frac{E_p}{2k_pE_s\ln\dfrac{R_0}{r_0}}+\frac{k_s}{k_p} \tag{6-21}$$

式中，r_0、R_0 分别为桩半径和每根桩所分担的加固面积的折算半径；k_p、k_s 分别为桩和桩间土的侧压力系数，其值均介于被动土压力系数和静止土压力系数之间。

6.7.4 复合地基承载力确定

桩体复合地基承载力特征值应通过复合地基竖向抗压载荷试验或综合桩体竖向抗压载荷试验和桩间土地基竖向抗压载荷试验，并结合工程实践经验综合确定。初步设计时，按以下方法估算：

对于散体材料的桩按下列公式估算：

$$f_{spk}=[1+m(n-1)]f_{sk} \tag{6-22}$$

对于有黏结强度的桩体按下列公式估算：

$$f_{spk}=\lambda m\frac{R_a}{A_p}+\beta(1-m)f_{sk} \tag{6-23}$$

式中，f_{spk} 为复合地基承载力特征值；f_{sk} 为处理后桩间土承载力特征值，应按当地经验取值；R_a 为单桩竖向抗压承载力特征值，应通过单桩竖向抗压载荷试验确定；A_p 为桩的截面积；λ 为单桩承载力发挥系数，应按当地经验取值，对于水泥土搅拌桩一般取 $\lambda=1$；β 为桩间土承载力折减系数，可按地区经验取值。

单桩竖向抗压承载力特征值 R_a 可按下式估算：

$$R_a=u_p\sum_{i=1}^{k}q_{si}l_{pi}+\alpha_p q_p A_p \tag{6-24}$$

式中，u_p 为桩的周长；k 为桩长范围内的土层数；q_{si} 为第 i 层土的桩侧摩阻力特征值；l_{pi} 为桩长范围内第 i 层土的厚度；a_p 为桩端土地基承载力发挥系数；q_p 为桩端土地基承载力特征值。

式（6-24）是按地基土的特性确定竖向抗压承载力，对有黏结强度的桩体，还要保证桩身材料不在桩顶荷载下被破坏，因此单桩竖向抗压承载力特征值 R_a 还受桩身材料强度控制，即

$$R_a\leqslant\frac{\eta}{\lambda}f_{cu}A_p \tag{6-25}$$

式中，f_{cu} 为桩体试块（边长 150 mm 的立方体）标准养护 28 d 的抗压强度平均值，对于水泥土搅拌桩，立方体试块边长 70.7 mm，标准养护 90 d；η 为桩体强度折减系数，一般取 $\eta=0.25$，对于干法施工水泥土搅拌桩取 $\eta=0.2\sim0.25$。

转换式（6-25）的形式，可以得到按单桩竖向抗压承载力特征值 R_a 确定桩身材料的强度要求，即需满足：

$$f_{cu}\geqslant\frac{\lambda R_a}{\eta A_p} \tag{6-26}$$

当复合地基承载力特征值 f_{spk} 进行基础埋深修正，取地基承载力特征值 f_{spa} 进行设计时，要同步提高桩体材料的强度要求，即需满足

$$f_{cu}\geqslant\frac{\lambda R_a}{\eta A_p}\left[1+\frac{\gamma_m(d-0.5)}{f_{spa}}\right] \tag{6-27}$$

式中，f_{spa} 为深度修正后的复合地基承载力特征值。

6.7.5 复合地基沉降计算

沉降计算是地基基础学科的难题，至今尚未很好解决。复合地基沉降计算目前仍以经验方法为主，因此仍采用《建筑地基规范》推荐的分层总和法进行计算。适用于天然地基的地基变形计算深度控制规定也适用于复合地基，而且地基沉降计算深度还应大于复合土层的深度。

沉降计算要用到压缩模量。加固区复合土层由桩体和桩间土两部分组成，呈非均质，但在沉降计算中，可将加固区视作一均质的复合土体，将与原非均质复合土体等价的均质复合土体模量称为复合模量，用 E_{sp} 表示。复合模量 E_{sp} 可按下式计算确定：

$$E_{sp} = mE_p + (1-m)E_s \tag{6-28}$$

或

$$E_{sp} = [1+m(n-1)]E_s \tag{6-29}$$

当复合土层的分层与天然地基相同时，各复合土层的复合模量可按下式确定：

$$E_{sp} = \frac{f_{spk}}{f_{ak}}E_s \tag{6-30}$$

式中，f_{ak} 为基础底面下天然地基承载力特征值。

与天然地基相同，按分层总和法计算得到的沉降量同样需要进行修正，修正系数 ψ_s 应按地区沉降观测资料统计值确定，如果没有观测资料，《建筑地基处理技术规范》（JGJ 79—2012）推荐了一些数据可供参考。

6.7.6 复合地基稳定性分析

复合地基稳定性分析可采用圆弧滑动总应力法进行分析。稳定安全系数应按下式计算：

$$K = \frac{T_s}{T_t} \tag{6-31}$$

式中，T_t 为荷载效应标准组合时最危险滑动面上的总剪切力；T_s 为最危险滑动面上的总抗剪切力；K 为安全系数。

复合地基中桩体的设置应深入设计要求安全度对应的危险滑动面下至少 2.0 m。另外，复合地基稳定性分析方法宜根据复合地基类型合理选用，且所采用的稳定性分析方法、计算参数、计算参数的测定方法和稳定安全系数取值应相互匹配。例如，对散体材料桩复合地基，稳定性分析中最危险滑动面上的总剪切力可由传至复合地基面上的总荷载确定，计算最危险滑动面上的总抗剪切力时，复合地基加固区强度指标可采用复合土体综合抗剪强度指标，也可分别采用桩体和桩间土的抗剪强度指标，未加固区可采用天然地基土体抗剪强度指标。对柔性桩复合地基可采用散体材料桩复合地基稳定性分析方法。但在分析时，需视桩土模量比对抗力的贡献进行折减。对刚性桩复合地基，最危险滑动面上的总剪切力可只考虑传至复合地基桩间土地基面上的荷载，计算最危险滑动面上的总抗剪切力时，可只考虑复合地基加固区桩间土和未加固区天然地基土体对抗力的贡献，稳定安全系数可通过综合考虑桩体类型、复合地基置换率、工程地质条件、桩持力层情况等因素确定。由于稳定性分析时没有考虑刚性桩承担的荷载产生的滑动力和刚性桩抵抗滑动的贡献，且刚性桩承担的荷载产生的滑动力的效应可能大于刚性桩抵抗滑动的贡献，因此刚性桩复合地基稳定性分析安全系数需适当提高。

6.8 注浆法

注浆法（grouting method）也称灌浆法，是指利用液压、气压或电化学原理，将能固化的浆液（水泥浆、化学浆液等）利用液压、气压或电化学原理注入地层中，以填充、挤密、驱赶等方式占据土中的孔隙，使岩土体强度提高、变形和渗透性降低的地基处理方法。注浆加固主要有以下几个方面应用：

①加固地基基础：提高岩土力学强度和变形模量，提高地基基础承载力，减小沉降和沉降差。

②抬升地面、建筑纠偏：通过压力注浆抬升路面，治理路面不平整；抬升基础底面，使已发生不均匀沉降的建筑物复位或减少偏斜度。

③防渗：降低岩土的渗透性，减少渗流量，提高抗渗能力，降低孔隙压力。如水电工程坝基、坝肩和坝体的注浆防渗处理，建筑基坑的地下水控制。

④填充：填充地下发育的暗穴土洞、地裂缝。

⑤堵漏：堵截流水，如地下工程侧壁漏水的封堵。

⑥滑坡治理、抢险：对边坡滑塌进行治理，提高滑动面的抗剪强度，避免进一步滑动。

注浆法已应用到土木工程中的各个领域，特别是在水利工程、井巷工程、道路工程、地下工程中得到了广泛应用。

6.8.1 注浆材料

注浆所用的浆液由注浆材料（主剂）、溶剂（水或其他有机溶剂）及各种附加剂（起速凝、早强、分散、流动、加气、防析水等作用），按一定的比例配制而成。注浆材料（简称浆材）按其形态可分为颗粒型浆材、溶液型浆材和混合型浆材。颗粒型浆材以水泥为主剂，故多称为水泥系浆材，属颗粒型浆液；溶液型浆材由两种或多种化学材料配制，故统称为化学浆材，属溶液型浆液；混合型浆材则由上述两类浆材按不同比例混合而成。

水泥系浆材是用途最广和用量最大的浆材，主要特点是结石体强度高，耐久且无毒，料源广且价格相对较低。注浆工程中应用最广的是普通硅酸盐水泥，某些特殊条件下还采用矿渣水泥、火山灰水泥和抗硫酸盐水泥等。但普通水泥浆容易沉淀析水而稳定性差，硬化时伴有体积收缩，对细裂缝而言颗粒较粗，对大规模注浆工程而言则用量过大。为克服上述缺点，工程中常在水泥浆中掺入黏土、粉煤灰等廉价材料，提高水泥颗粒细度，掺入各种附加剂以改善水泥浆液的性质。

化学浆材的品种很多，包括硅化浆液（硅酸钠为主剂）、碱液（氢氧化钠为主剂）、高分子材料溶液（聚氨酯类、环氧树脂类、木质素类）等。化学浆材的最大特点是浆液属真溶液，初始黏度小，可灌入细小的裂缝或孔隙，因此可解决水泥系浆材难以解决的复杂地质问题。但化学浆材造价较高，且存在环境污染的问题，因此推广受限。

混合型浆材包括聚合物水玻璃浆材、聚合物水泥浆材和水泥水玻璃浆材等。具有前面两种浆材的性质，用来降低浆材成本，或用来满足单一材料不能实现的性能。如水泥-水玻璃类浆液（CS浆液），由于具有成本较低和凝结快的特点，现已广泛应用于软弱土层加固和地基中特殊工程问题的解决。

建筑地基处理常用的注浆材料是水泥浆液、硅化浆液和碱液。硅化浆液常采用双液注浆，即采用水玻璃（Na_2SiO_3）作为主剂，以氯化钙、铝酸钠、硅氟酸等为主要附加剂注入地基，水玻璃遇到另一种附加剂产生化学反应生成凝胶物质或沉淀，可堵塞土中孔隙裂隙，起到降低岩土渗透性的作用。当土中本身就含有另一种化学成分（如钙盐）时，就采用水玻璃单液注浆，水玻璃遇到土中钙盐可凝固。

碱液注入地层中的氢氧化钠溶液不但与土中钙、镁盐发生化学反应生成氢氧化钙、氢氧化镁，而且在强碱性环境下与土中硅酸盐反应生成硅酸盐胶体，提高地基土的黏聚力，降低渗透性，其加固机理类似水泥土。适用于处理钙、镁盐含量高的土体，如湿陷性黄土；当土中钙、镁盐含量不高时，则采用氢氧化钠溶液与氯化钙溶液双液注浆加固。

6.8.2 注浆工艺

注浆是利用岩土内部的连通孔隙通道把浆液注入岩土层中，因此一般通过钻孔在地层中造孔，将其孔隙和裂隙尽量暴露出来，再用注浆机械把浆液压入地层中。钻孔的方法有冲击钻、回转钻及冲击回转钻三种。冲击钻多用于砂砾石等比较松软的地层，钻进时使用泥浆护壁防止孔壁坍塌；回转钻多用于岩石地层。注浆孔一般是垂直钻孔，但在岩石地层中若有倾角较大的裂隙，则需采用斜孔，以暴露裂隙。当在建筑物外加固基础底面的地层时，也需要钻斜孔。注浆孔钻孔孔径一般为70～110 mm，钻孔直径与注浆质量及效率密切相关，较大的钻孔可以截取较多的孔隙和裂隙，注浆速度快、浆液进入多，但是钻孔速度较慢。现代注浆技术逐渐向小口径钻孔方向发展。如果注浆深度较浅，还可不钻孔，直接将注浆管打入或振入地层中注浆。

钻孔完成后，往钻孔中下入注浆管，在拟注浆地层的顶面、底面设置止浆塞封住，即可开始注浆。浆液具有一定黏性，在微小的孔隙中压力衰减很快，运动缓慢，如何高效率、高质量向指定的地层注浆是注浆加固一直在研究的关键技术。如图6-10（a）所示，当地层上下都需要注浆时，可采用边钻边灌注浆法，即自上而下钻完一段灌注一段，直至预定深度为止，这种工艺采用分段注浆，可保证注浆压力，保证浆液扩散半径足够，而且可省去在孔下方设置止浆塞的工作。如果需要注浆的地层有一定埋深，则需要在地层上下分段设止浆塞，以提高效率保证质量。

常用注浆方法有单液和双液两种。单液法是将所有的浆液材料放进同一容器中，预先做好混合准备，再进行注浆，这适用于凝胶时间较长的浆液；双液法是将A溶液和B溶液分别准备，放在不同的容器中，用不同的泵输送，在注浆管（并列管、双层管）顶端流出的瞬间，两种溶液就汇合而注浆。这种方法适用于溶液凝结时间很短甚至瞬间凝结的情况。

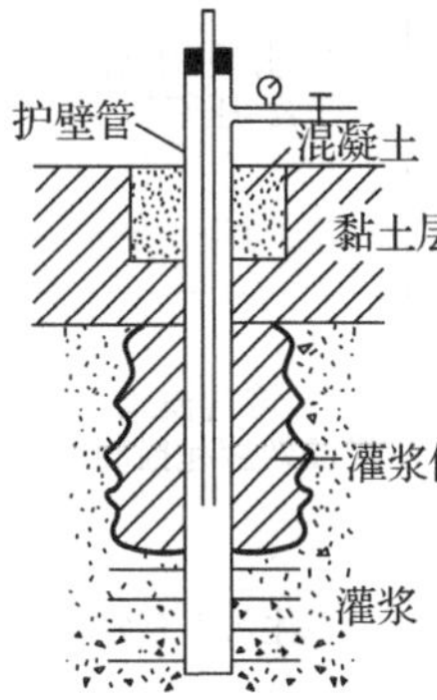

图 6-10　边钻边灌注浆法

6.8.3　注浆液扩散模式

在地基处理中，常用的注浆加固方法的浆液扩散模式主要有三种：

（1）渗透注浆

渗透注浆是指在注浆压力作用下，浆液克服各种阻力而渗入并填充岩土孔隙和裂隙。渗透注浆压力越大，浆液扩散半径、吸浆量、加固范围越大。渗透注浆加固所采用的注浆压力相对较小，以不改变原状土的结构、不产生体积膨胀为限。渗透注浆多用于防渗、填充、堵漏和滑坡治理。

（2）压密注浆

压密注浆是通过钻孔向地层中灌入极浓的浆液，在注浆点形成浆泡并压密周围土体，使土体产生塑性变形，但不产生劈裂破坏。在均匀土中的浆泡形状相当规则，一般为球形或圆柱形，但在非匀质土中则很不规则。当浆泡的直径较小时，注浆压力基本上沿钻孔的径向扩展。随着浆泡尺寸的逐渐增大，将产生较大的上抬力而使地面抬动。压密注浆多用于加固地基、抬升地面、建筑纠偏。

（3）劈裂注浆

劈裂注浆是指在注浆压力作用下，浆液克服地层的初始应力和抗拉强度，岩土体沿垂直于小主应力的平面发生劈裂，使地层中原有的裂隙或孔隙张开并形成新的裂隙，从而增强浆液的可灌性和增大浆液的扩散距离。劈裂注浆的注浆压力相对较高，主要用于土体加固和裂隙岩体的防渗、补强。

这三种模式在软弱地层注浆工程中，具体以哪一种起作用，取决于被注介质结构特征、注浆材料物理化学性质、注浆参数等因素。根据地层可注性及注浆压力的不同，上述三种加固模式可单独出现也可能组合出现，大体划分为渗透模式、劈裂-压密模式及渗透劈裂-压密模式等类型。当地层可注性为完全可注（渗透性高），注浆压力小于地层起劈压力，注入不充分时，注浆扩散表现为渗透模式；当地层可注性为完全不可注（渗透性很低），注浆压力大于起劈压力时，注浆扩散表现为劈裂-压密模式；当地层可注性为完全可注或注入不充分时，注浆压力大于起劈压力，表现为渗透-劈裂-压密模式。地层注浆随地层可注性、注浆压力变化的扩散加固模式如图 6-11 所示。

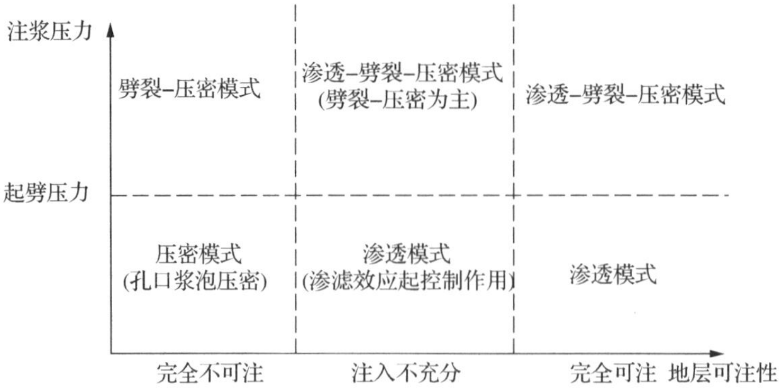

图 6-11　地层注浆扩散加固模式

6.8.4　注浆设计

注浆设计内容主要包括以下几方面：

①施工范围：根据工程目标确定注浆加固的深度、长度和宽度。

②注浆标准：根据注浆加固的目的，确定注浆要达到的效果和质量指标（渗透系数、地基承载力、变形量等）。

③注浆材料：根据要求达到的效果和质量指标，确定注浆材料种类和浆液配方，一般需要通过试验室试配确定。

④注浆压力：根据注浆材料确定施工工艺，确定是采用单液还是双液注浆，确定施工设备，确定不同深度的允许最大注浆压力。

⑤浆液影响半径：通过理论计算或现场试验确定浆液设计压力所能达到的有效扩散距离。

⑥钻孔布置：根据浆液影响半径和注浆体设计厚度，确定合理的孔距、排距、孔数和排数。

⑦注浆效果评估方法：确定评估注浆效果的检测手段和检测频率。

注浆材料需根据注浆处理的目的确定，一般应遵循下述原则：

①注浆目的如果是为提高地基强度和变形模量，一般多选用以水泥为基本材料的水泥浆、水泥砂浆和水泥水玻璃浆等，因为水泥浆凝结以后具有较高的强度，也可采用如环氧树脂、聚氨酯以及以有机物为固化剂的硅酸盐浆材等硬化后可提供高强度胶凝结石的化学浆材。

②注浆目的如果是为防渗堵漏，多采用硅化浆材，因为水泥浆作为颗粒材料，不能进入微小的孔隙或裂隙，而硅化浆液是真溶液，不受孔隙大小限制。但硅化浆材凝结对强度提高有限，因此适合作为防渗浆材。

③如果地基土中有钙镁等活性矿物可被碱性环境激发生成胶结物，则采用碱液进行注浆是最适合的。

随着材料科学的发展，新型注浆材料层出不穷，分别适用于不同的注浆处治目标和不同的地层，设计中可选择余地很大。本节仅介绍《建筑地基规范》中的三类常用浆材，为读者对注浆法建立初步认识服务。

6.8.5 施工注浆质量检验

注浆加固的效果非常依赖施工过程控制，施工过程主要控制的指标有四类：

①材料指标：包括注浆材料的试验检测资料、配合比设计资料。

②试验资料：包括浆液的室内配合比设计资料、现场试验报告等。

③几何指标：包括钻孔垂直度、钻孔深度、钻孔间距、加固范围。

④浆液指标：包括注浆压力、浆液黏度、灌注速度、注浆量、抽样试块强度等。

注浆效果的检验，通常在注浆结束 28 d 后才可进行。一般除了在注浆后进行检验，在注浆开始前，也应对相应质量指标进行检测，以便通过数据对比说明加固效果。检验可采用以下方法进行：

①统计计算注浆量。可利用注浆过程中的流量和压力自动曲线进行分析，从而判断注浆效果。

②利用静力触探测试加固前后土体力学指标的变化，用以了解加固效果。

③在现场进行抽水试验，测定加固土体的渗透系数。

④采用现场静载荷试验，测定加固土体的承载力和变形模量。

⑤采用钻孔弹性波试验测定加固土体的动弹性模量和剪切模量。

⑥采用标准贯入试验或轻便触探等动力触探方法测定加固土体的力学性能，此法可直接对注浆前后原位土的强度进行对比。

⑦室内试验。通过室内加固前后土的物理力学指标的对比试验，判断加固效果。

⑧采用γ射线密度计法。它属于物理探测方法的一种，可在现场测土的密度，用以说明注浆效果。

⑨使用电阻率法。将注浆前后对土所测定的电阻率进行比较，根据电阻率差说明土体孔隙中浆液的存在情况。

在以上方法中，动力触探试验和静力触探试验最为常用，检验点一般为注浆孔数的2%～5%，如果检验点的不合格率等于或大于20%或虽然小于20%但检验点的平均值达不到设计要求，在确认设计方案正确后应对不合格的注浆区实施重复注浆。

思考题

6-1 软土、填土和一般土体的区别是什么？

6-2 什么是换填法？它的适用范围是什么？换填垫层地基处理的机理是什么？

6-3 强夯法的加固机理、特点及其适用范围是什么？

6-4 强夯法、重锤夯实法及强夯置换法有什么区别？

6-5 排水固结法的加固原理与应用条件是什么？

6-6 砂石挤密法的加固机理是什么？

6-7 复合地基的工作机理是什么？

6-8 常用复合地基桩体有哪些类型？有何异同点？

6-9 深层搅拌法的加固机理与高压旋喷桩的加固机理有何不同？

6-10 试述注浆法的浆液扩散模式由哪些因素决定。

习 题

6-1 某建筑基础为独立基础，基础尺寸为 6 m×6 m，埋深 1.5 m，基础顶面的轴心荷载 F_k=5 000 kN/m，基础和基础上土重 G_k=1 200 kN，场地地层为软塑黏土，f_{ak}=80 kPa，γ=18.5 kN/m^3，拟采用碎石换填垫层处理。试计算垫层最小厚度与边长。

6-2 拟对某深厚饱和软黏土地基采用砂井排水固结法进行处理，土的竖向和横向固结系数值相等，均为 $C_v=C_h=2.0\times10^{-3}$ cm^2/s，砂井直径 d_w=30 cm，长为 10 m，间距为 1.5 m，正三角形布置。求地基固结度达到 90%所需的预压时间。

6-3 一饱和软黏土层：厚 12 m，固结不排水抗剪强度指标为 c_{cu}=12 kPa、ϕ_{cu}=20°，竖向固结系数 C_v=0.25 mm^2/s，水平向固结系数 C_h=0.5 mm^2/s。其下为不透水层。采用砂井预压加固，预压荷载为 100 kPa，砂井直径 30 cm，间距为 1.5 m，等边三角形布置，砂井打穿软黏土层到达砂层。试求：

① 一次性瞬时加载后预压到第 30 d 时地基的平均固结度。

② 继续预压直到第 90 d 时，地基土抗剪强度增长值$\Delta\tau_{fc}$。

6-4 某厚度 10 m 的饱和软土地基，现场十字板抗剪强度为 20 kPa，固结不排水抗剪强度指标为 c_{cu}=13 kPa、φ_{cu}=12°，压缩模量 E_s=2.5 MPa。现采用堆载预压法进行处理，预压荷载为 120 kPa，经过一段时间后软土层沉降 150 mm。试计算该时刻软土抗剪强度增长值。

6-5 某松砂地基，采用砂桩或振冲桩加固，桩径为 0.55 m。该地基土的最大孔隙比 e_{max}=0.92，最小孔隙比 e_{min}=0.68，未加固时的孔隙比为 0.85，要求处理后能抗震的相对密实度 D_r=0.8。试确定按等边三角形布桩和正方形布桩时砂桩的间距。

6-6 某工程建在一软黏土地基上，天然地基承载力为 80 kPa，要求达到地基承载力 110 kPa，拟采用振冲碎石桩法加固处理形成复合地基，碎石桩直径为 0.5 m，桩间距为 1.0 m。试分别计算等边三角形布桩和正方形布桩时复合地基置换率和承载力（碎石桩复合地基桩土应力比取 n=3)，并判定是否能满足工程要求。

第7章 区域性地基
Regional Ground

本章学习目标

了解我国区域性地基的种类、分布、特征、工程危害及其机理；
熟悉特殊土的分类方法和评价指标；
熟悉我国区域性地基的工程评价方法和工程处治措施。

7.1 概 述

区域性地基是指我国局部存在的成分特殊或者其所在场地特殊或者二者兼具的地基。这种地基如不特殊对待，在其上建造的建筑物和构筑物可能出现严重的问题。这种地基有软土地基、湿陷性黄土地基、膨胀土地基、盐渍土地基、山区地基、冻土地基、地震区地基、动力机器基础地基等。这八类地基有强烈的区域性特征：

①前五类属于组成成分或组成结构具有区域性特征：软土孔隙大、含水率高，在荷载作用下变形大，多分布在沿海、湖区；湿陷性黄土结构性强、含大量孔隙裂隙，遇水浸泡可发生沉陷，主要分布在陕甘宁地区；膨胀土含膨胀性矿物，失水收缩，遇水膨胀，在全国各地局部存在，主要见于中西部和东北松嫩平原；盐渍土含盐量高，遇水溶沉或膨胀且对建筑有腐蚀性，主要分布在西北、内蒙古等地；山区地基有土岩组合地基、空洞地基、红黏土地基、填土地基等子类，其兼有岩土成分和岩土地层组合特殊性，主要分布在中西部。

②后三类属于地基所在场地有特殊环境作用：冻土地基承受不寻常的环境温度作用，地震区地基承受自然地震作用，动力机器基础地基承受动力机器施加的循环往复和冲击荷载作用（人工动力作用）。

建筑工程的一般地基基础设计按《建筑地基规范》进行，但是区域性地基有其特殊性，必须进行针对性处理。对于各种区域性地基，我国编制了相应的技术标准作为设计规范和指导，按前述顺序它们分别是《建筑地基处理技术规范》（JGJ 79—2012）、《湿陷性黄土地区建筑标准》（GB 50025—2018）、《膨胀土地区建筑技术规范》（GB 50112—2013）、《盐渍土地区建筑技术规范》（GB/T 50942—2014）、《岩溶地区建筑地基基础技术标准》（GB/T 51238—2014）、《冻土地区建筑地基基础设计规范》（JGJ 118—2011）、《建筑抗震设计规范》（2016 年版）（GB 50011—2010）和《动力机器基础设计标准》（GB 50040—2020）。土木工程中的其他行业还没有编制出如此详细的规范，当其需要处理相应的地基问题而没有行业标准可执行时，一般可参考上述技术标准，结合相应行业结构、荷载和功能特点进行处理。对于软土地基已在本书第 6 章地基处理中介绍，本章介绍其他六种区域性地基的评价和工程处治方法。

我国幅员辽阔，气候、水文、地质条件独特的地区非常多，实际存在的区域性地基种类远不止以上七种。过去对于不适用的场地都倾向于避开，但是随着经济发展，土地资源日趋紧张，土木工程建设向不良地质条件区域延伸已成必然，将来遇到有特殊性质的地基的情况只会越来越多和越来越复杂。近年来，由于对特殊地质条件理解不够深入，工程处理不当的地基问题在工程事故中所占的比例越来越高，因此，学习本章的另一个重要作用，是要在各种区域性地基的学习中，领悟到解决特殊性地基基础问题的普遍方法，具备将其转化为处治特殊性地基基础问题的能力。

7.2 湿陷性黄土地基

7.2.1 湿陷性黄土的特征、分布与危害

黄土（loess）是一种生成于第四纪地质历史时期干旱条件下，由风搬运形成的沉积物。它的内部物质成分和外部形态特征都不同于同时期的其他沉积物。一般认为风成黄土为原生黄土，原生黄土经过流水冲刷、搬运和重新沉积而形成的黄土称为次生黄土。因原生黄土由风搬运形成，所以一般不具层理，次生黄土因经过了水流搬运和沉积，常具有层理并有砂砾石夹层。

黄土外观颜色较杂乱，主要呈黄色或褐黄色。颗粒组成以粉粒为主，同时含有砂粒和黏粒。黄土孔隙比大，e 值为 1.0～1.1，往往具有肉眼可见的大孔隙。黄土中还含有大量可溶解盐类，这些盐在土中可以起到胶结作用，形成一定的结构，使黄土在干燥条件下具有较高的强度。但如果浸水，在一定压力下土结构迅速破坏，可发生显著附加下沉。浸水后在压力下会显著下沉的黄土称湿陷性黄土（collapsible loess），这类土为形成年代较晚的新黄土，土质均匀或较为均匀，结构疏松，大孔发育，有较强烈的湿陷性。这类黄土主要有晚更新世（Q_3）的马兰黄土以及属于全新世（Q_4）的黄土状土。在一定压力下受水浸湿，土结构不破坏，并无显著附加下沉的黄土称非湿陷性黄土，一般属于中更新世（Q_2）的离石黄土和属于早更新世（Q_1）的午城黄土。这类形成年代久远的老黄土土质密实，颗粒均匀，无大孔或略具大孔结构，一般不具有湿陷性或仅有轻微湿陷性。非湿陷性黄土地基与一般黏性土地基无甚差异，后面讨论的均指湿陷性黄土。湿陷性黄土又分为自重湿陷性黄土和非自重湿陷性黄土两种。在上覆土的自重应力下受水浸湿会发生显著附加下沉的湿陷性黄土称自重湿陷性黄土，否则称非自重湿陷性黄土。

黄土在全世界分布面积达 1 300 万 km^2，约占陆地总面积的 9.3%。主要分布于中纬

度干旱、半干旱地区。我国黄土分布非常广泛，面积约 64 万 km^2，其中湿陷性黄土约占 3/4。以黄河中游地区最为发育，多分布于甘肃、陕西、山西地区，青海、宁夏、河南也有部分分布，其他如河北、山东、辽宁、黑龙江、内蒙古和新疆等省（自治区）也有零星分布。《湿陷性黄土地区建筑标准》（GB 50025—2018）（简称《黄土地基规范》），给出了我国湿陷性黄土工程地质分区略图。

湿陷性黄土的名称指出了湿陷性黄土地基的主要危害，即地基浸水后发生沉降。湿陷性黄土一旦产生湿陷，建筑可能发生严重的不均匀沉降，墙体开裂模式可见 2.11 节所示。湿陷性黄土地基上的建筑如果发生给排水渗漏，则在浸水部位即可产生相应沉降。若是常年干旱地区突逢暴雨，则湿陷性危害还具有面积大、沉降大、后果严重的特点。20 世纪 70 年代，我国甘肃、陕西、青海、山西、宁夏等省（自治区）曾对湿陷性黄土地区作了大规模的建筑物调查，发现湿陷性黄土对建筑危害比较严重，如西宁南川锻件厂，厂区数十幢房屋建筑完好者无几：1 号楼在施工中受水浸湿，一夜间建筑两端相对沉降差达到 16 cm之多，致使其被迫停建报废；汽车车库建成后尚未使用便开裂下沉，只好拆除；成品库下沉，屋面呈波浪起伏状；宿舍楼裂缝密布；福利区所有楼房几乎成了危楼；由于地下水上升，室外地坪下沉超过 60 cm。

7.2.2 黄土湿陷性机理和影响因素

黄土的湿陷现象是一个复杂的地质、物理、化学过程，对其湿陷的原因和机理，国内外学者有种种假说，如毛细管假说、溶盐假说、胶体不足假说、水膜楔入假说、欠压密理论和结构学说等。这里简单介绍一下被公认为能比较合理解释湿陷现象的欠压密理论、溶盐假说和结构学说。

①黄土的欠压密理论认为，风成的土结构疏松，但一般情况下，沉积在上层的土体可以压密下层的土体，使下部土体密实。可是，黄土形成于干旱、少雨的气候下，季节性短期降雨的水分可把松散干燥的粉粒黏聚起来，干旱使水分不断蒸发，孔隙水不断向狭缝收缩，连同溶于其中的盐凝聚集中在粗粉粒的接触点处，伴随着水分全部蒸发，可溶性盐结晶形成接触点胶结物，使得上层土体形成硬壳，可阻止上面后续沉积土体对下层土的压密作用，使下层土体处于欠压密状态。这种高孔隙比、低湿度的状态一旦有水浸入溶解易溶盐，依靠胶结形成的土颗粒空间结构坍塌，就产生了湿陷。

②溶盐假说认为，黄土湿陷原因是由于黄土中存在大量的易溶盐。当黄土中含水率较低时，易溶盐处于微晶状态，附在颗粒表面，起着胶结作用。当受水浸湿后，易溶盐溶解，胶结作用丧失，产生湿陷。但溶盐假说并不能解释所有的湿陷现象，例如我国湿陷性黄土中易溶盐含量就较少。

③结构学说认为，黄土湿陷的根本原因是由于湿陷性黄土所具有的特殊结构体系所造成的。这种结构体系是由集粒和碎屑组成的骨架颗粒相互连接形成的一种粒状架空结构体系，如图 7-1 所示，它含有大量架空孔隙。颗粒间的连接强度是在干旱、半干旱条件下形成的，来源于上覆土重导致的压密，少量的水在粒间接触处形成的毛细管压力，粒间电分子引力，粒间摩擦及少量胶凝物质的固化黏聚等。该结构体系在水和外荷载共同作用下，必然导致连接强度降低、连接点破坏，使整个结构体系失去稳定。

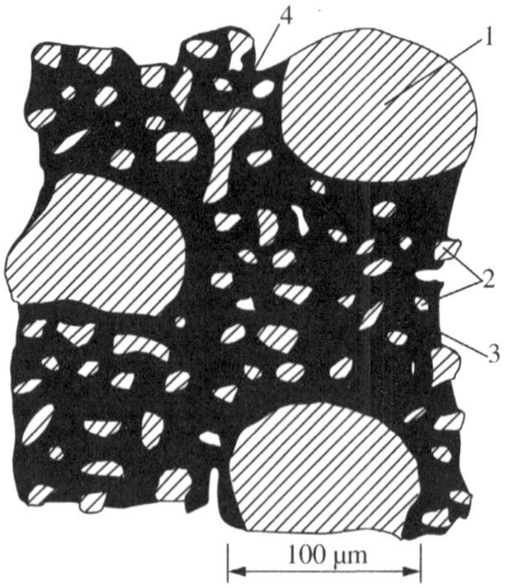

1—砂粒；2—粗粉粒；3—胶结物；4—大孔隙

图 7-1　黄土结构示意图

研究黄土湿陷机理的作用是为了查明影响其湿陷的因素，进而按图索骥，寻找工程治理的办法：从影响最大的因素入手，寻找能加速和避免沉陷的方法，如建筑建造之前可对沉陷加速，促使沉陷早日完成，在建筑建造之后，需避免较大的沉降发生，这都是确保建筑安全和质量的有效办法。

尽管解释黄土湿陷原因各观点的细节各异，总结各观点的异同，可以得到较为完整的黄土湿陷机理：其相互接触的各种颗粒因接触点的易溶盐胶结作用形成了架空结构体系；架空结构之间由大孔隙、各种矿物以及一定量易溶盐晶体填充，这是湿陷发生的物质基础。这样的土体，在水浸泡下或有淡水下渗流经时，部分或全部易溶盐会溶解并被带走。这时，颗粒间接触点易溶盐胶结溶解会导致架空结构向大孔隙坍塌，起填充作用的易溶盐晶体溶解会导致固体流失，两种作用均可导致黄土体积减小，宏观上表现为地基沉陷。从黄土湿陷机理认识，进一步的研究揭示了各种因素的影响。

①颗粒含量对湿陷性有一定影响：在组成黄土的物质成分中，黏粒含量对湿陷性有一定影响，一般黏粒含量越多湿陷性越小，反之，粒径大于 0.05 mm 的颗粒越多，粒状架空结构体系越发育，黄土结构越疏松，湿陷性越大。我国黄土湿陷性存在着由西北向东南递减的趋势，这与自西北向东南方向砂粒含量减少而黏粒含量增多情况是一致的。

②易溶盐的种类及其存在状态、含量对湿陷性有直接影响：若易溶盐以较难溶解的碳酸钙为主，则湿陷性减弱，而其他碳酸盐、硫酸盐和氯化物等易溶盐含量越多，则湿陷性越强。

③黄土物理性质指标的影响：黄土的湿陷性与孔隙比、孔隙结构和含水率大小有关。天然孔隙比 e 越大、大孔隙越多、天然含水率 w 越小，则湿陷性越强。饱和度 $S_r \geqslant 80\%$ 的黄土，称为饱和黄土，因其所含易溶盐的溶解，其湿陷性已退化。

④黄土的湿陷量与外加压力有关：外加压力越大，湿陷量也显著增加；反之，外加压力小，则湿陷量也小。当外加压力小于黄土架空结构体系浸水后承载能力时，黄土就不会发生湿陷；当压力超过某一数值时，黄土孔隙比减小到一定程度，再增加压力，湿陷量也不会增加。

⑤黄土的湿陷量还与地基入渗水量和浓度有关：外界水入渗地下量越大，易溶盐溶解越充分，湿陷量越大；入渗地下水含盐浓度越高，湿陷量越小。

7.2.3 黄土地基湿陷性评价

正确评价黄土地基的湿陷性具有很重要的工程意义，它主要包括三方面的内容：判别黄土是否为湿陷性黄土；判别场地内的黄土湿陷类型，即该湿陷性黄土属于自重湿陷性黄土还是非自重湿陷性黄土；判定该湿陷性黄土地基的湿陷等级。黄土地基湿陷性的评价标准各国不尽相同，这里依据我国《黄土地基规范》规定的评价标准进行介绍。

（1）湿陷性黄土判别

黄土的湿陷量与所受的压力大小有关，黄土的湿陷性应利用现场采集的不扰动土试样，按室内压缩试验在一定压力下测定的湿陷系数来判定，其计算式为

$$\delta_s = \frac{h_p - h'_p}{h_0} \tag{7-1}$$

式中，h_p 为保持天然的湿度和结构的土样，加压至一定压力时，下沉稳定后的高度，单位为 mm；h'_p 为上述加压稳定后的土样，在浸水（饱和）作用下，附加下沉稳定后的高度，单位为 mm；h_0 为土样的原始高度，单位为 mm。

工程中主要利用 δ_s 来判别是否为湿陷性黄土：$\delta_s < 0.015$ 时，应定为非湿陷性黄土；当 $\delta_s \geqslant 0.015$ 时，应定为湿陷性黄土。上述室内压缩试验中，测定湿陷系数的压力应采用被测地基中黄土实际承受的工作压力，但在实际工程中，对黄土进行湿陷性试验时，工程还处于初步设计和初步勘察阶段，建筑物的平面位置、基础尺寸和埋深等还未确定，无法取得黄土实际工作压力。因此，鉴于一般工业与民用建筑浅基础基底下 10 m 内的附加应力与土的自重应力之和接近 200 kPa，10 m 以下附加应力很小，故《黄土地基规范》规定：自基础底面（基础底面尚未确定时，自地面下 1.5 m）算起，10 m 以内的土层应用 200 kPa（如基底压力大于 300 kPa 时，用实际压力）；10 m 以下至非湿陷性黄土层顶面，应用其上覆土的饱和自重应力。

用上述方法只能测出在某一个规定压力下的湿陷系数。有时工程上需要确定湿陷起始压 p_{sh}(kPa)。它是一个压力界限值，当黄土受的压力低于这个数值，即使浸了水也只产生压缩变形，而不会出现湿陷现象。因此 p_{sh} 是一个很有实用价值的指标，可通过基础设计调整基底压力，避免建造基础后黄土湿陷。《黄土地基规范》中给出下列方法确定：

①按现场载荷试验确定时，应在 p-S_s（压力与浸水下沉量）曲线上，取其转折点所对应的压力作为湿陷起始压力值。当曲线上的转折点不明显时，可取浸水下沉量 S_s 与承压板宽度之比小于 0.017 所对应的压力作为湿陷起始压力值。

②按室内压缩试验确定时，在 p-δ_s 曲线上宜取 $\delta_s = 0.015$ 所对应的压力作为湿陷起始压力值。室内试验分单线法和双线法。单线法是在同一个取土点的同一深度处，至少以环刀取 5 个试样，各试样均在天然湿度下分级加载，分别加至不同的规定压力，下沉稳定后测 h_p，再浸水，至湿陷稳定为止，再次测试样高度 h_p。按式（7-1），绘制 p-δ_s 曲线，确定 p_{sh}。双线法是在同一个取土点的同一深度处，以环刀取两个试样，一个在天然湿度下分级加载，另一个在天然湿度下加第一级荷载，下沉稳定后浸水，至湿陷稳定，再分级加

载。分别测定这两个试样在各级压力下，下沉稳定后的试样高度 h_p 和浸水下沉稳定后的试样高度 h'_p，就可以绘制出不浸水试样的 $p\text{-}h_p$，曲线和浸水试样的 $p\text{-}h'_p$ 曲线，如图 7-2 所示，然后按式（7-1），绘制 $p\text{-}\delta_s$ 曲线，确定 p_{sh} 。

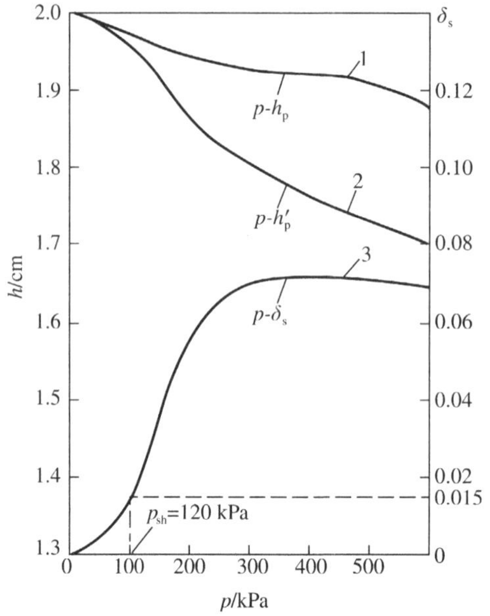

1—不浸水试样的 $p\text{-}h_p$ 曲线；2—浸水试样的 $p\text{-}h'_p$ 曲线；3—$p\text{-}\delta_s$ 曲线

图 7-2　双线法压缩试验曲线

上述两种方法中，单线法至少需要五个试样，双线法只要两个，似乎应首选双线法。但实际工程中，若非预浸水处理，地基遇水总是在基础建成以后再遇到浸水，即先加载到预定值，再浸水。从这个角度看，单线法试验原理与建筑实际加载过程更接近。工程中，对某一指标若有多种测试方法，当结果不一致时，以测试原理更接近指标使用场景的方法为准，因此单线法才是更优的方法。

（2）场地黄土地基湿陷类型评价

工程实践表明，自重湿陷性黄土在没有外荷载的作用下，浸水后也会迅速发生剧烈的湿陷，产生的湿陷事故比非自重湿陷性黄土的多，对两种类型的湿陷性黄土地基所采取的设计和施工措施有所区别。因此，必须正确划分场地的湿陷类型。

建筑场地的湿陷类型，应按实测自重湿陷量 Δ'_{zs} 或按室内压缩试验累计的计算自重湿陷量 Δ_{zs} 判定。实测自重湿陷量 Δ'_{zs} 应根据现场试坑浸水试验确定，该试验方法比较可靠，但费水费时，有时受各种条件限制，往往不易做到。因此，规范规定，除在新建区，对甲、乙类建筑物宜采用现场试坑浸水试验外，对一般建筑物可按计算自重湿陷量划分场地类型。

自重湿陷量计算按下式进行：

$$\Delta_{zs} = \beta_0 \sum_{i=1}^{n} \delta_{zsi} h_i \tag{7-2}$$

式中，δ_{zsi} 为第 i 层土在上覆土的饱和自重应力作用下的湿陷系数，其测定和计算方法同 δ_s，即 $\delta_{zs} = (h_z - h'_z)/h$，其中 h_z 是加压至土的饱和自重应力时，下沉稳定后的高度，h'

$_z$ 是上述加压稳定后，在浸水作用下，下沉稳定后的高度；h_i 为第 i 层土的厚度，单位为 mm；n 为总计算土层内湿陷土层的数量，总计算厚度应从天然地面算起（当挖、填厚度及面积较大时，自设计地面算起）至其下全部湿陷性黄土层的底面为止（$\delta_s<0.015$ 的土层不计）；β_0 为因土质地区而异的修正系数，对陇西地区可取 1.5，对陇东、陕北、晋西地区可取 1.2，对关中地区可取 0.9，对其他地区可取 0.5。

Δ_{zs} 应自天然地面（当挖、填方的厚度和面积较大时，应自设计地面）算起，至其下非湿陷性黄土层的顶面上，其中 $\Delta_{zs}<0.015$ 的土层不累计。

当实测自重湿陷量 Δ'_{zs} 或计算自重湿陷量 Δ_{zs} 小于 70 mm 时，应判定为非自重湿陷性黄土地区；大于 70 mm 时，判定为自重湿陷性黄土地区。

（3）黄土地基湿陷等级评价

湿陷性黄土地基的湿陷等级，应根据基底下各土层累计的湿陷量计算值和自重湿陷量计算值的大小按表 7-1 判定。

表 7-1　湿陷性黄土地基的湿陷等级

Δ_s	非自重湿陷性场地	自重湿陷性场地	
	$\Delta_{zs}\leqslant 70$ mm	70 mm$<\Delta_{zs}\leqslant 350$ mm	$\Delta_{zs}>350$ mm
50 mm$<\Delta_s\leqslant 100$ mm	Ⅰ（轻微）	Ⅰ（轻微）	Ⅱ（中等）
100 mm$<\Delta_s\leqslant 300$ mm	Ⅰ（轻微）	Ⅱ（中等）	Ⅱ（中等）
300 mm$<\Delta_s\leqslant 700$ mm	Ⅱ（中等）	Ⅱ（中等）或Ⅲ（严重）	Ⅲ（严重）
$\Delta_s>700$ mm	Ⅱ（中等）	Ⅲ（严重）	Ⅳ（很严重）

注：对 300 mm$<\Delta_s\leqslant 700$ mm、70 mm$<\Delta_{zs}\leqslant 350$ mm 一档的划分，当 $\Delta_s>600$ mm、$\Delta_{zs}>300$ mm 时，可判为 Ⅲ 级，其他情况可判为 Ⅱ 级。

表 7-1 中，Δ_s 为湿陷量计算值，是湿陷性黄土地基在基底压力作用下充分浸水后可能发生的湿陷变形值。湿陷量计算值按下式计算：

$$\Delta_s=\sum_{i=1}^{n}\alpha\beta\delta_{si}h_i \tag{7-3}$$

式中，δ_{si} 为第 i 层土湿陷系数，基础尺寸和基底压力已知时，可采用 p-δ_s 曲线上按基础附加压力和上覆土饱和自重压力之和对应的 δ_s 值。h_i 为第 i 层土的厚度，单位为 mm；β 为考虑地基土的受水浸湿可能性和侧向挤出等因素的修正系数，基底下 5 m（或压缩层）深度内可取 1.5，5～10 m 取 1.0，10 m 以下至非湿陷性黄土层顶面，在自重湿陷性黄土场地可取工程所在地区的均值。α 为不同深度地基土浸水概率系数，按地区经验取值。无地区经验时，埋深 0～10 m 时，取 1.0；埋深 10～20 m 时，取 0.9；埋深 20～25 m 时，取 0.6；埋深大于 25 m 时，取 0.5，对地下水有可能上升至湿陷性土层内，或侧向浸水影响不可避免的区段，取 1.0 。

在非自重湿陷性黄土场地，Δ_s 计算自基础底面起算，累计至基底下 10 m 深度止，当地基压缩层深度大于 10 m 时累计至压缩层深度；在自重湿陷性黄土场地，累计至非湿陷性黄土层的顶面止。

7.2.4 湿陷性黄土地基的工程处理措施

本质上，对建筑而言，湿陷性黄土地基带来的问题就是不均匀沉降带来的问题，因此本书 2.13 节“减轻不均匀沉降损害的措施”所提的建筑、结构、施工措施都适用于湿陷性黄土地基，而且湿陷性黄土地基的不均匀沉降损害问题比普通地基更为严重，因此所采取的措施应更严格，这种严格将体现在建筑、结构、地基基础设计、施工各环节。在设计分级上，确定湿陷性黄土地区建筑地基基础设计等级除了依据拟建建筑物重要性和破坏后果外，还要考虑建筑高度、体形、地基受水浸湿可能性以及对不均匀沉降限制的严格程度，据此《黄土地基规范》将建筑地基基础设计等级分为甲、乙、丙、丁四类，具体如表 7-2 所示。

表 7-2　湿陷性黄土地区建筑地基基础设计等级分级

设计分类	建筑类型
甲类	高度大于 60 m 和 14 层及以上体形复杂的建筑，高度大于 50 m 且地基受水浸湿可能性大或者较大的构筑物，高度大于 100 m 的高耸结构，特别重要的建筑物，地基受水浸湿可能性较大的重要建筑，对不均匀沉降有严格限制的建筑
乙类	高度为 24～60 m 的建筑，高度为 30～50 m 且地基受水浸湿可能性大或者较大的构筑物，高度为 50 ～100 m 的高耸结构，地基受水浸湿可能性较大的重要建筑，地基受水浸湿大的一般建筑
丙类	除甲类、乙类、丁类以外的一般建筑物和构筑物
丁类	长高比不大于 2.5 且总高度不大于 5 m，地基受水浸湿可能性小的单层辅助建筑、次要建筑

采取建筑、结构措施只能减轻损害，如果不针对地基湿陷性进行处理，是治标不治本，因此湿陷性黄土地基处治的根本还是应采取措施消除全部或者大部分湿陷性，落实到工程中就是地基处理和防水措施，这两类措施具体如下。

(1) 地基处理

对湿陷性黄土层进行处理消除其湿陷性是一劳永逸的治本措施，消除了湿陷性的黄土地基，就可以按一般地基利用。《黄土地基规范》规定：对甲类建筑物要求消除地基的全部湿陷量，或采用桩基础穿透全部湿陷性黄土层；对乙类建筑物，要求消除地基的部分湿陷量，处理深度不应小于地基压缩层深度的 2/3；对丙类建筑物，则要求按地基湿陷等级不同，作不同深度的处理；丁类属次要建筑物，地基可不做处理。湿陷性黄土地基常用处理方法如表 7-3 所示。

表 7-3　湿陷性黄土地基常用的处理方法

名称	适用范围	可处理的湿陷性黄土层厚度/m
垫层法	地上水位以上，局部或整片处理	1 ～ 3
强夯法	S_r＜ 60%的湿陷性黄土	3 ～ 12

续表

名称	适用范围	可处理的湿陷性黄土层厚度/m
挤密法	地下水位以上，$S_r \leqslant 65\%$，$w \leqslant 22\%$的湿陷性黄土	5 ～ 25
预浸水法	Ⅲ、Ⅳ级湿陷性黄土	地面下 6 m 以下的湿陷性土层
其他方法	经试验研究或工程实践证明行之有效	

表 7-3 所提供的方法：垫层法处治的原理是将湿陷性黄土换掉，或者将湿陷性黄土地基表面的附加应力降低到湿陷起始压力值以下；强夯法和挤密法的原理是将黄土的架空结构体系破坏，消除大孔隙，使黄土没有湿陷的空间；预浸水法的原理则是溶解易溶盐，在建筑建造前使黄土沉陷完成，消除建造后地基的沉陷。这些方法都是针对黄土沉陷机理提出的，根据对黄土湿陷机理的普遍认识，还可以针对工程所遇到黄土的具体特点采用更高效的方法。

（2）防水措施

湿陷发生的外因是有水入渗，防水处理可消除黄土发生湿陷变形的外因，可以避免沉陷发生。一般要求在建筑布置、场地排水、地面排水、散水等方面采取措施，以防止雨水或生产、生活用水渗入浸湿地基。严格防水措施要求对重要建筑物场地和高级别湿陷地基，在检漏防水措施基础上，对防水地面、排水沟、检漏管沟和井等设施提高设计标准。严格的防水措施固然能够消除黄土湿陷危害，但是防水措施需要在建筑使用寿命期内长期坚持，考虑到建筑实际使用寿命为几十年，完全依靠防水措施治理湿陷风险很大，因此只能用于不重要的建筑，对于重要建筑应作为地基处理后的辅助措施使用。

7.3 膨胀土地基

7.3.1 膨胀土特征、分布与危害

膨胀土（expansive soil）是指黏粒成分主要由强亲水性矿物（如蒙脱石、伊利石等）组成，具有显著的吸水膨胀软化和失水收缩开裂特性的黏性土。膨胀土的这种特性，使得建造在其上的建筑物和构筑物，随季节气候变化会反复出现均匀或不均匀的抬升和下沉的问题，从而导致结构破坏。除了遇水膨胀、失水收缩外，膨胀土的另一重要特征是裂隙发育，膨胀土中常见光滑面或擦痕。裂隙有竖向、斜交和水平三种，裂隙间常充填灰绿、灰白色黏土。竖向裂隙常出露地表，裂隙宽度随深度增加而逐渐尖灭；斜交剪切裂隙越发育，胀缩性越严重。裂隙发育使得膨胀土地基可能会在旱季出现长达数十米至百米深的地裂，雨季则闭合。

我国膨胀土形成的地质年代大多数为晚更新世（Q_3）及其以前，少量为全新世（Q_4）。颜色呈黄、黄褐、红褐、灰白或花斑等色。膨胀土多呈坚硬、硬塑状态 $I_L \leqslant 0$，

结构致密，压缩性较低。膨胀土在我国分布广泛，以黄河流域及其以南地区较多，据统计，湖北、河南、广西、云南等 20 余个省（自治区）均有膨胀土。膨胀土多出现于二级或二级以上阶地、山前和盆地边缘丘陵地带。所处地形平缓，无明显自然陡坎。在流水冲刷作用下的水沟、水渠易因发生崩塌、滑动而淤塞。常见浅层滑坡、地裂，新开挖的坑（槽）壁易发生坍塌。

一般黏性土地基都具有胀缩性，但其量不大，对工程没有太大的影响。但胀缩性严重的膨胀土地基产生的不均匀沉降对其上的土木工程具有较大危害，这些危害不仅可能会很严重，而且反复出现，难以治理。世界上已有 40 多个国家发现膨胀土造成的危害，估计每年给工程建设带来的经济损失达数十亿美元。膨胀土的工程问题已引起各国学术界和工程界的高度重视。

膨胀土地基带来的建筑物损害常具有以下特点：

①建筑物和构筑物成群开裂破坏。而且以低层轻型、砖混结构损坏最为严重，因为这类房屋质量轻、整体性较差，且基础埋置浅，地基土易受外界环境变化的影响而产生胀缩变形。

②建筑物裂缝随气候变化不停地张开和闭合。膨胀土吸水膨胀，失水收缩，在旱季和雨季因膨胀土的反复胀缩地基隆起、下沉，使得建筑裂缝反复张开和闭合。

③除了典型的八字形不均匀沉降裂缝，墙上还可能出现 X 形缝：膨胀土地基上沉降或隆起，可导致建筑外墙体上出现八字形或倒八字裂缝。而且由于地基在膨胀过程中还可能产生竖向切力和侧向水平推力作用，可导致墙体出现 X 形裂缝，这种裂缝为水平剪切裂缝，类似建筑因地震而导致的开裂。

④坡地上的建筑物损坏要比平地上更严重：膨胀土边坡不稳定，地基会产生水平向和垂直向的变形。

膨胀土的胀缩特性除使房屋发生开裂、倾斜外，还会使公路路基发生破坏，堤岸、路堑产生滑坡，涵洞、桥梁等刚性结构物产生不均匀沉降和开裂。

7.3.2 膨胀土胀缩机理

膨胀土是在一定条件下吸水体积膨胀、失水体积收缩的黏土，研究表明：蒙脱石的含水量 10%的晶胞面间距为 11.2 Å；当加水到呈胶体状态时，其晶面间距可达 20 Å 左右，体积增大 1 倍；而钠蒙脱石在淡水中的晶面间距可达 120 Å，体积增大 10 倍。膨胀土是蒙脱石含量较高的土体，其胀缩机理如下：

①与蒙脱石含量有关：蒙脱石吸水膨胀、失水收缩，而且易吸水又易失水，胀缩强的膨胀土往往含有大量的蒙脱石，因此蒙脱石的含量决定着黏土膨胀潜势的强弱。

②黏土的膨胀不仅与蒙脱石含量关系密切，而且与其表面吸附的可交换阳离子种类有关，钠蒙脱石比钙蒙脱石具有更大的膨胀潜势。

③黏土中各种矿物成分在空间上的联结状态也影响其胀缩特性。经过大量不同地点的膨胀土扫描电镜试验分析得知，黏土矿物颗粒集聚体之间面-面接触的分散结构是膨胀土的一种普遍结构形式，这种结构比团粒结构具有更大的吸水膨胀和失水收缩的能力。

7.3.3 膨胀土地基胀缩影响因素

蒙脱石的存在是膨胀土胀缩的物质基础。由膨胀土组成的膨胀土地基是否产生胀缩，还取决于其特征和外部环境，它们构成了膨胀土地基的胀缩影响因素，这些因素包括：

①土中原有含水率影响：土中原有含水率与土体膨胀时所需含水率相差越大，则遇水后土的膨胀越大，失水后的收缩越小。

②各种环境因素影响：与气候条件、地形地貌、地面覆盖以及地下水位等条件有关。比如：雨季土中水分增加，土体产生膨胀，旱季水分减少，土体产生收缩；同类膨胀土地基，地势低处胀缩变形比高处小，因为高地带临空面大，土中水分蒸发条件好，土中水分变化大；在炎热干旱地区，地面上的覆盖阔叶树木也会对建筑物胀缩变形造成不利影响，因为树根有吸水作用，会加剧地基干缩变形。

③建筑物平面尺寸影响：覆盖面积大的建筑，如规模面积大的生产车间和大型民用公共建筑（如展览馆、体育场馆、火车站、机场候机楼和跑道等），由于占地面积大，膨胀土中的水分变化受覆盖效应影响较大。大面积的建筑覆盖，基本上隔绝了大气降水和地面蒸发对土中水分变化的影响。在室内外和土中上下温度和湿度梯度的驱动下，水分向建筑物中部区域迁移并集聚而导致结构物的隆起；而在建筑物四周，受气候变化的影响较大，结构会产生较大幅度的升降位移。

④建筑功能的影响：用水量较大的湿润厂房，如自来水厂、污水处理厂和造纸及纺织印染车间等大型的储水构筑物，长时间的跑冒滴漏导致土中水分增加而产生过大的膨胀变形；而烟囱、炉、窑由于长期的高温烘烤会导致基础下部和周围的土体失水收缩。长期工作在低温或负温条件下的冷藏、冷冻库房等建筑物，与环境温度差异较大，在温度梯度驱动下，水分向建筑物下的土体转移，引起幅度较大的不均匀膨胀变形。

⑤坡地地形的影响：斜坡场地的坡面与坡顶平面都会受到大气影响，其胀缩性与平坦场地有很大差异。由于坡地临空面大，土中水分的变化对大气降水和蒸发的影响敏感，房屋平均变形和差异变形的幅度大于平坦场地。地基的变形特点除有竖向位移外，还兼有较大的水平位移，当土中水分变化较大时，这种水平位移是不可逆的。

7.3.4 膨胀土地基评价

1）评价膨胀性的指标

评价膨胀土地基，首先要评价膨胀土的胀缩性，判断其是否为膨胀土，然后对地基膨胀性进行评价。评价土的膨胀性，通常基于以下试验指标进行。

（1）自由膨胀率 δ_{ef}

计算自由膨胀率的试验方法：将土烘干碾细，置于水中，试样充分吸水膨胀至稳定。增加的体积与原体积之比，称为自由膨胀率 δ_{ef}，按下式计算：

$$\delta_{ef} = \frac{V_w - V_0}{V_0} \tag{7-4}$$

式中，V_w 为土样在水中膨胀稳定后的体积，单位为 mL；V_0 为干土样原有体积，单位为 mL。

判断土体是否为膨胀土的最佳手段是测试其蒙脱石含量和阳离子交换量，研究表明，自由膨胀率与土的蒙脱石含量和阳离子交换量有较好的相关关系：当自由膨胀率小于 40% 或蒙脱石含量小于 7% 、阳离子交换量小于 170 时，地基的分级变形量小于 15 mm，低层砌体结构房屋完好或有少量微小裂缝，可判为非膨胀土；当土的自由膨胀率大于 90%或蒙脱石含量大于 22% 、阳离子交换量大于 340 时，地基的分级变形量可能大于 70 mm，房屋会严重开裂破坏，裂缝宽度可达 100 mm 以上。相比成分测试，自由膨胀率试验方法简单易行，便于用来初步判定是否为膨胀土。

（2）膨胀率 δ_{ep}

将原状土置于侧限压缩仪中，在一定的压力下，浸水膨胀稳定后，土样增加的高度与原高度之比，称为膨胀率 δ_{ep} ，表示为

$$\delta_{ep}=\frac{h_w-h_0}{h_0} \tag{7-5}$$

式中，h_w 为土样浸水膨胀稳定后的高度，单位为 mm；h_0 为土样的原始高度，单位为 mm。

膨胀率 δ_{ep} 可用来评价地基的胀缩等级，计算膨胀土地基的变形量以及测定膨胀力。

（3）线缩率 δ_s 和收缩系数

膨胀土失水收缩，其收缩性可用线缩率和收缩系数表示。线缩率指土的竖向收缩变形与原状土样高度之比，表示为

$$\delta_s=\frac{h_0-h_i}{h_0}\times 100\% \tag{7-6}$$

式中，h_i 为某含水率 w_i 时的土样高度，单位为 mm；h_0 为土样的原始高度，单位为 mm。

将多个土样的线缩率与含水率关系绘制成曲线，如图 7-3 所示，可见随含水率减小，δ_s 增大。图中 ab 直线段为收缩阶段，bc 曲线段为收缩过渡阶段，cd 直线段为土的微缩阶段，至 d 点后，含水率虽然继续减小，但体积收缩已基本停止。

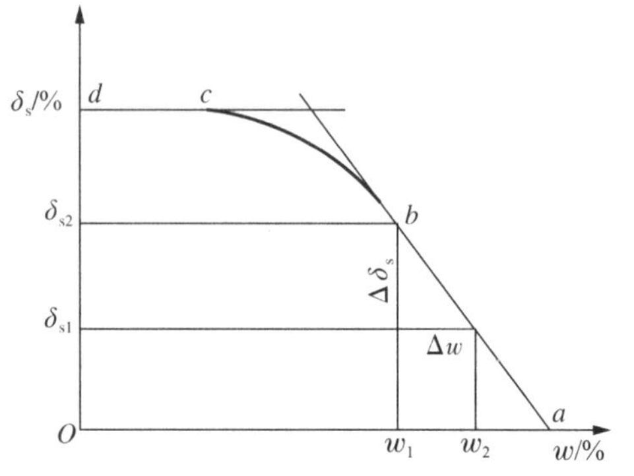

图 7-3　线缩率与含水率关系曲线

利用线缩率与含水率关系曲线直线收缩段可求得收缩系数 λ_s，它表示原状土样在直线收缩阶段含水率减少 1%时的竖向线缩率，按下式计算：

$$\lambda_s=\frac{\Delta\delta_s}{\Delta w} \tag{7-7}$$

式中，$\Delta\delta_s$ 为收缩过程中，直线变化阶段内，两点含水率之差，单位为%；Δw 为两点含水率之差对应的竖向线缩率之差，单位为%。

线缩率和收缩系数是膨胀土地基变形计算中的两项主要指标。

（4）膨胀力 p_e

膨胀力被定义为不允许原状土样在体积膨胀时，土体由于浸水产生的最大膨胀内应

力，用 p_e 表示。在膨胀力试验中，采用不同压力进行试验，将各级压力 p 下的膨胀率 δ_{ep} 试验结果绘制成 p-δ_{ep} 关系曲线，该曲线与横坐标轴的交点即为膨胀力 p_e，如图 7-4 所示。

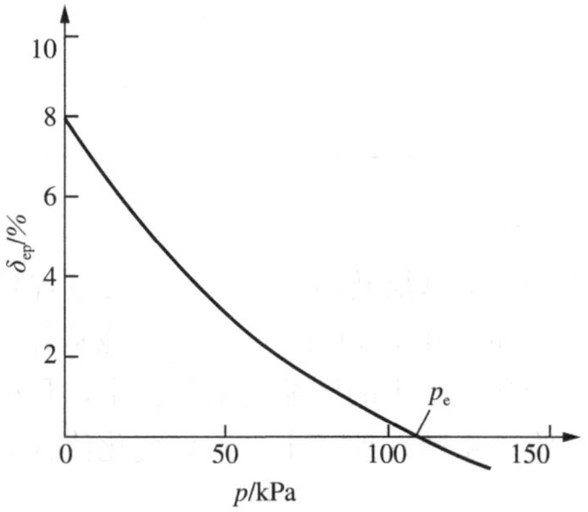

图 7-4　膨胀率与压力关系曲线图

膨胀力 p_e 在选择基础形式及基底压力时，是个很有用的指标，在设计上如果希望减小膨胀变形，应使基底压力接近 p_e。

以上四个指标，自由膨胀率用于判别土体是否为膨胀土，膨胀率、线缩率、膨胀力则是评价膨胀土工程性质的指标，用于膨胀土的膨胀力、膨胀量计算。

7.3.5　膨胀土和膨胀土地基的判别与评价

（1）膨胀土的判别

根据我国大多数膨胀土地区工程经验，判别膨胀土的主要依据是工程地质特征与自由膨胀率 δ_{ef}。《膨胀土地区建筑技术规范》（GB 50112—2013）（简称《膨胀土地基规范》）规定存在以下现象，凡 $\delta_{ef} \geqslant 40\%$ 的土应判定为膨胀土：

①土的外观和状态：裂隙发育，常有光滑面和擦痕，有的裂隙中充填有灰白、灰绿等杂色薪土；自然条件下呈坚硬或硬塑状态。

②存在的场地特点：二级或二级以上的阶地、山前和盆地边缘的丘陵地带，地形较平缓，无明显自然陡坎。

③出现的地质现象：浅层滑坡、地裂，新开挖坑（槽）壁易发生坍塌等现象。

④场地的建筑物有病害：建筑物有呈倒八字、X 形或水平裂缝，裂缝随气候变化而张开和闭合。

（2）膨胀土的膨胀潜势

通过上述规定判定膨胀土以后，要进一步确定膨胀土的胀缩强弱。调查表明：δ_{ef} 较小的膨胀土，膨胀潜势较弱，建筑物损坏轻微；δ_{ef} 较大的膨胀土，膨胀潜势较强，建筑物损坏严重。《膨胀土地基规范》按自由膨胀率 δ_{ef} 大小划分膨胀潜势强弱，即通过土体内部积储的膨胀势能大小来判别土的胀缩性高低。膨胀上的膨胀潜势按 δ_{ef} 分为三类，如表 7-4 所示。

表 7-4　膨胀土的膨胀潜势分类

$\delta_{ef}/\%$	膨胀潜势
$40\leqslant \delta_{ef}< 65$	强
$65\leqslant \delta_{ef}< 90$	中
$\delta_{ef}\geqslant 90$	弱

（3）膨胀土地基的胀缩等级

根据地基的膨胀、收缩变形对低层砖混房屋的影响程度评价膨胀土地基，计算地基分级变形量 S_c 作为划分胀缩等级的标准，如表 7-5 所示。地基分级变形量包括地基土的膨胀变形量、地基土的收缩变形量和地基土的胀缩变形量三个，是根据室内试验得到的各级荷载作用下的膨胀土膨胀率、收缩系数、地基土含水率变化值计算得到的，具体计算方法根据《膨胀土地基规范》进行。

表 7-5　膨胀土地基的胀缩等级

S_c/mm	级别
$15\leqslant S_c< 35$	Ⅰ
$35\leqslant S_c< 70$	Ⅱ
$S_c\geqslant 70$	Ⅲ

评定所得膨胀土地基的胀缩等级将用于指导建筑和结构设计，如建筑防水设计，砌体结构的圈梁和构造柱设计。当计算所得地基土的膨胀变形量、收缩变形量或胀缩变形量超过上部结构允许值时，还需要对建筑、结构以及地基基础设计做大的调整，直到地基变形计算值小于上部结构允许值。

7.3.6　膨胀土地基的工程处治措施

将膨胀土地基从其他具有特殊土地基中区别出来处理很重要，多数不良土地基的问题是体积收缩导致不均匀沉降，但膨胀土除了收缩，还有膨胀，会导致地基抬升，对地基沉降问题处理过度，可能会使得地基抬升问题变得更严重，因此对膨胀土地基而言，既要防止收缩变形，又要防止膨胀变形。

与普通地基一样，膨胀土地基的工程处治也需要根据场地上建筑物的重要性和破坏后果不同而采取不同措施。膨胀土的胀缩还和建筑所在场地水分变化程度、地形关系密切，因此对膨胀土地基基础的设计等级划分还要考虑土中水分变化、是否为坡地等因素，《膨胀土地基规范》将地基基础分为甲、乙、丙三个设计等级，如表 7-6 所示。

表 7-6　膨胀土场地地基基础设计等级

设计等级	建筑和地基类型
甲级	覆盖面积大、重要工业与民用建筑物；使用期间用水量较大的湿润车间，长期承受高温的烟囱、炉、窑以及负温的冷库等建筑物；对建筑地基的总变形和差异变形要求极为严格或对地基往复升降变形敏感的高温、高压和易燃、易爆的建筑物；位于坡地上的重要建筑物；胀缩等级为Ⅲ级的膨胀土地基上的低层建筑物；高度大于 3 m 的挡土结构，深度大于 5 m 的深基坑工程
乙级	除甲级、丙级以外的工业与民用建筑物
丙级	次要的建筑物，场地平坦、地基条件简单且荷载均匀的胀缩等级为Ⅰ级的膨胀土地基上的建筑物

表 7-6 所列甲级地基基础不仅包括对变形要求严格的重要建筑，还包括覆盖面积大的冷库和高温厂房，以及坡地重要建筑，体现了膨胀土胀缩机理和膨胀土地基胀缩影响因素对设计等级划分的影响。在膨胀土地基上进行工程建设，应根据当地的气候条件、地基胀缩等级、场地工程地质和水文地质条件，结合当地建筑施工经验，在勘察、设计、施工各阶段因地制宜采取综合措施，这些措施如下。

（1）勘察

膨胀土地基的勘察除满足一般勘察要求外，还应重视下列内容：

①选址勘察阶段，应以工程地质调查为主。收集当地多年气象资料，了解气候变化特点；了解当地建筑开裂特征，查明膨胀土的成因，划分地貌单元，了解地形形态以及有无不良地质现象；调查水文地质情况，调查地表水排泄、积聚情况，地下水类型、水位及其变化幅度等；分析当地建筑物损坏原因。

②初步勘察阶段应确定膨胀土的胀缩性，查明场地内不良地质现象的成因、分布和危害程度，采取原状土样进行室内基本物理性质试验、收缩试验、膨胀力试验和膨胀率试验，初步查明场地内膨胀土的物理力学性质。

③详勘阶段应确定地基土层胀缩等级以作为设计的依据。

（2）设计

①选址。首先进行场址选择时，应避开地质条件不良地段，如浅层滑坡、地裂发育、地下水位变化剧烈地段等。尽量布置在地形条件比较简单，土质较均匀、胀缩性较弱的场地。对于地形坡度等于或大于 5°，或地形坡度小于 5°，但同一座建筑物范围内局部地形高差大于 1 m 的坡地场地上的建筑物还需进行地基稳定性验算。

②建筑与结构设计。膨胀土地基上的建筑，建筑体型应力求简单，在地基土显著不均匀处、建筑平面转折处和高差较大处以及建筑结构类型不同部位，应设置沉降缝。膨胀土地区的民用建筑层数宜多于 2 层，以加大基底压力，防止膨胀变形。基础埋深应增大，且不应小于 1 m。当以基础埋深为主要防治措施时，基础埋深宜超过大气影响深度或通过变形验算确定。较均匀的膨胀土地基，可采用条形基础；基础埋深较大或条形基础基底压力较小时，宜采用墩基础或桩基础。

加强建筑物的整体刚度。基础顶部和房屋顶层宜设置圈梁，其他层隔层设置或层层设置圈梁。承重砌体结构可采用拉结较好的实心砖墙，不得采用空斗墙、砌块墙或无砂混凝土砌体，不宜采用砖拱结构、无砂大孔混凝土和无筋中型砌块等对变形敏感的结构。

③隔水、排水和保温设计。对建筑场地应加强隔水、排水措施。采用宽散水为主要防治措施，其宽度不小于1.2 m，面层厚度不小于 0.1 m，膨胀土的膨胀等级越高，要求散水宽度、厚度越大。使用要求特别严格的房屋，其地坪可采用地面配筋或地面架空等措施，尽量与墙体脱开。一般要求的房屋可采用预制块铺砌，块体间嵌柔性材料。大面积地面作分格变形缝。合理确立建筑物与周围树木间的距离，绿化避免选用吸水量大、蒸发量大的树种。坡地建筑应避免大开挖，应依山就势建筑，同时应利用和保护天然排水系统。对烟囱、炉、窑等高温构筑物和冷库等低温建筑物，应根据可能产生的变形危害程度，采取隔热保温措施。

④地基处理和基础设计。膨胀土地基可采用地基处理方法减小或消除地基胀缩对建筑物的危害，常用的方法有换填垫层、土性改良、深基础等。换土可采用非膨胀性的黏土、砂石或灰土等材料，换土厚度应通过变形计算确定，垫层宽度应大于基础宽度。土性改良可通过在膨胀土中掺入高价位阳离子改善土体阳离子交换能力，工程中可采用在土中拌入水泥、石灰或将石灰浆液灌注入膨胀土裂隙的方法，这种方法还可提高土的强度。对于膨胀土边坡，可采用允许边坡发生胀缩变形的柔性支护方法。

（3）施工

在施工中应尽量减少地基中含水率的变化。进行开挖工程时，应快速作业，避免基坑岩土体受曝晒或泡水。雨季施工应采取防水措施。基坑施工完毕后，应回填土夯实。由于膨胀土坡地具有多向失水性及不稳定性，坡地上的建筑破坏比平坦场地上严重，应尽量避免在坡坎上建造。如无法避开，则应首先通过采取排水措施，设置支挡和设置护坡来治坡，整治环境，再开始建造。

7.4 盐渍土地基

7.4.1 盐渍土的特征和分布

盐渍土（saline soil）是指易溶盐含量大于或等于 0.3%且小于 20%，具有溶陷性或盐胀等工程特性的土。盐渍土在干燥、降温情况下土中盐结晶体积会膨胀，导致地基抬升，盐渍土在受水浸泡时，固体盐结晶溶解导致地基沉陷和强度下降，因此盐渍土也是一种不良地基。盐渍土在世界各地均有分布。在我国分布面积较广，按地理区域划分，可分为内陆盐渍土和沿海盐渍土两个大区。内陆盐渍土主要分布在西北干旱地区的新疆、青海、西藏北部、甘肃、宁夏、内蒙古等地势低洼的盆地和平原中，其次分布在华北平原、松辽平原等地。另外在滨海地区的辽东湾、渤海湾、莱州湾、杭州湾以及包括台湾在内的诸岛屿沿岸，也有相当面积的盐渍土存在。有些盐渍土中的盐以碳酸钠或碳酸氢钠为主，碱性较大，pH 一般为 8.0～10.5，这种土称为碱土或碱性盐渍土，农业上称为苏打土。这种土零星分布于我国东北的松辽平原以及华北的黄河、淮河、海河平原。

盐渍土中盐的来源主要有三种：岩石在风化过程中分离出少量的盐；海水侵入、倒灌等将盐渗入土中；工业废水或含盐废弃物，使土体中含盐量增高。盐渍土中盐的迁移和积聚主要靠风力或水流完成。在沙漠干旱地区，大风常将含盐的土粒或盐的晶体吹落到远处，使盐积聚起来。一般地区，盐类迁移和重新分布的主要因素是水流。地表水和地下水在流动过程中把所溶解的盐带到低洼处，有时形成大的盐湖。在含盐量（矿化度）很高的水流经的地区，如遇到干旱的气候环境，盐类会由于强烈的蒸发而析出并积聚在土体中形成盐渍土。在滨海地区，盐分集聚主要依靠毛细作用，毛细水将下部的盐输送到地表，水分被蒸发，盐分则留在原地形成盐渍土。有些地区长期大量开采地下水，农田灌溉不当，也会造成盐分积聚。

7.4.2 盐渍土危害及其机理

盐渍土对土木工程的危害主要有溶陷性、盐胀性和腐蚀性三类。

（1）溶陷性

大量研究表明，干燥和稍湿的盐渍土具有溶陷性。其机理是盐渍土受水浸泡时或含水率升高时，易溶盐晶体溶解流失，导致土体孔隙增大，在自重应力或附加应力下，地基可产生附加变形，这种变形称作盐渍土的溶陷变形，盐渍土的溶陷大多为自重溶陷。

（2）盐胀性

盐渍土地基含盐量高，某些盐遇水或气温下降时会发生体积膨胀使地基隆起，形成盐胀，盐胀使地基隆起的高度可达几百毫米。盐渍土地基的盐胀性一般可分为两类，即结晶膨胀和非结晶膨胀。结晶膨胀是盐渍土因温度降低而产生的体积膨胀，或失去水分后，因溶于孔隙水中的盐浓缩并析出结晶而产生的体积膨胀。如土中的硫酸钠（俗称芒硝）在低温或含水率下降时会析出结晶，结晶能吸附水分子形成 $Na_2SO_4 \cdot 10H_2O$，体积会显著增大。非结晶膨胀是指盐渍土中存在着大量的吸附性阳离子，特别是低价的水合阳离子与黏土胶粒相互作用，使土粒周围的扩散层水膜厚度增大而引起土体膨胀。最具代表性的是碳酸盐渍土，含水率增加时，土质泥泞不堪。

在盐渍土地基上建造的室内外地坪、路面、路沿石、台阶、花坛、室外球场、机场跑道等，如果不采取有效的防膨胀措施，工程建成后可能会出现相当严重的病害。

（3）腐蚀性

盐渍土地基含盐量高，其中部分盐分能与建筑材料发生反应，对材料形成腐蚀。例如，盐渍土中的氯盐，是易溶盐，在水溶液中全部离解为阴、阳离子，属于电解质，对于金属类的管线、设备以及混凝土中的钢筋都会造成严重损坏，具有很强的腐蚀作用。盐渍土中的硫酸盐，对水泥、黏土制品等可产生非常严重的腐蚀。

7.4.3 盐渍土的分类

盐渍土的分类方法很多，分类的原则一般是根据盐渍土的成分特点，按其对不同行业的影响和危害进行分类。这里介绍《盐渍土地区建筑技术规范》（GB/T 50942—2014）（简称《盐渍土地基规范》）的方法。

（1）按含盐性质分类

盐渍土中含盐成分主要为氯盐、硫酸盐和碳酸盐。不同性质盐的含量对土的性质影响不同。例如：含氯盐为主的盐渍土，遇水后土中的结晶盐极易溶解，使土质变软，强度降低，并产生溶陷变形；含硫酸盐为主的盐渍土，除会产生溶陷变形外，其中的硫酸钠在温度和湿度变化时，还可能使地基产生较大的膨胀。《盐渍土地基规范》采用土中阴离子含量（按毫克当量计）的比值作为分类指标，如表7-7所示。不同含盐成分盐渍土的工程危害和机理不同，工程治理措施也不同。

表7-7 盐渍土按含盐成分分类

含盐成分比	盐渍土名称				
	氯盐渍土	亚氯盐渍土	亚硫酸盐渍土	硫酸盐渍土	碳酸盐渍土
Cl^-/SO_4^{2-}	＞2	＞1，≤2	＞0.3，≤1	≤0.3	
$\frac{CO_3^{2-}+HCO_3^-}{Cl^-+SO_4^{2-}}$					＞0.3

（2）按含盐量分类

盐渍土分类还可按含盐量进行，但是仅按含盐量来分类是不合理的，例如，易溶盐含量超过0.5%的砂土，浸水后可能产生较大溶陷，而同样的含盐量对黏土几乎不产生溶陷，即便对同一类土，含盐量和含盐性质相同，其溶陷性也可能相差甚远，因此，按含盐量分类时，还应考虑含盐类别的差异，因此，《盐渍土地基规范》对盐渍土按含盐量分类的规定如表7-8所示分为四类。

表7-8 盐渍土按含盐量分类

盐渍土名称	盐渍土层的平均含盐量/%		
	氯盐渍土及亚氯盐渍土	硫酸盐渍土及亚硫酸盐渍土	碱性盐渍土
弱盐渍土	0.3～1.0		
中盐渍土	1.0～5.0	0.3～2.0	0.3～1.0
强盐渍土	5.0～8.0	2.0～5.0	1.0～2.0
超盐渍土	≥8.0	≥5.0	≥2.0

7.4.4 盐渍土的评价指标

对盐渍土地基的评价，主要考虑从盐渍土地基的溶陷性、盐胀性和腐蚀性三个方面的危害进行评价，这三方面的评价指标的定义如下：

（1）溶陷性

盐渍土的溶陷性可以用单一的有荷载作用时的溶陷系数 δ 来衡量，δ 的测定与黄土的湿陷系数相似，由室内压缩试验确定：

$$\delta = \frac{h_p - h'_p}{h_0} \tag{7-8}$$

式中，h_p 为原状土样的压力 p 作用下沉降稳定后的高度，单位为 mm；h'_p 为在同一压力下，浸水溶滤下沉降稳定后的高度，单位为 mm；h_0 为土样的原始高度，单位为 mm。

溶陷系数也可通过现场试验确定：

$$\delta = \frac{\Delta s}{h} \tag{7-9}$$

式中，Δs 为载荷板压力为 p 时，盐渍土浸水后的溶陷量，单位为 mm；h 为载荷板下盐渍土的湿润深度，单位为 mm。

根据溶陷系数计算地基的溶陷量 s：

$$s = \sum_{i=1}^{n} \delta_i h_i \tag{7-10}$$

式中，δ_i 为第 i 层土的溶陷系数；h_i 为第 i 层土的厚度，单位为 mm；n 为基础底面以下可能产生溶陷的土层层数。

根据溶陷量可把盐渍土地基分为三个等级，如表 7-9 所示。

表 7-9 盐渍土地基的溶陷等级

溶陷等级	Ⅰ（弱溶陷）	Ⅱ（中溶陷）	Ⅲ（强溶陷）
溶陷量 s/mm	$70 < s \leqslant 150$	$150 < s \leqslant 400$	$s > 400$

（2）盐胀性

盐渍土的盐胀性可根据盐胀系数 δ_{yz} 的大小和硫酸钠含量按表 7-10 进行分类。盐渍土地基中硫酸钠含量小于 1%，且使用环境条件不变时，可不计盐胀性对建（构）筑物的影响。

表 7-10 盐渍土的盐胀性分类

指标盐胀性	非盐胀性	弱盐胀性	中盐胀性	强盐胀性
盐胀系数 δ_{yz}	$\delta_{yz} \leqslant 0.01$	$0.01 < \delta_{yz} \leqslant 0.02$	$0.02 < \delta_{yz} \leqslant 0.04$	$\delta_{yz} > 0.04$
硫酸钠含量 C_{ssn}/%	$C_{ssn} \leqslant 0.5$	$0.5 < C_{ssn} \leqslant 1.2$	$1.2 < C_{ssn} \leqslant \leqslant 2.0$	$C_{ssn} > 2.0$

盐渍土地基的盐胀等级分为三级。盐胀等级的确定应符合表 7-11 的规定。

表 7-11 盐渍土地基的盐胀等级

盐胀等级	Ⅰ（弱盐胀）	Ⅱ（中盐胀）	Ⅲ（强盐胀）
总盐胀量 s_{yz}/mm	$30 < s_{yz} \leqslant 70$	$70 < s_{yz} \leqslant 150$	$s_{yz} > 150$

其中盐渍土地基的总盐胀量除可在现场直接测定外，也可按下式计算：

$$s_{yz} = \sum_{i=1}^{n} \delta_{yzi} h_i \tag{7-11}$$

式中，s_{yz} 为盐渍土地基的总盐胀量计算值，单位为 mm；δ_{yzi} 为室内试验测定的第 i 层土的盐胀系数；n 为基础底面以下可能产生盐胀的土层层数。

(3) 腐蚀性评价

盐渍土中的盐分能与土木工程建筑材料砖、水泥、石灰中的某些组分发生反应，因此，盐渍土对土木工程建筑有腐蚀性。《盐渍土地基规范》规定盐渍土对建（构）筑物的腐蚀性，可分为强腐蚀性、中腐蚀性、弱腐蚀性和微腐蚀性四个等级，分级如表7-12所示，依据主要是土中盐分的含量、种类以及环境特征。

表 7-12 盐渍土腐蚀性评价

盐分含量	离子种类	埋设条件	对砖、水泥、石灰的腐蚀性分级			
			微	弱	中	强
地下水中盐离子含量/（mg/L）	NH^{+}	全浸	≤500	500～1 000	>1 000	
	Mg^{2+}	全浸	≤1 000	1 000～2 000	2 000～4 000	>4 000
	SO_4^{2+}	全浸	≤250	250～1 000	1 000～4 000	>4 000
	Cl^{-}	全浸	≤5 000	5 000～20 000		
		干湿交替	≤500	500～5 000	>5 000	
	pH	全浸	>6.5	6.5～5.0	5.0～4.0	≤4.0
土中盐离子含量/（mg/kg）	SO_4^{2+}	干燥	≤2 000	2 000～4 000	4 000～6 000	>6 000
		湿润	≤400	400～2 000	2 000～4 000	>4 000
	Cl^{-}	干燥	≤2 000	2 000～5 000	5 000～20 000	>20 000
		湿润	≤500	500～1 000	1 000～7 500	>7 500

表7-14是按土中地下水盐离子含量（土中盐含量）、种类以及基础埋设条件来分级的，其中，当按水中盐离子含量分类时，单位为mg/L；当按土中盐离子含量分类时，单位为mg/kg。考虑基础埋设条件的原因：土木工程结构是否受到盐分腐蚀，其所处水环境很重要，在干湿循环环境中盐分更容易腐蚀工程结构，而在长期浸没的环境中反而相对较好。当然，最有利的环境是干燥环境，没有水的作用，在某些情况下甚至可以不考虑盐对结构物的腐蚀。《盐渍土地基规范》规定，含水率小于3％时，可视为干燥土。

7.4.5 盐渍土地基的工程处治措施

盐渍土地基具有溶陷性、盐胀性和腐蚀性，若不加特殊处治，不仅有与前述湿陷性黄土、膨胀土类似的危害，而且还有腐蚀性问题。因此处治盐渍土地基的工程措施除了采用与湿陷性黄土、膨胀土类似的措施，如建筑和结构措施、地基处理措施和隔水排水措施外，还要对建筑和材料采取防腐蚀措施，这里仅介绍防腐蚀措施。

如表7-13为《盐渍土地基规范》提出的防腐蚀措施，可见这些措施是以上原则的综合利用。另外，选用优质水泥，提高密实性，增大保护层厚度，在混凝土或砖石砌体表面做防水层和防腐涂层等方法，均对提高建筑物的耐腐蚀性有利。

表 7-13　盐渍土地区防腐蚀措施

<table>
<tr><td colspan="2" rowspan="2">项目</td><td colspan="3">环境等级</td></tr>
<tr><td>弱</td><td>中</td><td>强</td></tr>
<tr><td rowspan="6">内部防腐措施</td><td>水泥品种</td><td>普硅水泥、矿渣水泥</td><td>普硅水泥、矿渣水泥、抗硫酸盐水泥</td><td>普硅水泥、矿渣水泥、抗硫酸盐水泥</td></tr>
<tr><td>混凝土最小强度等级</td><td>C30</td><td>C35</td><td>C40</td></tr>
<tr><td>最小水泥用量/（kg/m^3）</td><td>300</td><td>320</td><td>340</td></tr>
<tr><td>最大水灰比</td><td>0.5</td><td>0.45</td><td>0.4</td></tr>
<tr><td>保护层厚度/mm</td><td>≥50</td><td>≥50</td><td>≥50</td></tr>
<tr><td>外加剂</td><td></td><td>减水剂、阻锈剂、密实剂等</td><td>减水剂、阻锈剂、密实剂等</td></tr>
<tr><td rowspan="3">外部防腐措施</td><td>干湿交替</td><td></td><td>沥青类、渗透类涂层</td><td>沥青类、渗透类、树脂类涂层、玻璃钢、耐腐蚀板砖层</td></tr>
<tr><td>湿</td><td></td><td>防水层</td><td>防水层</td></tr>
<tr><td>干</td><td></td><td></td><td>沥青类涂层</td></tr>
</table>

表 7-13 所示为对盐渍土地区建筑采取的防腐蚀措施，其原理如下：

①提高混凝土密实度，物理阻止盐分进入混凝土：提高混凝土的最小水泥用量、降低最大水灰比、采用减水剂、密实剂，可以得到更密实的建筑结构，对提高耐腐蚀性有利。

②保护结构中的钢筋，避免进入混凝土结构的盐分与钢筋接触产生电化学反应：在混凝土中采用阻锈剂，采用树脂将钢筋包裹，可以延缓钢筋的锈蚀，提高结构耐久性。

③改善工程结构水环境，物理阻止盐分接触混凝土结构：采用隔水、排水措施，不仅可以防止溶陷和盐胀，还可以防止腐蚀。如果不能创造干燥的环境，全部浸没的环境也强于干湿循环的环境。因此各种避免水环境变化的措施都可以改善建筑的耐久性。

提高混凝土密实度以及利用涂层保护钢筋，是内部防腐蚀措施；改善结构的水环境则是外部防腐措施。

7.5　山区地基

山区在我国分布广泛，本不应作为区域性地基。但是山区地基工程地质条件复杂多变，与一般地基基础设计相比，山区地基基础设计中需要根据场地工程地质条件和工程地质分区，结合场地整平情况进行总体布置，施工中需要工程人员能在开挖施工中把握现场的地质条件，判断其是否与勘察和设计情况相符，是否需要调整设计。因此山区地基的设计与施工需要参与者具备更丰富的工程地质知识，而这正是土木工程专业人员的短板，所以将山区地基作为特殊的地基进行介绍是有必要的。

山区地基包括土岩组合地基、岩溶与土洞、填土地基、岩石地基等。红黏土也是多见于山区的地基土，广泛分布在我国的贵州、广西等石灰岩地区，但其分布又不限于山区。山区地基中的岩溶地基处治最为困难，我国相应编制了《岩溶地区建筑地基基础技术标准》（GB/T 51238—2014）供设计施工参考。

7.5.1 土岩组合地基

土岩组合地基是单体建筑下同时存在岩石地基和土质地基的情况，岩石地基与土质地基压缩性差异显著，可导致基础在岩土相交处开裂，上部结构因不均匀沉降而开裂等问题，应做特殊处理。

1）土岩组合地基特征

在建筑地基的主要受力层范围内，遇到下列情况之一者，属于土岩组合地基：

①下卧基岩表面坡度较大。

②石芽密布并有出露的地基。

③大块孤石地基。

土岩组合地基的工程特性，可以按上述三种情况来分别描述。

（1）下卧基岩表面坡度较大

基岩表面倾斜，基底下土层厚薄不均，如图 7-5 所示，致使地基的承载力和压缩性相差悬殊而引起建筑物不均匀沉降，上覆土层也有可能沿倾斜基岩表面滑动造成失稳。

(a)基岩表面倾斜　(b)基岩表面相背倾斜　(c)基岩表面相向倾斜

1—土层；2—岩石

图 7-5　基岩面与倾斜情况

（2）石芽密布并有出露地基

这类地基一般是在岩溶地区出现，如我国贵州、广西和云南等省。其特点是基岩表面起伏较大，石芽间多被红黏土填充，如图 7-6 所示。即使采用很密集的勘探点，也不易查清岩面起伏变化的全貌。浅基础底面若有石芽存在，可使基础局部被顶住，导致基础相应位置上缘开裂。预制桩基础打桩中若遇到石芽，则可能因桩靴受偏压而导致桩身挠曲断裂。

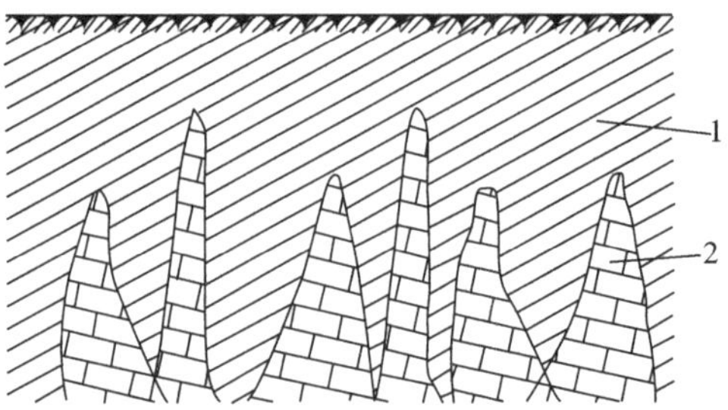

1—土层；2—岩石

图 7-6　石芽密布地基图

(3) 孤石地基

地基中夹杂着各种尺寸的孤石（图 7-7），多出现在山前洪积层中或冰碛层中以及全风化花岗岩地层中。这类地基类似于岩层表面相背倾斜和个别石芽出露地基，使各单独基础沉降不均，筏板基础各处受力不均，导致建筑物开裂。若基础为深基础，各种孤石可能导致施工困难，如预制桩打桩困难，沉井下沉困难。工程中还容易将桩端打到大块孤石的情况误判为入岩，导致单桩承载力不足，受荷后沉降量和真正嵌岩的单桩差别较大，导致建筑开裂。

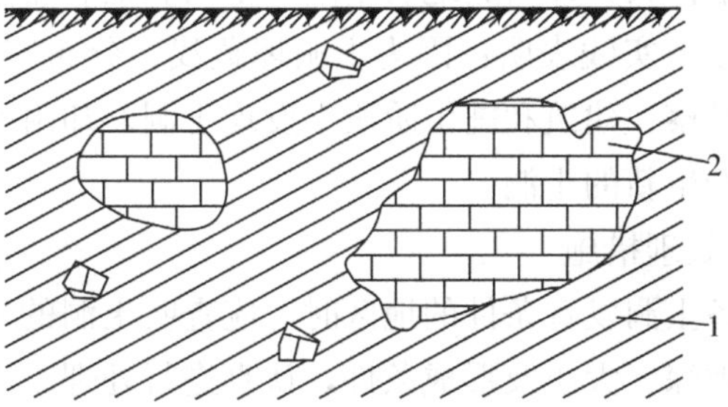

1—土层；2—岩石

图 7-7　夹大块孤石地基

2) 土岩组合地基的危害

土岩组合地基的典型特征是地基不均匀，根据地基不均匀沉降发生的机理，在同一建筑基础或同一建筑的不同基础下，底面为岩石地基或土质地基夹大块孤石的基础，沉降量显著小于土质地基，可导致建筑基础产生沉降差或者倾斜，从而损害建筑结构。如图 7-6 所示，基础所在土质持力层下伏高度差异显著的石芽，石芽顶着其上基础，使基础底面受到集中力作用，从而导致受弯、受冲切破坏。

3) 土岩组合地基的工程措施

对于土岩组合地基的处理，可分为结构措施和地基处理两方面，两者相互协调、相互补充：

(1) 结构措施

对建造在软硬相差比较悬殊的土岩组合地基上的长度较大或造型复杂的建筑物，为减小不均匀沉降造成的危害，宜用沉降缝将建筑物分开。必要时应加强上部结构的刚度，如加密隔墙、增设圈梁等。对于卧基岩表面坡度较大的地基，可采用台阶式基础。

(2) 地基处理

地基处理措施可分为两大类。一类是处理压缩性较高部分的地基，使之适应压缩性较低的地基。如采用桩基础、局部深挖、换填或用梁、板、拱跨越等方法。这类处理方法效果较好，费用较高。另一类是处理压缩性较低部分的地基，使之适应压缩性较高的地基。如采用褥垫法，在石芽出露部位做褥垫，也能取得良好的效果。褥垫可采用炉渣、中砂、土夹石或黏性土等，厚度宜取 300～500 mm。

7.5.2　土洞地基

1) 土洞地基的特征

土洞（karst cavity）是岩溶地区可溶性岩层的上覆土层在地表水冲蚀或地下水潜蚀作

用下所形成的洞穴。土洞多位于黏性土层中，砂土和碎石土中少见。在黏性土中，土洞的形成决定于黏土颗粒成分、黏聚力、水理性稳定情况等条件。凡颗粒细、黏性大、胶结好、水理性稳定的土层，不易形成土洞；反之，则易形成。在溶槽处，经常有软黏土分布，其抗冲蚀能力弱，且处于地下水流首先作用的场所，是土洞发育的有利部位。

2）土洞地基的危害

土洞继续发展，逐渐扩大，即引起地表塌陷。土洞和地表塌陷密集的地段属于工程地质条件不良或不稳定地段。实践表明：因为土洞埋藏浅、分布密、发育快，顶板强度低，其危害非常大。有时在勘察、建筑和施工阶段未发现土洞，却由于建筑修建导致的地表水和地下水条件的改变而产生新的土洞。

3）土洞地基的工程处理措施

当建筑场地处于具备土洞发育条件的地区时，应查明土洞的发育程度和分布规律，查明土洞和塌陷的位置、埋深、大小及形成条件，认真进行处理。常用的措施如下：

（1）采用桩基或沉井

对重要建筑物，当土洞较深时，可用桩或沉井穿越覆盖土层，将建筑荷载传至稳定岩层上。

（2）处理地表水和地下水

在土洞及塌陷发育的建造场地，做好地表水的截流、防渗、堵漏工作，使之停止发育。不得设置人工改变地下水位的设施，否则应采取预防塌陷的措施。

（3）挖填夯实

对于浅层土洞，可先挖除土洞，然后用块石或毛石混凝土回填。近年来，也有的用强夯法破坏土洞，加固地基，效果良好。

（4）灌填处理

灌填处理适用于埋藏深、洞径大的土洞。施工时，在洞体范围内的顶板上打两个或多个孔，用水冲法将砂、砾石灌进洞内。

（5）梁、板跨越

对直径较小、危害较小的土洞，当上层稳定性较好时，可不处理洞体，只在洞顶上部用钢筋混凝土梁板跨越。

（6）采用深基础

对重要建筑物，当土洞较深时，可用桩基或其他深基础穿过覆盖层，将荷载传至稳定岩层上。

7.5.3 岩溶地基

1）岩溶地基特征、危害与分布

岩溶（即喀斯特，karst）是指可溶性岩层，如石灰岩、白云岩、石膏、岩盐等受水的长期溶蚀作用，在岩层中形成沟槽、裂隙、石芽、石林和空洞，以及由于空洞顶板塌落地表产生陷穴、洼地等现象和作用的总称。岩溶存在于具备以下发育条件的地区：具有可溶性岩层；具有足够溶解能力和足够流量的水；地表水有下渗、地下水有流动的途径。岩溶的发育主要与岩性、地质构造、地形、气候等有关。我国岩溶分布较广，尤其是碳酸盐类岩溶，西南地区、东南地区、华北地区都有分布，贵州、云南、广西等地最为集中。

2）岩溶地基的危害

岩溶地基的主要问题是地面塌陷，导致岩溶地基塌陷的原因主要有两个：第一，建筑荷载的作用，在地质历史时期发育已经稳定的溶洞，在外荷载作用下，可能发生顶板塌陷；第二，地下水改变，充满地下水的溶洞，由于存在水压力的作用，岩溶可能是稳定的，但是在自然和人为作用下，可能改变地下水，使得溶洞失去地下水压力，导致塌陷发生。近年来由于过量抽取地下水，常常会有塌陷发生。溶洞塌陷也可能是因为岩溶本身仍处于发育过程中，即便没有其他影响也会坍塌，但这种情况比较少见，因为溶洞发育的过程所需的地质历史时间和人类工程活动时间有数量级差异，但是并不能排除。

3）岩溶地基的工程处理措施

岩溶地基是山区土木工程中经常遇到的问题。在这类地区进行建设工程时，首先是查明与评价，其次是预防与处理。在岩溶地区首先要了解岩溶的发育规律、分布情况和稳定程度。岩溶对地基稳定性影响的主要表现：

①在地基主要受力层范围内，如有溶洞、暗河等，在附加荷载或振动作用下，溶洞顶板塌陷，使地基突然下沉。

②溶洞、溶槽、石芽、漏斗等岩溶形态造成基岩面起伏较大，或者有软土分布，使地基不均匀沉降。

③基础埋置在基岩上，其附近有溶沟、竖向岩溶裂隙、落水洞等，有可能使基础下岩层沿倾向上述临空面的软弱结构面产生滑动。

④基岩和上覆土层内，由于岩溶地区的水文地质条件较复杂，易产生新的工程地质问题，造成地基恶化。

在不稳定的岩溶地区进行建设，重要建筑物应避开岩溶强烈发育区，对一般岩溶地基，也必须结合岩溶的形态、工程要求、施工条件和经济安全原则，考虑进行处理。具体处理措施如下：

（1）开挖换填

适用于处理顶板不稳定的潜埋溶洞地基。即清除覆土，通过爆破或强夯破坏溶洞顶板，挖去松软填充物，回填上粗下细碎石滤水层，然后建造基础。

（2）梁、板跨越

对于洞壁完整、强度较高而顶板破碎的岩溶地基，宜采用钢筋混凝土梁、板跨越，但支承点必须落在较完整的岩面上。

（3）洞底支撑

适用于处理跨度较大、顶板完整，但厚度较薄的溶洞地基。采用石砌柱或钢筋混凝土柱支撑洞顶。应注意查明洞底的稳定性。

（4）水流排导

岩溶水的处理应采取疏导的原则，一般采用排水隧洞、排水管道等进行疏导，以防止水流通道堵塞造成动水压力，对基坑底板、地坪及道路等产生不良影响。

7.5.4 红黏土地基

1）红黏土的特征与分布

碳酸盐系出露区的岩石在气候变化大和潮湿的环境下经红土化作用，形成棕红、褐黄等色的高塑性黏土称红黏土。其液限等于或大于50%，一般具有表面收缩、上硬下软、裂隙发育的特征。红黏土经搬运，沉积后仍保留其基本特征，且液限大于45%的土，称为次生红黏土。

（1）矿物化学成分

红黏土的矿物成分主要为高岭石、伊利石和绿泥石，化学成分以 SiO_2、Fe_2O_3、Al_2O_3为主。黏土矿物具有稳定的结晶格架，细粒组结成稳固的团粒结构，土体近于两相体且土中又多为结合水，这三者是构成红黏土良好力学性能的基本因素。

（2）物理力学性质的基本特点

红黏土具有两大特点：一是土的天然含水率、孔隙比、饱和度以及液性指数、塑性指数都很高，例如其含水率几乎与液限相等，孔隙比在 1.1～1.7 之间，饱和度大于 85%，但是却具有较高的力学强度和较低的压缩性；二是各种指标变化幅度很大，具有高分散性。

（3）上硬下软现象

红黏土地层从地表向下由硬变软。上部坚硬、硬塑状态的土占红黏土层的75%以上，厚度一般大于5 m，可塑状态的占 10%～20%，接近基岩处，软塑、流塑状态的土约占10%～20%，位于基岩凹部溶槽内。相应地，土的强度逐渐降低，压缩性逐渐增大。

红黏土的分布在我国以贵州、云南、广西等地最为广泛和典型。通常堆积在山坡、山麓、盆地或洼地中，主要为残积、坡积类型。常为岩溶地区的覆盖层，因受基岩起伏影响，厚度变化较大。

2）红黏土地基的危害

红黏土的天然含水率、孔隙比、饱和度以及液性指数、塑性指数都很高，导致其失水可发育较多的网状裂隙，破坏了土体结构的完整性，促使地下水在土层中活动，可降低地基承载力。接近基岩接触面的红黏土含水率高，使红黏土呈软塑和流塑状态，强度降低，压缩性增大。除了对地基承载力和均匀性不利之外，若为斜坡则地基还可能沿接触面发生滑动。

3）红黏土地基处理

红黏土地基的处理，一般从基础设计、地基处理和施工过程三方面进行。

（1）基础设计

工程建设中，应充分利用红黏土上硬下软分布的特征，基础尽量浅埋。对三级建筑物，当满足持力层承载力时，即可认为已满足下卧层承载力的要求。对基岩面起伏大、岩质坚硬的地基，可采用大直径嵌岩桩或墩基。

(2) 地基处理

红黏土的厚度随下卧基岩面起伏而变化，常引起不均匀沉降。对不均匀地基宜作地基处理。宜采用改变基宽、调整相邻地段基底压力、增减基础埋深等方法，使基底下可压缩土层厚度相对均匀。对外露石芽，用可压缩材料做褥垫进行处理；对土层厚度、状态不均匀的地段可用低压缩材料做置换处理。

(3) 施工过程

基坑开挖时宜采取保温、保湿措施，防止失水干缩。

7.6 冻土地基

7.6.1 冻土特征、分布与危害

在寒冷季节温度低于零摄氏度，土中水冻结成冰，此时的土称为冻土（frozen soil）。冻土根据其冻融情况分为季节性冻土、隔年冻土和多年冻土。季节性冻土是指冬季冻结，夏季全部融化的冻土；冬季冻结、一两年内不融化的土称为隔年冻土；凡冻结状态持续三年或以上的土称为多年冻土（permafrost）。多年冻土的表土层，有时夏季融化，冬季再结冰，属于季节性冻土。

我国冻土主要分布在北方，多年冻土在青藏高原、天山、阿尔泰山地区和东北大小兴安岭等纬度或海拔较高的严寒地区，东部和西部的一些高山顶部也有分布。多年冻土占我国领土的20%以上，占世界多年冻土面积的10%。工程危害最大的是季节性冻土或多年冻土区因地层温度升高而融化。

冻土的主要危害是导致地基冻胀和冻融问题：随着土中水的冻结，土体产生体积膨胀，即冻胀现象；随着气温升高，土中冰融化成水，为冻融现象。冻胀会使地基土隆起，使建造在其上的建（构）筑物被抬起，引起开裂、倾斜甚至倒塌，道路鼓包。已经建成多年的青藏铁路，还出现了因冻胀而导致的桩基上拔问题。冻融则会使地基土软化，强度大大降低，可使其上的房屋、桥梁和涵管等发生大的沉降和不均匀沉降，道路翻浆冒泥。因此，冻土的冻胀和冻融问题都必须引起注意，并采取必要的防治措施。

7.6.2 土体冻胀、冻融影响因素

土体冻胀、冻融机理已在2.4.5节进行了介绍。土的冻胀现象是在一定条件下形成的，影响冻胀的主要因素有三方面：

(1) 土的因素

冻胀在亲水性强、毛细现象比较强的细粒土地层中往往强烈。如粉砂、粉土、粉质黏

土和粉质亚砂土等，这类土的颗粒较细，表面能大，土的矿物成分亲水性强，能持有较多结合水，同时这类土中具有较显著的毛细现象，毛细水上升高度大，具有较通畅的水源补给通道，因此，冻结时水分迁移和积聚最为强烈，冻胀现象严重。相反，黏土亲水性强，虽有较厚的结合水膜，但毛细孔隙很小，对水分迁移的阻力很大，缺乏通畅的水源补给通道，所以其冻胀性较上述粉砂、粉土等为小。砂砾等粗颗粒土，亲水性差，没有或具有少量的结合水，而且砂砾土孔隙粗大，基本无毛细现象，因而不会发生冻胀。所以，在工程实践中常在地基或路基中换填砂土，以防治冻胀。

（2）水的因素

前面已经指出，土层发生冻胀是由水分的迁移和积聚所致。因此，当冻结区附近地下水位较高，毛细水上升高度能够达到冻结线时，冻结区就能得到外部水源的补给，为发生强烈冻胀提供了外部条件。依据是否有外来水源补给，可将冻胀分为开敞型冻胀和封闭型冻胀两种。前者在冻结过程中有外来水源补给，后者在冻结过程中没有外来水分补给。开敞型冻胀往往在土层中形成很厚的冰夹层，产生强烈冻胀；封闭型冻胀土中冰夹层薄，冻胀量也小。

（3）温度的因素

当气温骤降且冷却强度很大时，土的冻结面迅速向下推移，即冻结速度很快。这时，土中弱结合水及毛细水还来不及向冻结区迁移就在原地冻结成冰，毛细通道也被冰晶体所堵塞。这样，不会发生水分迁移，这种条件下形成的冻土一般无明显的冻胀。如果气温缓慢下降，冷却强度小，但负温持续的时间较长，则能促使未冻结区水分不断地向冻结区迁移积聚，在土中形成冰夹层，出现明显的冻胀现象。

7.6.3　冻土地基分类与地基承载力

（1）冻土的分类

我国建筑对冻土和冻土地基的评价主要依据《冻土地区建筑地基基础设计规范》（JGJ 118—2011）（简称《冻土地基规范》）进行。对冻土的分类，根据持续时间可分为季节性冻土与多年冻土，根据所含盐类与有机物的不同可分为盐渍化冻土与冻结泥炭化土，根据其变形特性可分为坚硬冻土、塑性冻土与松散冻土。

在冻土地区，有两类冻土与一般土体的工程性质有显著差别，它们是盐渍化冻土与冻结泥炭化土。水中盐分越高，其结冻温度越低。在盐渍化冻土中水分是不同浓度的盐溶液，在同一负温条件下与一般冻土比较，盐渍化冻土未冻结的水含量大，冻土中未冻结的水含量越高，冻土强度越低，因此其他条件相同时盐渍化冻土的强度低于一般土体。与盐渍化冻土类似，冻结泥炭化土的泥炭化程度同样剧烈地影响着冻土的工程性质。因此在冻土分类中，首先要根据盐渍度和泥炭化程度指标判别冻土是否为盐渍化冻土和冻结泥炭化土，然后进行冻土分类。

（2）冻土地基的分类

对季节冻土与多年冻土季节融化层土，按平均冻胀率的大小以及土的类别、冻前天然含水率、地下水埋深将地基土分为不冻胀、弱冻胀、冻胀、强冻胀、特强冻胀（表 2-2）。对多年冻土，按冻土的融化下沉系数以及土的类别、冻前天然含水率、分为不融沉（Ⅰ级）、弱融沉（Ⅱ级）、融沉（Ⅲ级）、强融沉（Ⅳ级）和融陷（Ⅴ级）五类。

（3）冻土地基的承载力

地基承载力验算是地基基础设计最关心的问题之一，冻土的地基承载力与土的类别和地基的温度有关，一般需要采用原位试验确定，如果没有条件进行试验，对融沉等级Ⅰ～Ⅲ级的一般多年冻土，可根据冻结地基土的名称、土的温度按表 7-14 的规定取值。

表 7-14　冻土地基承载力特征值

土的名称	不同土温时的地基承载力特征值/kPa					
	−0.5 ℃	−1.0 ℃	−1.5 ℃	−2.0 ℃	−2.5 ℃	−3.0 ℃
碎砾石类土	800	1 000	1 200	1 400	1 600	1 800
砾砂、粗砂	650	800	950	1 100	1 250	1 400
中砂、细砂、粉砂	500	650	800	950	1 100	1 250
黏土、粉质黏土、粉土	400	500	600	700	800	900

从表 7-7 可见，冻土地基的承载力比同样土类的非冻土地基的承载力高，因此在多年冻土地区应尽量保证冻土不融化。在季节性冻土地区，原则上应将基础底面置于冻结线以下，按非冻土地基确定地基承载力，不能采用表 7-7 的数据。注意，表 7-7 并不适用于盐渍化冻土和冻结泥炭化土，在这两种土层中，最好采用桩基础。

7.6.4　冻土的作用与工程处治措施

（1）冻胀作用力

寒区的地基土在基础的下方和侧面冻结，可能将建筑抬起、推移，因此在作地基基础力学验算时，除了进行地基承载力验算，还需要进行冻胀、冻结的作用验算。建筑工程中，常以冻胀量、冻胀强度、冻胀力和冻结力等指标来衡量地基土的冻胀、冻结作用，这里介绍冻胀力的验算方法。

土在冻结时由于体积膨胀而对基础产生的作用力称为土的冻胀力。冻胀力按其方向可分为作用在基础底面的法向（竖向）冻胀力和作用在侧面的切向冻胀力。冻胀力的大小除了与土质、土温、水文地质条件和冻结速度有密切关系外，还与基础埋深、材料和侧面的粗糙程度有关。在无水源补给的封闭系统中，冻胀力一般不大；在有水源补给的敞开的系统中，冻胀力就可能成倍地增加。竖向冻胀力一般很大，非建筑物自重能克服的，所以并不计算，一般要求基础埋置在冻结深度以下，或采取其他的消除措施。切向冻胀力可在建筑物使用条件下通过现场或室内试验求得，也可根据经验查表 7-15 确定。

表 7-15　切向冻胀力标准值

单位：kPa

基础类别	土的类别			
	弱冻胀土	冻胀土	强冻胀土	特强冻胀土
桩、墩	30～60	60～80	80～120	120～150
条形基础	15～30	30～40	40～60	60～70

切向冻胀力的验算，要根据切向力的作用效应及其抗力特征逐项进行，例如，土体开始冻结时基础侧面受到向上的切向力，由结构自重和冻胀层以下基础所受的地基锚固力抵抗，可按下式进行验算：

$$\sum \tau_{\mathrm{d}i\mathrm{k}} A_{\tau i} \leqslant 0.9G + R_{\mathrm{ta}} \tag{7-12}$$

式中，$\tau_{\mathrm{d}i\mathrm{k}}$、$A_{\tau i}$ 分别为基础第 i 侧面的竖向切向力标准值和受切向力侧面的面积；G、R_{ta} 分别为结构的自重和在冻胀层以下的地层对基础的锚固力。

（2）冻土地基的融陷下沉

将多年冻土作为建筑地基时，可采用下列三种状态之一进行设计：保持冻结状态、逐渐融化状态和预先融化状态。所谓预先融化状态，就是在建筑物施工前，使多年冻土融化至计算深度或全部融化。对于保持冻结状态，冻土的变形很小，有时甚至可视为不可压缩的，只需要进行地基承载力计算。而逐渐融化状态和预先融化状态则需要分析冻土地基的融陷下沉。

冻土地基的融陷下沉量，是冻土在无荷载状态下冻土融化的下沉量、自重荷载作用下的融化后土层的压缩量、附加荷载作用下的融化后土层的压缩量、土层中冰夹层的高度的叠加。具体计算方法可参见《冻土地基规范》。

（3）冻土地基的工程处治措施

在冻土地区进行土木工程，必须采用相应的措施应对可能的冻胀、冻融问题，建筑物的处治措施包括建筑和结构措施，通风和保温措施以及地基处理措施等。具体如下：

①建筑和结构措施：调整建筑平面布置；将基础埋深置于冻结线以下；采用深基础；采取减小或消除冻胀力的措施，如在基础侧面涂沥青是消除切向力的有效方法；加强上部结构的整体刚度等。

②通风和保温措施：采用架空通风基础、热泵基础等，使多年冻土免于融化。

③地基处理措施：通过强夯将地基压密，减小地基孔隙率，减少毛细水运移通道，可部分消除土的冻胀性；将冻胀性强的土体置换成粗颗粒的材料也是消除冻胀、冻融的方法。

7.7　地震区地基与动力机器基础地基

7.7.1　动力作用对地基的危害

土木工程一般是静态的，地基土仅仅承受建筑的静力作用，有些情况下，地基土也会承受动力作用。动力作用来源于两方面：一方面是地基处于地震区，地基土承受由震源传来的地震波；另一方面是土木工程承载的交通工具、机器设备等产生的动力作用。1964年日本新潟大地震给结构物带来严重破坏，地震区地基开始引起各国的注意，且各国开展了深入的研究。我国近代各次大地震都引起了很强的破坏，尤其唐山地震时更为显著。因此，地震区的基础工程研究，对预防地震区可能发生的地震灾害有重要意义。

动力机器的运转会对地基形成循环往复或冲击荷载，这类动力作用可能会引起地基及基础的振动，如设计不当，会降低地基土的强度并增加基础的沉降量，影响机器的正常运转，使工作人员操作条件恶化，严重者将影响健康，同时，振动将通过地基土传到附近的房屋、设备、机器或精密仪表，可能影响其正常使用。动力机器基础的设计是工业建筑设计的一个组成部分，也是建筑工程中一项复杂的课题。

7.7.2　地震区地基

1）地震简介

地震是一种自然现象，地震活动频繁而猛烈的地区称地震区。地震引起的振动以波的形式从震源向各个方向传播并释放能量，这就是地震波，它包含在地球内部传播的体波和只限于在地面附近传播的面波。体波又包括两种形式的波，即纵波和横波。当地震波在土层中传播时，经过不同土层的界面多次反射，将出现不同周期的地震波。当某一周期的地震波与地表土层的固有周期相近时，由于共振作用该地震波的振幅将显著增大，其周期称为卓越周期。当建筑物的基本周期与场地上层的卓越周期相近时，也将由于共振作用而增大振幅，导致建筑物破坏。

地震的大小评价指标有震级和烈度两种。震级和烈度是两个不同的概念。震级是表示地震本身大小的尺度。目前，国际上比较通用的是里氏震级，即地震震级 M：

$$M = \log_{10} A \tag{7-13}$$

A 是标准地震仪（指周期 0.8 s，阻尼系数 0.8，放大倍数 2 800 倍的地震仪）在距震中 100 km 处记录的以微米为单位的最大水平地动位移。例如，在距震中 100 km 处标准地震仪记录的振幅是 1 mm，即 1 000 μm，$M=3$，根据定义，这次地震就是 3 级。一般认为：小于 2 级的地震，人们感觉不到，只有仪器才能记录下来，称为微震；2～4 级的地震，人们就感觉到了，称为有感地震；5 级以上地震能引起不同程度的破坏，称为破坏性地震；7 级以上的地震，称为强烈地震。

地震烈度是指某一地区的地面和各类建筑物遭受一次地震影响的强弱程度。对于一次地震，表示地震大小的震级只有一个，但它对不同地点的影响是不一样的。一般来说，距震中越远，地震影响越小，烈度就越低。此外，地震烈度还与地震大小、震源深度、地震传播介质、表土性质、建筑物动力特性、施工质量等许多因素有关。

为了评定地震烈度，就需要建立一个标准，这个标准称为地震烈度表。它是根据地震时地震最大加速度、建筑物损坏程度、地貌变化特征、地震时人的感觉、家具动作反应等进行区分。绝大多数国家包括我国的地震烈度表均按 12 度划分。

各地区的实际烈度受到各种复杂因素的影响，我国制定的抗震规范中进一步提出了“基本烈度”和“设防烈度”的概念。基本烈度是指一个地区今后一定时期（100 年）内，一般场地条件下可能遭遇的最大地震烈度，由中国地震局编制的《中国地震烈度区划图》确定；设防烈度是指一个地区进行抗震设防的依据，按国家规定权限审批或颁发的文件执行，一般情况下采用基本烈度。我国制定的《建筑抗震设计规范》（2016 年版）（GB 50011—2010）（简称《抗震规范》）给出了我国主要城镇抗震设防烈度，可供查用。

《抗震规范》适用于抗震设防烈度为 6 度、7 度、8 度和 9 度地区建筑工程的抗震设计及隔震、消能减震设计。抗震设防烈度大于 9 度地区的建筑和行业有特殊要求的工业建筑，其抗震设计应按有关专门规定执行。

建筑物场地的地形条件、地质构造、地下水位及场地土覆盖层厚度、场地类别等对地震灾害的程度有显著影响。

我国多次地震震害调查表明，局部地形条件对地震作用下建筑物的破坏有较大影响，孤突的山梁、山包，条状山嘴，落差较大的台地、陡坡及故河道岸边，均对建筑抗震不利。场地地质构造中具有断层这种薄弱环节时，不宜将建筑物横跨其上，以免可能发生的错位或不均匀沉降带来危害。地震对建筑物的危害程度与地下水位有明显关系，水位越高震害越重。

场地土质条件不同，建筑物的破坏程度也有很大差异，一般规律：软弱地基与坚硬地基相比，容易产生不稳定状态和不均匀下陷，甚至发生液化、滑动、开裂等危害。震害随覆盖层厚度的增加而加重。

通过总结国内外对场地划分的经验以及现有实际勘察资料，《抗震规范》提出将场地的类别按土层等效剪切波速和场地覆盖层厚度划分为四类，如表 7-16 所示。

表 7-16 建筑场地类别划分

等效剪切波速/（m/s）	场地类别			
	Ⅰ	Ⅱ	Ⅲ	Ⅳ
$V_{se}>500$	0			
$500\geqslant V_{se}>250$	<5	≥5		
$250\geqslant V_{se}>140$	<3	3～50	>50	
$V_{se}\leqslant 140$	<3	3～15	>15～80	>80

坚硬场地土、稳定岩石和Ⅰ类场地，是抗震最理想的地基；中硬场地土和Ⅱ类场地，为较好的抗震地基；软弱场地土和Ⅳ类场地，震害最严重。

2）地震区地基基础设防

（1）基本原则

抗震设防的基本原则是“小震不坏，大震不倒”。在地震活动区，要使工程有一定的抗震能力，以减少一旦发生地震时造成的损失和人员伤亡，同时又要避免过高的设防标准造成浪费。建筑应根据其使用功能的重要性分为甲类、乙类、丙类、丁类四个抗震设防类别。甲类建筑属于重大建筑工程和地震时可能发生严重次生灾害的建筑，乙类建筑属于地震时使用功能不能中断或需尽快恢复的建筑，丙类建筑属于除甲、乙、丁类以外的一般建筑，丁类建筑属于抗震次要建筑。抗震设防烈度为 6 度时，除《抗震规范》有具体规定外，对乙类、丙类、丁类建筑可不进行地震作用计算。

对地基及基础，抗震设防应遵循下列原则：

①宜设置在对建筑抗震有利地段，如稳定基岩、开阔平坦的坚硬场地土或密实均匀的中硬场地土等地段。宜避开对建筑物不利地段，如软弱场地土、易液化土、条状突出山嘴、河岸和边坡边缘等，如无法避开时，应采取适当的抗震措施。对于危险地段，如地震时可能发生滑坡、崩塌、地陷、泥石流等部位，不应建造建筑。为保证建筑物安全，还应考虑建筑物基本周期，避开地层卓越周期，防止发生共振危害。

②同一结构单元不宜设置在性质截然不同的地基土上，也不宜部分采用天然地基，部分采用桩基。地基有软弱土时，宜加强基础和上部结构的整体性和刚性。

③合理加大基础埋置深度，正确选择基础类型来加强基础防震性能以减轻上部结构的震害。

（2）天然地基抗震验算

考虑地震荷载属于特殊荷载，作用时间短，天然地基的抗震承载力应按下式调整：

$$f_{aE} = \zeta_a f_a \tag{7-14}$$

式中，f_{aE} 为调整后的地基抗震承载力，单位为 kPa；ζ_a 为地基抗震承载力调整系数，按场地土质状况分别取 1.5、1.3、1.1、1.0；f_a 为修正后的地基承载力特征值，单位为 kPa。

验算天然地基地震作用下的竖向承载力时，基础底面平均压力和边缘最大压力应符合下式要求，且基础底面与地基之间零应力区面积不应超过基础底面面积的 25%。

$$p \leqslant f_{aE} \tag{7-15}$$

$$p_{max} \leqslant 1.2 f_{aE} \tag{7-16}$$

式中，p 为地震作用效应标准组合的基础底面平均压力，单位为 kPa；p_{max} 为地震作用效应标准组合的基础边缘的最大压力，单位为 kPa。

7.7.3 动力机器基础地基

1）动力机器及其基础地基简介

动力机器指运转时会产生较大不平衡惯性力的一类机器。动力机器的地基和基础的特殊性，来自机器对地基和基础作用荷载的特殊性。不同动力机器的动力和振动差别很大，对基础的动力作用形式可按表 7-17 分为四类。

表 7-17　动力机器的分类

类别	机器类别	代表性的机器名称
甲	周期性作用的机器（有规律运动的）	电机（电动机、电动机发电机）、涡轮机（涡轮机发电机、涡轮鼓风机、涡轮压缩机、涡轮泵）
乙		曲柄连杆式机器（活塞压缩机、活塞式泵、内燃机）、鳄式破碎机
丙	非周期性作用的机器（运动规律是非周期性的）	拖动电动机、遮断容量的电动机
丁		自由锻锤、模锻锤、碎铁架

动力机器基础的结构形式主要有三种：实体式、墙式、框架式。如图 7-8 所示。

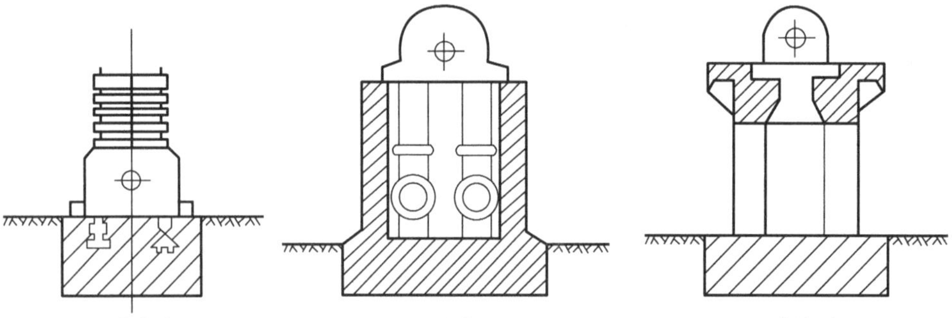

图 7-8　动力机器基础的常用结构形式

其中，实体式基础应用最广泛，适合多种类型的机器，通常做成刚度很大的钢筋混凝土块体，其振动主要由地基的弹性变形引起，因而在动力计算中可按地基上的刚体进行振动计算。墙式基础则由承重的纵横墙组成。以上两种基础中均预留有安装和操作机器所必需的沟槽和孔洞。框架式基础一般用于平衡性较好的高频机器，其上部结构是由固定在一块连续底板或可靠基岩上的立柱上端刚性连接的纵横梁组成的弹性体系，因而可按框架结构计算。

2）动力机器的地基基础设计原理

一般的动力机器在运行时都将产生振动，而振动引起的动荷载又将给机器的支承结构（基础或构架）带来动力效应。因此动力机器基础除了承受机器设备自重等形成的静力荷载外，还将要承受其工作时的运动质量所形成的动荷载。当机器的动力作用不大时（如一般的金属切削机床），其基础可按一般静荷载下的基础进行设计并作适当的构造处理。当动力作用较大时，应根据荷载特点进行动力基础设计，即按照考虑动力作用的条件进行设计。而对于一些要求高精度的加工机床，还应考虑基础的隔振问题，以使机器不受外界振动影响。动力机器基础的设计与施工是一项专门而复杂的课题，它涉及土建与机械两个专业，设计前需要了解各种动力机器的荷载形式、常用动力机器基础的结构特点及其设计基本要求。

与一般地基基础相同，动力机器基础的设计应满足强度、变形和使用功能各方面的要求，主要包括：

①基础的外形、尺寸及预留坑、洞和螺栓孔等应按照厂商提供的安装图布置，以保证机器的准确安装、使用和维修。

②地基应满足承载能力要求并控制基础的沉降和倾斜，保证地基承载安全，且不出现

影响机器正常使用的变形。

③基础振动应限制在容许的范围内，保证机器的正常使用和操作人员的正常工作条件，并保证不对附近的精密设备、仪表以及相邻建筑物和管线等产生有害影响。

④基础结构应具有足够的强度、刚度和耐久性等。

因此，在进行动力机器基础设计时，应从满足工艺与建筑构造要求、验算地基承载力与基础变形、计算与控制基础动力响应等方面着手。

3）地基基础计算内容

我国动力机器基础的计算根据《动力机器基础设计标准》（GB 50040—2020）进行，包括地基承载力计算和基础动力响应计算两方面。

（1）地基承载力计算

基础底面地基的静压力由基础自重、基础上回填土重、机器自重以及传至基础上的其他荷载产生，基础底面地基的平均静压力值 p 应符合下式要求：

$$p \leqslant a_v f_a \tag{7-17}$$

式中，f_a 为修正后的地基承载力特征值，单位为 kPa；a_v 为地基承载力的动力折减系数，其值与基础形式有关，对旋转式机器基础，$a_v = 0.8$，对锻锤基础，$a_v = 1\Big/\left(1+\beta_v \dfrac{a}{g}\right)$，其余基础，$a_v = 1.0$。这里，$a$ 为基础的振动加速度，单位为 m/s^2；β_v 为地基土的动沉陷影响系数，其值与地基土类别有关，如表 7-18 所示。表中的地基土是指天然地基，对桩基宜按桩端持力层地基土层的类别选用。动力机器基础的地基土类别如表 7-19 所示。

表 7-18　地基土的动沉陷影响系数 β 值

地基土类别	一类土	二类土	三类土	四类土
β值	1.0	1.3	2.0	3.0

表 7-19　动力机器基础的地基土类别

土的名称	地基承载力特征值 f_{ak}/kPa	地基土类别
碎石土	$f_{ak}>500$	一类土
黏性土	$f_{ak}>250$	
碎石土	$300<f_{ak}\leqslant 500$	二类土
粉土、砂土	$250<f_{ak}\leqslant 400$	
黏性土	$180<f_{ak}\leqslant 250$	
碎石土	$180<f_{ak}\leqslant 300$	三类土
粉土、砂土	$160<f_{ak}\leqslant 250$	
黏性土	$130<f_{ak}\leqslant 180$	
粉土、砂土	$120<f_{ak}\leqslant 160$	四类土
黏性土	$80<f_{ak}\leqslant 130$	

（2）基础动力响应计算

动力机器基础的振动响应通常用基础上控制点的振动位移、振动速度和振动加速度幅值来计量，其值可以通过动力计算确定。在进行动力计算时，荷载均采用标准值。动力机器基础的位移 u 、振动速度 v 和振动加速度 a 应符合下列规定：

$$u \leqslant [u], v \leqslant [v], a \leqslant [a] \tag{7-18}$$

式中，$[u]$ 为基础的容许振幅值，单位为 m；$[v]$ 为容许振动速度幅值，单位为 m/s；$[a]$ 为容许振动加速度幅值，单位为 m/s^2。

动力机器的容许振动标准与机器的动荷载及基础形式等有关，其值可在各动力基础设计资料中了解，应符合《建筑工程容许振动标准》（GB 50868—2013）的规定。

思考题

7-1　黄土湿陷机理是什么？怎样区分自重湿陷性黄土和非自重湿陷性黄土？如何划分地基的湿陷等级？

7-2　膨胀土的膨胀机理是什么？什么是自由膨胀率？膨胀土地基胀缩等级分为多少级？

7-3　湿陷性黄土和膨胀土对建筑物产生危害的特点有何不同？

7-4　什么是冻土？多年冻土的融陷性等级是如何划分的？

7-5　盐渍土和冻土对建筑物产生危害的特点有何不同？

7-6　什么是土岩组合地基、岩溶地基、土洞地基和红黏土地基？其危害机理是什么？

7-7　什么是震级、地震烈度、基本烈度和设防烈度？

习　题

7-1　某钻孔每隔 1 m 取土样，测得各土样 δ_{si} 和 δ_{zsi} 如表 7-20 所示，试确定该场地的湿陷类型和地基的湿陷等级。

表 7-20　习题 7-1 附表

取土深度/m	1	2	3	4	5	6	7	8	9	10
δ_{zs}	0.017	0.021	0.023	0.024	0.026	0.039	0.043	0.029	0.014	0.012
δ_s	0.086	0.074	0.076	0.078	0.087	0.094	0.076	0.049	0.012	0.002

7-2　某膨胀土室内自由膨胀率试验，测得土样原始体积为 10 mL，膨胀稳定后体积增大为 16.1 mL。试求此土样的自由膨胀率，并确定该膨胀土的膨胀潜势类别。

参考文献

［1］中国建筑科学研究院．建筑地基基础设计规范：GB 50007—2011［S］．北京：中国建筑工业出版社，2012.

［2］中交公路规划设计院有限公司．公路桥涵地基与基础设计规范：JTG 3363—2019［S］．北京：人民交通出版社，2020.

［3］建设综合勘察研究设计院．岩土工程勘察规范：GB 50021—2001［S］．2009 年版．2009 年版．北京：中国建筑工业出版社，2009.

［4］中国建筑科学研究院．混凝土结构设计规范：GB 50010—2010［S］．2015 年版．北京：中国建筑工业出版社，2016.

［5］中国建筑科学研究院．建筑桩基技术规范：JGJ 94—1994［S］．北京：中国建筑工业出版社，1994.

［6］中华人民共和国住房和城乡建设部．建筑桩基技术规范：JGJ 94—2008［S］．北京：中国建筑工业出版社，2008.

［7］中国建筑科学研究院．建筑基坑支护技术规程：JGJ 120—2012［S］．北京：中国建筑工业出版社，2012.

［8］中国建筑科学研究院．建筑基坑工程监测技术标准：GB 50497—2019［S］．北京：中国计划出版社，2020.

［9］中华人民共和国住房和城乡建设部．建筑地基处理技术规范：JGJ 79—2012［S］．北京：中国建筑工业出版社，2013.

［10］中华人民共和国住房和城乡建设部．膨胀土地区建筑技术规范：GB 50112—2013［S］．北京：中国建筑工业出版社，2013.

［11］中华人民共和国住房和城乡建设部．湿陷性黄土地区建筑标准：GB 50025—2018［S］．北京：中国建筑工业出版社，2019.

［12］中华人民共和国住房和城乡建设部．冻土地区建筑地基基础设计规范：JGJ 118—2011［S］．北京：中国建筑工业出版社，2012.

［13］中华人民共和国住房和城乡建设部．建筑抗震设计规范：GB 50011—2010［S］．2016 年版．北京：中国建筑工业出版社，2016.

［14］中华人民共和国住房和城乡建设部．动力机器基础设计标准：GB 50040—2020［S］．北京：中国计划出版社，2020.

［15］中华人民共和国住房和城乡建设部．岩溶地区建筑地基基础技术标准：GB/T 51238—2018［S］．北京：中国计划出版社，2018.

［16］赵明华. 土力学与基础工程［M］. 4 版. 武汉：武汉理工大学出版社，2014.
［17］刘祖德. 地基应力解除法纠偏处理［J］. 土工基础，1990（01）：1-6.
［18］王卫东，吴江斌. 上海中心大厦桩型选择与试桩设计［J］. 建筑科学，2012，28（A1）：301-307.
［19］张志刚，付佰勇，刘晓东，等. 港珠澳大桥海底沉管隧道基础垫层选型与总体设计［J］. 中国港湾建设，2018，38（01）：34-38.